गणित शिक्षण
TEACHING OF MATHEMATICS

गणित शिक्षण
TEACHING OF MATHEMATICS

लेखक
डा० मनोज कुमार गोस्वामी

डिस्कवरी पब्लिशींग हाउस
नई दिल्ली–110 002

प्रथम संस्करण: 2006
Reprinted-2011

ISBN: 81-8356-124-1

प्रकाशक

डिस्कवरी पब्लिशींग हाउस
4831/24, अन्सारी रोड, दरियागंज
नई दिल्ली–110 002
दुरभाष–23279245
फैक्स– 23253475
e-mail: dphtemp@indiatimes.com

मुद्रक

मेहरा ऑफसैट प्रेस
दिल्ली

प्राक्कथन

गणित विषय अक्सर विद्यार्थियों को कठिन विषय लगता है। गणित का शिक्षण विद्यालय में विभिन्न विधियों, प्रविधियों या स्तरों की सहायता से विभक्त क्रिया-कलापों के माध्यम से सम्पन्न किया जाना चाहिए। शिक्षक यदि उपयुक्त शिक्षण विधि एवं प्रविधि का प्रयोग करें तो वे इसकी दुरुहता को समाप्त कर सकते हैं।

शिक्षा स्नातक स्तर (बी.एड.) पर प्रशिक्षिणार्थियों को गणित शिक्षण के माध्यम से विभिन्न आयामों से परिचित कराया जाता है। इस पुस्तक में विभिन्न आयामी शोधों के परिणाम, उच्च स्तरीय पुस्तकों का सार तथा अनुभव के द्वारा अनेक बिन्दुओं पर विचार-मंथन एकत्र करके इस पुस्तक को पाठकों के लिए प्रस्तुत किया है।

इस पुस्तक को 14 अध्यायों में पठन सामग्री के रूप में प्रस्तुत किया है। छात्रों के व्यक्तित्व के विकास हेतु तीनों पक्षों–भावात्मक, क्रियात्मक तथा ज्ञानात्मक के लिए शिक्षण कब करें, कैसे करें, क्या करें? इन बिन्दुओं पर अधिक बल दिया है।

प्रस्तुत पुस्तक एक सबल पक्ष उद्देश्यों के वर्गीकरण, सक्रिय क्रियाओं के चयन, उद्देश्यों का व्यावहारिक पदों में लेखन, पाठ योजना निर्माण के विभिन्न उपागमों का सैद्धान्तिक व निर्माण पक्ष दोनों पर ही अधिक परिश्रम किया है। विभिन्न प्रकार के छात्रों को गणित कैसे पढ़ायें, शिक्षक के सामने यह एक प्रश्न रहता है। इसमें भी लेखक ने अपने आधुनिक विचार बहुत ही सूझ-बूझ के द्वारा प्रस्तुत किये हैं। इसके अतिरिक्त एक गणित शिक्षक को शिक्षण में एवं छात्रों को समझाने के लिए जिन बिन्दुओं की आवश्यकता पड़ती है। उन सभी पर लेखक ने पठनीय सामग्री उपलब्ध करायी है।

अन्त में, पुस्तक की उपयोगिता बहुत ही सरल, बोधगम्य, स्पष्ट एवं रसयुक्त है। अतः यह पुस्तक शिक्षकों-प्रशिक्षकों के लिए अत्यंत उपयोगी सिद्ध होगी।

–अनिल कुमार शर्मा

विषय-सूची

1

गणित का इतिहास एवं महान गणितज्ञ
History of Mathematics and The Great Mathematician

गणित विषय का स्थान बहुत पुराना है। भारतीय गणित के इतिहास का शुभारम्भ ऋग्वेद से होता है। प्राचीन काल से ही गणित विषय बहुत महत्वपूर्ण विषय माना जाता रहा है। वेदांग ज्योतिष (1000 ई० पू०) में गणित की महत्ता पर प्रकाश डालते हुए लिखा है:

प्रसिद्ध जैन गणितज्ञ महावीराचार्य ने गणित के संदर्भ में तो यहां तक लिखा है कि–

बहुभिर्विप्रलापैः किम त्रैलाक्ये सचराचे।
यत्किंचि द्वस्तु तत्सवर्ग गणितेन बिना न हि।।

अर्थात् बहुत अधिक प्रलाप करने से क्या लाभ है। इस सचराचर जगत में जो कुछ भी वस्तु है वह सब गणित (आधार) के बिना समझना सम्भव ही नहीं है।

यह तथ्य भारतीय मनीषियों, दार्शनिकों तथा तत्ववेत्ताओं को भली-भांति ज्ञात था, इसी कारण उन्होंने आरम्भ से ही गणित के विकास पर विशेष ध्यान दिया। अरब एवं यूरोपीय देशों में गणित का ज्ञान नगण्य था, भारत इस क्षेत्र में महान् उपलब्धियां अर्जित कर चुका था।

व्यापार के लिए अरब तथा अन्य देशों से लोग यहां आते थे और ये व्यापार के साथ-साथ यहां की सरल गणना पद्धतियों को भी सीख गये। उन्हीं के द्वारा यह ज्ञान अरब देशों से होता हुआ यूरोप तक पहुंचा। समय-समय पर विदेशी ज्ञान जिज्ञासु भी आये और उन्होंने यहां के अद्वितीय गणितीय ज्ञान को प्राप्त कर अपने देश तक पहुंचाया। यह कहना अतिश्याक्तिपूर्ण न होगा कि बारहवीं शताब्दी तक भारत गणित के क्षेत्र में विश्व का ज्ञान गुरु था।

भारतीय गणित के इतिहास का शुभारम्भ आदिग्रंथ ऋग्वेद से होता है। इसके इतिहास को मुख्यतः पांच कालखण्डों में विभक्त किया जा सकता है–

(1) आदिकाल (500 ई० पू० तक)
  (क) वैदिक काल (1000 ई० पू० तक)
  (ख) उत्तर वैदिक काल (1000 ई० पू० से 500 ई० पू० तक)
    (अ) शुल्व एवं वेदांग ज्योतिष काल
    (ब) सूर्य प्रज्ञाप्ति काल
(2) पूर्व मध्यकाल (500 ई० पू० से 400 ई० तक)
(3) मध्यकाल अथवा स्वर्णयुग (400 ई० पू० से 1200 ई० पू० तक)
(4) उत्तर-मध्यकाल (1200 ई० पू० से 1800 ई० पू० तक)
(5) वर्तमान काल (1800 ई० पू० के पश्चात्)।

गणित का अर्थ (Meaning of Mathematics)

गणित शब्द का प्रयोग वैदिक साहित्य में बहुतायत में किया गया है। गणित शब्द बहुत प्राचीन शब्द है इसका शाब्दिक अर्थ निम्नवत है। "वह शास्त्र जिसमें गणना की प्रधानता है, मान्यताओं के आधार पर हम कह सकते हैं कि गणित, अंक, आधार, चिन्ह आदि संक्षिप्त संकेतों का वह विधान है जिसकी सहायता से परिमाण, दिशा तथा स्थान का बोध होता है। गणित विषय का प्रारम्भ गिनती से ही हुआ और संख्या पद्धति (Numbers of System) इसका विशेष क्षेत्र है, जिसकी सहायता से गणित की अन्य शाखाओं का विकास किया है। वेदांग शास्त्रों में गणित को सबसे ऊंचा स्थान दिया गया है। प्राचीन भारत में गणित में संख्यान, गणना, ज्योतिष एवं क्षेत्रगणित, सम्मिलित थे। कुछ विद्वानों का मत है कि हिन्दू गणित के अंतर्गत परिकर्म, व्यवहार, रज्जु (क्षेत्रगणित), राशि, कला-सवर्णन (भिन्न सम्बन्धी परिकर्म), यावतवत् (जितना उतना अर्थात् अज्ञात राशि का उपयोग) वर्ग, घन, वर्गावर्ग (चतुर्घात), तथा विकल्प (क्रमचय और संचय) थे। गणित में आने वाली क्रियाओं को करने के लिए लेखन-सामग्री का प्रयोग किया जाता था। ये क्रियाएं या तो पाटी या खड़िया से लिखकर की जाती थीं या पाटी पर धूल बिछाकर किसी नुकीली कलम या लकड़ी से। इस प्रकार प्राचीन भारत में गणित की अध्ययन प्रक्रियाओं में पाटी-गणित तथा धूली कर्म शब्दों का बहुत प्रचलन था।

गणित शिक्षा का प्राचीन काल से ही उच्च स्थान रहा है। गणित के बारे में महावीराचार्य जी ने अपनी पुस्तक "गणित सार संग्रह" में कहा है कि-"लौकिक, वैदिक तथा सामाजिक में जो-जो व्यापार हैं, उन सबमें गणित का प्रयोग है। कामशास्त्र, अर्थशास्त्र, पाकशास्त्र, गन्धर्वशास्त्र (गायन), नाट्यशास्त्र, आयुर्वेद, भवन-निर्माण शास्त्र आदि विषयों में तथा छन्द, अलंकार, काव्य, तर्क, व्याकरण, ललित कलाओं आदि समस्त विधाओं में गणित अत्यंत उपयोगी है। सूर्य आदि ग्रहों की गति ज्ञात

करने में, दिशा तथा समय ज्ञात करने में, चन्द्रमा के परिलेख आदि में सर्वत्र गणित का प्रयोग करना पड़ता है। द्वीपों, समुद्रों, पर्वतों की संख्या, लोक-अन्तर्लोक, ज्योतिर्लोक, सभा-भवनों एवं गुम्बदाकार मंदिरों के परिमाण तथा अन्य बातें गणित की सहायता से जानी जाती हैं। अधिक क्या कहें–सचराचर त्रैलोक्य में जो कुछ भी वस्तु है, उसका अस्तित्व गणित के बिना सम्भव नहीं हो सकता। प्राय: सभी महान् शिक्षकों एवं दार्शनिकों जैसे फ्रोवेल, पेस्टालॉजी, मान्टेसरी, हर्बर्ट आदि ने गणित को मानव-विकास का सर्वश्रेष्ठ साधन मानकर शिक्षा के पाठ्यक्रम में उच्चतम स्थान दिया है। नेपोलियन जैसे महान् शासक एवं राजनीतिज्ञ के कथनानुसार--गणित की उन्नति के साथ देश की उन्नति का घनिष्ठ संबन्ध हैं। प्लेटो ने तो अपनी पाठशाला के द्वार पर यहां तक लिख रहा था कि जो व्यक्ति रेखागणित को नहीं समझते हैं, वे पाठशाला में शिक्षा ग्रहण करने के ध्येय से प्रवेश न करें।

परिभाषाएं (Definitions)

गणित की कुछ मुख्य परिभाषाएं निम्न हैं–

(1) गैलीलियो (Galileo) के अनुसार–''गणित वह भाषा है जिसमें परमेश्वर ने सम्पूर्ण जगत या ब्रह्माण्ड को लिख दिया है।''

(Mathematics is the language in which God has written the Universe.)

(2) बर्टेण्ड रसैल, (Bertrand Russel) के अनुसार--''गणित एक ऐसा विषय है जिसमें यह भी नहीं जानते कि हम किसके बारे में बात कर रहे हैं। और न ही यह जान पाते हैं कि हम जो कह रहे हैं, वह सत्य है।''

(Mathematics may be defined as the subject in which we never know what we are talking about, nor whether what we are saying is true).

(3) मार्शल, एच० स्टोन (Marshal, H. Stone) के अनुसार–''गणित एक ऐसी अमूर्त व्यवस्था का अध्ययन है जोकि अमूर्त तत्वों से मिलकर बनी है। इन तत्वों को मूर्तरूप में परिभाषित किया गया है।''

(Mathematics is the study of abstract system built of abstract elements. These elements are not described in concrete fashion.

(4) काण्ट (Kant) के अनुसार–''एक प्राकृतिक विज्ञान केवल उसी स्थिति में विज्ञान है जब तक इसका स्वरूप गणितीय है।''

(A natural science is a science only in so far as it is Mathematical.)

(5) बेकन (Bacon) के अनुसार–''गणित सभी विज्ञानों का मुख्य द्वार एवं कुंजी है।''

(Mathematics is the gate way and key to all sciences.)

(6) बर्थलॉट (Berthelot) के अनुसार–''गणित सभी वैज्ञानिक शोधों का एक अति महत्वपूर्ण उपकरण है।''

(Mathematics is the indispensable instrument of all physical researches.)

(7) कॉमटे (Comte) के अनुसार–''वह सभी वैज्ञानिक शिक्षा जो गणित को साथ लेकर नहीं चलती, अनिवार्यतः अपने मूलरूप में दोषपूर्ण हैं।''

(All sciences education which does not commence with Mathematics, is of necessarily defective at its foundations.)

(8) जे० बिलर्ड गिब्स (J. Willard Gibbs) के अनुसार–''गणित एक भाषा है।''

(Mathematics a language.)

(9) होगबेन (Hogben) के अनुसार–''गणित सभ्यता और संस्कृति का दर्पण है।''

(Mathematics is the mirror of civilization.)

(10) बेल (Bell) के अनुसार–''गणित को विज्ञान का नौकर माना जाता है।''

(Mathematics is supposed to be the servant of science.)

(11) व्हाइटहैड (Whate Head) के अनुसार–''व्यापक महत्व की दृष्टि से गणित सभी प्रकार की औपचारिक निगमनात्मक तार्किक योग्यता का विकास है।''

(Mathematics in its widest significance is the development of all types of formal deductive reasoning.)

(12) गॉस (Gause) के अनुसार–''गणित विज्ञान की रानी है।''

(Mathematics is the queen of the science.)

(13) लौक (Locke) के अनुसार–''गणित वह मार्ग है जिसके द्वारा बच्चों के मन या मस्तिष्क में तर्क करने की आदत स्थापित होती है।''

(Mathematics is a way to settle in the mind of children a habit of reasoning.)

उपर्युक्त परिभाषाओं के आधार पर गणित के सम्बन्ध में सारांश रूप में हम कह सकते हैं कि–

(1) गणित माप-तौल (मापन), मात्रा (परिमाण) तथा दिशा का विज्ञान है। (Mathematics is the science of measurement, quantity and magnitude.)

(2) गणित स्थान तथा संख्याओं का विज्ञान है। (Mathematics is the science of space and numbers.)

(3) गणित गणनाओं का विज्ञान है। (Mathematics is the science of calculations.)

(4) गणित वह विज्ञान है जिसमें आवश्यक निष्कर्ष निकाले जाते हैं। (Mathematics is the science which draws necessary conclusions.)

(5) गणित विज्ञान की क्रमबद्ध, संगठित तथा यथार्थ शाखा है। (Mathematics is a systemised, organised and exact branch of science.)

(6) यह आगमनात्मक तथा प्रायोगिक विज्ञान है। (It is an inductive and experimental science.)

(7) इसमें मात्रात्मक तथ्यों और सम्बंधों का अध्ययन किया जाता है। (It deals with quantitative facts and relationships.)

(8) यह तार्किक विचारों का विज्ञान है। (It is a science of logical reasoning.)

(9) गणित के अध्ययन से मस्तिष्क में तर्क करने की आदत स्थापित होती है। (It settles in the mind a habit of reasoning.)

गणित की प्रकृति (Nature of Mathematics)

गणित विषय की संरचना अन्य विद्यालयी विषयों की अपेक्षा अधिक मजबूत तथा शक्तिशाली है जिसके कारण गणित अन्य विषयों की तुलना में अधिक स्थाई एवं महत्वपूर्ण है। किसी विषय की संरचना जैसे-जैसे कमजोर होती जाती है, उस विषय की सत्यता, मान्यता तथा पूर्वकथन (Prediction) की क्षमता भी उसी क्रम में घटती जाती है। इसी निश्चित ढांचे या संरचना (Sturcture) के आधार पर प्रत्येक विषय की प्रकृति का निर्धारण किया जाता है तथा उसको पाठ्यक्रम में स्थान दिया जाता है। ऐसा नहीं कि सभी विषयों की प्रकृति एक समान हो। गणित विषय की अपनी एक अलग प्रकृति है जिसके आधार पर हम उसकी तुलना किसी अन्य विषय से कर सकते हैं। किन्हीं दो या दो से अधिक विषयों की तुलना का आधार उन विषयों की प्रकृति ही है जिसके आधार पर हम उस विषय के बारे में जानकारी प्राप्त करते हैं। गणित की प्रकृति को निम्न बिन्दुओं द्वारा भली-भांति समझा जा सकता है–

(1) गणित की अपनी भाषा (Language) है। भाषा का तात्पर्य–गणितीय पद (Mathematical terms), गणितीय प्रत्यय (Mathematical concepts), सूत्र (Formulae), सिद्धांत (Theories and Principles) तथा संकेतों (Signs) से है जो कि विशेष प्रकार के होते हैं तथा गणित की भाषा को जन्म देते हैं।

(2) गणित में संख्याएं (Numbers) स्थान (Space). दिशा (Magnitude) तथा मापन या माप–तौल (Measurement) का ज्ञान प्राप्त किया जाता है।

(3) गणित का ज्ञान यथार्थ (Exact) क्रमबद्ध (Systematic), तार्किक (Logical) तथा अधिक स्पष्ट (Clear) होता है, जिससे उसे एक बार ग्रहण करके आसानी से भुलाया नहीं जा सकता।

(4) गणित के ज्ञान का आधार हमारी ज्ञानेन्द्रियां (Sense organs) हैं।

(5) इसके ज्ञान का आधार निश्चित होता है जिससे उस पर विश्वास किया जा सकता है।

(6) इसमें बालकों में स्वस्थ तथा वैज्ञानिक दृष्टिकोण (Scientific attitude) विकसित होता है।

(7) गणित के अध्ययन से बालकों में आत्म–विश्वास (Confidence) और आत्म–निर्भरता (Self-Reliance) का विकास होता है।

(8) गणित विज्ञान की विभिन्न शाखाओं के अध्ययन में सहायक ही नहीं, बल्कि उनकी प्रगति तथा संगठन की आधारशिला है।

(9) गणित में अमूर्त प्रत्ययों (Abstract concepts) को मूर्तरूप (Concrete form) में परिवर्तित किया जाता है, साथ ही उनकी व्याख्या भी की जाती है।

(10) गणित के ज्ञान का उपयोग (Application) विज्ञान की विभिन्न शाखाओं यथा–भौतिकी, रसायन विज्ञान, जीवन विज्ञान तथा अन्य विषयों के अध्ययन में किया जाता है।

(11) गणित के नियम, सिद्धांत, सूत्र सभी स्थानों पर एक समान होते हैं जिससे उनकी सत्यता की जांच (Verification) किसी भी समय तथा स्थान पर की जा सकती है।

(12) गणित के अध्ययन से आगमन (Induction) निगमन (Deduction) तथा सामान्यीकरण (Generalization) की योग्यता विकसित होती है।

(13) इसमें सम्पूर्ण वातावरण में पायी जाने वाली वस्तुओं (Objects) के परस्पर सम्बन्ध (Relationship) तथा संख्यात्मक निष्कर्ष (Numerical conclusions) निकाले जाते हैं।

(14) इसमें प्रदत्तों अथवा सूचनाओं (संख्यात्मक) को आधार मानकर संख्यात्मक निष्कर्ष (Numerical Inferences) निकाले जाते हैं।

(15) इसके विभिन्न नियमों, सिद्धांतों, सूत्रों आदि में संदेह (Doubts) की सम्भावना नहीं रहती है।

(16) इसके अध्ययन से प्रत्येक ज्ञान तथा सूचना स्पष्ट होती है तथा एक सम्भावित उत्तर निश्चित होता है।

(17) गणित की भाषा सुपरिभाषित, उपयुक्त तथा स्पष्ट होती है।

(18) गणित के ज्ञान से बालकों में प्रशंसात्मक दृष्टिकोण तथा भावना (Sense of appreciation) का विकास होता है।

उपर्युक्त तथ्यों के आधार पर हम कह सकते हैं कि वास्तव में गणित की संरचना, जोकि इसकी आधारशिला है अन्य सभी विषयों की अपेक्षा अधिक सुदृढ़ है। जिसके आधार पर विद्यालयी शिक्षा में गणित के ज्ञान की आवश्यकता दृष्टिगोचर होती है। रोजर बेकन ने ठीक ही कहा है कि गणित सभी विज्ञानों का सिंह द्वार (gate) और कुंजी (key) है। गणित की प्रकृति के सम्बन्ध में स्कॉटिश दार्शनिक हेमिल्टन (Hamilton) ने लिखा है–

"The study of mathematics is os easy that it affords no real mental discipline."

आधुनिक गणित का विकास
(Development of Modern Mathematics)

आदिकाल से ही गणित तथा मानव का अटूट सम्बन्ध रहा है, तथा मानव जीवन से सम्बन्धित समस्याओं का हल करने में इस विषय ने विभिन्न प्रकार से महत्वपूर्ण सहायता की है। गणित मनुष्य की प्रकृति का भाग है तथा शनैः–शनैः मनुष्य ने स्वयं की प्रकृति को समझने में गणित का विकास किया एवं अपनी दैनिक जीवन सम्बन्धी जटिल परिस्थितियों को सुधारने में भी उसका उपयोग किया है।

आदिकाल में मनुष्य असभ्य एवं जंगली था तथा उसको इकाई का स्पष्ट ज्ञान नहीं था। सभ्यता के क्रमिक विकास के साथ–साथ आदि मानव को 'कम', अधिक और 'नहीं' की मात्रा को संकेतों से व्यक्त करने की आवश्यकता पड़ी और धीरे–धीरे 'इकाई' एवं संकेतों का विकास हुआ। मनुष्य के दोनों हाथों में दस उंगलियां थीं और इन उंगलियों की सहायता से मानव को गणना में सहायता मिलती रही। इस प्रकार दस गणना का आधार बन गया। वास्तव में गणना (calculation) शब्द का जन्म लैटिन भाषा के 'केलकुली' (Calculi) से हुआ है जिसका अर्थ है कंकड (Pebbles)। प्राचीन काल में गणित का विषय अधिक विकसित नहीं था। मानव दिन–प्रतिदिन की आवश्यकताओं को पूरा करने के लिए अपक्व (Crude) गणित का प्रयोग करते थे। उदाहरणार्थ–गणना करने के लिए उंगलियों, कंकड़, गोलियों का प्रयोग किया जाता था।

इतिहासकारों के अनुसार "आवश्यकता आविष्कार की जननी" है। (Necessity is the mother of invention) आदिकाल में मनुष्य असभ्य था तथा जंगलों में नग्न अवस्था में रहता था और जानवरों को मारकर उनका भोजन करता था और जैसे–जैसे

सभ्यता का विकास होता चला गया उसने जानवरों की खाल पहननी शुरू कर दीए और छोटे–छोटे मकान बनाकर परिवार के रूप में रहना प्रारम्भ कर दिया। आवश्यकता बढ़ने पर उसने कृषि, पशुपालन, कुम्हार, बढ़ई और लुहार इत्यादि विभिन्न प्रकार के व्यवसाय प्रारम्भ कर दिये। गणना, आर्थिक व्यवस्था इत्यादि विभिन्न प्रकार की दैनिक जीवन की समस्याओं का समाधान करने की मानव की आवश्यकता ने अंकगणित और बीजगणित को जन्म दिया। प्राचीन भारत में गणना का आधार दस था तथा विश्व को यह एक भारत की बहुमूल्य देन है। भारत में गणित के विचारों को विदेशों से आये व्यापारी समय–समय पर अपने देशों में ले गये तथा उनका उपयोग करना शुरू किया और शनैः–शनैः उन विचारों का श्रेय स्वयं के देश को देने लगे। भारत में यूनान, रोम, अरब चीन आदि देशों से आये व्यापारियों के कारण भारत से गणित का ज्ञान प्रचुर मात्रा में इन देशों में पहुंचा। रेखागणित और त्रिकोणमिति (Trigonometry) का विकास भूमि मापन और नक्षत्र विद्या (Astronomy) की समस्याओं से हुआ। धार्मिक कार्यों में यश के लिए वेदी इत्यादि बनाने में रेखागणित की आवश्यकता पड़ती थी। अतः विवाह इत्यादि विभिन्न प्रकार के सामाजिक कार्यों के लिये सर्वोत्तम समय या शगुन ज्ञात करने के लिए ज्यातिष की आवश्यकता होती थी। बीजगणित का आविष्कार भौतिक विज्ञान की कुछ आधारभूत समस्याओं को हल करने के लिए किया गया था। हिन्दू, जैन और इस्लाम के प्राचीन ग्रंथों से यह स्पष्ट होता है कि उस समय गणित एक प्रमुख विषय माना जाता था। इस्लामी शिक्षा के मतलबों में विद्यार्थियों को अक्षरों की संख्या से गणना और शगुन पढ़ाया जाता था।

गणित के ऐतिहासिक महत्व को स्वीकार करते हुए जे० बी० हैल्मसटेड ने आन दि फाउण्डेशन एण्ड टेकनिक ऑफ अरिथमेटिक, शिकागो (1912)' में लिखा है कि शून्य भारत की देन है जिसने संसार को सभ्य बनाने में सहायता दी है। वे लिखते हैं–''शून्य के आविष्कंार के महत्व की कभी भी अतिश्योक्ति नहीं की जा सकती। निरर्थक शून्य को केवल स्थान, संज्ञा, आकृति एवं संकेत ही नहीं बल्कि एक उपयोगी शक्ति प्रदान करना हिन्दू जाति की, जहां से इसकी उत्पत्ति हुई है, एक विशेषता हैं यह निर्वाण को विद्युत शक्ति में परिवर्तित करने के सदृश है। गणित सम्बन्धी कोई भी आविष्कार ज्ञान और शक्ति को आगे बढ़ाने में इतना प्रबल सिद्ध नहीं हुआ जितना कि शून्य।''

प्रमुख गणितज्ञ J.W.L. Glaisher का कथन है कि–''मुझे विश्वास है कि गणित को उसके इतिहास से अलग करने के प्रयास में उसकी अपेक्षा किसी अन्य विषय को अधिक क्षति नहीं होगी (I am sure that no subject losses more than Mathematics by any attempt to dissociate it from its history) किसी भी विषय का गहन अध्ययन करने के लिए यह आवश्यक है कि हमें उसके विश्वास के इतिहास का पूर्ण ज्ञान हो। अन्य विषयों की अपेक्षा गणित के विद्यार्थी को इस बात का ज्ञान होना अति आवश्यक है कि इस विषय में किस तरह और किस काल में क्या–क्या उन्नति हुई है। गणित के इतिहास के अध्ययन से हमें यह ज्ञात हो जायेगा कि किस काल में मानव की कैसी विचारधारा थी, वह किस प्रकार चिंतन करता था और उसकी क्या–क्या आवश्यकताएं थीं।

आधुनिक गणित का विकास मन्द गति से हुआ है तथा इसका वर्तमान स्वरूप एक लम्बी अवधि के सतत् प्रयासों का फल है। मनुष्य ने सर्वप्रथम अंकों का प्रयोग करना कब सीखा यह निश्चित रूप से नहीं कहा जा सकता, परन्तु यह अवश्य निश्चित हैं कि गिनने का ज्ञान मनुष्य को अति प्राचीन काल में भी था। वह हाथ की उंगलियों से या उंगलियों पर बने निशानों से तुलना करके अपने पशुओं तथा अन्य वस्तुओं को गिन लिया करता था। धीर–धीरे गिनती सीखने के बहुत दिनों बाद मनुष्य को ठीक–ठीक गणना करने का ज्ञान हुआ। इसके महत्व को समझने तक में न जाने कितनी शताब्दियां बीत गयी होंगी तत्पश्चात् गणित का विस्तार विश्व की समस्य जातियों में फैलने लगा। भारत, चीन, मैसोपोटामिया और मिस्त्र आदि देशों में प्राचीन सभ्यता के उदय के पूर्वकाल में ही इसका विस्तार हो चुका था। यूनानियों तथा अरबों ने इसे और भी विस्तृत किया तब उनसे इस विद्या को सीखकर यूरोप के विद्वानों ने धीरे–धीरे इसका पुनः निर्माण करके इसे आधुनिक युग में प्रतिस्थापित किया।

आज गणित की चार मुख्य शाखाएं हैं–ज्यामिति (ज्योमैट्री), बीजगणित (अलजबरा), गणितीय विश्लेषण (मैथमेटिकल अनालिसिस) तथा संख्या सिद्धांत (नंबर थ्योरी)। इनके अतिरिक्त इसे और भी कई छोटी–छोटी शाखाओं में बांटा जा चुका है। विज्ञान की विभिन्न शाखाओं के अतिरिक्त आज इसका उपयोग अर्थशास्त्र, राजनीतिशास्त्र, समाजशास्त्र तथा मनोविज्ञान आदि में भी किया जाता है। प्राचीन गणित से आधुनिक गणित तक पहुंचने में जिन गणितज्ञों को अथक परिश्रम करना पड़ा उनमें पाइथागोरस, यूक्लिड, न्यूटन, गॉउस, रीमान, लोवाच्वस्की, कैण्टर, बूल, फोर्क्स, जोन्स, कार्ल फ्रेडरिक, बोलये तथा गैलवा आदि के नाम उल्लेखनीय हैं। फोर्क्स, जोन्स बोलये, कार्ल फ्रेडरिक, गॉउस तथा लोवाच्वस्की आदि गणितज्ञों ने नॉन–यूक्लिडयन (Non-Euclidean) ज्यामिति का आविष्कार किया तथा गॉउस ने Complex Numbers सम्बन्धी बीजगणित का विकास किया।

आज गणित का जो रूप बन चुका है उसका विस्तारपूर्वक अध्ययन करना बहुत कठिन हो गया है। आज गणित में जो भी शोधकार्य किया जा रहा है वह

इतना अधिक गूढ़ होता जा रहा है कि उसे देखकर लगता है कि भविष्य में गणित की विभिन्न शाखाओं में होने वाले कार्य को केवल उसका शोधकर्ता ही ठीक से समझ पायेगा। शोधकर्त्ताओं को भी बड़ी कठिनाई से अपने-अपने क्षेत्रों में ऐसे लोग मिल पायेंगे जो उसके कार्य को समझने का कष्ट करेंगे और उनके कार्यों की सराहना करेंगे। पिछले पचास वर्षों या उससे अधिक का लेखा-जोखा देखने पर ऐसा प्रतीत होता है कि प्रत्येक दस वर्षों बाद गणित की विभिन्न शाखाओं में छपने वाले शोध-पत्रों की संख्या दुगुनी और चौगुनी होती रही है। गणित की विभिन्न शाखाओं में से नयी-नयी शाखाएं बनती जा रही हैं। नयी-नयी शाखाओं पर गणित में नये-नये जरनल (Journal) प्रकाशित हो रहे हैं। यहां यह उल्लेखनीय है कि पिछले पचास वर्षों में जितनी अधिक वृद्धि गणित शोध-पत्रिकाओं की संख्या में वृद्धि हुई है, उतनी शायद ही सम्पूर्ण विज्ञान की किसी अन्य शाखा में हुई होगी। उदाहरणार्थ, अब ऐसी-ऐसी गणित की शोध-पत्रिकाएं मिल जाती हैं जिनका सीधा सम्बन्ध भौतिकशास्त्र, रसायनशास्त्र, जीवविज्ञान, मनोविज्ञान तथा अर्थशास्त्र इत्यादि से होता है। यहां पर तथ्य पूरे विश्वास एवं प्रमाण के साथ कहा जा सकता है कि भौतिकशास्त्र में शायद ही ऐसी कोई शाखा होगी जिसमें किसी न किसी रूप में गणित का उपयोग न किया जाता हो, चाहे वह प्रमात्रा-सिद्धांत (क्वांटम थ्योरी) हो जिसका सम्बंध पदार्थ और शक्ति की बुनियादी इकाईयों से होता है या फिर सापेक्षवाद सिद्धांत (रिलेटिविटी थ्योरी) हो जिसका सम्बंध दिक्‌काल और ब्रह्माण्ड की बनावट से है। इनमें से अगर गणित को निकाल दिया जाये तो केवल शून्य ही शेष बच जाता है।

आधुनिक गणित में मुख्यत: आधुनिक बीजगणित को सबसे अधिक महत्व दिया जा रहा है। आधुनिक बीजगणित से पहले गणित का मुख्य भाग ज्यामिति पर आधारित था तथा ज्यामितीय व्याख्या देकर ही अधिक से अधिक सिद्धांतों को सिद्ध किया जाता था। ईसा पूर्व से लेकर न्यूटन के समय तक यूक्लिड की ज्यामिति का ही बोलबाला रहा। अल्वर्ट आइन्सटीन ने अपने सापेक्षवाद के सिद्धांत में भले ही यूक्लिड की ज्यामिति की उपेक्षा की और इसके विरुद्ध विद्रोह किया परन्तु फिर भी उन्होंने बीजगणित को यह महत्व नहीं दिया जो रिमानी ज्यामिति का। सर्वविदित है कि आइन्सटीन ने अपने सापेक्षवाद में ज्यामिति का उपयोग ब्रह्माण्ड की संरचना तथा विस्तार में जहां तक हो सका किया और उसमें पूरी तरह सफल भी रहे। जब कि इसके विपरीत 19वीं शताब्दी के शुरु में ही कुछ गणितज्ञों ने यह अनुभव किया कि बीजगणित ज्यामिति से अधिक उपयोगी सिद्ध हो सकता है। इसमें संदेह नहीं कि बीजगणित का कुछ भाग जिसे 'लीनियर एलजेबरा' कहते हैं, विज्ञान की विभिन्न शाखाओं में काफी सहायक सिद्ध होता रहा है। फलस्वरूप,

दैनिक जीवन में भी बीजगणित का उपयोग आसानी से किया जाने लगा। महान् गणितज्ञ 'डेस्कार्ट' ने निर्देशांक ज्यामिति की समस्याओं में बीजगणित का उपयोग करके उसे ज्यामिति से दूर तथा बीजगणित के पास लाने का प्रयास किया। इसी प्रकार जार्ज बूल ने 19वीं शताब्दी में बीजगणित पर आधारित अनेक सिद्धांत प्रस्तुत किये। उनका विश्वास था कि वह अपने बीजगणितीय सिद्धांतों से महान् अरस्तू के उन तर्कों का समाधान प्रस्तुत कर देंगे जिन्हें उसने केवल ज्यामिति द्वारा हल किया था। बूल ने अपने सिद्धांतों को एक श्रृंखला से बांधकर नये बीजगणित की स्थापना की जो आगे चलकर बुलियन एलजबरा के नाम से प्रसिद्ध हुआ। आज इलेक्ट्रानिक कम्प्यूटर बनाने में बुलियन बीजगणित की व्यावहारिक उपयोगिता को मानने से इनकार नहीं किया जा सकता।

अब प्रश्न यह उठता है कि आधुनिक बीजगणित में नयी बात क्या है? गणित में जब हम इस बात का वर्णन करते हैं तो हमारा तात्पर्य आज से पचास या सौ वर्ष पुराने शोधकार्य से होता है। आज जिसे हम आधुनिक बीजगणित की संज्ञा देते हैं उसकी नींव भी 19वीं शताब्दी के शुरू में ही पड़ चुकी थी। इसकी शुरुआत 'जार्ज कैण्टर' द्वारा 'कुलक सिद्धांत' (सेट थ्योरी) के विकास पर आधारित है। वैसे तो कैण्टर से भी कई वर्ष पहले समूह सिद्धांत (ग्रुप थ्योरी) का विकास हो चुका था जिसके प्रवर्तक प्रतिभाशाली फ्रांसीसी गणितज्ञ गैलवा थे जो 21 वर्ष की छोटी–सी अवस्था में ही स्वर्गवासी हो गये थे। गैलवा ने अपने तीन-चार वर्षों के शोधकार्यों में ही जो अद्भुत प्रतिभा दिखा दी उसकी तुलना शायद ही किसी से की जा सके। उनका कार्य उच्च घात (हायर ऑर्डर) और 'प्रतिस्थापित समूहों' पर है। प्रतिस्थापित समूह एक विशेष प्रकार के कुलक होते हैं। जो गुणा या जोड़ आदि के सन्दर्भ में कुछ विशेष नियमों का पालन करते हैं। इन समूहों पर पूरा 'समूह सिद्धांत' आधारित है जो आधुनिक बीजगणित का आधार माना जाता है।

आधुनिक बीजगणित जो कुलकों (सेट्स) तथा समूहों (ग्रुप्स) से निर्मित है, स्वयं तर्कसंगत विचारों पर आधारित है। अगर कुछ बातें इस प्रकार सही हैं तो कुछ अन्य बातें दूसरे प्रकार से सही होंगी। यहां पहली बात के सही होने का उतना महत्व नहीं है जितना कि उससे तुलना करके दूसरी बातों की शुद्धता और अशुद्धता का है। 'कुलक' कुछ वस्तुओं के संग्रह का नाम है, भले ही वह वस्तुएं किताबों का संग्रह हो, फलों का संग्रह हो या फिर किसी पुस्तक के पृष्ठों का संग्रह हो। किसी संग्रह में वस्तुओं की संख्या उस कुलक के सदस्यों की संख्या मानी जाती है। अगर किसी 'कुलक' में कोई भी सदस्य न हो तो भी वह संग्रह ही समझा जाता है, पर उसका नाम 'शून्य कुलक' (जीरो सेट) माना जाता है। इसके विपरीत अगर कुलक में सदस्यों की संख्या 'अनन्त' हो तो उसे 'अनन्त

कुलक' कहा जाता है। किसी भी 'शान्त कुलक' के विषय में कहा जा सकता है कि उसमें कितने 'सदस्य या पद' हैं, किन्तु किसी भी अनन्त कुलक के बारे में इस प्रश्न का ठीक-ठीक उत्तर नहीं दिया जा सकता है कि कौन 'कुलक' बड़ा अथवा छोटा है। यदि दो कुलकों में 'एकैकी-संगति' बिठायी जा सके तो वे कुलक समान कहे जायेंगे। 'एकैकी-संगति' का सरल उदाहरण दो कुलकों के 'पदों' को अलग-अलग पंक्तियों में रखकर तथा बारी-बारी से एक-एक सदस्य को चिन्हित करके देखा जा सकता है कि किस कुलक में पदों की संख्या अधिके है, कम है अथवा बराबर है। कैण्टर का अनन्त कुलकों के संग्रह का 'कुलक' भी बड़ा विचित्र है। अब प्रश्न उठता है कि यह बनने वाला कुलक भी क्या उस संग्रह का सदस्य होगा या नहीं। बर्टेंड रसेल जिन्होंने कैण्टर के कुलकों को पूरी तरह समझा और उनकी उपयोगिता की प्रशंसा भी की, इसी प्रकार का एक और उदाहरण देते हैं। एक गांव में केवल एक ही नाई है। काम की अधिकता के कारण वह यह शर्त रखता है (कसम खाता) है कि वह केवल उन्हीं गांववालों की दाढ़ी बनायेगा जो अपनी दाढ़ी बनाना नहीं जानते। अब प्रश्न उठता है कि क्या वह स्वयं अपनी दाढ़ी बनायेगा या नहीं? उत्तर हां और नहीं दोनों में हो सकता है।

इस प्रकार हम देखते हैं कि गणित का जो आधुनिक रूप बन चुका है वह पूरी तरह तर्क संगत होते हुए भी यथार्थवादी तथा व्यावहारिक है। आज महान् गणितज्ञ कैण्टर, बूल, गैलवा नहीं हैं लेकिन गणित के क्षेत्र में उनकी महान् देन को कभी भुलाया नहीं जा सकता। गणित एक सच्चाई है, हर वस्तु को मापने की एक सच्ची कसौटी है। इसकी कला एक दार्शनिकता है, विचारों को संक्षेप में कहने, सुनने और लिखने की अद्‌भुत भाषा है। यह वह ज्ञान, अनुभव, अनुभूति, शक्ति तथा विचार शक्ति है जो सभी विज्ञानों के महान् लक्ष्य को स्पर्श करती है। प्रस्तावनाओं की संपुष्टि वैज्ञानिक सिद्धांतों का एकीकरण न केवल विज्ञान की, बल्कि मानव बुद्धि की भी चिर आकांक्षा रही है जिसे आज गणित ही तर्क के आधार पर सुचारुरूप से संगठित करता है।

गणित के क्षेत्र की कुछ महान् विभूतियां : जीवनी एवं कार्य-क्षेत्र

(Life History and Contribution of Great Mathematics)

आर्यभट्ट (Arybhatta)

भारतीय गणितशास्त्र के इतिहास में 'आर्यभट्ट' एक बहुत ही सम्मानीय एवं प्रभावपूर्ण नाम है। इस नाम के कम से कम दो गणितज्ञ तो भारतभूमि ने अवश्य पैदा किये। इन दो में से एक जो 476 ई० में वर्तमान पटना के निकट कुसुमपर

(पाटलिपुत्र) नामक नगर में पैदा हुए थे और जिन्होंने 499 ई० में 'आर्यभट्टीय' नामक पुस्तक लिखी थी उन्हें प्रथम के नाम से जाना जाता है। इसी नाम के और गणितज्ञ इनके बाद में हो चुके हैं, जिन्होंने 950 ई० के लगभग 'महाआर्य सिद्धान्त' नामक पुस्तक की रचना की थी। अत: इन्हें 'आर्यभट्ट द्रितीय' के नाम से जाना जाता है। आर्यभट्ट प्रथम (199 ई०) के समय से भारतीय गणित विज्ञान का स्वर्णिम युग आरम्भ हुआ।

आर्यभट्ट का जन्म कहां हुआ, इस विषय पर भी कुछ मतभेद है। उनका कार्यस्थल कुसुमपुर था परन्तु इससे यह स्पष्ट नहीं होता कि वे यहीं के रहने वाले थे। लेखकों ने उन्हें केरल निवासी सिद्ध करने का भी प्रयास किया है। अपने मत की पुष्टि में वे यह तर्क प्रस्तुत करते हैं कि केरल में आर्यभट्ट द्वारा आविष्कृत कैलेण्डर पद्धति अभी भी प्रयोग में लाई जाती है। मूलत: वे किसी भी प्रवेश के निवासी रहे हों परन्तु इस बात में संदेह नहीं कि कुसुमपुर से इनकी सुगंधि दिगदिगंत में व्याप्त हो सकी। यहीं उन्होंने अपने प्रसिद्ध ग्रंथ 'आर्यभट्टीय' की रचना की।

भास्कराचार्य (Bhaskaracharya)

भास्कराचार्य प्रथम, जो आर्यभट्ट प्रथम के पश्चात् पैदा हुए ज्योतिष एवं गणित के अच्छे स्नातक और टीकाकार हो गये हैं परन्तु जिन भास्कराचार्य की सुगंधि से आज तक गणित एवं ज्योतिष मंडल सुरभित हो रहा है वे भास्कराचार्य प्रथम से कई शताब्दियों पश्चात् पैदा हुये। इन्हें संसार भास्कराचार्य द्वितीय के नाम से जानता है।

भास्कराचार्य (द्वितीय) के जन्म के बारे में उनके अपने लिखे हुए ग्रंथ 'सिद्धान्त शिरोमणि' से ज्ञात होता है कि ये 1114 ई० में सहस्त्रादि पर्वत के पास बिज्जड़बिड (Bijadabida) नामक गांव में पैदा हुये थे। यह गांव किस प्रान्त में स्थित है इसके बारे मे विद्वानों में काफी मतभेद है परन्तु अधिक विद्वान् बिज्जड़बिड को वर्तमान बीजापुर (मैसूर प्रान्त) ही मानने के पक्ष में हैं। इनके पिता का नाम महेश्वर या और वे ही इनके गुरु थे। इन्होंने अपने प्रसिद्ध ग्रंथ 'सिद्धान्त शिरोमणि' की रचना 1150 ई० में की, उस समय ये 36 वर्ष के थे।

'सिद्धान्त शिरोमणि' ग्रंथ को चार अध्यायों में बांटा गया है। ये (1) लीलावती, (2) बीजगणित, (3) गोलाध्याय और (4) ग्रहगणित। भास्कराचार्य ने प्रथम खण्ड का जो अंकगणित से सम्बन्धित है 'लीलावती' नाम क्यों रखा, इसके बारे में कई किवदन्ती प्रचलित हैं। कई लोग लीलावती नामकरण का अर्थ इनकी अपनी पुत्री लीलावती से जोड़ते हैं तो कई लीलावती सम्बोधन को उस समय के लेखन की परिपाटी का अंग मानते हैं।

लीलावती ग्रन्थ वास्तव में एक रोचक और दुर्लभ ग्रंथ है। इसमें 278 पद्य हैं। सिद्धान्त शिरोमणि के अतिरिक्त भास्कराचार्य ने अनेक दुर्लभ ग्रंथ लिखे। इनमें करणकौतुहल, समय-सिद्धान्त शिरोमणि, गोलाध्यायरसगुण तथा सूर्यासिद्धान्त प्रमुख हैं।

श्रीनिवास रामानुजम (Ramanujam)

एक बार प्राइमरी स्कूल का एक अध्यापक कक्षा तीन के अपने विद्यार्थियों को समझा रहा था कि "किसी संख्या को उसी संख्या से भाग देने पर भागफल एक होता है।" सब बच्चे चुपचाप सुनते रहे, परन्तु एक से न रहा गया ओर वह एकदम खड़ा होकर बोला "सर, क्या यह नियम शून्य पर भी लागू होता है?"

अपने अध्यापक को भी इतनी छोटी–सी अवस्था में इस प्रकार के गूढ़ प्रश्नों द्वारा चक्कर में डालने वाले महानुभाव और कोई नहीं प्रख्यात गणितज्ञ रामानुजम हो थे। तीसरी कक्षा में ही इन्होंने बीजगणित आदि का इण्टरमीडिएट कक्षाओं तक का पाठ्यक्रम सामाप्त कर लिया था तथा चौथी कक्षा में आते–आते बी०ए० की त्रिकोणमिति के कठिन प्रश्न हल करने लग गये थे।

एक बार मद्रास "पोर्ट ट्रस्ट कार्यालय" में बहुत पहले घटी। मध्यावकाश के समय जब सभी कर्मचारी गण चाय–पान आदि के लिये बाहर चले गये तो चेयरमैन "सर फ्रांसिस स्प्रिंग" ने अचानक कार्यालय का निरीक्षण किया। उसे फर्श पर गिरा हुआ कागज का एक पन्ना दिखाई पड़ा। उसने उसे उठाकर पढ़ना शुरु किया। वह आश्चर्यचकित होकर बोला–"ओह! यह क्या इसमें तो गणित के अत्यन्त कठिन प्रश्नों को हल किया गया है।" उसने एक बार पुनः कार्यालय में चारों तरफ नजर दौड़ाई। इस बार उसने देखा कि एक दुबला–पतला व्यक्ति अपनी मेज से चिपका हुआ कुछ लिखने में खोया हुआ है। उस व्यक्ति के पास पहुंचकर अधिकारी ने पूछा–"तुम अकेले बैठे–बैठे यहां क्या कर रहे हो?" "जी गणित के सवाल लगा रहा हूं।" "क्या यह तुम्हारा ही लिख हुआ है?" "जी हां, मेरा ही लिखा हुआ है।" "तुमने यह गणित कहां से सीखी है?" "देवी नाग गिरी की कृपा से अपने आप।"

राख के ढेर में इस अमूल्य हीरे को देखकर उस विद्वान् अधिकारी ने कहा–"मित्र तुम्हें तो गणित की दुनिया का बादशाह होना चाहिये, तुम यहां कहां पड़े हो?" वह प्रतिभाशाली नवयुवक 'रामानुज' था जिसने भारत का सर ऊंचा किया।

श्री निवास रामानुज का जन्म 22, दिसम्बर 1887 ई० को मद्रास के तंजोर जिले में स्थित इरीद नाम के एक छोटे से गांव में हुआ था। पिता एक साधारण परिवार में निर्धन ब्राह्मण थे तथा एक कपड़े की दुकान पर मुनीमी करके अपना

पेट पालते थे। रामानुजम ने अपनी प्रारम्भिक शिक्षा पास के कस्बे कुम्बकोनम, जहां इनके पितउ नौकरी करते थे, में प्राप्त की। अपनी कक्षाओं में ये सदैव ही प्रथम आते थे। इन्हें बाल्यावस्था से ही गणित से बेहद प्रेम था, यहां तक कि अपने दोस्तों का मनोरंजन वे गणित के सूत्रों से किया करते थे। इनकी गणितीय प्रतिभा होकर इनके अध्यापकों ने इन्हें 12 वर्ष की आयु में ही बाल विद्वान् घोषित कर दिया था क्योंकि इस छोटी आयु में इन्होंने गणित सम्बन्धी जो मौलिक कार्य करके सिखाया वह बड़े-बड़े गणितज्ञों की सम्पूर्ण आयु के परिश्रम से किसी प्रकार भी कम महत्व का न था।

17 वर्ष की आयु में इन्होंने सरकारी छात्रवृति प्राप्त करते हुये हाई स्कूल की परीक्षा पास की तथा छात्रवृत्ति के बल पर ही कॉलिज में प्रवेश भी ले लिया। परन्तु यहां पर इनका गणित प्रेम इनके साथा धोखा कर गया। गणित के अध्ययन में डूबे रहने के कारण ये अंग्रेजी में अनुत्तीर्ण हो गये। फलस्वरूप इनकी छात्रवृत्ति बन्द हो गयी और साथ ही इन निर्धन छात्र की पढ़ाई का भी यहीं अन्त हो गया।

पर ये भी अपनी लगन के पक्के थे। घर पर ही गणित की पढ़ाई में जुट गये। इस बीच में ही इनका विवाह हो गया और अब इनके सामने अपने अतिरिक्त कुनबे का भी पेट भरने की समस्या आ खड़ी हुई। हितैषियों ने थोड़ी बहुत सहायता करनी भी चाही परन्तु स्वाभिमानी व्यक्तित्व यह मानने को तैयार नहीं हुआ। अन्त में बहुत दिन मारे–मारे फिरने के पश्चात् 25 वर्ष की अवस्था में 25 रु० मासिक वेतन पर इन्हें पोर्ट ट्रस्ट में क्लर्की मिल गयी।

क्योंकि रामानुजम की शिक्षा कॉलेज स्तर पर औपचारिक रूप से बहुत कम हुई, अत: रामानुजम ने अनेक परिणामों को स्वाध्याय से ही निकाला। उन्होंने अनेक ज्ञात परिणामों को बिना किसी सहायता के पुन: स्थापित किया और कई परिणाम ऐसे ज्ञात किये जो उनकी सूझ–बूझ और अंतर्दृष्टि के परिचायक थे। 15 वर्ष की उम्र में ही उन्होंने मायावी (जादू के) वर्गों की रचना के नियम ज्ञात किये। उसके बाद ज्यामिति में कार्य प्रारम्भ किया। यहां उन्होंने वृत्त काके वर्ग के रूप में व्यक्त करने के प्रश्न पर विचार किया और यहा तक पहुंच गये कि उन्होंने पृथ्वी की भूमध्य रेखीय परिधि की माप इतनी शुद्धता से ज्ञात की कि सही माप से केवल कुछ फीट का अन्तर रह गया।

सभी पूर्ण संख्याएं (Integers) रामानुजम की मित्र थीं। एक बार जब वे बीमार थे और उन्हें देखने के लिये मि० लिटिलवुड टैक्सी नं० 1729 में आये तो रामानुजम ने 1729 के विषय में कहा कि यह ऐसी छोटी से छोटी संख्या है जिसे दो संख्याओं के घनों के रूप में दो भिन्न प्रकार से व्यक्त किया जा सकता है।

बीजगणितीय सूत्र, अपरिमित श्रेणी के रूपान्तरण आदि में रामानुजम की अन्तर्दृष्टि अचम्भे में डालने वाली थी। इस दृष्टि से उनकी तुलना ऑइलर या जैकोबी से की जा सकती है। उनकी कार्य विधि आगमनात्मक होती थी। उदाहरणों से प्रारम्भ करते हुये आगमन द्वारा व्यापकीकृत परिणामों पर जा पहुंचते थे। विभाजन (Partitions) के सवांगसमता सम्बन्धी अधिकांश गुणर्धम उन्होंने इसी प्रकार किये थे। अपनी तीव्र स्मरण शक्ति, धैर्य परिकलन सम्बन्धी अद्भुत योग्यता के साथ ही साथ उनमें व्यापकीकरण की एक प्रवृत्ति, स्वरूप की खोज और अपनी परिकल्पना (Hypothesis) को तीव्रता से सुधार लेने की क्षमता भी थी और इन्हीं गुणों के कारण अपने समय में उनका कोई प्रतिद्वन्द्वी न रहा। इस तरह संसार के सबसे प्रथम गणितज्ञ बालक के रूप में रामानुजम ने भारतमाता को जो गौरव प्रदान किया वह न केवल चिरस्मरणीय ही रहेगा वरन् भारत की आने वाली पीढ़ी को युगों तक अपने दिव्य आदर्श और अटूट लगन की लौ द्वारा स्पष्ट मार्ग–दर्शन करता रहेगा।

न तो बेकारी के ही निराशाजनक समय में ओर न ही नौकरी के व्यस्त क्षणों में इन्होंने गणित से अपना नाता तोड़ा। इनका प्रथम लेख गणित-शास्त्र संख्या पत्र में प्रकाशित हुआ। आपने इन ही दिनों प्रो० हार्डी, जो केम्ब्रिज में गणित के प्रोफेसर थे, को अनुनय विनय से पूर्ण पत्र लिखा तथा साथ ही अपनी गणित की 120 साध्यों (Theorems) को भी भेजा। थामस हार्डी को भेजे गये 120 प्रमेयों में से हार्डी ने 15 प्रमेय छोटे जो रामानुजम के कार्य के यथेष्ट परिचायक थे। उन्होंने पाया कि इनमें सक कुछ ऐसे थे जिनके विषय में स्वयं हार्डी आश्चर्यचकित थे। उनमें इलिष्टिक इंटीग्रल, हाइपर ज्यामितिक श्रेणी और अपसारी (Divergent) श्रेणी पर भी उदाहरण शमिल थे। यद्यपि यूरोप में इन प्रश्नों पर पहले से विचार हो रहा था परन्तु रामानुजम को इस सम्बन्ध में कुछ भी पता न था और उनके द्वारा किया गया कार्य पूर्णत: मौलिक था। डॉ० हार्डी इनकी प्रतिभा से बहुत-ही प्रभावित हुये। उन्हीं के प्रयास से आपको मद्रास विश्वविद्यालय से छात्रवृत्ति मिल गयी और साथ ही इंग्लैंड जाने की अनुमति भी। रामानुजम ने वहां जाकर जो कुछ करके दिखाया तथा जो कुछ वे बनकर यहां लौटे उससे किसी भी भारतीय का सिर गर्व से ऊंचा उठ सकता है।

सन् 1941 ई० में जब ट्रिनिटी कॉलेज के फैलो डॉ० नाविल भारत आये तो डॉ० हार्डी ने उनसे रामानुजम से मिलने तथा उनको कैम्ब्रिज लाने का अनुरोध कर दिया था। भारत आने पर प्रो० नोविल ने रामानुजम से भेंट की। उन्होंने नोविल महोदय की प्रार्थना को स्वीकार कर लिया। इस पर नोविल साहब ने उनको 250

पौण्ड को छात्रवृत्ति देने के अतिरिक्त व्यय तथा यात्रा व्यय देना भी स्वीकार कर लिया। इससे 60 रु० प्रतिमास अपनी माता को देने का प्रबन्ध करके 17, मार्च 1847 ई० को रामानुजम मि० नोविल के साथ रवाना हो गये।

20, फरवरी 1918 को आप रॉयल सोसायटी के फैलो बनाये गये। यह सम्मान प्राप्त करने वाले आप पहले ही भारतीय थे। 27 फरवरी, 1919 को आप लन्दन से भारत के लिये रवाना हुये और 27 मार्च को आप बम्बई पहुंचे। विदेश में रहने पर जलवायु अनुकूल न होने से आपका अस्थि–पंजर सूख गया।

स्वास्थ्य खराब होने से इनकी कावेरी कोटू गण्डी ले जाया गया। वहां से वे कुम्भ कोनम् ले जाये गये। इनका स्वास्थ्य दिन–पर–दिन बिगड़ता ही गया। लेकिन मस्तिष्क का प्रकाश अन्त तक मन्द नहीं हुआ। मृत्यु तक वह काम में लगे रहे। Mock Theta Functions पर उनका सब काम मृत्यु–शैय्या पर ही हुआ। हालत खराब होती देखकर वे मद्रास ले जाये गये। 26 अप्रैल, 1920 ई० को मद्रास के पास चेतपुर ग्राम में विश्वविख्यात गणितज्ञ का स्वर्गवास हो गया।

लीलावती (Leelavati)

लीलावती भास्कराचार्य की पुत्री थी। लीलावती का अर्थ सौन्दर्य (Beautiful) से है। फैजी ने अपने ग्रंथ में लिखा है कि लीलावती के बारे में ज्योतिषियों ने भविष्यवाणी की थी कि लीलावती का विवाह नहीं करना चाहिये परन्तु भास्कराचार्य ने उसके विवाह का एक शुभ मुहूर्त खोज निकाला। उन्होंने समय सूचना के लिये नाड़िका यन्त्र स्थिर कर दिया। यह तॉबे का एक बर्तन होता है और इसके पेंदे में एक छोटा सा छेद होता है। इस छेद में से पानी जमा होता रहता है जिससे समय की सूचना मिलती है। वास्तव में यह एक प्रकार की जल घड़ी थी जिसका पहले समय में गणना कार्य के लिये प्रयोग किया जाता था। लीलावती ने जब कौतूहल वश नाड़िका यन्त्र में झांका तो उसका एक मोती बर्तन में गिर गया। मोती छेद के मुंह में पड़ जाने से पानी का आना रुक गया और इस प्रकार विवाह का शुभ मुहूर्त निकल गया। इससे भास्कराचार्य तथा लीलावती दोनों को अत्यन्त दु:ख हुआ। भास्कराचार्य ने अपनी पुत्री को सान्त्वना देते हुये कहा कि–"मैं तुम्हारे नाम का एक ऐसा ग्रंथ लिखूंगा जो अमर कृति बन जायेगा।" इसी आशय से भास्कराचार्य ने अंकगणित पर एक पुस्तक लिखी जिस पर वह वर्षों से मेहनत कर रहे थे और इसका नाम उन्होंने 'लीलावती अंकगणित' (Lilavati Arithmetic) रखा। भास्कराचार्य ने केवल लीलावती ग्रंथ की ही रचना नहीं कि बल्कि तीन अन्य महत्वपूर्ण ग्रंथों की भी रचना की जो इस प्रकार हैं–बीजगणित (Bija Ganita)

(Seedarithmetic), सिद्धान्त शिरोमणि (Siddhanta Siromani) (Head Jewel of Accuracy), तथा गोलाधिया (Goladhia–Theory of the sphere)। लीलावती ने गणित के क्षेत्र में अपनी अलग पहचान बनायी। इन ग्रंथों के अतिरिक्त भी भास्कराचार्य ने कुछ अन्य ग्रंथों की रचना की जिनमें 'करण कौतूहल', 'समय सिद्धान्त शिरोमणि', 'गोटा अध्याय रसगुण' तथा 'सूर्य सिद्धान्त' आदि विशेष रूप से उल्लेखनीय हैं। उनका सबसे प्रमुख ग्रंथ 'सिद्धान्त शिरोमणि' चार भागों में विभाजित है और प्रत्येक भाग में अनेक अध्याय हैं। प्रथम खण्ड 'लीलावती' या 'पार्टी गणित' के नाम से प्रचलित है और इसमें अत्यन्त सुन्दर ढंग से प्रश्न किये गये हैं।

'लीलावती' की अनेक पाश्चात्य विद्वानों ने प्रशंसा की है। कहा जाता है, कि अकबर ने फैजी से इसका फारसी में अनुवाद करवाया था। कुछ विद्वान् फैजी की उपर्युक्त कथा में विश्वास नहीं करते। उन्होंने यह मत व्यक्त किया कि लीलावती भास्कराचार्य की पत्नी थी क्योंकि उसके लिये 'सखे' सम्बोधन का प्रयोग मिलता है। परन्तु अधिकतर विद्वान् इस मान्यता को स्वीकार नहीं करते। 'लीलावती' नामकरण के पीछे जो कोई भी रहस्य क्यों न रहा हो, इतना अवश्य स्वीकार किया जायेगा कि वास्वत में यह एक अत्यन्त रोचक और महत्वपूर्ण ग्रंथ है। इसके अनेक उदाहरण बुद्धि को झकझोर देते हैं और आसानी से समझ में नहीं आते। यही कारण है कि एक विद्वान् ने लिखा है–"भास्कराचार्य के लिखे हुये को या तो स्वयं भास्कर ही समझ सकता है, या सरस्वती या फिर ब्रह्मा ही। हमारे जैसे लोगों के बस की बात नहीं है।"

मध्य युग के अन्तिम तथा अद्वितीय गणितज्ञ भास्कराचार्य द्वितीय ने अपनी प्रसिद्ध पुस्तक 'सिद्धान्त शिरोमणि' ('लीलावती', 'बीजगणितम्', 'गोलाध्याय', 'गृहगणितम्') एवं 'करण कौतूहल' में गणित की विभिन्न शाखाओं अंकगणित, बीजगणित, त्रिकोणमिति आदि को एक प्रकार से अन्तिम रूप दिया है।

वेदों में जो सिद्धान्त सूत्र रूप में थे उनकी पूर्ण अभिव्यक्ति भास्काराचार्य की रचना में हुई है। इसलिये इन्हीं पुस्तकों को आधार मान कर वेदों में प्रयुक्त सूत्रों का प्रयोग वैदिक गणित की आधुनिक कृतियों में किया जा रहा है। इसमें ब्रह्मगुप्त द्वारा बताई गयी 20 प्रक्रियाओं तथा 8 व्यवहारों का अलग–अलग विवरण तथा उसके प्रयोग में लायी जाने वाली विधियों का प्रतिपादन सुव्यवस्थित और सुसाध्य रूप में किया गया है।

शून्य सिद्धान्त, करणियों, सरल समीरकणों, वर्ग समीकरणों तथा कुछ समीकरणों के सम्बन्ध में भी श्री भास्कराचार्य ने अपनी 'बीजगणितम्' नामक पुस्तक में विशद वर्णन किया है।

सिद्धान्त शिरोमणि में घन समीकरण तथा द्वि–वर्गात्मक समीकरण का पता चलता है। साथ ही, अवकलन स्थिरांक का विचार भी दिया गया है।

भास्कराचार्य को गुरुत्वाकर्पण का सिद्धान्त न्यूटन से पूर्व ज्ञात था। उन्होंने इसे धारणीकात्मक शक्ति नाम दिया। उन्होंने अनन्त का विचार भी दिया। सिद्धान्त शिरोमणि में त्रिकोणमिति का विस्तृत उल्लेख किया गया है।

लीलावती मे संख्या पद्धति का जो आधारभूत तथा सृजनात्मक प्रतिपादन किया गया है वह आधुनिक अंकगणित तथा बीजगणित की रीढ़ है। लीलावती के काव्यपूर्ण सरस प्रश्न आज भी कला तथा विज्ञान के संगम के अनूठे उदाहरण हैं। भास्काराचार्य द्वारा बीजगणित की अनिर्णित समीकरणों के समाधान के लिये प्रयुक्त विधि की प्रसिद्ध विद्वान् हेकल ने भूरि–भूरि प्रशंसा की है। इसी नियम का 1657 में फरमट ने प्रयोग किया। लीलावती का आदि अंग्रेजी अनुवाद सन् 1816 में टेलर ने किया था। फारसी में उनका अनुवाद फैजी ने सन् 1587 में किया था। लीलावती में पूर्णांक और भिन्न, त्रैराशिक ब्याज, व्यापार गणित, मिश्रियां, क्रमचय, मापिक और थोड़ा-सा बीजगणित है।

यूक्लिड (Euclid)

ग्रीक जाति ने सिकन्दर जैसे विश्वविजेता को ही जन्म नहीं दिया बल्कि पाइथागोरस, प्लेटो, यूक्लिड और आर्किमिडीज जैसे उच्चकोटि के गणितज्ञों को भी जन्म देकर संसार का मार्ग–दर्शन किया है। पाइथागोरस ने 'पाइथागोरस स्कूल' के नाम ने एक एकेडमी खोलकर जिस अध्याय का श्रीगणेश किया था उसे प्लेटो ने 'प्लेटो एकेडमी' की स्थापना कर आगे बढ़ाया। ज्यामिति के क्षेत्र में युगों तक अपनी सुगंधि फैलाने वाला महान् गणितज्ञ यूक्लिड इसी एकेडमी का छात्र था।

यूक्लिड के जन्म स्थान और जन्म तिथि के बारे में कोई प्रमाणित जानकारी नहीं है फिर भी अनुमान लगाया जाता है कि इनका जन्म ईसा से लगभग 300 वर्ष सिकन्दरिया (अलेक्जेंड्रिया) में हुआ। मृत्युपर्यन्त वे यहीं रहे। मिश्र के निवासी बनकर भी इन्होंने ग्रीक व्यक्तित्व नहीं छोड़ा। अपने पूर्वज ग्रीक गणितज्ञों की तरह वे गणित को विशुद्ध गणितीय दृष्टि से देखते थे। मिश्र के निवासियों की तरह उसके व्यावहारिक उपयोग जैसे–पिरामिड, नलिकायें, फुआरें तथा भवन निर्माण आदि की उन्होंने कभी भी परवाह नहीं की। उन दिनों सिकन्दरिया पर यलमी का शासन था। यलमी स्वयं विद्वान् था और कवियों, कलाकारों, ज्योतिषियों और गणितज्ञों का बड़ा सम्मान करता था। उसने अपने देश में एक संग्रहालय स्थापित किया था जो समय के साथ–साथ एक ग्रन्थालय में बदल गया था। यहां पर भोजपत्र पर लिखित सात लाख पुस्तकें थीं। यूक्लिड के विषय में ऐसा सुना जाता है कि

उन्होंने गणित की शिक्षा प्लेटो की प्रसिद्ध अकादमी से प्राप्त की थी। राजनैतिक उथल–पुथल के कारण वे सिकन्दरिया चले गये। यहां पर यलसी की ओर से उन्हें विशेष सम्मान मिला। यहीं पर उन्होंने एक विद्यालय की स्थापना की और ज्यामिति पर एक प्रसिद्ध ग्रंथ 'स्टोइकेइया' रचा। ईसा से लगभग 300 वर्ष पूर्व ज्यामिति से सम्बन्धित जो भी सामग्री उपलब्ध भी, उसे एकत्रित करके यूक्लिड ने व्यवस्थित रूप देकर एक विशाल ग्रंथ के रूप में प्रस्तुत किया। यह ग्रंथ यूनानी भाषा में लिंखा गया था। इसकी 13 पुस्तकें या अध्याय थे। बारहवीं शताब्दी में इसका अनुवाद लैटिन भाषा में किया गया और इसका नाम स्टोइकेइया से बदलकर 'एलीमेन्ट्स' रख दिया गया।

यह ग्रंथ 13 अध्यायों में विभाजित है। इसके प्रथम अध्याय में बिन्दु, रेखा, वृत्त, त्रिभुज आदि की परिभाषाएं तार्किक रूप में प्रस्तुत की गयी हैं। साथ की कुछ अभिगृहीत (Postulates) भी दिये गये हैं।

दूसरे अध्याय में ज्यामितीय बीजगणित द्वारा रेखागणित की विभिन्न आकृतियों को बनाने की विधियां दी गयी हैं। इसका तीसरा तथा चौथा अध्याय वृत्त से सम्बन्धित है। पांचवें और छटे अध्याय में अनुपात और नवां अध्याय अंकगणित से पूरित है। शेष तीनों अध्याय ठोस ज्यामिति से सम्बन्धित हैं। इनमें घन, पिरामिड, अष्टफलक और गोला आदि का सविस्तार विवरण दिया गया है। यूक्लिड ने अपने इस विशाल ग्रंथ में प्राचीन गणितज्ञों जैसे–थेल्ज, पाइथागोरस, प्लेटो तथा अन्य एवं मिश्री गणितज्ञों द्वारा किये गये पिछली शताब्दियों के प्रयासों को अपनी मौलिक सूझ–बूझ द्वारा एक तार में बांधा। एलीमेन्ट्स में जितनी प्रमेय और समस्यायें हैं वे सभी यूक्लिड की देन नहीं कही जा सकतीं।

पाइथागोरस (Pythagorus)

पाइथागोरस का जन्म ग्रीम के निकट एशियन सागर के मध्य सामोस नामक टापू में आज से लगभग 2500 वर्ष पूर्व हुआ था। उनके माता–पिता बेरियन वंश के थे। इनके गुरु का नाम थेल्स था जो यूनान के सात विद्वानों में से एक थे। अपने गरु के आदेश से पाइथागोरस ने मिस्र में अपने जीवन का प्रारम्भिक काल बिताया और यहां लगभग 22 वर्ष रहकर उसने विभिन्न विज्ञानों का गहन अध्ययन किया। 22 वर्ष तक वहां रहने के बाद पाइथागोरस 12 वर्ष तक इराक, ईरान और भारत आदि देशों में भ्रमण करते रहे। 50 वर्ष की अवस्था में वह स्वदेश लौटे परन्तु सामोस में भी वह अधिक समय तक न रह सके और इटली के क्रोटोना (Crotona) नामक नगर में बस गये। वहां वे एक मिलो नामक व्यक्ति के अतिथि बने और 60 वर्ष की अवस्था में मिलो की तरुण एवं सुन्दर कन्या थियोना से

विवाह कर लिया। कहा जाता है कि उनकी पत्नी थियोना ने उनके जीवन पर एक पुस्तक की रचना की थी, परन्तु यह पुस्तक अप्राप्य है।

पाइथागोरस ने जब होश संभाला तब लिखने के साधन नहीं थे और न ही भोजपत्र पर लेखन का प्रचलन था। इसलिए इनके कार्य-कलापों की गाथा जनश्रुतियों पर आधारित है। पाइथागोरस का परिवार धन-धान्य से सम्पन्न था। पिता ने अपने मेधावी पुत्र को अच्छी शिक्षा दिलायी थी। सोलह वर्ष की किशोरावस्था में पाइथागोरस की प्रतिभा इतनी विकसित हो गयी थी कि विद्यालय में शिक्षक इनके प्रश्नों के उत्तर देने में स्वयं को असमर्थ समझते थे। इन्हें संतुष्ट करना उनके सामर्थ्य के बाहर की बात थी। पिता ने विवश होकर पुत्र को थेल्स ऑफ मिलेट्स की देखरेख में अध्ययन के लिये भेज दिया। पाइथागोरस में कुछ करने की लगन थी। यहां पर इन्हें अवसर मिला। इन्होंने यहां अपनी विश्वविख्यात प्रमेय का सूत्रपात किया तथा उसका प्रयोगात्मक प्रदर्शन भी किया। इनकी प्रमेय के अनुसार किसी समकोण त्रिभुज में दो भुजाओं पर बने वर्गों का योग तीसरी भुजा पर बने वर्ग के समान होता है। यदि किसी समकोण त्रिभुज में एक लम्बाई 6 cms. हो और दूसरी भुजा की लम्बाई 8 cms. हो तो तीसरी भुजा अर्थात् कर्ण की लम्बाई 10 cms. होगी। इसका अर्थ यह हुआ कि 6 cms. की भुजा में एक-एक cm. के छत्तीस वर्ग होंगे और 8 cms. की भुजा में एक–एक cm. के चौसठ वर्ग होंगे। इन दोनों का योग 100 हुआ। इस प्रकार सबसे लम्बी भुजा में सौ वर्ग होंगे अर्थात् उस भुजा की लम्बाई 10 cms. होगी।

वस्तुतः यूनानी पाइथागोरस ही पहले गणितज्ञ थे जिन्होंने ज्यामिति की प्रमेयों के लिये उत्पत्ति प्रणाली की नीव रखी। इन्होंने यह भी सिद्ध किया कि किसी भी त्रिभुज के तीनों अन्तःकोणों का योग दो समकोणों के बराबर होता है। उन दिनों मुद्रण कला का अभाव था। लेखन सामग्री उपलब्ध नहीं थी। अतः ग्रंथों की उपलब्धि का प्रश्न ही नहीं उठता। तात्कालिक शिक्षार्थियों को अध्ययन हेतु एक स्थान पर जाकर विद्वानों से सम्पर्क स्थापित करना पड़ता था। सुना जाता है कि इन्हें भी ज्ञान की खोज में तीस वर्षों तक फारस, बेबीलोन, अरेविया और भारत तक का भ्रमण करना पड़ा था। उन दिनों भारत में बौद्ध धर्म के प्रवर्तक महात्मा बुद्ध अपने नये धर्म का प्रसार कर रहे थे। पाइथागोरस ने इस भ्रमणकाल में कई वर्ष मिस्र में गुजारे। इस बीच इन्होंने संगीत एवं गणित के मध्य कड़ी जोड़ने का भी प्रयास किया। पचास वर्ष की आयु तक पहुंचते–पहुंचते, ये बहुत कुछ सीख गये थे। अब ये एक ऐसे विद्यालय की स्थापना करना चाहते थे जहां विद्यार्थियों को गणित का ज्ञान दिया जा सके। पाइथागोरस को ईसा से 532 वर्ष पूर्व खामोख

के क्रूर शासक से मुक्ति पाने के लिए इटली की ओर पलायन करना पड़ा। वहां पहुंचकर इन्होंने क्रोटोना में ईसा पूर्व 529 में एक विद्यालय स्थापित किया। यहां पर इनका सपना साकार हुआ। कुछ ही समय में तीन सौ शिक्षार्थियों ने इनके विद्यालय में प्रवेश ले लिया। यहां पर मुख्यत: अंकगणित, ज्यामिति, संगीत तथा ज्योतिष विज्ञान की शिक्षा दी जाती थी। इसके साथ ही यूनानी दर्शन का भी ज्ञान कराया जाता था।

क्रोटाना में रहते हुये पाइथागोरस ने गणित और दर्शन-शास्त्र पर अनेक व्याख्यान दिये और विभिन्न वर्गों के लोग उनके विद्वतापूर्ण भाषणों से आकर्षित हुये। कहा जाता है कि उस युग के सार्वजनिक भाषणों में वैधानिक रूप से स्त्रियां नहीं आती थीं परन्तु पाइथागोरस के भाषण को सुनने के लिये अनेक स्त्रियां नियमों का उल्लंघन करके आयीं। पाइथागोरस के भाषणों से प्रभावित होकर उनके समर्थकों ने अपना एक स्वन्त्र संगठन कायम किया जो कालान्तर में 'पाइथागोरस स्कूल' के नाम से विख्यात हुआ। उनके स्कूल के सभी सदस्यों को यह शपथ लेनी होती थी कि वे अपने द्वारा प्राप्त की गयी जानकारी को किसी बाहरी व्यक्ति के सम्मुख व्यक्त नहीं करेंगे। परिणाम यह हुआ कि इस स्कूल की जितनी खोजें या आविष्कार हुये वे सब के सब पाइथागोरस के नाम से जोड़ दिये गये और यह पता लगाना असम्भव हो गया कि कौन-सी खोज पाइथागोरस ने की तथा कौन-सी उनके शिष्यों ने।

पाइथागोरस स्कूल की निम्न मान्यताएं एवं उपलब्धियां उल्लेखनीय हैं:

(1) पाइथागोरस ने प्रमेय तथा साध्यों को तार्किक ढंग से प्रमाणित करने की आवश्यकता पर बल दिया। उन्होनें सुझाव दिया कि प्रमाण देने में हमें कुछ स्वयं सिद्धों तथा अभिगृहीतों (Axioms and Postulates) को आधार बनाना चाहिये।

(2) पाइथागोरस प्रमेय ने पाइथागोरस का नाम विश्व के कोने-कोने तक पहुंचा दिया।

(3) प्रारम्भ में पाइथागोरस और उसके शिष्यों का विश्वास था कि किसी भी लम्बाई को छोटी इकाई से ठीक-ठीक मापा जा सकता है लेकिन समस्या $\sqrt{2}$ जैसी अपरिमेय संख्याओं को नापने में आयी। वस्तुत: इनके द्वारा अपरिमेय संख्याओं का आविष्कार हो चुका था लेकिन अपनी मान्यताओं के ढह जाने के डर से इस स्कूल के सदस्य इतने विचलित हुये कि इन्होंने इस आविष्कार को हर कीमत पर गुप्त रखने की कोशिश की।

(4) पाइथागोरस ने कुछ संख्याओं जैसे 3, 6, 10 आदि को त्रिभुज संख्या का नाम दिया। पहली दो संख्याओं का योग $1 + 2 = 3$ प्रथम त्रिभुज संख्या कहलाती थी। पहली तीन संख्याओं का योग $1 + 2 + 3 = 6$ द्वितीय त्रिभुज संख्या कहलाती थी तथा प्रथम चार संख्याओं का योग $1 + 2 + 3 + 4 = 10$ तीसरी त्रिभुज संख्या कहलाती थी।

(5) इस स्कूल ने एक विचित्र संख्याशास्त्र को जन्म दिया। उन्होंने समस्त संख्याओं को सम (लौकिक) तथा विषम (दैविक) दो भागों में विभाजित किया। इसी से विषय संख्याओं को शुभ तथा सम संख्याओं को अशुभ मानने की प्रथा चल पड़ी। संख्याओं के सम्बन्ध में इस स्कूल की कुछ विचित्र मान्यतायें भी थीं। उनके अनुसार। समस्त संख्याओं का जनक था, जो विचार (Reason) का द्योतक था। 2 पुरुष तथा 3 स्त्री का द्योतक था तथा इन दोनों का मिलन 5 विवाह का द्योतक था। 4 को न्याय का सूचक माना गया क्योंकि यह दो समान संख्याओं का गुणा है। इसी प्रकार ज्यामिति में। का अंक बिन्दु का, 2 रेखा का, 3 समतल का तथा 4 ठोस का प्रतीक माना गया।

(6) इस स्कूल ने अंकगणित और रेखागणित के व्यावहारिक सम्बन्ध पर काफी बल दिया। अंकगणित की संख्याओं को रेखागणित का जामा पहनाया गया। इसी के परिणामस्वरूप पाइथागोरस ने दो का गुणा करने के लिये 2 इकाई भुजा वाले वर्ग की रचना करने का सुझाव दिया।

(7) पाइथागोरस ने अपने गणित सम्बन्धी ज्ञान को संगीत जैसे कलात्मक विषयों में भी उतारने का प्रयास किया। वाद्य यंत्रों में (Musical Instruments) में कुछ तार-स्वर ऐसे होते हैं जो एक साथ बजने पर मधुर लगते हैं जबकि ये ही स्वर किन्ही अन्य स्वरों के साथ बनने पर कटु लगते हैं। पाइथागोरस ने इसका कारण ढूंढ निकाला। उन्होंने बताया कि सितार आदि वाद्य यंत्रों के तारों की लम्बाई जब एक-दूसरे के साथ सरल अनुपात में होती है तब उन्हें साथ छेड़ने से इठने वाली आवाज में एक प्रकार की मधुर एक-रसता (Sweet harmony) होती है। इसके अतिरिक्त, पाइथागोरस ने यह नियम भी सामने रखा कि "एक कसे हुये वाद्य यंत्र की ध्वनि का चढ़ाव (Pitch) तार की लम्बाई पर निर्भर करता हैं।"

(8) वर्ग संख्या के बारे में भी इस स्कूल की खोज काफी महत्वपूर्ण है। पाइथागोरस ने सिखाया, कि पहली वर्ग संख्या 4 पहली दो विषम संख्याओं

1 और 3 के योग तुल्य है, दूसरी वर्ग संख्या 9 प्रथम तीन विषय संख्याओं 1, 3 और 5 योग तुल्य है, और तीसरी वर्ग संख्या 16 प्रथम चार विषय संख्याओं, 1, 3, 5 और 7 के योग तुल्य है।

(9) मिस्रवासियों को केवल तीन प्रकार के ठोसों का ज्ञान था–घन (Cube), समचतुष्फलक (Tetrahedron) और समअष्टफलक (Octahedron)। पाइथागोरस ने इन ठोसों के अतिरिक्त अन्य दो ठोसों समद्वादशफलक (Dedecahedron) और समविशफलक (Icosahedron) की खोज की।

(10) इस स्कूल ने खगोल विद्या के क्षेत्र में भी काफी प्रगति की। इनका विश्वास था कि ब्रह्माण्ड का केन्द्र सूर्य है तथा ग्रह नक्षत्रों की परिक्रमा का पथ वृत्ताकार ही होता है। इसी स्कूल ने सर्वप्रथम यह प्रमाणित किया कि पृथ्वी स्थिर नहीं है बल्कि यह अपनी धूरी पर परिक्रमा करती है।

(11) इस स्कूल ने गणित के क्षेत्र में अनेक पारिभाषिक शब्दों को जन्म दिया है, जैस–गणित के लिये मैथमैटिक्स (Mathematics), पेराबोला (Parabola), इलिप्स (Ellipse) और हाइपरबोला (Hyperbola) आदि।

उपरोक्त विवेचना से स्पष्ट है कि पाइथागोरस स्कूल के विद्वानों ने अपने अन्वेषणों के द्वारा हर क्षेत्र में दुन्दुभी बनायी। अपने इन अनुपम उपहारों के द्वारा पाइथागोरस ने केवल ग्रीक गणित में ही नहीं, बल्कि विश्व के चोटी के गणितज्ञों में अपना जो स्थान बना लिया था उसे कभी भी भुलाया नहीं जा सकता।

पाइथागोरस धार्मिक प्रवृति के व्यक्ति थे लेकिन दुर्भाग्यवश इनके विचारों के अनुयायी राजनीति में कुदान लगा गये। इससे वे पतन के गर्त में गिरते चले गये। इसका दोष इन पर पड़ा। इन्हें देश निकाला दे दिया गया। इस महान् गणितज्ञ की रोम केसिनेट में विशाल प्रतिभा बनवायी गयी और इन्हें यूनान के महानतम् बुद्धिमान व्यक्ति का सम्मान प्रदान किया गया।

रैनी देकार्ते (Rene Decarte 1596-1650)

रेनी देकार्ते एक फ्रैंच दार्शनिक था। देकार्ते ने एनजाउ (Anjou) में ला फ्लेच (La Fleche) के जेसूट कॉलिज (Jesuit College) से शिक्षा प्राप्त की। उसने मात्र 8 वर्ष की आयु में कॉलिज में प्रवेश लिया तथा परम्परागत विषयों, जैसे–गणित, भौतिकी, तर्क (Logic) तथा प्राचीन भाषाओं में शिक्षा ग्रहण की। स्कूली जीवन में उनका स्वास्थ्य बहुत खराब रहता था जिसकी वजह से उन्हें सुबह 11 बजे तक बिस्तर में रहने की अनुमति थी तथा इस परम्परा को उन्होंने मृत्यु पर्यन्त जारी रखा। स्कूल में एक मात्र विषय जिसमें उनकी रुचि भी वह गणित ही था।

देकार्ते का जीवन अस्त-व्यस्त रहा तथा उन्होंने लगभग पूरे (द्वीप) कोन्टीनेंट का भ्रमण किया। बाद में 1628 में वह अपनी इस अनवरत छात्रता से थक गये और हॉलैण्ड में बसने का मन बना लिया। इन्होंने इस जगह का चयन बहुत सोच-विचार करने के बाद अपनी प्रकृति के अनुरूप किया था। यहीं पर उन्होंने अपने अनेक मित्र बनाये जिनमें Mersenne, Beclman, Mydorge, Hortensius, Huygens आदि के नाम प्रमुख हैं। देकार्ते के पदार्पण से पूर्व गण्ति की निर्झरणी मुख्यत: दो भागों—बीजगणित (Algebra) एवं ज्यामिति (Geometry) से होकर बह रही थी। बीजगणित में जहां अमूर्त (Abstract) चिन्तन पर बल दिया जाता है वह रेखागणित में रेखाओं के माध्यम से अमूर्त से रूप प्रदान किया जाता है। गणित की ये दोनों धारायें बहुत लम्बे समय तक एक-दूसरे से स्वतन्त्र रूप में विकसित होती रहीं और इस क्रम में गणित के विकास में भरपूर योगदान दिया। ज्यामिति की धारा थेल्स (Thales 640-546 BC), पाइथागोरस (Pythagorus 580-500 BC) और यूक्लिड (Euclid 300 BC) से होती हुई सत्रहवीं शताब्दी के आरम्भ में इस मोड़ पर पहुंची, जहां उसको बीजगणित अवधारणाओं एवं सूत्रों का उपयोग जरूरी हो गया। यह कार्य फ्रांस के महान् दार्शनिक एवं गणितज्ञ रैनी देकार्ते (Rene-Descartes 1596-1650) ने किया। देकार्ते अपनी वास्तविक प्रतिभा का उपयोग ज्ञान के एक क्षेत्र के शोध को दूसरे क्षेत्र में सफलतापूर्वक करना चाहते थे। इसी भावना के तहत उन्होंने जहां एक ओर पाश्चात्य दर्शन को ठोस गणितीय आधार प्रदान किया वहीं दूसरी ओर गणित को दार्शनिक स्वरूप प्रदान कर उसे सजाने-संवारने का काम भी किया। यही प्रक्रिया उन्होंने गणित की मुख्य धाराओं ज्यामिति एवं बीजगणित को जोड़ने में भी अपनायी।

सन् 1637 में अपनी पुस्तक "La Geometric" में देकार्ते ने ज्यामिति पर बीजगणित के प्रयोगों से सम्बन्धित अनेक अद्भूत अध्ययन प्रस्तुत किये हैं। आगे चलकर यही अध्ययन निर्देशांक ज्यामिति (Co-ordinate Geometry) का जनक सिद्ध हुये। देकार्ते के अनुसार किसी बिन्दु के आलेखन का अर्थ है चित्र द्वारा उसकी स्थिति बना देना। माना किसी बिन्दु p के निर्देशांक (x, y) हैं। इसका आलेखन करने के लिये X-अक्ष पर x दूरी नापिये (यदि x धनात्मक हो तो OX की दिशा में और यदि ऋणात्मक है तो OX की दिशा में नापिये) इसके बाद y-अक्ष के समान्तर y दूरी लीजिये। इस प्रकार प्राप्त बिन्दु p होगा। x और y के धन.मानों के लिये p की स्थिति अग्रांकित चित्र में दिखाई गई है—

यदि अक्ष OX और OY परस्पर समकोण बनाते हुये लिये जायें तो उन्हें समकोणाक्ष (Retangular axes) कहते हैं और यदि वे परस्पर लम्ब नहीं हैं तो

उन्हें तिर्यकाक्ष (Oblique axes) कहते हैं। निर्देशांकों की इस पद्धति को निर्देशांक ज्यामिति के जन्मदाता Descarte के नाम पर कार्तीय पद्धति (Cartesian System of Co-ordinate) कहते हैं।

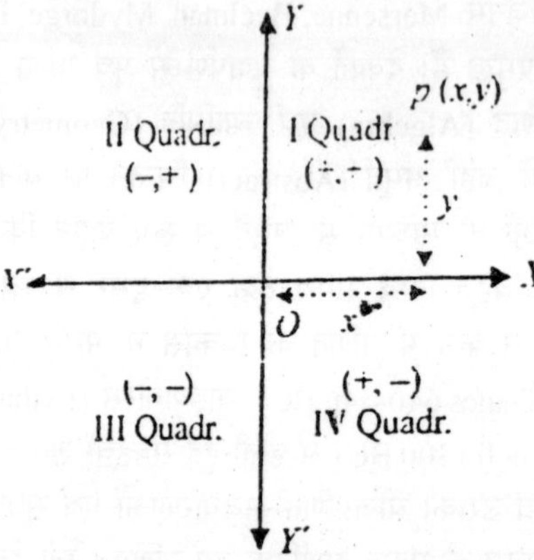

वस्तुत: ज्यामिति आकृतियों एवं वक्रों की विशेषताओं का अध्ययन मात्र है। लगभग 300 BC के आसपास प्रसिद्ध ग्रीक गणितज्ञ यूक्लिड ने अपने प्रथम व्यवस्थित प्रयास में axioms पर आधारित 'यूक्लिडलन ज्यामिति' (Euclidian Geometry) का सूत्रपात किया। इस समय तक तथा सत्रहवीं शताब्दी तक ज्यामिति को 'संश्लेषाणात्मक ज्यामिति' (Synthetic Geometry) के नाम से ही जाना गया। कुछ ऐसी समस्याएं भी थीं, जिनका समाधान संश्लेषणात्मक ज्यामिति में नहीं था। लगभग सत्रहवीं शताब्दी के आसपास ऐसी परम्परा थी कि ज्यामिति को बीजगणित के साथ संयुक्त रूप में संश्लेषाणात्मक ज्यामिति से सम्बन्धित समस्याओं को हल करने में प्रयुक्त किया जाता था। इस प्रकार से बीजगणित के तरीके ज्यामिति के अध्ययन के लिये प्रयोग में लाये गये जिन्हें हमने 'विश्लेषणात्मक ज्यामिति' (Analytic Geometry) का नाम दिया। बीजगणित का प्रयोग कर ज्यामिति का व्यवस्थित अध्ययन सर्वप्रथम फ्रैंच दार्शनिक एवं गणितज्ञ रैनी देकार्ते ने अपनी प्रसिद्ध पुस्तक 'La Geometric' में किया जो 1637 में प्रकाशित हुई। यह पुस्तक मुख्य रूप से ज्यामितीय समस्याओं के बीजगणितीय हल तथा बीजगणितीय समीकरणों के ज्यामितिय निरूपण से सम्बन्धित है। स्कॉट (Scott) महोदय ने इस पुस्तक के महत्व को निम्न चार बिन्दुओं के अन्तर्गत संक्षेप में प्रस्तुत किया है–

(1) He makes the first step towards a theory of invariants, which at later stages derelativises the system of reference and removes arbitrariness.
(2) Algebra makes it possible to recognise the typical problems in geometry and to bring together problems which in geometrical dress would not appear to be related at all.
(3) Algebra imports into geometry the most natural principles of division and the most natural hierarchy of method.
(4) Not only can questions of solvability and geometrical possibility be decided elegantly, quickly and fully from the parallel algebra, without it they cannot be decided at all.

उपरोक्त ग्रंथ के अतिरिक्त रैनी देकार्ते ने जिन चार अन्य पुस्तकों की रचना की है वे हैं–The Principles of Human Knowledge. The Principles of Material Things. Of the Visible World and The Earth.

बीजगणित को ज्यामिति से सम्बद्ध करने के लिये देकार्ते ने मूल ज्यामितीय प्रत्यय 'बिन्दु' (Point) तथा मूल बीजगणितीय प्रत्यय 'संख्या' (Number) में सम्बन्ध स्थापित किया। यह सम्बन्ध 'System of Co-ordinates' कहलाता है। देकार्ते ने किसी बिन्दु की स्थिति को नियत रेखाओं से दूरी तथा इसकी दिशा के सन्दर्भ में सम्बन्धित करने का प्रयास किया। ज्यामिति का प्रारम्भ ही एक बिन्दु तथा सरल रेखा से होता हैं। विश्लेषणात्मक ज्यामिति में हम बिन्दु तथा सरल रेखा को उनके नाम से ही व्याख्या करते हैं। 1637 में देकार्ते ने बीजगणित तथा ज्यामिति को संयुक्त रूप प्रदान किया। देकार्ते को Analytical Geometry का जन्मदाता कहा जाता है। कुछ लोग इस सन्दर्भ में देकार्ते को Soldier Mathematician भी कहते हैं। कहा जाता है कि युद्ध के समय देकार्ते को कैदी बनाया गया तथा उसे जेल में बन्द कर दिया गया। 10 नबम्बर, 1691 की रात को उसे तीन स्वप्न दिखाई दिये जिन्होंने इस शाखा की नींव रखी। कहा जाता है कि उसने अपने विचारों को तारकोल के एक टुकड़े से अपनी Prison-cell की दीवारों पर लिख दिया और जब वह जेल से छूटा तो इन्हें पेपर के रूप में प्रकाशित करवाया।

देकार्ते ने Co-ordinate Geometry के अतिरिक्त Solid Geometry का भी प्रतिपादन किया। इसे परिभाषित करते हुये देकार्ते लिखते हैं–

"Solid Geometry is the geometry of bodies which occupy space and of which every point does not lie in the same plane, is called the geometry of three dimensions which may be taken as an extension of two-dimensional system."

1638 में देकार्ते ने दो पुस्तकें और प्रकाशित कीं–(1) Discourse on Method तथा (2) Meditations. 'Discourse on Method' नाम की इस पुस्तक में ही देकार्ते का मुख्य गणितीय कार्य निहित है। देकार्ते की 'Analytical Geometry' की खोज ने गणित का स्वरूप ही बदल डाला। इसी ने बाद में Differential Calculus की नींव डाली जिसने न्यूटन तथा लेबनिज (Leibnitz) को गणित के क्षेत्र में अमरता प्रदान की। यह देकार्ते ही था जिसने सर्वप्रथम चरों की X, Y, Z तथा नियतांकों को a, b, c से प्रदर्शित करने की परम्परा डाली। घातांकों (Indices) का परिचय भी इन्होंने ही दिया। देकार्ते ने दो प्रकार के चक्रों–Geometrical तथा Mechanical में अन्तर स्पस्ट किया जिन्हें लेबनिज Algebrical तथा Transcendental कहकर पुकारते थे। साथ ही, उन्होंने एक रुचिकर चक्र को भी खोज की जिसे Cartesian Oval के नाम से जाना जाता है।

हेनरी मोरे (Henry More) ने देकार्ते की प्रशंसा करते हुये लिखा है–

"I should look upon Des-Cartes as a man most truly inspired in the knowledge of Nature, than any that have professed themselves so these sixteen hundred years... . He was cold, prudent and selfish."

अन्त में सन् 1649 में स्वीडन की महारानी क्रिस्टीना (Christina) ने देकार्ते को स्टॉकहोम (Stockhom) जाने के लिये राजी कर लिया। साथा ही, किसी प्रकार महारानी के कहने पर दोकार्ते ने अपनी सुबह 11 बजे उठने की आदत को भी बदल डाला। कुछ ही महीने बाद ठण्डे उत्तरी मौसम में प्रतिदिन सुबह पांच बजे महल तक टहलने जाने के कारण निमोनिया से ग्रस्त होकर वह इस संसार से सदा के लिये विलीन हो गये।

प्रश्न (Questions)

1. 'आधुनिक गणित का विकास' विषय पर एक संक्षिप्त निबन्ध लिखिये।
   Write a short essay on the topic 'Development of Modern Mathematics'.
2. गणित के क्षेत्र में कुछ महान् विभूतियों जैसे–आर्यभट्ट, भास्कराचार्य, लीलावती रामानुजम, यूक्लिड, पाइथागोरस, रैनी देकार्ते की जीवनी तथा कार्य–क्षेत्र की विस्तृत विवेचना कीजिये।

   Discuss in detail life history and contributions of few great mathematicians as–Aryabhatta, Bhaskaracharya, Leelavati, Ramanujam, Euclid, Putjagpris amd Rene-descarte.

3. गणित का अर्थ, प्रकृति एवं महत्व विस्तार से समझाइये।

   Discuss in detail Meaning, Nature and Importance of Mathematics.

4. 'गणित का इतिहास' विषय पर एक संक्षिप्त निबन्ध लिखिये।

   Write a short essay on the topic, 'History of Mathematics'

5. संक्षिप्त टिप्पणियां लिखिये:

   (Write short note on):

   (a) गणित का पाठ्यक्रम में स्थान

   (Place of Mathematics in curriculum)

   (b) गणित का महत्व के प्रति कुछ आपत्तियां

   (Some objections regarding importance of mathematics).

2

विद्यालय पाठ्यक्रम में गणित का महत्व
Importance of Mathematics in Curriculum

विद्यालय पाठ्यक्रम में गणित एक महत्वपूर्ण विषय है। अन्य विषय की अपेक्षा गणित का हमारे दैनिक जीवन से घनिष्ट संबंध है। मातृभाषा के अलावा अन्य कोई विषय ऐसा नहीं है जोकि गणित की भांति दैनिक जीवन से इतना अधिक सम्बन्धित है। गणित को जीवन का जन्मदाता भी माना जाता है। वर्तमान समय में गणित को विद्यालयी पाठ्यक्रम में विशेष महत्व दिया गया है। किसी विषय को पाठ्यक्रम में विशेष महत्व देने के लिए उस विषय को सामान्य तीन दृष्टिकोणों से देखा गया है।

(अ) अमुक (उस) विषय की बच्चों के दैनिक जीवन में उपादेयता।

(ब) अमुक विषय से बच्चों को मानसिक अनुशासन में सहायता मिलती है अथवा नहीं।

(स) अमुक विषय का सामाजिक एवं सांस्कृतिक महत्व।

आज विद्यालयों में गणित एक अनिवार्य विषय है। गणित विषय को विद्यालयों में पाठ्यक्रम में अनिवार्य करने के लिए किसी विशेष दृष्टिकोण से गणित का मूल्यांकन अथवा परीक्षण करने की आवश्यकता नहीं है। अन्य विषयों की भांति गणित भी बच्चों को एक सामाजिक तथा बुद्धिमान नागरिक के रूप में विकसित करने में सहायक है। जब बालक गणित का अध्ययन करता है तो अनुशासन जैसे अन्य गुणों का विकास स्वत: ही हो जाता है। इसके अलावा गणित विषय द्वारा उन सभी गुणों का विकास भी सम्भव है जो कि किसी अन्य विषय द्वारा विकसित हो सकता है। यदि गणित, विज्ञान और तकनीकी शिक्षा को दिनोंदिन महत्व दिया जा रहा है और कहा जा रहा है कि यदि हमें राष्ट्र को आगे बढ़ाना है तो विषयों के स्तर को उन्नत करना होगा तथा प्राथमिक स्तर से ही इन पर ध्यान देना होगा।

इस संबंध में कोठारी आयोग ने अपने सुझावों में स्पष्ट किया है कि ''विद्यालयी

जीवन के प्रथम दस वर्षों में गणित विषय एवं विज्ञान विषय सभी बच्चों को अनिवार्य रूप से पढ़ाये जाने चाहिये। व्यापक रूप से देखा जाये तो बच्चों को विद्यालय में विभिन्न लक्ष्यों की प्राप्ति के लिए भेजा जाता है। सामान्यत: यह अपेक्षा की जाती है कि विद्यालय में बच्चा निम्नलिखित लक्ष्यों को प्राप्त करने में समर्थ हो सकेगा–

(i) ज्ञान तथा कुशलताओं की प्राप्ति।
(Acquisition of knowledge and skills).

(ii) बौद्धिक आदतों एवं विभिन्न शक्तियों–अनुशासन आदि की प्राप्ति।
(Acquisition of intellectual habits and various powers as discipline etc.).

(iii) वांछित दृष्टिकोण एवं आदर्शों की प्राप्ति।
(Acquisition of desirable attitudes and ideals)

बौद्धिक मूल्य (Intellectual Value)

बौद्धिक मूल्य के लिए गणितीय शिक्षण का अत्यधिक महत्व है। पाठ्यक्रम का अन्य कोई विषय ऐसा नहीं है जो गणित की तरह बच्चों के मस्तिष्क को क्रियाशील बनाता है। गणित की प्रत्येक समस्या को हल करने के लिए मानसिक कार्य की आवश्यकता होती है। जैसे ही गणित की कोई समस्या बच्चों के समक्ष आती है उसका मस्तिष्क उस समस्या को समझने तथा उसका समाधान करने के लिए क्रियाशील हो जाता है। गणित की प्रत्येक समस्या एक ऐसे क्रम से गुजरती है जो कि एक रचनात्मक एवं सृजनात्मक प्रक्रिया के लिए आवश्यक है। इस प्रकार बच्चे की सम्पूर्ण मानसिक शक्तियों का विकास गणित के अध्ययन में ही सम्भव है।

गणित के बौद्धिक मूल्य पर प्रकाश डालते हुए महान् शिक्षा शास्त्री प्लेटो ने स्पष्ट किया है कि–''गणित एक ऐसा विषय है जो मानसिक शक्तियों को प्रशिक्षित करने का अवसर प्रदान करता है। एक सुषुप्त आत्मा में चेतना एवं नवीन जागृति उत्पन्न करने का कौशल गणित ही प्रदान कर सकता है।''

विश्व में ज्ञान का अथाह भण्डार है और इस ज्ञान भण्डार में दिन-प्रतिदिन वृद्धि हो रही है। यह बात अधिक महत्वपूर्ण नहीं है। कि ज्ञान की प्राप्ति की जाये बल्कि यह है कि ज्ञान प्राप्त का तरीका सीखा जाए जिससे प्राप्त किया गया ज्ञान अधिक उपयोगी तथा लाभप्रद सिद्ध हो सके। किसी व्यक्ति के लिए ज्ञान प्राप्त करना तभी उपयोगी हो सकता है जबकि वह ज्ञान का अपनी आवश्यकतानुसार उचित उपयोगी कर सके। किसी ज्ञान का उचित उपयोग करना व्यक्ति की मानसिक

शक्तियों पर निर्भर करता है। प्रोफेसर शल्ट्राज महोदय के अनुसार–"गणित की शिक्षा प्राथमिक रूप से मानसिक शक्तियों को प्रशिक्षित करने के लिए दी जाती है। गणित के विभिन्न तथ्यों का ज्ञान देना इसके बाद ही आता है।

—*Schultze*

इस प्रकार गणित का अध्ययन करने से बच्चे को अपनी सभी मानसिक शक्तियों को विकसित करने का पूर्ण अवसर मिलता है। गणित का अध्ययन बच्चों को अपनी निरीक्षण शक्ति, तर्क शक्ति, स्मरण शक्ति, एकाग्रता, मौलिकता, अन्वेषण शक्ति, विचार एवं चिन्तन शक्ति, आत्मनिर्भरता तथा कठिन परीक्षण आदि सभी मानसिक शक्तियों को पूर्ण रूप से विकसित करने का अवसर प्रदान करता है। इस सम्बन्ध में हब्श ने ठीक लिखा है कि–"गणित मस्तिष्क को तीक्ष्ण एवं तीव्र बनाने में उसी प्रकार कार्य करता है जैसे किसी औजार को तीक्ष्ण करने में काम आने वाला पत्थर। इसके अध्ययन से स्पष्ट तर्क सम्मत एवं क्रमबद्ध रूप से भली-भांति सोचने की शक्ति आती है।

—*Hubsch*

सांस्कृतिक मूल्य (Cultural Value)

समाज की संस्कृति और सभ्यता के निर्माण एवं विकास में गणित ने महत्वपूर्ण योगदान दिया है। गणित के अध्ययन से व्यक्ति को समानता, समरूपता, क्रमबद्धता, नियमितता आदि महत्वपूर्ण सामाजिक मूल्यों का बोध होता है जिनके द्वारा वह प्रकृति में पाये जाने वाले सौन्दर्य की अनुभूति कर सकता है। नृत्य, चित्रकला, हस्तकला आदि का विकास गणित के ज्ञान द्वारा ही सम्भव हुआ है। मनुष्य में सौन्दर्य के प्रति आर्कषण बहुत अंशों तक गणित के ज्ञान पर निर्भर करता है। किसी समाज या देश की संस्कृति से हमारा अर्थ उसकी उन सब वस्तुओं से होता है जो हमें अपने पूर्वज़ों से धरोहर के रूप में मिलती है। इसमें कला, संगीत, साहित्य, विज्ञान तथा सामाजिक मान्यताएं सभी कुछ आ जाते हैं। प्रत्येक पीढ़ी अपने पूर्वजों से जो ज्ञान प्राप्त करती है उसे वह अगली पीढ़ी के लिए अपने योगदान (Contribution) के पश्चात् छोड़ जाती है।

ज्यों-ज्यों सामाजिक जीवन अधिक जटिल बनता जाता है, त्यों-त्यों गणित के अध्ययन की आवश्यकता बढ़ती जाती है। गणित का सांस्कृतिक महत्व दिन-प्रतिदिन बढ़ता जा रहा है। मानव के और अधिक सुसभ्य तथा समृद्ध होने का एकमात्र कारण गणित में नवीनतम खोजें एवं प्रयासों को ही माना जा सकता है। आज हम आधुनिक कहलाने में गर्व का अनुभव करते हैं और इसी आधुनिक सभ्यता की नींव जिन व्यवसायों पर टिकी हैं वे हैं एग्रीकल्चर, इंजीनियरिंग, मेडिसिन, इन्डस्ट्री आदि। लेकिन, हमें यह नहीं भूलना चाहिए कि जिन व्यवसायों को हम

आधुनिक सभ्यता की रीढ़ की हड्डी (Backbone) समझते हैं उनके विकास में गणित ने महत्वपूर्ण भूमिका अदा की है।

"Mathematics plays a role in the development of culture as a play back pioneer."

आजकल जिस युग में हम रह रहे हैं, वह विज्ञान का युग है। ऐसी परिस्थितियों में गणित के ज्ञान के बिना मनुष्य विज्ञान या तकनीकी ज्ञान को समझ नहीं सकता। समाज से गरीबी, अज्ञानता, बीमारी, अन्ध-विश्वास आदि को हटाने में गणित का महत्वपूर्ण स्थान है। विद्युत की सहायता से सम्पर्क साधनों (Tele-communication) जैसे–टेलीफोन, रेडियो, टेलीविजन आदि का काफी विकास हुआ है तथा अब आणविक शक्ति का उपयोग भी मनुष्य कर सकता है। विज्ञान की इस उन्नति में गणित का बहुत बड़ा हाथ रहा है।

निम्न कथन इसकी पुष्टि करते हैं–

(1) बैरोमीटर का आविष्कार किसने किया?

गणितज्ञ पास्कल (Pascal) ने।

(3) गुरुत्वाकर्षण के नियम का प्रतिपादन किसने किया?

न्यूटन (Newton) ने।

(3) घड़ी का आविष्कार किसने किया?

गैलीलियो (Galileo) एक गणितज्ञ ने।

गणित के सांस्कृतिक महत्व में निम्न बिन्दु निहित हैं–

(1) तार्किक तर्क।

(Logical Reasoning).

(2) ज्ञान का हस्तान्तरण।

(Transfer of Knowledge).

(3) सामान्यीकरण शक्ति।

(Power of Generalization).

(4) ज्ञान के किसी विशेष क्षेत्र की रसानुभूति।

(Appreciation of any particular field of knowledge).

गणित के अध्ययन से विद्यार्थियों में शनैः-शनैः महत्वपूर्ण सामाजिक आदतों एवं दृष्टिकोणों का विकास होता है जो हमारी सभ्यता एवं संस्कृति के लिए आवश्यकता एवं उपयोगी है। वैज्ञानिक दृष्टिकाण के निर्माण में गणित का एक अपूर्व स्थान है। समस्याओं के समाधान ज्ञात करने की क्षमता भी गणित की ही

देन है। आज के समाज में व्यक्ति की अनेक समस्याओं का सामना करना पड़ता है तथा उसका सफल जीवनयापन उसकी समस्याओं को हल करने की क्षमता का विकास होता है। तथ्यों को समझना, उनमें परस्पर सम्बन्ध स्थापित करना, अपेक्षित हल सोचना आदि समस्या समाधान विधि के महत्वपूर्ण अंग हैं। भावी नागरिकों में समस्याओं से जूझने की क्षमता का विकास नितान्त आवश्यक है और गणित इस दिशा में अत्यंत सहायक है।

गणित के सांस्कृतिक महत्व के बारे में किसी को भी मतभेद नहीं हो सकता है। प्रसिद्ध गणितज्ञ हॉगबेन ने लिखा है कि–"गणित, सभ्यता और संस्कृति का दर्पण है।"

(Mathematics is the mirror of civilization.)

प्रोफेसर बाल (Ball) के अनुसार–"एक अन्वेषक के लिए नया अनुसंधान करना तब तक कठिन है जब तक वह गणितज्ञ भी न हो। किसी भी नये अनुसंधान की सम्भावना पहले कागज पर देखी जाती है। किसी भी क्रिया को कार्यरूप देने से पहले गणना के आधार पर यह निश्चित कर लिया जाता है कि वह कहां तक सम्भव है और फिर उसी के अनुसार उसमें संशोधन करके समय, शक्ति और धन के अपव्यय को बचा लिया जाता है।

इस प्रकार गणित ने हमारे समाज में संस्कृति एवं सभ्यता के विकास में महत्वपूर्ण योगदान दिया है।

अनुशासनात्मक मूल्य (Disciplinary Value)

गणित का ज्ञान केवल बच्चों को मानसिक शक्तियों का विकास एवं उन्हें नियन्त्रित ही नहीं करता है बल्कि उनके व्यक्तित्व, गम्भीरता, विवेक एवं चिन्तनशील जैसे गुण भी प्रदान करता है।

विद्यालयों में गणित इसलिए पढ़ाया जाता हैं कि छात्रों को विभिन्न मानसिक शक्तियों, जैसे–नियमितता, परिशुद्धता, मौलिकता, आत्मनिर्भरता, क्रमबद्धता, सभ्यता और ईमानदारी, एकाग्रता, कल्पना, आत्म-विश्वास, शीघ्र समझने की शक्ति, स्मृति आदि का प्रशिक्षण मिल सके जिससे उनका मस्तिष्क अनुशासित हो जाये। छात्रों को विभिन्न मानसिक क्रियाओं का प्रशिक्षण मिलता है अत: वे अन्ध-विश्वासों के आधार पर देखकर, सुनकर अथवा पढ़कर किसी बात को सही नहीं मान लेते हैं अपितु स्वयं परीक्षण करके अपने निरीक्षण के आधार पर ही निष्कर्ष निकालते हैं।

"Mathematics is a way to settle in the mind a habit of reaoning."

—*Locke*

इस उद्देश्य के अनुसार गणित मानसिक व्यायाम के लिए है (Mathematics is formal gymnastic) और इस उद्देश्य की पूर्ति तभी सम्भव है जबकि बालक पढ़ते समय और अध्यापक उन्हें पढ़ाते समय इस बात की विशेष चिन्ता न करें कि उन्होंने क्या पढ़ा है? अथवा 'कितना' पढ़ा है? बल्कि अपना सारा ध्यान इस बात पर केन्द्रित करें कि उन्होंने उसे 'किस प्रकार' और 'किस विधि द्वारा' पढ़ाया है। नये ज्ञान की प्राप्ति केवल विचार, तर्क, निर्णय आदि मानसिक क्रियाओं द्वारा ही होनी चाहिए। गणित के अध्ययन में स्मरण शक्ति का कम प्रयोग होता है। विवेक शक्ति बहुत प्रखर हो जाती है। गणित का विद्यार्थी यह अनुभव करने लगता है कि समस्याओं को हल करने में स्मरण शक्ति की अपेक्षा चिन्तन और तर्क शक्ति का अधिक प्रयोग किया जाता है। गणित पढ़ा हुआ विद्यार्थी अन्य विद्यार्थियों की अपेक्षा तर्क के द्वारा शीघ्र ही निर्णय करके दैनिक जीवन सम्बन्धी समस्याओं को बड़ी सुविधा से हल कर लेता है।

गणित एवं दर्शनशास्त्र का घनिष्ठ सम्बन्ध है। संसार के प्रसिद्ध गणितज्ञ दर्शनशास्त्री भी हुए हैं। बर्ट्रेण्ड रसेल, आइन्सटीन आदि गणितज्ञ दर्शनशास्त्री भी हुए हैं। इस विषय के अध्ययन से सूक्ष्म निरीक्षण की आदत का विकास होता है तथा यही आदत व्यक्ति को संसार के अनेक गूढ़ तत्वों के बारे में चिन्तन की ओर अग्रसर करती है।

गणित में तर्क की कुछ विशेषताएं होती हैं, जो निम्नलिखित हैं–

(1) सरलता (Simplicity of Reasoning)

इस विशेषता के अंतर्गत गणित में हम महत्वपूर्ण शिक्षण सूत्र (Axiom) 'सरल से कठिन की ओर' (From Simple to Complex) का प्रयोग करते हैं इसमें जटिल से जटिल समस्याओं को सरल तरीके से हल करना सिखाया जाता है। छात्र प्रश्न को हल करने से पूर्व अपने मस्तिष्क में यह निश्चित करते हैं कि प्रश्न में उन्हें क्या ज्ञात है, क्या ज्ञात करना है और किस विधि का प्रयोग करना पड़ेगा।

(2) शुद्धता (Accuracy of Reasoning)

दूसरे विषयों में विद्यार्थी अपनी अज्ञानता को अध्यापक से छिपा जाता है लेकिन गणित में यह बिल्कुल असम्भव हैं अध्यापक को तुरन्त पता चल जाता है कि किस विद्यार्थी में यथार्थता की कमी है। गणित में किसी भी प्रकार से विचारों में भ्रम या अनिश्चितता का कोई स्थान नहीं है। कोई भी विद्यार्थी किसी भी प्रकार से अपनी कमजोरी की अध्यापक से नहीं छिपा सकता और न ही उसे धोखा दे सकता है।

"Speed accuracy and exactness compose the beauty of Mathematics."

(3) मौलिकता (Originality of Thinking)

गणित के अध्ययन से मौलिक चिन्तन का अवसर मिलता है। गणित की बहुत-सी समस्याओं का हल मौलिक चिन्तन का ही परिणाम है। यहां हम केवल पहले पढ़ी हुई या सुनी हुई बातों को ही नहीं दोहराते अपितु दूसरे विषयों में दूसरे के विचारों या तथ्यों को एकत्र करके अपनी स्मरण शक्ति के आधार पर भी समस्या को हल कर सकते हैं, लेकिन गणित में मौलिक चिन्तन और विवेक शक्ति पर ही निर्भर रहना पड़ता है। किसी सूत्र का निर्धारण करना (Drivation of a formula) विद्यार्थी का मौलिक कार्य है और यह गुण उसे भविष्य में जटिल समस्याओं को हल करने में उत्साह प्रदान करता है। दूसरे के विचारों को ज्यों का त्यों रटने से गणित में काम नहीं चल सकता।

(4) परिणामों की निश्चितता (Certainity or Results)

गणित में समस्याओं का एक निश्चित उत्तर होता है। उत्तर या तो गलत होता या सही, उसमें किसी प्रकार के भ्रम की गुंजाइश नहीं होती। उत्तरों में आत्मीयता (Subjectivity) या व्यक्तिगत विभिन्नताओं (Individual Differences) का कोई स्थान नहीं होता। गणित का विद्यार्थी एक ऐसे संसार में रहता है जिसमें प्रत्येक वस्तु स्पष्ट और निश्चित होती है। जब कोई विद्यार्थी गणित की समस्या को बहुत परिश्रम और समय के पश्चात् सफलता से हल कर लेता है तो उसे अपार आनन्द का अनुभव होता है, परन्तु अन्य विषयों में काफी परिश्रम करने पर भी यह सम्भव हो सकता है कि समस्या के हल के बारे में विद्यार्थी और अध्यापक के विचारों में मतभेद हो और इससे विद्यार्थी को, न तो मानसिक संतुष्टि ही मिलती है और न ही उन्हें अपने परिश्रम के फल से प्रसन्नता ही अनुभव होती है।

(5) परिणामों की पुष्टि (Verification of the Results)

गणित में समस्याओं के परिणामों की पुष्टि सम्भव होती है जिससे विद्यार्थी में आत्मविश्वास की भावना जागृत होती है। जब विद्यार्थी को यह विश्वास हो जाता है कि उसने समस्या को सही हल कर लिया है तो वह अपने ऊपर गर्व का अनुभव करता है तथा उसे अपार आनन्द की अनुभूति होती है। विद्यार्थी व्यक्तिगत रूप से जीवन की विभिन्न समस्याओं को साहस, उत्साह एवं आत्मविश्वास के साथ सुलझा लेते हैं।

शैलवोक (Schellback) का कथन है, ''जो व्यक्ति गणित तथा वैज्ञानिक परीक्षणों के परिणामों को नहीं जानता, वह सत्य को जाने बिना ही मर जाता है।''

पोईनकेअर के अनुसार–"गणित के तीन उद्‌देश्य हैं। इसका उद्‌देश्य प्रकृति के अध्ययन का साधन जुटाना है। इतना ही नहीं, इसका दार्शनिक उद्‌देश्य है और यदि मैं कहूं तो सौन्दर्यानुभूति भी.... जिन लोगों ने गणित में कुशलता प्राप्त कर ली है उन्हें चित्रकारी तथा संगीत के समान ही इसमें आनन्द की प्राप्ति होती है। वे संख्याओं तथा आकृतियों के कोमल तालमेल की प्रशंसा करते हैं, जब कोई नई खोज उनके सामने एक अप्रत्याशित दृश्य उपस्थित करती है तो वे आश्चर्यचकित रह जाते हैं। क्या इस आनन्द में सौन्दर्य नहीं है? यद्यपि इन्द्रियों का इसमें कोई भाग नहीं है।

Mathematics has a triple end. It is to furnish an instrument for the study of nature. But, that is not all. It has a philosophic end, and I dare say, an aesthetic end.... Those skilled in Mathematics, find in it pleasure alike to those which painting and music give, they admire the delicate harmony of numbers and of forms, they marval when a new discovery opens an unexpected perspective. Is there no beauty in this pleasure? Even though, the senses have no part it in."

—Poincare

(6) संक्षिप्तता (Precision)

संक्षिप्तता इस विषय का विशेष गुण है। भाषा की संक्षिप्तता पढ़ाने के लिए कानून के बाद गणित का ही दूसरा स्थान है। इसमें विचारों की संदिग्धता नहीं होती है।

गणित में सांकेतिक भाषा का प्रयोग होता है। संकेतों के द्वारा कार्य करना अन्य विषयों के अध्ययन के लिए एक अच्छी तैयारी है। संसार का अधिकतर कार्य संकेतों के द्वारा ही होता है। टेलीफोन पर कार्य करने वाली महिला, सिग्नल टावर पर से उड़ते वायुयानों का पथ-प्रदर्शन करने वाला व्यक्ति तथा रेलवे कन्ट्रोलर आदि सभी अपने कार्यालयों में संकेतों द्वारा कार्य करते हैं। वास्तव में कार्य जितना अधिक महत्वपूर्ण होगा, उतना ही कम उसका प्रत्यक्ष पदार्थ से सम्बन्ध होगा, हां, बिना समझे केवल संकेतों से ही खेलते रहना अवश्य घातक होता है।

(7) दैनिक जीवन की यथार्थता से समानता
(Similarity with the Reasoning of Daily Life)

गणित के अध्ययन की भांति चिन्तन की स्पष्टता और यथार्थता दैनिक जीवन के लिए भी नितान्त आवश्यक है। जिस प्रकार एक गणित का विद्यार्थी समस्या को हल करने के लिए अपनी विवेक शक्ति के आधार पर उसका विश्लेषण करता है, उसी प्रकार एक व्यक्ति को जो एक औद्योगिक प्रतिष्ठान स्थापित करना चाहता है, यह देखना होगा कि उसके पास कौन-कौन से साधन उपलब्ध हैं, सर्वोत्तम

एवं सरल साधन कौन-सा है तथा उसकी अपनी सामर्थ्य क्या है? उन समस्याओं का हल करने के उद्देश्य को सामने रखकर हमें उसे हल करने के उपयुक्त साधन तथा परिणाम का स्पष्ट ज्ञान होना अति आवश्यक है।

सामाजिक मूल्य (Social Value)

मनुष्य एक सामाजिक प्राणी है तथा जीवन एक-दूसरे के परस्पर सहयोग पर निर्भर करता है। सामाजिक जीवनयापन करने के लिए गणित के ज्ञान की अत्यधिक आवश्यकता होती है क्योंकि समाज में भी लेन-देन, व्यापार, उद्योग आदि व्यवसाय गणित पर ही निर्भर हैं। एक स्थान से दूसरे स्थान पर जाना तथा समाज के विभिन्न अंगों को निकट लाने में सहायक विभिन्न आविष्कारों, सामाजिक कठिनाइयों, आवश्यकताओं आदि में सहायता देने में गणित का बहुत बड़ा योगदान है, क्योंकि सभी वैज्ञानिक खोजों का आधार गणित विषय ही है।

आदर्श शिक्षा वही है जो कि बालक को प्रारम्भ से ही समाज के लिए योग्य नागरिक बनाने में सहायता प्रदान करती है। **नेपोलियन** ने गणित के सामाजिक महत्व को स्वीकार करते हुए स्पष्ट किया है कि–"गणित की उन्नति तथा वृद्धि देश की सम्पन्नता से सम्बन्धित है।" (The Progress and the improvement of Mathematics are linked to the prosperity of the state.) —*Napolean*

इस प्रकार समाज की उन्नति को उचित ढंग से समझने के लिए ही नहीं, बल्कि समाज को आगे बढ़ाने में भी गणित की मुख्य भूमिका रही है। वर्तमान में हमारी सामाजिक संरचना (Social Structure) इतनी वैज्ञानिक एवं सुव्यवस्थित नजर आती है, जिसका श्रेय भी गणित को ही जाता है। गणित के अभाव में सम्पूर्ण सामाजिक व्यवस्था एवं संरचना का स्वरूप ही बिगड़ जायेगा।

नैतिक मूल्य (Moral Value)

नैतिकता एक ऐसा महत्वपूर्ण प्रत्यय है जो समय, व्यक्ति, परिस्थिति तथा स्थान से सबसे अधिक प्रभावित है। गणित का ज्ञान बच्चों के चारित्रिक एवं नैतिक विकास में सहायक है। एक अच्छे चरित्रवान व्यक्ति में जितने गुण होने चाहिए, उनमें से अधिकांश गुण गणित के विषय के अध्ययन से विकसित होते हैं। गणित पढ़ने से बच्चों में स्वच्छता, यथार्थता, समय की पाबन्दी, सच्चाई, ईमानदारी, न्यायप्रियता, कर्त्तव्यनिष्ठता, आत्म-नियन्त्रण, आत्म-निर्भरता, आत्म-सम्मान, आत्मविश्वास, धैर्य, नियमों पर अडिग रहने की शक्ति, दूसरों की बात को सुनना एवं सम्मान देना, अच्छा-बुरा सोचने की शक्ति आदि गुणों का विकास स्वयं ही हो जाता है। इस प्रकार गणित के अध्ययन से चरित्र-निर्माण तथा नैतिक उत्थान

में भी सहायता मिलती है। गणित का प्रशिक्षण लेने वाले का स्वभाव स्वयं ही ऐसा हो जाता है कि उसके मन में ईर्ष्या, घृणा स्वत: ही निकल जाते हैं।

गणित के नैतिक मूल्य महत्व को स्पष्ट करते हुए महान् दार्शनिक **डटन** (Dutton) ने कहा है कि–"गणित तर्क-सम्मत विचार, यथार्थ कथन तथा सत्य बोलने की सामर्थ्य प्रदान करता है। व्यर्थ गप्पें, आडम्बर, धोखा तथा छल-कपट सब कुछ उस मन का कहना है, जिसको गणित का प्रशिक्षण नहीं दिया गया है। (Mathematics does furnish the power for deliberate thought and accurate statements and to speak the truth. Gossip, flattery, slander, deceit all speak from a mind that has not been trained by mathematics)" इस प्रकार गणित ही एक मात्र ऐसा विषय है जो वास्तविक रूप में बच्चों को अपनी भावनाओं पर नियंत्रण रखने का अभ्यास कराता है तथा उच्च प्रशिक्षण प्रदान करता है।

जीविकापार्जन सम्बन्धी मूल्य (Vocational Value)

शिक्षा का एक मुख्य उद्देश्य बालकों को अपनी जीविका कमाने तथा रोजगार प्राप्त करने में समर्थ बना देना भी है। अन्य विषयों की अपेक्षा गणित इस उद्देश्य की प्राप्ति में सर्वाधिक सहायक सिद्ध हुआ है। आज वैज्ञानिक तथा तकनीकी समय में विज्ञान के सूक्ष्मतम नियमों, सिद्धांतों एवं उपकरणों का प्रयोग एवं प्रसार सर्वव्यापी हो गया है जिसकी आधारशिला गणित ही है। वर्तमान समय में इंजीनियरिंग तथा तकनीकी व्यवसायों को अधिक महत्वपूर्ण तथा प्रतिष्ठित माना जाता है। इन सभी व्यवसायों का ज्ञान एवं प्रशिक्षण गणित के द्वारा ही सम्भव है। लघु उद्योग एवं कुटीर उद्योगों की स्थापना का आधार भी गणित ही है। अत: यह कहा जा सकता है कि प्रत्येक व्यक्ति को अपनी जीविका कमाने के लिए गणित के ज्ञान की आवश्यकता प्रत्यक्ष या अप्रत्यक्ष रूप से अवश्य ही होती है, तभी यह अपना जीवनयापन कर सकता है तथा अपने जीवन को सरस बना सकता है।

सौन्दर्यात्मक या कलात्मक मूल्य (Aesthetic Value)

गणित पढ़ने वाले तथा गणित के प्रेमियों के लिए यह एक गीत है, सुन्दरता है, क़ला है, संगीत है तथा आनन्द प्राप्ति का एक प्रमुख साधन है। ऐसे लोगों ने ही धारणा बना रखी है कि गणित एक रसहीन तथा नीरस विषय है जिन्हें गणित का अध्ययन करने का अवसर नही मिला है। गणित में विभिन्न समस्याओं को हल करने में बहुत आनन्द की प्राप्ति होती है। विशेषकर उस स्थिति में जब उनकी समस्याओं का उत्तर किताब में दिये गये उत्तरों से मिल जाता है गणित पढ़ने वाला प्रत्येक बच्चा संतुष्टि, आत्मविश्वास, आत्म-निर्भरता तथा सफलता की खुशी में

प्रफुल्लित हो उठता है, शायद इसी कारण, पाइथागोरस ने अपनी प्रमेय की खोज की खुशी में 100 बैलों की बलि चढ़ाई थी तथा आर्किमिडीज तो अपने सिद्धांत की खोज के बाद अपना नंगापन भूलकर खुशी से प्रफुल्लित हो गया था।

यदि गणित को कलाओं का सृजनकर्ता तथा पोषक भी कहा जाये तो गलत नहीं है, क्योंकि सभी कलाएं चित्रकला, मूर्तिकला, संगीत अथवा नृत्यकला आदि सभी की प्रगति में गणित का विशेष महत्व है। लेबिनिज ने भी स्पष्ट किया है कि "संगीत मानव के अवचेतन मन का अंकगणित की संख्याओं से सम्बन्धित एक आधुनिक गुप्त व्यायाम है।" (Music is a modern hidden exercise in Arithmetic of a mind unconscious of dealing with numbers.)

हमारे कपड़ों के दिन-प्रतिदिन सुन्दर व नवीन डिजाइन, सुन्दर बाग-बगीचे यहां तक कि गमले या फूलदान में रखे हुए फूलों की सुन्दरता तथा आकर्षण वास्तव में किसी न किसी रूप में गणित के नियमों का ही पालन करते हैं। संगीत तथा नृत्य में भी ताल व कदम निश्चित क्रम में व्यवस्थित करने वाले होते हैं, जोकि गणित द्वारा ही सम्भव है। **कीट्स** महोदय ने कहा है कि "सत्य ही सुन्दर है (Truth is Beauty." —*Keats*) जब कभी गणित पढ़ने वाला कोई भी गणितीय व्यक्ति तथ्यों, नियमों एवं सिद्धांतों की सहायता से नवीन ज्ञान की खोज करता है अथवा प्राकृतिक घटनाओं की सत्यता की व्याख्या करता है तो उसके मन को आनन्द की अनुभूति होती है तथा वह अपने परिणामों के सौन्दर्यात्मक पहलुओं को महसूस करता है। इस प्रकार अपनी अप्रत्याशित उपलब्धि प्राप्त करने पर उसे उसमें संतुष्टि, प्रेरणा तथा प्रसन्नता मिलती है। वास्तविक रूप से उसके मन में गणित की प्रशंसा करने की भावना का विकास हो जाता है।

अवकाश का सदुपयोग करने के लिए गणित की संख्याओं के खेल व पहेलियां विशेषरूप से महत्वपूर्ण हैं। जादू के वर्ग बनाये जाता सकते हैं जिनकी सहायता से छात्र अभ्यास करके अपने मस्तिष्क को और अधिक विकसित कर सकते हैं। इस प्रकार विभिन्न गणितीय खेल या पहेलियां बच्चों का केवल मनोरंजन ही नहीं बल्कि बच्चों में आनन्द की अनुभूति तथा गणित के ज्ञान की प्रशंसा करने की भावना भी अधिक प्रबल करती हैं।

अन्तर्राष्ट्रीय मूल्य (International Value)

गणित हमें केवल अपने देश की पृष्ठभूमि से ही परिचित नहीं कराता बल्कि राष्ट्रीयता का संदेश भी देता है। गणित के अध्ययन से ही यह पता चलता है कि आज का मानव जो भी भौतिक उन्नति प्राप्त करने में सफल हुआ है वह कभी इतना असभ्य और अनभिज्ञ था कि उसे एक से आगे गिनती भी नहीं आती

थी। गणित के क्षेत्र में जो भी प्रगति हुई है वह किसी एक राष्ट्र, वर्ग, जाति या धर्मानुयायियों का कार्य नहीं है और न ही किसी राष्ट्र विशेष की सम्पत्ति है। मानव, निर्मित दीवारों की परिधि भी गणित के ज्ञान तथा नवीन उनुसंधानों को बांधकर नहीं रख सकती हैं। किसी एक देश द्वारा किया गया आविष्कार उसकी सीमाओं को पार करके अन्तर्राष्ट्रीय विषय बन जाता है। यही गणित तथा विज्ञान के क्षेत्र में होने वाली उन्नति तथा प्रगति का रहस्य है। वर्तमान समय की यह आवश्यकता है कि दुनिया भर के सभी गणितज्ञ, वैज्ञानिक तथा शिक्षा-शास्त्री परस्पर मिलकर कार्य करें, क्योंकि एक राष्ट्र द्वारा की गई खोज का अन्य देशों में चल रहे अनुसंधानों पर तत्काल असर पड़ता है। कोई भी राष्ट्र चाहे कितना ही उन्नत क्यों न हो, वह अकेला इस क्षेत्र में पूर्णरूप से प्रगति नहीं कर सकता, जब तक उसे अन्य देशों में होने वाले अनुसंधानों की जानकारी न हो। ये सभी प्रमाण गणित के अन्तर्राष्ट्रीय मूल्य के द्योतक हैं।

इस प्रकार सारांश रूप में यह कहा जा सकता है कि हमारे जीवन का कोई पहलू ऐसा नहीं है जोकि गणित के ज्ञान से किसी न किसी रूप में प्रभावित तथा सम्बन्धित न हो। राष्ट्रीय शिक्षा नीति (1986) में गणित के दैनिक जीवनव राष्ट्रीय विकास में महत्व को स्वीकार करते हुए स्पष्ट किया कि–"यह वास्तविकता है कि गणित को अधिकांश बच्चे कठिन विषय समझते हैं। अत: विद्यालय और अध्यापक द्वारा ऐसे ठोस कदम उठाये जाने चाहिए। जिनमें सभी बच्चों के गणित के स्तर को उन्नत किया जा सके।"

वैज्ञानिक दृष्टिकोण से सम्बन्धित मूल्य

(Value Related to Scientific Attitude)

गणित का अध्ययन करने से बच्चों को समस्याओं का सामना करने के लिए एक विशेष प्रकार की विधि का प्रशिक्षण मिलता है जिससे छात्र नियमित अपना कार्य करते हैं, जिसे हम वैज्ञानिक ढंग कहते हैं। सामान्यत: गणित की समस्या को वैज्ञानिक ढंग से हल करने के लिए निम्न पदों का प्रयोग किया जाता है‘

(अ) समस्या क्या है?

(ब) क्या ज्ञात करना है? तथा उसके उद्देश्य हैं?

(स) समस्या पर चिन्तन करना।

(द) समस्या से सम्बन्धित आंकड़े एकत्रित करना तथा हल ज्ञात करके उनकी सत्यता जांच के लिए अभ्यास कार्य करना।

(य) प्राप्त परिणामों की अन्य परिस्थितियों में जांच करना।

(र) जो परिणाम सही सिद्ध हों, उन्हें नियम मान लेना।

इस प्रकार पहले हम समस्याओं की तह तक पंहुंचते हैं; फिर समस्या को हल करने के विभिन्न हलों (Solutions) में से सही हल का चयन अपने अनुभव और परीक्षण द्वारा करते हैं।

व्यावहारिक मूल्य (Practical Value)

गणित शिक्षण का प्रमुख उद्‌देश्य उसकी व्यावहारिक उपयोगिता है। यह उद्‌देश्य कोई नया उद्‌देश्य नहीं है वरन् यह प्राचीन काल से ही प्रचलित है। गणित के अन्य उद्‌देश्यों में सर्वप्रथम इसी उद्‌देश्य का जन्म हुआ। गणित के बड़े आलोचक भी इसी बात से इनकार नहीं कर सकते कि केवल प्रयोगात्मक मूल्य (Utilitarian Value) को सामने रखते हुए इसका अध्ययन अध्यापन परमावश्यक है। प्रत्येक मनुष्य को व्यावहारिक एवं सामाजिक जीवन में प्रतिदिन विभिन्न प्रकार की समस्याओं का सामना करना पड़ता है। इन समस्याओं को हल करने के लिए उसे किसी न किसी रूप में गणित का उपयोग अवश्य ही करना पड़ता है। एक व्यक्ति अपना कार्य बिना पढ़े-लिखे चला सकता है, लेकिन बिना गणना या गिनती का ज्ञान रखे वह अपना काम नहीं चला सकता। इसके अभाव में उसे दूसरों की कृपा दृष्टि पर भी निर्भर रहना पड़ेगा और जीवन में पग-पग पर कठिनाइयों का सामना करना पड़ सकता है। आज हम माप-तौल की दुनिया में रह रहे हैं। जहां दिनोंदिन मापक दण्ड (Measuring stick) का मूल्य बढ़ रहा है। आज संसार प्रत्येक वस्तु की उन्नति को चाहे वह भौतिक, सामाजिक, आत्मिक हो अथवा मानसिक, उसे मापना चाहता है। घर का बजट बनाते समय, आय और मजदूरी निकालते समय, वस्तुओं को तौलते समय, घड़ी में समय देखते हुए, गाड़ी चढ़ते समय, दफ्तर अथवा स्कूल जाते समय, लिफाफे पर टिकट लगाते समय, तारघर में तार देते समय, दूध उबालते समय, थर्मामीटर लगाते समय, दौड़ करवाते समय, परीक्षाओं में पर्चे बांटते समय, समय का मुख्य ध्यान रखने की बहुत आवश्यकता प्रतीत होती है। बेचारे कुली (Labour) से लेकर, जो मुश्किल से अपनी जीविका कमा पाता है, फाइनेंस मिनिस्टर तक लाखों और करोड़ों रुपये का बजट बनता है, पान वाले से लेकर जौ कि सिर्फ रुपये और पैसे तक हिसाब रखता है, बिरला (Birla) और टाटा (Tata) तक तो करोड़ों रुपयों का व्यवसाय करते हैं, साधारण बढ़ई से लेकर, बड़े-बड़े इंजीनियरों तक जो संसद जैसे विशाल भवन का निर्माण करते हैं, सभी को अपनी-अपनी आवश्यकतानुसार गणित के ज्ञान की आवश्यकता होती है। इस सम्बन्ध में यंग महोदन का कथन सत्य ही प्रतीत होता है–"लौह वाष्प और विद्युत के इस युग में जिस ओर भी मुड़कर देखें, गणित ही सर्वोपरि है। यदि यह रीढ़ की हड्डी निकाल दी जाये तो हमारी भौतिक सभ्यता का ही अन्त हो जायेगा।"

(Whenever we turn in these days of iron, steam and electricity, we find that mathematics has been the pioneer. Were its backbone removed, our material civilization would inevitably collapse.) —*Young J.W.A.*

गणित की मूलभूत प्रक्रिया जैसे गिनना, जोड़ना, भाग देना, घटाना, तोलना, मापना, बेचना, खरीदना, गुणा आदि हमारे दैनिक जीवन का, यहां तक की सभी व्यवसाय चाहे वह बड़ा हो या छोटा, गणित पर ही टिका हुआ है, जैसे–एकाउन्टेंसी, बैंकिंग, टेलरिंग, शौपकीपिंग, टेक्सेशन, इन्श्योरेंस, पोस्टल जॉब्स आदि। आज के वैज्ञानिक युग में गणित के महत्व पर प्रकाश डालना सूर्य को दीपक दिखाना है। गणित ही विज्ञान की जननी है तथा बिना गणित की सहायता से विज्ञान में प्रगति सम्भव नहीं है। बिना गणित के विज्ञान पंगु हो जाता है। मनुष्य का चांद पर पहुंचना इस शताब्दी की एक महत्वपूर्ण घटना है। चांद से पृथ्वी की दूरी, सूर्य का निकलना व छिपना, तारों का चमकना, रॉकेट की गति, मौसम में परिवर्तन, प्लेनेट्स के घूमने की गति, वायुमण्डल में रॉकेट की गति में विभिन्न बाधाएं, ताप का प्रभाव पृथ्वी की आकर्षण शक्ति का रॉकेट की गति पर प्रभाव, रॉकेट के चांद पर पहुंचने का समय, आदि की गणना, गणित की सहायता से ही सम्भव हो सकी है। मनुष्य को आनन्द तथा सुख देने वाली वस्तुएं, जैसे–रेडियो, ग्रामोफोन, बिजली के पंखे, टेलीविजन आदि सभी का आविष्कार गणित के ज्ञान के बिना सम्भन नहीं था। विज्ञान को व्यावहारिक बनाने में गणित का प्रमुख हाथ है।

गणित का ज्ञान अन्य विषयों जैसे विज्ञान, ज्योतिष, वाणिज्य, अर्थशास्त्र, इंजीनियरिंग, भूगोल आदि के अध्ययन में भी अत्यावश्यक है। गणित की सहायता से ही इन विषयों में नवीन खोज करने, आंकड़े एकत्रित करने आदि का कार्य सम्भव हो सका है। इसलिए **बेकन** (Bacon) ने सही कहा है–"गणित सभी विज्ञानों का सिंह द्वार एवं कुंजी है।" "(Mathematics is the gateway and key to all sciences.")

किसी राष्ट्र या समाज की संस्कृति की अपनी कुछ अलग ही विशेषताएं होती हैं। प्रत्येक समाज या राष्ट्र का अनुमान उस राष्ट्र के समाज के रहन-सहन, खान-पान, रीति-रिवाज, कलात्मक उन्नति, राजनैतिक, आर्थिक तथा सामाजिक पहलुओं के द्वारा हो जाता है।

गणित का पाठ्यक्रम में स्थान (Place of Mathematics in Curriculum)

प्राचीन काल से ही गणित अन्य विषयों की अपेक्षा शिक्षा के उद्देश्यों की प्राप्ति में अधिक सहायक सिद्ध हुआ है। वर्तमान समय विज्ञान तथा तकनीकी का युग है। इस युग में जो भी भौतिक एवं तकनीकी प्रगति विज्ञान तथा तकनीकी

का युग है। इस युग में जो भी भौतिक एवं तकनीकी प्रगति विज्ञान के कारण हुई है उसका श्रेय गणित को ही दिया जाना चाहिए। इतना महत्पूर्ण विषय होते हुए भी पाठ्यक्रम में गणित को क्या स्थान दिया जाना चाहिए इस पर अधिक विचार-विमर्श की आवश्यकता नहीं है। विद्यालय पाठ्यक्रम में शिक्षा दसवीं कक्षा (माध्यमिक स्तर) तक अनवार्य विषय बनाने के सम्बन्ध में कोठारी कमीशन ने स्पष्ट किया कि ''गणित को सामान्य शिक्षा के अंतर्गत विषय बना देना चाहिए।'' परन्तु कुछ लोग अभी भी गणित को आठवीं कक्षा तक अनिवार्य तथा इसके बाद ऐच्छिक (Optional) विषय बनाने पर जोर देते हैं। गणित को माध्यमिक स्तर तक अनिवार्य विषय न बनाये जाने के लिए विरोधी पक्ष द्वारा निम्न कारण स्पष्ट किये गये–

(1) अन्य विषयों की अपेक्षा हाईस्कूल परीक्षा अनुत्तीर्ण होने वाले छात्रों की संख्या गणित विषय में सर्वाधिक होती है

(2) उच्च कक्षाओं में भी गणित का ज्ञान उन्हीं छात्रों के लिए उपयोगी रहता है जो कि भौतिकशास्त्र, रसायनशास्त्र अथवा गणित को ही अपने अध्ययन का विषय रखना चाहते हैं। इसलिए शेष छात्रों के लिए गणित के ज्ञान की कोई आवश्यकता नहीं रहती।

(3) प्रत्येक विद्यार्थी न तो इंजीनियर ही बन पाता है और न ही मिस्त्री, फिर सभी के लिए गणित की अनिवार्यता का क्या लाभ है?

(4) यह बहुत ही जटिल विषय है जिसके सीखने के लिए एक विशेष प्रकार की बुद्धि और मस्तिष्क की आवश्यकता है। अत: सभी बच्चों को गणित की शिक्षा ग्रहण करने में कठिनाई होगी।

(5) गणित के अध्ययन से सभी मानसिक शक्तियां, अनुशासन, सांस्कृतिक, सामाजिक तथा नैतिक विकास होने की बात कल्पना मात्र ही है।

इस प्रकार गणित को माध्यमिक स्तर (कक्षा दस) तक अनिवार्य विषय न बनाये जाने के समर्थन में विरोधी पक्ष द्वारा दिये गये उपर्युक्त मत वास्तव में निराधार ही प्रतीत होते हैं। **श्री महावीराचार्य जी** के अनुसार–''लौकि, वैदिक तथा सामाजिक जो भी व्यापार हैं, उन सभी में गणित का प्रयोग है। अर्थशास्त्र, नाट्यशास्त्र, पाकशास्त्र, कामशास्त्र, छन्द, अलंकार, व्याकरण तथा कलाओं के समस्त गुणों में गणित अत्यंत उपयोगी है। सूर्य आदि अन्य ग्रहों की गति, दिशा तथा समय ज्ञात करने में गणित का काम पड़ता है। गुण, मात्रा संहित तथा संख्या आदि से सम्बन्धित सभी विषय गणित पर ही निर्भर हैं।''

सभी महान् शिक्षाविदों, जैसे–हर्बर्ट, पेस्टालॉजी आदि ने भी गणित को मानव विकास का प्रतीक माना है। गणित विषय को बौद्धिक और सांस्कृतिक (Intellectual and Cultural) विकास का सर्वश्रेष्ठ साधन मानते हुए सभी शिक्षाविद् ने गणित को पाठ्यक्रम में सर्वोच्च स्थान प्रदान किया है।

गणित को निम्नलिखित बिन्दुओं के आधार पर अनिवार्य विषय बनाना चाहिए।

(1) गणित के अध्ययन से ही छात्रों में नियमित तथा क्रमबद्ध रूप से ज्ञान ग्रहण करने की आदतों का विकास होता है।

(2) गणित एक यथार्थ विज्ञान है (Mathematics is an exact science)।

(3) यदि गणित विषय को पाठ्यक्रम में उचित स्थान न दिया गया तो बच्चों को मानसिक प्रशिक्षण (Mental Training) के अवसर नहीं मिल सकेंगे जिसके अभाव में उनका बौद्धिक विकास प्रभावित हो सकता है।

(4) गणित एक विशेष प्रकार से सोचने का दृष्टिकोण प्रदान करता है (Mathematics provides a definite way of thinking)।

(5) गणित का ज्ञानार्जन करने के लिए गणित सम्बन्धी ऐसी कोई जन्म-जात विशेष योग्यता एवं कुशलता नहीं होती, जो कि दूसरे विषयों के अध्ययन की योग्यता से अलग हो।

(6) गणित बच्चों में तार्किक दृष्टिकोण पैदा करता है (Mathematics generates logical attitude)।

(7) गणित ही एक ऐसा विषय है जिसमें बच्चों को अपनी तर्क-शक्ति, विचार-शक्ति, अनुशासन, आत्म-विश्वास तथा भावनाओं पर नियंत्रण रखने का प्रशिक्षण मिलता है।

(8) गणित का मानव जीवन से घनिष्ठ सम्बन्ध है (Mathematics is much related to human life)।

(9) प्रत्येक विषय के अध्ययन में गणित के ज्ञान की प्रत्यक्ष तथा अप्रत्यक्ष रूप से आवश्यकता पड़ती है, क्योंकि गणित को सभी विद्वानों का विज्ञान तथा समस्त कलाओं की कला माना जाता है।

(10) यह विज्ञान विषयों का आधार है (Mathematics is the basis of all sciences)।

(11) गणित समूहों (समुच्चय) तथा संरचनाओं का अध्ययन है (Mathematics is the study of Sets and Structure)।

(12) गणित मानसिक शक्तियों को विकसित करने का अवसर प्रदान करता है (Mathematics provides chance to develop metal abilities)।

(13) गणित की भाषा सार्वभौमिक होती है (The language of Mathematics is universal) ।

(14) गणित का ज्ञान चरित्र निर्माण एवं नैतिकता के विकास में सहायक है। (Mathematics helps in character formation as well as morality)।

(15) गणित में सार्थक, अमूर्त एवं संगत संरचनाओं का अध्ययन किया जाता है (Mathematics deals with significant, abstruct and construct structures)।

(16) गणित का ज्ञान अन्य विषयों के अध्ययन में सहायक होता है (Knowledge of Mathematics is useful in study of other subjects)।

(17) बच्चों में अनुशासन सम्बन्धी गुण या विशेषता का विकास होता है (It develops the characteristics of discipline) ।

अत: उपर्युक्त बिन्दुओं आधार पर हम कह सकते हैं, कि गणित ही एक ऐसा विषय है जिसके ज्ञान की आवश्यकता जीवन भर हो सकती है। यह तभी सम्भव है जब कि पढ़ने वाला प्रत्येक छात्र कक्षा दस तक अनिवार्य रूप से गणित विषय का अध्ययन करे। इंजीनियर से लेकर मिस्त्री तक तथा मजदूर से लेकर वित्तमंत्री अथवा अन्य उद्योगपतियों आदि सभी को उनकी आवश्यकतानुसार गणित के ज्ञान की आवश्यकता पड़ती है। अमेरिका, इंग्लैंड आदि देशा में तो हाईस्कूल स्तर के विद्यार्थियों का ज्ञान यहां के इण्टरमीडिएट स्तर के विद्यार्थियों के बराबर होता है। वहां के बालकों को अपने भविष्य तथा उच्च कक्षाओं के लिए विषयों का चयन करना अपेक्षाकृत सरल तथा रुचिकर हो जाता है।

इस प्रकार यदि रोजी-रोटी कमाने के उद्देश्य से ही पाठ्यक्रम का निर्माण किया जाये, तब भी गणित विषय का स्थान सर्वोपरि होना चाहिए। गणित को कक्षा एक से कक्षा दस तक अनिवार्य विषय अवश्य ही बनाया जाये अन्यथा इसके बिना सभी विषय निरर्थक प्रतीत होंगे। गणित को विद्यालय पाठ्यक्रम में महत्वपूर्ण तथा प्रतिष्ठित स्थान देने के सम्बन्ध में प्रसिद्ध शिक्षाशास्त्री कुप्पूस्वामी लिखते हैं–

"Mathematics is a subject of the school course of admittedly high educational value. Proper training in it would stimulate reasoned thinking and develop logical experience. Over and above this, it would help to promote truthfulness and present things on trust. The allied subject of science would help to raise healthy curiosity, evoke independent enquiry and advance neatness of execution and expression. In these days of irresponsible talking and blind following and acting. what a noble service would it be to society to train up men and women to right thinking and discrete acting and what tremendous help would it be to men in authority and charged with the responsibility of maintaining peace and order."

—*N. Kuppuswami*

गणित का सम्बन्ध हमारे जीवन से बहुत घनिष्ठ है। आजकल की सभ्यता का आधार गणित ही है। गणित को व्यापार का प्राण और विज्ञान का जन्मदाता समझा जाता है। इंजीनियरिंग का पूरा कार्य गणित पर ही आधारित रहता है। मातृभाषा के अतिरिक्त ऐसा कोई भी विषय नहीं है जो दैनिक जीवन से इतना अधिक सम्बन्धित हो। आधुनिक सभ्यता एप्लाइड गणित (Applied Mathematics) के आधार पर ही खड़ी हुई है। गणित एक उपकरण (Tool) है, जिसका विज्ञान प्रयोग करता है। मनुष्य जिस वातावरण में रहता है, उसमें रुचि लेने की क्षमता प्रदान करने के लिए तथा उन प्रयत्नों का मूल्यांकन करने के लिए जो दूसरे लोग प्रयोग करते हैं, गणित का कुछ ज्ञान प्राप्त करना आवश्यक हो जाता है। एक विशेषज्ञ को अपने क्षेत्र में गणित का सरलतापूर्वक प्रयोग करने के लिए उसका पर्याप्त. ज्ञान अवश्य प्राप्त करना चाहिए। ऐसे व्यवसायों की संख्या जिनमें गणित के ज्ञान की आवश्यकता होती है, बहुत अधिक है तथा निरंतर बढ़ती जा रही है।

प्राकृतिक क्रियाओं में विविधता में परिवर्तन (Change in variation) मुख्य हैं। चलन-कलन (Calculus) में परिवर्तन का ही अध्ययन किया जाता है, अत: इसे प्रकृति का गणित कहा जा सकता है। प्राकृतिक विज्ञान (Natural Sciences) जैसे–ज्योतिर्विज्ञान तथा भौतिक विज्ञान अधिकांशत: गणित के समान ही हैं। ऐसा माना जाता है कि बल और क्रियाओं (Forces and Phenomenon) के बीच में गणितीय सम्बंध रहता है। इन सम्बंधों की खोज तथा नियमीकरण से ही किसी विषय का निश्चित ज्ञान हो पाता है। गणित के ज्ञान के बिना प्रकृति का अध्ययन नहीं हो सकता। माध्यमिक विद्यालयों के विद्यार्थी चाहे पूर्णरूप से इस तथ्य की अनुभूति न कर सकें, परन्तु वह प्रकृति में गणितीय रचना की झलक अवश्य देख सकते हैं।

गणित में प्राय: अनेक अनावश्यक विचरणों में से तथ्यों की खोज करनी पड़ती है। एक विद्यार्थी को स्पष्ट और शीघ्रता से यह जानना होता है कि क्या दिया है और क्या ज्ञात करना है। गणित में प्रयुक्त होने वाली प्रक्रिया अनुमानात्मक (Postulational) है। अन्तत: हमारे सभी विचार इसी प्रकार के हैं। यदि हम किसी व्यवसाय अथवा व्यापार को चुनते हैं तो हमें एक निश्चित मार्ग अपनाना पड़ता है। यदि हम अपने धन को एक विशेष ढंग से खर्च करते हैं, किसी राजनैतिक

दल को वोट देते हैं, किसी समिति का कार्य संभालते हैं, अपने पड़ौसी का जान-बूझकर अपमान करते हैं...तब...जब कभी भी हमें कार्य करने के विभिन्न तरीकों में से एक का निश्चय करना पड़ता है तो अनुमानात्मक वृत्ति ही हमार सामने रह जाती है। इस महत्वपूर्ण आदत का सामान्य प्रशिक्षण एवं अभ्यास कराने के लिए गणित शिक्षा एक शक्तिशाली शस्त्र बन सकता है। इसमें तथ्यात्मक सूचनाएं कम से कम होती हैं तथा ध्यान को आवश्यक तथा पर्याप्त शब्दों की खोज में तथा निष्कर्ष निकालने पर ही केन्द्रित कर दिया जाता है। ऐसे शब्दों के द्वारा, जिनकी संक्षिप्त ढंग से परिभाषा की गयी हो एवं चिन्हों के प्रयोग से, किसी भी तर्क का सार बड़ी स्पष्टता से प्रकट हो जाता है।

गणित के महत्व के प्रति आपत्तियां
(Objections Regarding Importance of Maths)

हमारा कार्य विद्यार्थी को अधिक से अधिक ज्ञान प्रदान करने से है ताकि वह अपनी रुचि के अनुसार व्यवसाय चयन कर सकें।

कुछ विद्वानों ने गणित शिक्षण के दोषों के विषय में अपनी राय निम्न प्रकार प्रकट की है–

(1) कुछ छात्रों एवं उनके अभिभावकों का ऐसा विश्वास है कि वे गणित में दक्षता प्राप्त करने में सर्वथा अयोग्य हैं। उनके विचार से गणित में सफलता प्राप्त करने के लिए कुछ मानसिक गुणों का होना आवश्यक है। वे तर्क देते हैं कि गणित के प्रति झुकाव सामान्यत: देखने को नहीं मिलता।

उदाहरणार्थ–यह एक सर्वविदित तथ्य है कि अपेक्षाकृत बहुत कम लोग ही गणित में चतुर होते हैं। परिणामत: लोग इसमें रुचि नहीं लेते। कहावत है कि बहरा आदमी क्या सारंगी बजायेगा? एक अंधा व्यक्ति जो रंगों को भी नहीं पहचान सकता, चित्रकार कैसे बनेगा तथा जिसके पैर ही नहीं, वह नृत्य कला में कैसे प्रवीण बनेगा?

(It is a well known fact that relatively few pupils have real talent for Mathematics and consequently have no interest in it. How shall a deaf man fiddle? Says a proverb. He who is colour blind does not become an artist, and he who has no feet can not become a dancing master.)

परन्तु इस मत को अस्वीकार किया जा चुका है। यदि गणित का विषय

उचित प्रकार से पढ़ाया जाये, तो इसके सरल तर्क को कोई भी सामान्य बुद्धि वाला व्यक्ति समझ सकता है।

प्रसिद्ध गणितज्ञ यंग के कथनानुसार–क्या आप एक वकील बनना चाहते है? यदि आप ज्यामिति के सामान्य साध्य का विश्लेषण नहीं कर सकते तो आप एक जटिल कानूनी अभियोग का विश्लेषण कैसे करेंगे? क्या आप इतिहास के छात्र हैं? यदि आप बीजगणित के सामान्य सम्बन्धों में गुणक (Coefficient) के प्रभाव को समझने में असमर्थ हैं तो आप संसार के विकास पर नेपोलियन के प्रभाव को किस प्रकार समझ सकते हैं? क्या आप भाषाविद् हैं? यदि आप एक तुच्छ भाषाबद्ध समस्या को गणित के सम्बन्धित चिन्हों में रूपान्तरित नहीं सकते तो आप असंख्य अंकों वाली एक उत्कृष्ट रचना को एक भाषा से दूसरी भाषा में कैसे रूपान्तरित करेंगे? क्या आप एक वैद्य हैं? यदि आप के अन्दर बीजगणित की अज्ञात राशियों को लुप्त करने अथवा पता लगाने के लिए अभीष्ट शक्तियों का अभाव है, तो आप एक जटिल संशयपूर्ण लक्षणों वाले रोग का निदान एवं निवारण किस प्रकार करेंगे?

(2) प्राय: कहा जाता है कि गणित में प्राप्त कुशलता का प्रयोग हम अपनी दैनिक जीवन सम्बन्धी समस्याओं को हल करने में करते हैं किन्तु यहां यह आपत्ति उठायी जाती है कि बहुत से गणितज्ञ ही दैनिक जीवन सम्बन्धी समस्याओं में अपने ज्ञान का प्रयोग नहीं कर पाते। वे जीवन के सम्बन्धों में भी सूत्र का ही प्रयोग करना चाहते हैं। परिणामस्वरूप वे जीवन के तर्क को सुलझाने में असफल रहते हैं।

उदाहरणार्थ–एक गणितज्ञ के विषय में कहा जाता है कि जब वह अपने परिवार सहित एक नदी को पार करना चाहते थे तो जाने से पहले उन्होंने गणना द्वारा ज्ञात किया कि नदी की औसत गहराई चार फीट है और इसलिए उन्होंने यह मान लिया कि नदी को पैदल सुरक्षापूर्वक पार किया जा सकता है। अब उनके परिवार के लोग आगे बढ़े और उन्होंने कहा कि नदी की गहराई अधिक है तो गणितज्ञ ने उनसे यह कह कर आग बढ़ने का आग्रह किया कि उनकी गणना में कहीं कोई त्रुटि नहीं हो सकती। परिणास्वरूप उसके परिवार के कुछ सदस्य पानी में डूब गये।

(3) **ब्रेन (Brain)** के अनुसार गणित हमें यह नहीं सिखाता कि निरीक्षण, सामान्यीकरण तथा वर्गीकरण किस प्रकार किया जा सकता है और न

ही विशेष वस्तुओं की परीक्षा करने के बाद परिभाषा करने की कला का ज्ञान हमें गणित कराता है।

लेकिन, हम जानते हैं कि गणित में विद्यार्थी स्वयं परिभाषाओं तथा सिद्धों (Axioms) का सामान्यीकरण करता है, इस कथन को ध्यान में रखते हुए यह कथन मान्य नहीं रह जाता।

(4) **सर विलियम हैमिन्टन** ने गणित शिक्षण पर दो आरोप लगाये हैं–

(i) गणित का अत्यधिक शिक्षण मस्तिष्क के लिए हानिकारक है।

(ii) गणित का अध्ययन इतना सरल है कि इससे वास्तविक अनुशासन प्राप्त नहीं होता।

(5) **हक्सले** का कथन है, गणित एक ऐसा विज्ञान है जिसका निरीक्षण, अनुभव, आगमन विधि तथा हेतुत्व कारणता से कोई सम्बन्ध नहीं है। (Mathematical science is a study which owes nothing to observation, nothing to experience, nothing to induction and nothing to casuality.)

3

"गणित शिक्षण के उद्देश्य एवं प्राप्य उद्देश्य"

"Aim and Objective of Teaching Mathematics"

गणित शिक्षण में उद्देश्य का अध्ययन करने से पहले हमें लक्ष्य (Aim) तथा उद्देश्य (Objective) में अन्तर स्पष्ट हो जाना चाहिए। प्राय: विद्यार्थियों में लक्ष्य तथा उद्देश्य में भ्रम हो जाता है, गणित शिक्षण के उद्देश्य को निम्न दो भागों में बांटा जा सकता है।

(1) सामान्य उद्देश्य या लक्ष्य (General Aims or Goals)।

(2) विशिष्ट उद्देश्य (Specific Objectives)।

सामान्य उद्देश्य या लक्ष्य क्या है? (What is Aim or Goal)

सामान्य उद्देश्य को हम संक्षप में लक्ष्य (Aim) कहते हैं। लक्ष्य (Goal) आदर्श (Ideals) होते हैं, जिनका क्षेत्र असीमित होता है तथा जिनको पूर्णरूप से प्राप्त करना प्राय: असम्भव होता है। इसकी प्राप्ति के लिए सम्पूर्ण स्कूल, समाज तथा राष्ट्र उत्तरदायी होता है।

(Aims or Goals are broad general statements, some times vague in meaning, which generally shape the character of an educational programme).

उदाहरण (Examples)

(1) बालक में नागरिकता के गुणों का विकास करना।

(To develop the feeling of citizenship in the child).

(2) शिक्षा में आमूल-चूल परिवर्तन लाना।

(To bring an over all change in the education system.)

(3) बालक की तर्क शक्ति का विकास करना।

(To develop reasoning ability in the child.)

(4) विद्यार्थी अपनी दैनिक जीवन सम्बन्धी समस्याओं को हल करने में वैज्ञानिक दृष्टिकोण का प्रयोग कर सकें।

(To apply the scientific mode of inquiry to problems related to the physical world.)

ससामान्य उद्देश्य या लक्ष्य क्यों निर्धारित किये जायें? (Purpose of Formulating Goals)

(1) कक्षा में अध्यापक के लिऐ एक निर्देशक के रूप में सहायता करने के लिये।

To help the teacher as a guide for writng specific behavioural objectives in his class-room.

(2) कक्षा में सीखने का उचित वातावरण तैयार करने के लिये।

To establish an over all climate of the class-room.

विशिष्ट उद्देश्य क्या है (What an Objective is?)

विशिष्ट उद्देश्य एक पूर्ण कथन होता है तथा इसके दो भाग होते हैं। प्रथम भाग का सम्बन्ध बालक में लाये जाने वाले वांछनीय व्यावहारिक परिवर्तन (Desired behavioural change) से है तथा दूसरे भाग का सम्बन्ध विषय-वस्तु (Content से है जिसके माध्यम से बालक के व्यवहार में परिवर्तन लाना होता है। प्रथम भाग को हम 'Content Part' कह सकते हैं।

विशिष्ट उद्देश्य का क्षेत्र सीमित होता है तथा हम इनको पूर्णरूप से निश्चित हो प्राप्त कर सकते हैं।

व्यावहारिक उद्देश्य (Behavioural Objectives)

व्यावहारिक पदों के सन्दर्भ में लिखे गये उद्देश्य, व्यावहारिक उद्देश्य कहलाते हैं। व्यवहार एक सदृश्य क्रिया है यह हमें बताते हैं कि कोई व्यक्ति किस प्रकार कार्य करता है, सोचता है अथवा महसूस करता हैं।

Behavioural objectives are objectives written in behavioural terms. Behaviour may be defined as a visible activity. Behavioural objectives state how a person is to act, think or feel.

NCERT के 'मूल्यांकन एवं परीक्षा' (Evaluation and Examination) अंक में उद्देश्य की परिभाषा निम्न प्रकार दी गई है–

''उद्देश्य वह बिन्दु अथवा अभीष्ट है, जिसकी दिशा में कार्य किया जाता है, वह व्यवस्थित परिवर्तन है, जिसे क्रिया द्वारा प्राप्त किया जाता है, जिसके लिये हम कार्य करते हैं।''

(An objective is a point or an end view of something towards which action is directed, a planned change sought through any activity, what we set out to do).

''प्राप्य उद्देश्य वास्तव में वह लक्ष्य हैं, जिन्हें प्राप्त करने के लिये गणित शिक्षण की सम्पूर्ण क्रियाएं केन्द्रित होती हैं।''

(Objectives are really the process of setting out goals towards which the whole activity is to be centred).

''गणित शिक्षण के उद्देश्य, व्यवहार में परिवर्तन हैं जो कि बालक में इच्छानुसार उत्पन्न किये जायेंगे।''

(Objectives of teaching Mathematics, therefore are the desired changes to be produced in the behaviour of the child).

आई०के० डेविस के अनुसार, ''सीखने का उद्देश्य अपेक्षित परिवर्तन का वर्णन है।''

(Learning objective is a statement of proposed change).

बी०एस० ब्लूम ने इसे और अधिक स्पष्ट किया है, ''शैक्षिक उद्देश्य व लक्ष्य मात्र ही नहीं होते जिनकी सहायता से पाठ्यक्रम को निर्मित किया जाता है या अनुदेशन के लिये निर्देशन दिया जाता है, अपितु, वह मूल्यांकन की प्रक्रिया के विशिष्टीकरण में भी सहायक होते हैं।''

(Educational objectives are not only the goals towards which the curriculum is shaped and towards which instruction is guided but they are also the goals that provide the detailed specification for the construction and use of evaluation techniques).

उदाहरण–यदि बालक को समाचार-पत्र से लिये गये किसी ग्राफ के अंश को पहचानने या उससे सम्बन्धित अन्य जानकारी प्राप्त करने के लिये कहा जाये तो वह उसका सही उत्तर देता है।

(When presented with a graph taken from a newspaper, the child is able to identify, using ordered pairs, those points which are on the graph).

लक्ष्य एवं प्राप्य उद्देश्यों में अन्तर
(Difference Between Aim and Objective)

लक्ष्य (Aims or Goals)	प्राप्य उद्देश्य (Objectives)
(1) लक्ष्य शैक्षिक (Educational) होते हैं	(1) उद्देश्य अनुदेशनात्मक (Instructional) होते हैं।
(2) ये व्यापक (Broad) होते हैं।	(2) ये विशिष्ट (Specific) होते हैं।
(3) लक्ष्य पूरी जनसंख्या को आधार मानकर निर्धारित किये जाते हैं।	(3) उद्देश्य न्यादर्श को आधार मानकर निर्धारित किये जाते हैं।
(4) ये परोक्ष (Indirect) होते हैं।	(4) ये प्रत्यक्ष (Direct) होते हैं।
(5) इनका आधार दार्शनिक अधिक होता है	(5) इनका आधार मनोवैज्ञानिक होता है।
(6) ये औपचारिक (Formal) होते हैं।	(6) ये कार्यपूरक (Functional) होते हैं।
(7) लम्बी अवधि के अन्दर इन्हें प्राप्त किया जाता है।	(7) छोटी अवधि के अन्दर इन्हें प्राप्त किया जात सकता है।

व्यावहारिक उद्देश्यों का वर्गीकरण
(Classification of Behavioural Objectives)

व्यावहारिक उद्देश्यों को दो प्रमुख आधारों से वर्गीकृत किया जा सकता है।

(1) वर्गीकरण का प्राचीन आधार (Old Classification)

(2) नवीन आधार (New Taxonomy)।

उद्देश्यों को व्यावहारिक रूप में लिखने के लिये निम्न बिन्दुओं को ध्यान में रखना चाहिये–

1. विषय वस्तु का चुनाव (Select Content)
2. विशिष्ट उद्देश्यों का चुनाव (Select Objectives)
3. वांछित व्यवहार को स्पष्टत: परिभाषित किया जाये।
4. उद्देश्य प्राप्ति के लिये अन्तिम व्यवहारों (Terminal Behaviours) की पहचान कर विशिष्ट रूप देना चाहिये।
5. मूल्यांकन हेतु मापदण्डों का विशिष्टीकरण कर देना चाहिये।
6. उद्देश्यों को व्यावहारिक रूप देने के लिये Action Verbs का प्रयोग करना चाहिये।

प्राचीन वर्गीकरण (Old Classification)

कक्षा में विभिन्न विषयों का अध्ययन करते समय हम निम्न विशिष्ट उद्देश्यों की प्राप्ति करते हैं–

1. ज्ञान (Knowledge) — विद्यार्थी गणित के तथ्यों, शब्दों, संकेतों, प्रक्रियाओं, सूत्रों, विधियों, सिद्धान्तों, आकृतियों, संकल्पनाओं आदि का ज्ञान प्राप्त करते हैं।

अपेक्षित व्यवहारगत परिवर्तन (Specification or Learning Outcome) — **विद्यार्थी–**

(a) गणित के तथ्यों, शब्दों संकेतों आदि को पहचानता है।

(b) गणित के तथ्यों, शब्दों, संकेतों आदि का प्रत्यास्मरण या पुन: स्मरण करता है।

(c) सूत्रों में प्रतिस्थापन कर लेता है।

2. अवबोधन (Understanding) — विद्यार्थी गणित के तथ्यों, शब्दों, संकेतों, प्रक्रियाओं, सूत्रों, विधियों, सिद्धान्तों, परिभाषाओं, संकल्पनाओं आदि के अर्थो को समझते हैं।

अपेक्षित व्यवहारगत परिवर्तन (Specification or Learning Outcome) — **विद्यार्थी–**

(a) निष्कर्षों का सही अनुमान लगाता है।

(b) सही संख्या करता है।

(c) निष्कर्षों को पुष्टि करता है।

(d) वर्गीकरण कर लेता है।

(e) दिये गये तथ्यों में परस्पर सम्बन्ध स्थापित करता है।

(f) शब्दों में व्यक्त सम्बन्धों को प्रतीकों में प्रकट करता है तथा प्रतीकों में व्यक्त सम्बन्धों को शब्दों में व्यक्त करता है।

(g) उदाहरण देता है।

(h) त्रुटियों का पता लगा लेता है तथा उन्हें सुधारता है।
(i) तुलना करता है।

3. ज्ञान का प्रयोग (Application) — विद्यार्थी गणित के ज्ञान का उपयोग विभिन्न प्रकार की समस्याओं के हल करने में करते हैं।

अपेक्षित व्यवहारगत परिवर्तन
(Specification or Learning Outcome)

विद्यार्थी–

(a) समस्या का विश्लेषण करता है तथा यह ज्ञात करता है कि समस्या में क्या दिया हुआ है तथा क्या ज्ञात करना है।
(b) दिये हुये तथ्यों की उपयुक्त तथा अनुपयुक्ता को जांच करता है।
(c) समस्या में दिये गये तथ्यों में परस्पर सम्बन्ध स्थापित करता है।
(d) समस्या को हल करने के लिये सही विधि एवं सूत्रों का चयन करता है।
(e) समस्या को आत्म-विश्वास के साथ हल करता है।
(f) वैकल्पिक हल प्रस्तुत करता है।
(g) प्राप्त हल की व्याख्या करता है तथा सामान्य निष्कर्ष निकलता है।
(h) जीवन की विभिन्न नवीन परिस्थितियों में समस्यायें हल करता है।

4. कौशल (Skill) — विद्यार्थी गणना करने में ज्यामिति की आकृतियों एवं ग्राफ खींचने में सारिणी, लेखाचित्र, चार्ट आदि को पढ़ने में निपुणता प्राप्त करते हैं।

अपेक्षित व्यवहारगत परिवर्तन
(Specification or Learning Outcome)

विद्यार्थी–

(a) गणितीय गणनाओं को मौखिक रूप से सरलता एवं शुद्धता से करते हैं।

(b) गणितीय गणनाओं को लिखित रूप में सरलता एवं शुद्धता से करते हैं।
(c) ज्यामितीय उपकरणों को समुचित रूप से काम में लेता है।
(d) हाथ से आकृतियां सही खींचता है।
(e) सही प्रकार से मापता है।
(f) तालिकाओं को सही ढंग से शीघ्रता से पढ़ता है।
(g) लेखा-चित्रों को सही ढ़ग से शीघ्रता से पढ़ता है।
(h) उचित पैमाना मानकर विभिन्न आकृतियां एवं लेखाचित्र खींचता है।

5. अनुभूतियां (Appreciation) — विद्यार्थी दैनिक जीवन में गणित के महत्व एवं उपयोगिता की प्रशंसा करता है।

अपेक्षित व्यवहारगत परिवर्तन (Specification or Learning Outcome) — विद्यार्थी–

(a) आधुनिक सभ्यता के विकास में गणित के महत्व की सराहना करता है।
(b) गणना करने में कम्प्यूटर (Computer) के उपयोग की सराहना करता है।
(c) गणित में परिशुद्धता एवं स्पष्टता की सराहना करता है।
(d) गणित से प्राप्त आनन्द की अनुभूति की प्रशंसा करता है।
(e) गणित की सूक्ष्म भाषा एवं संकेतों के महत्व को समझता है।
(f) विभिन्न गणितीय आकृतियों, लेखाचित्रों, संकेतों को देखकर खुश होता है।
(g) गणितज्ञों के जीवन में व्याप्त लगन एवं परिश्रम को श्रद्धा से देखता है।
(h) विश्व की भावी प्रगति में गणित की क्षमता की सराहना करता है।

6. रुचि (Interest) — विद्यार्थी में गणित के प्रति रुचि का विकास होता है।

अपेक्षित व्यवहारगत परिवर्तन (Specification or Learning Outcome) — विद्यार्थी–

(a) गणित के साहित्य को पढ़ता है।
(b) गणितज्ञों की जीवनी पढ़ता है।
(c) गणित की पहेलियों को हल करता है।
(d) गणित परिषद् के कार्यक्रमों मे भाग लेता है।
(e) गणित के क्लब में सक्रिय भाग करता है।
(f) गणितीय कार्य का संग्रह तैयार करता है।
(g) पाठ्यक्रम बाहर की गणित सम्बन्धी समस्याओं के निराकरण हेतु अध्यापक से सम्पर्क करता है।

7. अभिरुचि (Attitude) — विद्यार्थी में गणित के प्रति अभिरुचि का विकास होता है।

अपेक्षित व्यवहारगत परिवर्तन (Specification or Learning Outcome) — विद्यार्थी–

(a) गणित के अध्यापक को पसन्द करता है।
(b) गणित की परीक्षाएं देना चाहता है।
(c) गणित के कालांश में आनन्द का अनुभव करता है।
(d) गणित का विद्यार्थी होने का गर्व अनुभव करता है।
(e) कक्षा में गणित में कमजोर विद्यार्थिया को सीखने में मदद करता है।
(f) उन विद्यार्थियों की संगत पसन्द करता है जो गणित में अच्छे विद्यार्थी हैं।
(g) गणितीय कार्य के मध्य अपनी असुविधाओं की ओर ध्यान नहीं देता।

8. वैज्ञानिक दृष्टिकोण (Scientific Attitude)	विद्यार्थी में गणित के अध्ययन द्वारा वैज्ञानिक दृष्टिकोण का विकास होता है।
अपेक्षित व्यवहारगत परिवर्तन (Specification or Learning Outcome)	**विद्यार्थी–**

(a) किसी नियम या सिद्धान्त को तर्क के आधार पर स्वीकार करता है।

(b) सास्या का हल निकालने से पूर्व समस्या के प्रत्येक पक्ष का अध्ययन करता है

(c) त्रुटियों को नि:संकोच स्वीकार करता है।

(d) दूसरों की कटु एवं सही बात को स्वीकार करता है।

(e) नई बात को स्वीकार करने में हिचकिचाता नहीं है।

(f) सत्य के प्रति निष्ठा एवं आडम्बर के पति घृणा व्यक्त करता है।

(g) जीवन के प्रति व्यापक दृष्टिकोण अपनाता है तथा संकीर्णता को दूर करता है।

9. व्यक्तित्व के गुण (Personality Traits)	विद्यार्थी में गणित के अध्ययन से गुणों का विकास होता है।
अपेक्षित व्यवहारगत परिवर्तन (Specification or Learning Outcome)	**विद्यार्थी–**

(a) नियमितता (Regulrity)

(b) समय की पाबन्दी (Punetuality)

(c) परिशुद्धता (Accuracy)

(d) स्वच्छता (Neatness)

(e) क्रियात्मकता (Creativity)

(f) धैर्य (Tolerance)

(g) सत्य के प्रति निष्ठा (Faith in truth)

(h) स्पष्ट कथन (Frank Expression)

(i) एकाग्रता (Concentration)।

उद्देश्य के वर्गीकरण का आधुनिक आधार
(Present Taxonomy of Behavioural Objectives)

मनोवैज्ञानिकों के एक समूह ने सन 1948 में मानव व्यवहार के समान तत्वों को वर्गीकृत करने के प्रयास किये। संक्षिप्त अनुसन्धान के पश्चात् ही, इस समूह ने उद्देश्यों को तीन वर्गों (Domains) में विभक्त किया जो अग्रांकित हैं–

(1) ज्ञानात्मक पक्ष (Cognitive Domain)

(2) भावात्मक पक्ष (Affective Domain)

(3) क्रियात्मक पक्ष (Conative or Psychomotor Domain)

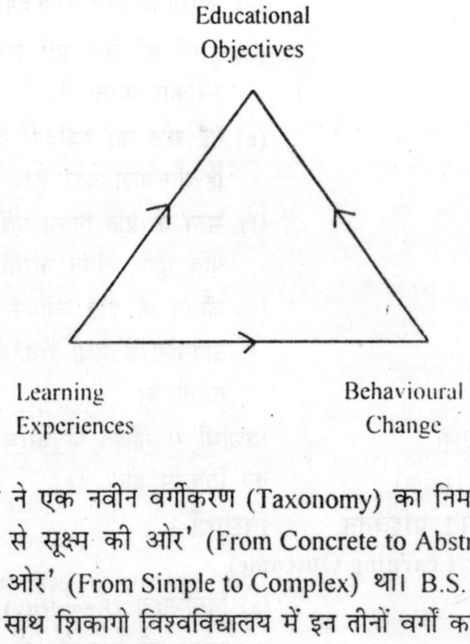

इस समूह ने एक नवीन वर्गीकरण (Taxonomy) का निर्माण किया जिसका आधार 'स्थूल से सूक्ष्म की ओर' (From Concrete to Abstract) तथा 'सरल से कठिन की ओर' (From Simple to Complex) था। B.S. Bloom ने अपने सहयोगियों के साथ शिकागो विश्वविद्यालय में इन तीनों वर्गों का वर्गीकरण प्रस्तुत किया।

ज्ञानात्मक पक्ष का Bloom ने 1956 में, भावात्मक पक्ष का ब्लूम, कर्थवाल तथा मसीहा ने 1964 में तथा क्रियात्मक पक्ष का सिम्पसन ने 1963 में वर्गीकरण प्रस्तुत किया।

इस वर्गीकरण को निम्न तालिका द्वारा दर्शाया जा सकता है।

शिक्षण उद्देश्यों का वर्गीकरण
(Taxonomy of Instructional Objectives)

ज्ञानात्मक पक्ष (Cognitive Aspect)	भावात्मक पक्ष (Affective Aspect)	क्रियात्मक पक्ष (Conative Aspect)
(1) ज्ञान (Knowledge)	(1) ग्रहण करना (Receiving)	(1) उत्तेजना (Impulsion)
(2) बोध (Comprehension)	(2) प्रतिक्रिया (Responding)	(2) कार्यवाही (Manipulation)
(3) प्रयोग (Application)	(3) अनुमूल्यन (Valuing)	(3) नियन्त्रण (Control)
(4) विश्लेषण (Analysis)	(4) विचारना (Conceptualization)	(4) समायोजन (Co-ordination)
(5) संश्लेषण (Synthesis)	(5) व्यवस्थापन (Organization)	(5) स्वाभावीकरण (Naturalization)
(6) मूल्यांकन (Evaluation)	(6) चरित्रीकरण (Characterization)	(6) आदत या कौशल (Habit or Skill)

ज्ञानात्मक पक्ष (Congnitive Domain)

इस पक्ष के अन्तर्गत वे उद्देश्य आते हैं जिनका सम्बन्ध हमारे ज्ञान के पुनः स्मरण, पहचान, बौद्धिक क्षमताओं एवं कौशलों के विकास से होता है। (Objectives dealing with recall or recognition of knowledge and the development of intellectual abilities and skills come under this category)

प्रोफेसर ब्लूम के अनुसार

(1) ज्ञान (Knowledge)

परिभाषा	सारणी बजाना
प्रत्यास्मरण	छांटना
पहचानना	मापना

(2) बोध (Comprehension)

व्याख्या	निर्णय
संकेत	वर्गीकरण
चयन	सूत्रीकरण

(3) प्रयोग (Application)

घोषणा	गणना
जांचना	प्रदर्शन
अनुमान	प्रयोग

(4) विश्लेषण (Analysis)

विभाजन	आलोचना
तुलना	सारांश
अलग करना	विरोध

(5) संश्लेषण (Synthesis)

तर्क करना	सम्बन्ध
विवाद करना	भविष्यवाणी करना
निष्कर्ष	सामान्यीकरण

(6) मूल्यांकन (Evaluation)

निर्णय	प्रतिवाद करना
निर्धारण	आक्रमण
मूल्यांकन	पहचान।

भावात्मक पक्ष (Affective Domain)

बालक के व्यवहार का भावात्मक पक्ष उसकी रुचियों (Interests), संवेगों (Emotions) तथा मनोवृत्तियों (Attitudes) से सम्बन्धित होता है। (Objectives dealing with change in interests, attitudes, values, development of appreciations and adequate adjustments, come under this category).

इस पक्ष की शिक्षा के स्वर निम्न स्तर हैं–

(1) ग्रहण करना (Receiving) : यह किसी उद्दीपक (Stimulus) की उपस्थिति में संवेदनशीलता से सम्बन्धित है। इसके तीन स्तर हैं–

(i) चेतना (Awareness)

(ii) ग्रहण करने की चाह (Willingenss to recive)

(iii) नियन्त्रित आकर्षण (Controlled or Selected attention)

(2) अनुक्रिया (Responding) : यह भावात्मक पक्ष का दूसरा स्तर है। इसके भी तीन स्तर होते हैं–

(i) प्रतिक्रिया में सहमति (Acquiescence in responding)

(ii) प्रतिक्रिया की इच्छा (Willingness in responding)

(iii) प्रतिक्रिया में सन्तोष (Satisfaction in responding)।

(3) अनुमूल्यन (Valuing) : इसका सम्बन्ध मूल्यों के प्रति आस्था से होता है। इसके अन्तर्गत विशिष्ट मूल्यों के प्रति स्वीकृति, प्राथमिकता व निष्ठा आती है।

(4) धारणा (Conceptualization) : मूल्यों की विविधता के परिणामस्वरूप स्वीकार किये गये मूल्यों के प्रति एक निश्चित धारणा बनाने के लिये प्रत्यय निर्माण (Concept Formation) इसके अन्तर्गत आता है।

(5) व्यवस्थापन (Organization) : इसके अन्तर्गत निश्चित किये हुए मूल्यों पर विचार किया जाता है तथा उसको व्यवस्थित रूप दिया जाता है।

(6) चरित्र का अंग बनाना (Characterization) : जो भी मूल्य ग्रहण किये जाते हैं उन्हें चरित्र का स्थायी अंग बनाया जाता है।

क्रियात्मक पक्ष (conative or Psychomotor Domain)

हमारे व्यवहार का क्रियात्मक पक्ष गतिवाही कौशल (Motor skill) तथा ऐसी क्रियाओं में प्रकट होता है जिनके लिये हमारी मांसपेशी (Muscular) एवं आंगिक गतियों की आवश्यकता होती है। (Objectives dealing with muscular or motor skills, such as manipulation of apparatus, come under this category)

क्रियात्मक पक्ष के निम्नलिखित स्तर हैं--

(1) उत्तेजना (Impulsion) : इसमें कार्य के प्रति उत्तेजना लाई जाती है।

(2) कार्यवाही (Manipulation) : विद्यार्थी उत्तेजना के आधार पर गात्यात्मक क्रिया सम्पादित करता है।

(3) नियन्त्रण (Control) : इसके द्वारा विद्यार्थी अपनी क्रिया को साधता है।

(4) समायोजन (Co-ordination) : इसमें कई क्रियाओं पर नियन्त्रण के आधार पर उनके मध्य समायोजन लाया जाता है।

(5) स्वाभावीकरण (Naturalisation) : इसके अन्तर्गत कार्य करने की एक शैली बन जाती है और विशेष गति एवं ढंग से कार्य सम्पादित होता है।

(6) आदत अथवा कौशल (Habit or Skill) : इसके अन्तर्गत कार्य करते रहने की शैली एक आदत बन जाती है।

E.J. Simpson के अनुसार क्रियात्मक पक्ष के निम्नलिखित स्वर है–

(1) प्रत्यक्षीकरण (Perception)

(2) व्यवस्था (Set)

(3) निर्देशात्मक अनुक्रिया (Guided Response)

(4) कार्य प्रणाली (Mechanism)

(5) जटिल प्रत्यक्ष अनुक्रिया (Complex over Response)।

व्यवहार के इन तीनों पक्षों में परस्पर समन्वय एवं साभन्जस्य रहता है। उदाहरणार्थ–गणित का प्रश्न सीखते समय हम कई तथ्यों का प्रत्यास्मरण (Recall) एवं विश्लेषण (Analysis) करने के साथ-साथ सवाल लिखते एवं हल करते हैं और उसके साथ सुखद या दु:खद भाव, रुचि या अरुचि भी जुड़े हुए होते हैं। प्रत्यास्मरण तथा विश्लेषण की क्रिया ज्ञानात्मक (Cognitive) है, सवाल लिखने एवं हल करने की क्रिया क्रियात्मक (Conative) है तथा सुखद या दु:खद अनुभव एवं रुचि या अरुचि का भाव ये भावात्मक (Affective) हैं। अत: ज्ञानात्मक, क्रियात्मक एवं भावात्मक पक्ष अलग-अलग अंग नहीं हैं, वे एक दूसरे से जुड़े हुए हैं।

गणित के सामान्य लक्ष्य (The General Goals of Mathematics)

डी० ए० जोनसन (Donoran A. Johnson) तथा जी०एफ० राइसिंग (Gorals F. Rising) के अनुसार, ''गणित शिक्षण के लक्ष्य निर्धारित करते समय हमें केवल सामाजिक आवश्यकताओं को ध्यान में नहीं रखना चाहिये, वरन् अपने छात्रों की गणितीय आवश्यकताओं का भी ध्यान रखना चाहिये। प्राय: प्रत्येक आयोग ने, जिसने गणित के पाठ्यक्रम के पुनर्गठन का कार्य किया है, गणित की कुछ मूलभूत आवश्यकताओं की ओर संकेत किया है।'' इनमें से कुछ निम्नलिखित हैं–

(1) विद्यार्थी को यह समझने की आवश्यकता होती है कि गणित विज्ञान एवं कला के रूप के हमारी सांस्कृतिक धरोहर के संरक्षण में कहां तक योगदान प्रदान करता है।

(2) विद्यार्थी को यह जानने की आवश्यकता होती है कि प्राकृतिक नियमों को समझने में गणित उसकी किस प्रकार सहायता कर सकता है।

(3) विद्यार्थी यह जानना चाहता है कि वह अपने शोध कार्य में, परिणामों के निष्कर्ष निकालने में एवं दैनिक जीवन से सम्बन्धित समस्याओं को हल करने में गणितीय विधियों का प्रयोग, सफलतापूर्वक एवं प्रभावी ढंग से किस प्रकार कर सकता है।

4

गणित शिक्षण की विधियां
Methods of Teaching Mathematics

शिक्षण अथवा अध्यापन विधियों का शिक्षा के उद्देश्यों से घनिष्ठ सम्बन्ध है। शिक्षण-विधियों का उद्देश्य केवल बालकों को कुछ बातों का ज्ञान प्रदान करना ही नहीं है, बल्कि अध्यापक और बालकों के पारास्परिक सम्बन्धों में सजीवता लाना है। शिक्षण-विधियां बालकों के मस्तिष्क के साथ-साथ उनके सम्पूर्ण व्यक्तित्व, बुद्धि, भावना, मूल्यों और मनावृत्तियों पर भी प्रतिक्रिया करती हैं। जो शिक्षण-विधियां मनोवैज्ञानिक एवं सामाजिक दृष्टिकोण से उपयुक्त होती हैं। वे ही बालकों के व्यक्तित्व के समस्त गुणों का विकास करने में सहायक होती है। अत: विधियों का चुनाव करते समय अध्यापक को गणित विषय के उद्देश्यों को सदैव ध्यान में रखना चाहिए। इन उद्देश्यों के अन्तर्गत बालकों का मानसिक, सामाजिक एवं नैतिक विकास आता है। यह तभी सम्भव है जबकि शिक्षण-विधियां उपयुक्त एवं प्रभावशाली हों। विधियों के निर्धारण में विषय-वस्तु के स्वरूप को अधिक महत्व दिया जाता है, परन्तु आजकल शिक्षण उद्देश्यों तथा अधिगम अनुभवों (Instructional objectives and learning) को विशेष महत्व दिया जाता रहा है।

गणित के सम्बन्ध में अभी तक 'क्या' तथा 'क्यों' पर ही विचार किया गया है, परन्तु गणित को जो एक जटिल विषय समझा जाता है, "कैसे पढ़ाया जाए? यह (How to teach mathematics?) सम्पूर्ण शिक्षक वर्ग के लिए कठिन समस्या बनी हुई है। गणित का ज्ञान 'बच्चों को कैसे देना हैं? अथवा बालकों को 'गणित किस प्रकार सिखाना है? इस प्रकार के प्रश्नों के जवाब हम शिक्षण-विधियों के आधार पर ही दे सकते हैं।

शिक्षक अपनी शिक्षण-विधि के आधार पर शिक्षण का व्यापक स्वरूप निश्चित कर लेता है। शिक्षण विधि वह प्रक्रिया स्वरूप निश्चित कर लेता है। शिक्षण. विधि वह प्रक्रिया है जिसके द्वारा किसी लक्ष्य की प्राप्ति होती है। इसके अन्तर्गत शिक्षक

विषय-वस्तु को एक क्रम में व्यवस्थित करता चला जाता है। विधियों के अन्तर्गत विभिन्न कार्य किए जाते हैं, जिनकी सहायता से लक्ष्य की प्राप्ति होती है।

गणित शिक्षण के उद्देश्य को प्राप्त करने के लिए शिक्षण-विधियों के साथ-साथ अनेक शिक्षण-प्रविधियों (Teaching techniques) का भी सहारा लेना पड़ता है। यहां पर शिक्षण-विधि एवं शिक्षण प्रविधियों के अन्तर को समझ लेना अत्यन्त आवश्यक है, क्योंकि अधिकांशतः विधि एवं प्रविधियों का आशय एक ही समझा जाता है, जबकि दोनों आधारभूत अन्तर हैं।

(4) गणित का विधार्थी यह सीखना चाहता है कि वह अपने गणितीय विचारों की शुद्धता एवं स्पष्टतापूर्वक दूसरों के सम्मुख किस प्रकार प्रस्तुत करे। (Communication is a tool basic to all civilizations)

कुछ महत्वपूर्ण Reports, Recommendations, Standard Examination Issues के आधार पर 'कमैटी ऑफ इन्टरनेशल स्ट्डी ऑफ एचीवमेन्ट इन मैथ्स्' (The Committee of International Study of Achievement in Maths) ने निम्नलिखित महत्वपूर्ण गणितीय व्यवहार निर्धारित किये हैं–

(7) परिभाषाओं, संकेतों, प्रक्रियाओं एवं प्रत्ययों के पुनः स्मरण की योग्यता।

(8) गणितीय आंकड़ों के शीघ्रता एवं शुद्धता से वर्गीकरण एवं गणना सम्बन्धी योग्यता।

(9) सांकेतिक आंकड़ों की व्याख्या सम्बन्धी योग्यता।

(10) आंकड़ों को सांकेतिक रूप में प्रस्तुत करने की योग्यता।

(1) किसी प्रमेय के सत्यापन का अनुसरण समझाते हुए करना।

(2) प्रमेय का सत्यापन करना।

(3) नवीन प्रत्ययों का गणितीय समस्याओं में प्रयोग करने की योग्यता।

(4) नवीन प्रत्ययों को अगणितीय (non-Mathematical) समस्याओं में प्रयोग करने की योग्यता।

(5) समस्या का विश्लेषण करने की योग्यता।

(6) गणितीय परिणामों के सामान्यीकरण (Generalization) करने की योग्यता।

गणित शिक्षण की विधियां
(Methods of Teaching Mathematics)

गणित शिक्षण में मुख्यतः निम्नलिखित विधियों का प्रयोग किया जाता है–

(1) विश्लेषण एवं संश्लेषण विधि (Analytic and Synthetic Method)

(2) आगमन तथा निगमन विधि (Inductive and Deductive Method)

(3) ह्यूरिस्टिक प्रणाली (Heuristic Method)

(4) योजना विधि (Project Method)

(5) प्रयोगशाला विधि (Laboratory Method)।

उपरोक्त शिक्षण विधियों का विस्तारपूर्वक वर्णन नीचे किया गया है–

विश्लेषण एवं संश्लेषण विधि
(Analytic and Synthetic Method)

विश्लेषण एवं संश्लेषण गणित शिक्षण की दो प्रमुख विधियां हैं। इनका प्रयोग अधिकतर रेखागणित के शिक्षण में किया जाता है। यह तर्कशास्त्र की विधियां हैं। विश्लेषण विधि में अज्ञात तर्क प्रारम्भ करके हम ज्ञात पर पहुंचते हैं जबकि संश्लेषण विधि में हम ज्ञात से अपना तर्क प्रारम्भ करके अज्ञात पर पहुंचते हैं। इस प्रकार विश्लेषण एवं संश्लेषण विधि में हम क्रमश: 'अज्ञात से ज्ञात की ओर' (From Known to Unknown) शिक्षण सूत्रों (Maxims of Teaching) का प्रयोग करते हैं।

उदाहरण के लिये यदि हमें A, B और C में सम्बन्ध स्थापित करना है तो संश्लेषण विधि में हम तर्क करते हैं, क्योंकि A सत्य है, इसलिये B सत्य होगा, इसलिये C भी सत्य होगा। लेकिन, विश्लेषण विधि में हम इसी कथन को इस प्रकार तर्क करते हैं, कि C के सत्य होने के लिये B सत्य होना चाहिये, B सत्य होने के लिये A सत्य हाना चाहिये और क्योंकि A हमको सत्य ज्ञात है, इसलिये C सत्य हुआ।

विश्लेषण विधि में किसी जटिल समस्या को सरल समस्याओं में विभक्त किया जाता है। इन सरल समस्याओं को बालक सरलता से हल कर सकते हैं तथा समझ भी सकते हैं। विश्लेषण कार्य अधिक होने के कारण सुन्दर नहीं लगता लेकिन यह ही एक ऐसी विधि है जो गणितीय क्रिया के प्रत्येक पहलू का पूरा विवरण देती है। भले ही बालक इस विधि से काम करने में पहले कम सफलता प्राप्त करें फिर भी, यह विधि कमजोर विद्यार्थियों को अच्छी लगती है, क्योंकि इसमे वे अधिकतर कार्य स्वयं करते हैं। ऐसा ज्ञान उनके लिये स्थायी होता है।

संश्लेषण विधि में जब कभी हमें प्रमेय का सत्यापन करना होता है तो हम अनुमान के आधार पर ही निष्कर्ष निकालते हैं। संश्लेषण में एक कथन की सत्यता की जांच तो होती है परन्तु इससे प्रस्तुत पाठ का सही तथा वास्तविक ढांचा ज्ञात नहीं होता है। इस प्रकार संश्लेषण विधि प्रमेय का सत्यापन तो करती है परन्तु उसकी व्याख्या नहीं करती।

विश्लेषण और संश्लेषण विधियों को निम्न उदाहरणों द्वारा स्पष्ट किया जा सकता है–

उदाहरण (1)

यदि $\frac{a}{b} = \frac{c}{d}$ तो सिद्ध करो

$$\frac{ac + 2b^2}{cb} = \frac{c^2 + 2bd}{dc}$$

संश्लेषण विधि के अनुसार–(**ज्ञात से अज्ञात की ओर**)

(From Known to Unknown)

यहां $\frac{a}{b} = \frac{c}{d}$ (ज्ञात है)

दोनों ओर $\frac{2b}{c}$ जोड़ने पर,

$$\frac{a}{b} + \frac{2b}{c} = \frac{c}{d} + \frac{2b}{c}$$

सरल करने पर,

$$\frac{ac + 2b^2}{bc} = \frac{c^2 + 2bd}{cd}$$

यहां वह स्पष्ट नहीं है कि 2b/c क्यों जोड़ा गया है। चूंकि इससे निष्कर्ष प्राप्त किया जा सकता है, अत: 2b/c का जोड़ना सही है। विद्यार्थियों को 2b/c का जोड़ना रट कर याद करना पड़ता है।

विश्लेषण विधि के अनुसार–(**अज्ञात से ज्ञात की ओर**)

(From Unknown to Known)

$$\frac{ac - 2b^2}{bc} = \frac{c^2 + 2bd}{cd} \text{ सत्य होगा।}$$

यदि $\frac{ac - 2b^2}{b} = \frac{c^2 + 2bd}{d}$

यदि $d(ac + 2b^2) = b(c^2 + 2bd)$

यदि $dac + 2b^2d = bc^2 + 2b^2d$

यदि $dac = bc^2$

यदि $ad = bc$

यदि $\frac{a}{b} = \frac{c}{d}$ जो कि सत्य ज्ञात है।

उदाहरण (2)

सिद्ध करो कि किसी समद्विबाहु त्रिभुज के शीष बिन्दु तथा आधार के मध्य बिन्दु को मिलाने वाली रेखा आधार पर लम्ब होती है।

(The median to the base of an Isosles Triangle is perpendicular to the base).

संश्लेषण विधि के अनुसार प्रमेय की उपपत्ति

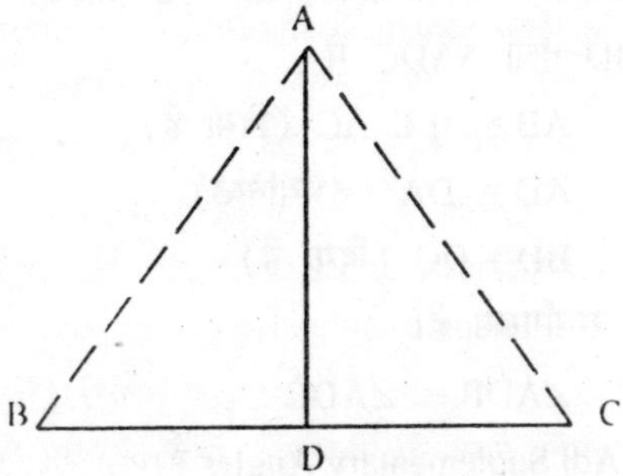

दिया है–एक समद्विबाहु त्रिभुज ABC जिसमें भुजा AB = AC

तथा AD माध्यिका के आधार BC पर, इसलिये भुजा BD = DC

सिद्ध करना है–AD.BC पर लम्ब है।

विश्लेषण विधि (Analytic Method)

यह विधि विश्लेषण प्रक्रिया पर आधारित है। गणित की समस्याओं के विभिन्न का उपयोग करते हैं। यह विधि रेखागणित में अधिक उपयोगी सिद्ध हुई है। इस विधि की सहायता से किसी भी समस्या के कठिन भाग का विश्लेषण (Analysis) करके यह ज्ञात किया जाता है। कि इस समस्या का हल किस प्रकार प्राप्त किया जाए।

इस प्रकार समस्याओं के विभिन्न भागों का विच्छेदन करने को ही विश्लेषण कहते हैं। इस विधि में हम "अज्ञात (unknown) से ज्ञात (known) की ओर" अथवा "निष्कर्षों से ज्ञात तथ्यों की ओर" चलते हैं। इस विधि में जो ज्ञात करना होता है या सिद्ध करना होता है उससे आसम्भ करते हैं कि इसे ज्ञात करने के लिए या सिद्ध करने के लिए हमें पहले क्या ज्ञात करना चाहिए? इस प्रकार ज्ञात करते-करते जो कुछ दिया होता है, उस तक पहुंच जाते हैं। जटिल समस्याओं को हल करने के लिए इस विधि का ही प्रयोग करते हैं। क्योंकि इसके द्वारा उस समस्या का छोटे-छोटे भागों में बांट लेते हैं जिसके कारण उसका हल ढूंढ़ना सरल

हो जाता है। मुख्यतया, इस विधि का प्रयोग निम्नलिखित परिस्थितियों में किया जाता है।

(i) जब किसी साध्य को हल करना हो।

(ii) जब रेखागणित में किसी रचना (Construction) कार्य करना हो।

इस विधि में प्रत्येक पद (step) का अपना महत्व तथ्य आधार होता है। इसलिए किसी समस्या का विश्लेषण ठीक प्रकार से करना चाहिए।

उपपत्ति–ΔABD तथा ΔADC में

भुजा $AB =$ भुजा AC (दिया है)

भुजा $AD = DA$ (उभयनिष्ठ)

भुजा $BD = DC$ (दिया है)

$\therefore$ दोनों त्रिभुज सर्वांगसम हैं।

अत: $\angle ADB = \angle ADC$

चूंकि ये दोनों Adj.Suplementary Angles हैं।

$\therefore$ प्रत्येक कोण $90°$ का होगा।

अत: AD, BC पर लम्ब होगा। (यही सिद्ध करना था)

विश्लेषण विधि के अनुसार–(अज्ञात से ज्ञात की ओर)

(From Unknown to known)

	प्रश्न	उत्तर
(1)	हमें क्या सिद्ध करना है?	AD, BC पर लम्ब होगा
(2)	AD, BC पर लम्ब कब हो सकता है।	जब $\angle ADB$ और $\angle ADC$ प्रत्येक $90°$ के हों।
(3)	जब इनमें से प्रत्येक कोण $90°$ का होगा तो इन दोनों में आपस में क्या सम्बन्ध होगा?	ये दोनों आपस में बराबर होंगे।
(4)	ये दोनों कोण आपस में कब बराबर सिद्ध किये जा सकते हैं?	जब ΔADB और ΔADC सर्वांगसम हों।
(5)	ΔADB और ΔADC सर्वांगसम सिद्ध करने के लिये यहां क्या-क्या बराबर ज्ञात है?	$AB = AC$, $BD = DC$ तथा $AD = DA$ उभयनिष्ठ हैं।

यहां हमें AD को BC पर लम्ब सिद्ध करना था (जो अज्ञात है) इसे सिद्ध करने के लिये हम इस अज्ञात से चलते-चलते उस ज्ञात (तीन भुजा = तीन भुजा)

तक पहुंच जाते हैं जिसकी सहायता से हम अज्ञात को सिद्ध कर सकते हैं।

विश्लेषण विधि

विशेषतायें (Merits)–इस विधि की मुख्य विशेषतायें निम्नलिखित हैं–

(1) विद्यार्थी स्वयं किसी समस्या का हल अथवा साध्य की रचना व उपपत्ति खोज लेता है।

(2) किसी साध्य की उत्पत्ति तथा निर्मेय की रचना विश्लेषण विधि से ही बोधगम्य होती है।

(3) इस विधि में स्पष्ट करने की क्षमता निहित है।

(4) साध्य की उपपत्ति बालक के लिए रहस्यात्मक नहीं रह पाती।

(5) बालकों में तर्क शक्ति, विचार शक्ति और निर्णय शक्ति का विकास होता है।

(6) इसके द्वारा प्राप्त स्थायी होता है।

(7) विद्यार्थी में अन्वेषण करने की क्षमता एवं आत्मविश्वास की भावना का विकास होता है।

सीमायें (Limitations)–इस विधि की मुख्य सीमायें निम्नलिखित हैं–

(1) इस विधि के प्रयोग से निर्धारित सयम में पाठ्यक्रम को समाप्त नहीं किया जा सकता।

(2) इस विधि से हल ज्ञात करने में अधिक समय लगता है।

(3) प्रत्येक अध्यापक इस विधि का सफलतापूर्वक प्रयोग नहीं कर सकता।

(4) यह विधि छोटे बालकों के लिये अधिक उपयोगी नहीं है।

(5) इस विधि में सीखन को मात्रा संश्लेषण विधि की तुलना में कम होती है।

संश्लेषण विधि

यह विधि संश्लेषण कार्य पर आधारित है। संश्लेषण का अर्थ–"अलग-अलग भागों को जोड़ना।" इस विधि में 'ज्ञात से अज्ञात की ओर' (Proceed from known to unknown) चलते है। जब कोई समस्या सामने आती ह तो सबसे पहले दी गई समस्त सूचनाओं को एकत्र करते हैं और फिर हल करते हैं। संश्लेषण में एक तथ्य की सत्यता की जांच की जाती है, परन्तु इससे प्रस्तुत समस्या का वास्तविक रूप ज्ञात नहीं हो पाता है।

गणित शिक्षक को ज्यामिति तथा रेखागणित शिक्षण करते समय विश्लेषण एवं संश्लेषण दोनों विधियों का एक साथ प्रयोग करना चाहिए। सर्वप्रथम समस्या

का विश्लेषण करना चाहिए, जिससे छात्र यह जान सकें कि कोई रचना कार्य या पद का उपयोग क्यों किया गया है। तथा समस्या का हल ज्ञात करने में इससे क्या सहायता मिलेगी? इस प्रकार इस विधि द्वारा प्रस्तुत हल संगठित, क्रमबद्ध तथा सरलता से समझा जा सकता है।

विशेषतायें (Merits)–इस विधि की मुख्य विशषतायें निम्नलिखित हैं–

(1) यह विधि विश्लेषण विधि से सरल है।

(2) विश्लेषण विधि के पश्चात् संश्लेषण विधि का उपयोग आवश्यक है। यह विधि विश्लेषण विधि की पूरक है।

(3) यह विधि मनोवैज्ञानिक है। इसमें प्रयुक्त शिक्षण सूत्र 'ज्ञात से अज्ञात की ओर' विद्यार्थियों के लिए सुविधाजनक है।

(4) इस विधि द्वारा प्रस्तुत हल अथवा उपपत्ति छात्रों को सहज ही समझ में आ जाती है।

(5) यह विधि सरल, सूक्ष्म और क्रमबद्ध है।

सीमायें (Limitations)–इस विधि की मुख्य सीमायें निम्नलिखित हैं–

(1) किसी साध्य अथवा समस्या का हल संश्लेषण विधि से ज्ञात नहीं किया जा सकता।

(2) यह विधि सिद्ध तो कर सकती है किन्तु समझा नहीं सकती।

(3) इस विधि से छात्रों की तर्क शक्ति, निर्णय शक्ति और सोचने की शक्ति का विकास नहीं हो सकता।

(4) इस विधि द्वारा प्राप्त ज्ञान स्थायी नहीं होता। यह एक नीरस एवं निर्जीव विधि है।

संश्लेषण और विश्लेषण विधियों की तुलना

(Comparison between Analytic and Synthetic Method)

संश्लेषण विधि (Synthetic)	विश्लेषण विधि (Analytic)
(1) किसी भी समस्या को हल करने में प्रयुक्त विभिन्न क्रियाओं को करने का कोई ठोस कारण नहीं होता।	(1) इसमें समस्या को हल करने में प्रत्येक क्रिया को करने का एक विशेष कारण होता है।
(2) इसमें 'ज्ञात से अज्ञात की ओर' आगे बढ़ते हैं।	(2) इमें 'अज्ञात से ज्ञात की ओर' शिक्षण सूत्र का प्रयोग करते हैं।
(3) इसमें केवल बालक की स्मृति पर	(3) इसमें बालक को तर्क एवं

जोर पड़ता है।	निर्णय लेने के अवसर उपलब्ध होते हैं।
(4) प्रक्रिया के छोटे-छोटे भागों का मिलाकर एक सयुक्त इकाई के रूप में प्रस्तुत किया जाता है।	(4) प्रक्रिया को छोटे-छोटे भागों में विभक्त कर लिया जाता है।
(5) यह एक सूक्ष्म और सुन्दर विधि है।	(5) यह एक लम्बी एवं कुछ अटपटी विधि है।
(6) इसमें अध्यापक अधिक क्रियाशील रहता है तथा विद्यार्थी निष्क्रिय रहते हैं।	(6) इसमें अध्यापक और विद्यार्थी दोनों ही चिन्तन क्रिया में भाग लेते हैं।
(7) इसमें विद्यार्थियों को विषय का उथला ज्ञान ही प्राप्त होता हैं।	(7) विद्यार्थियों को विषय का बारीकी के साथ उध्ययन करने का अवसर मिलता है।
(8) इस विधि के प्रयोग ये विद्यार्थियों में वैज्ञानिक दृष्टिकोण का विकास नहीं होता।	(8) यह एक वैज्ञानिक और अनुसंधान की विधि हैं।
(9) यह एक नीरस और निर्जीव विधि है।	(9) यह एक सजीव और रोचक विधि है।
(10) यह एक तार्किक व्याख्या की विधि है।	(10) यह एक मनोवैज्ञानिक विधि है।
(11) किसी नियम, सिद्धान्त या क्रिया को भूल जाने पर विद्यार्थी उसे पुनः स्मरण करने में असमर्थ होते हैं।	(11) नियम, सिद्धान्त या क्रिया के भूल जान पर विद्यार्थी उसकी फिर खोज कर लेते हैं।
(12) इसमें विद्यार्थी को पहले से तैयार सामग्री उपलब्ध हो जाती है तथा अधिक परिश्रम नही करना पड़ता।	(12) इसमें विद्यार्थी ज्ञान को खोज स्वयं करते हैं।
(13) यह एक अनियगित विधि है।	(13) यह एक नियमित विधि है।

विंश्लेषण विधि के प्रयोग के बिना संश्लेषण विधि का प्रयोग केवल सैद्धांतिक रह जाता है। विश्लेषण विधि के बाद संश्लेषग विधि का प्रयोग करने पर यह बहुत उपयोगी सिद्ध होती है। वास्तव में यह दोनों विधियां एक-दूसरे की पूरक

हैं, इसलिए Geometry Teaching में पहले विश्लेषण विधि का प्रयोग करना चाहिये बाद में संश्लेषण विधि का।

ए० शुलजे के अनुसार–''विश्लेषण एक अनुसन्धान की विधि है जबकि संलेषण सुन्दर रूप प्रस्तुतीकरण की विधि है।

According to A. Schultze—"Analysis is the method of discovery. Synthesis is the method of concise and elegent presentation".

प्रो० यंग के अनुसार–संश्लेषण में ''सूखी घास के ढेर में से एक सुई या तिनका निकाला या ढूंढा जाता है जबकि विश्लेषण विधि में स्वयं सुई या तिनका घास के ढेर से बाहर निकला जाता है।''

आगमन विधि (Inductive Method)

आगमन विधि में अनुभवों, प्रयोगों तथा उदाहरणों का विस्तृत अध्ययन करके नियम बनाये जाते हैं। इस विधि द्वारा शिक्षण करते समय शिक्षक बालकों के समक्ष कुछ विशेष परिस्थितियां एवं उदाहरण प्रस्तुत करता है। इन उदाहरणों के आधार पर बालक तार्किक ढ़ंग से विचार-विर्मश करते हुए किसी विशेष सिद्धान्त (Principle) नियम (Law) अथवा सूत्र (Formula) पर पहुंचते हैं। नियमों, सूत्रों आदि का प्रतिपादन करते समय इस विधि में बालक अपने अनुभवों, मानसिक शक्तियों तथा पूर्व ज्ञान (Previous knowledge) का प्रयोग करता है। यह एक सामान्य अनुमान है कि कोई बालक कुछ विशेष परिस्थितियों या उदाहरणों को देखकर या अनुभव करके उनमें पाई जाने वाली एकरुपता को निष्कर्ष के रूप में अपना लेता है। उदाहरण के लिए जलने वाली विभिन्न वस्तुओं के पास गर्मी का अनुभव करके बालक यह धारणा बना लेता है कि जलने वाली वस्तुएं गर्मी उत्पन्न करती हैं। आगमन विधि इसी प्रकार की अवधारणाओं पर आधारित हैं। इसलिए इस विधि को आगमन या सामान्यनुमान विधि (Inductive Method) कहते हैं।

परिभाषा (Definition)

(1) *यंग (Young) के अनुसार :* ''इस विधि में बालक विभिन्न स्थूल तथ्यों (Concrete facts) के आधार पर अपनी मानसिक शक्ति का प्रयोग करते हुए स्वयं किसी विशेष सिद्धान्त, नियम अथवा सूत्र पर पहुंच सकता है।''

(2) *लैण्डल के अनुसार :* ''जब बालकों के समक्ष अनेक तथ्यों, उदाहरणों एवं वस्तुओं का प्रस्तुत किया जाता है, तत्पश्चात् बालक स्वयं ही निष्कर्ष पर पहुंचने का प्रयास करते हैं, तब वह विधि आगमन ।विधि कहलाती

है।" उपरोक्त परिभाषाओं से स्पष्ट होता है कि आगमन विधि में बालक स्वयं तथ्यों, प्रयोगों एवं उदाहरण की सहायता से किसी सूत्र या नियम विशेष का ज्ञान प्राप्त करता है। तथा पूर्णरूप से सक्रिय रहता है। अत: इस विधि द्वारा अर्जित किया गया ज्ञान ठोस एवं अधिक स्थाई होता है। साथ ही बालक की विभिन्न मानसिक शक्तियों का विकास भी होता है।

कार्य विधि (Procedure)

आगमन विधि द्वारा शिक्षण करते समय उदाहरणों से नियमों की ओर, विशष से सामान्य की ओर (Proceed from particular to general) तथा स्थूल से सूक्ष्म की ओर (Proceed from particular to general) अग्रसर रहते हैं। अत: छात्र स्वयं भिन्न-भिन्न स्थूल तथ्यों (Concrete fact) के आधार पर अपनी मानसिक शक्ति का प्रयोग करते हुए उदाहरणों के आधार पर किसी निष्कर्ष (Conclusion) अथवा सामान्यीकरण (generaliztion) पर पहुंचता है। इस प्रक्रिया को ही आगमन की प्रक्रिया (Proce of Induction) कहते है।

आगमन और निगमन विधियों को निम्नलिखित उदाहरणों की सहायता से और अधिक स्पष्ट रूप से समझा जा सकता है।

उदाहरण (1) *500 रुपये का ब्याज 3 वर्ष के लिये 5 रुपये प्रतिशत वार्षिक दर से निकालो।*

(Find S.I. on Rs. 500 at 5% rate for 3 years.)

हल– **आगमन विधि**

(By Inductive Method)

$\because$ 100 रुपये का 1 वर्ष का ब्याज = 5 रु०

$\therefore$ 1 रु० का 1 वर्ष का ब्याज $= \frac{5}{100}$ रु०

$\therefore$ 1 रु० का 3 वर्ष का ब्याज $= \frac{5 \times 3}{100}$ रु०

$\therefore$ 500 रु० का 3 वर्ष का ब्याज $= \frac{500 \times 5 \times 3}{100}$ रु०

= 75 रु **Ans.**

आगमन विधि

(By Inductive Method)

हम जानते हैं कि $S.I. = \frac{P \times R \times N}{100}$ (सूत्र)

जहां, P = मूलधन

R = दर

N = समय

सूत्र में मान रखने पर–

$$S.I. = \frac{500 \times 5 \times 3}{100}$$

= 75 रु० Ans.

उदाहरण (2) *वृत्त की परिधि और व्यास में सम्बन्ध ज्ञात करो।*

आगमन विधि द्वारा

(Using Inductive Method)

उपरोक्त सम्बन्ध को ज्ञात करने के लिये विद्यार्थी भिन्न-भिन्न अर्द्ध-व्यासों के वृत्त खींचेगे।

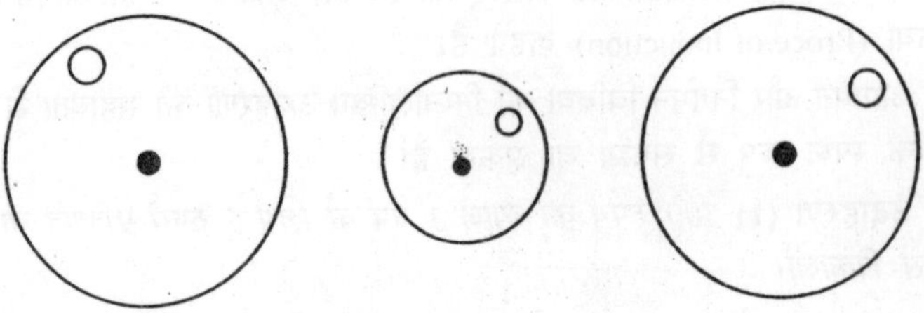

विद्यार्थी अब एक धागे का टुकड़ा लेकर छोटे-छोटे प्रत्येक वृत्त की परिधि पर उसे सावधानीपूर्वक फैलायेंगे ताकि धागा आरम्भ के छोर पर मिल जाये। अब विद्यार्थी पैमाने की सहायता से धागे के इस टुकड़े को फैलाकर लम्बाई नापेंगे। यही उस वृत्त की परिधि होगी। इस प्रकार सब वृत्तों की परिधि नापकर निम्न सारणी में लिखेंगे–

क्रमांक	परिधि	व्यास	परिधि-व्यास = 3.14
1			
2			
3			

निगमन विधि द्वारा (Using Deductive Method)

निगमन विधि में विद्यार्थियों को यह नियम पहले ही बता दिया जायेगा कि वृत्त की परिधि और व्यास में सम्बन्ध का मान 22/7 या 3.14 होता है। इस विधि

में इन्हें प्रयोग करने तथा नियम को स्वयं खोजने के अवसर नहीं मिलते। अब विद्यार्थी इस सम्बन्ध की पुष्टि केवल कुछ चित्र खींचकर तथा उनकी परिधि एवं व्यास नापकर उपरोक्त नियम की पुष्टि करता है।

आगमन विधि (Inductive Method)

विशेषतायें (Merits) : इस विधि की मुख्य विशेषतायें निम्नलिखित हैं–

(1) यह विधि छोटी कक्षाओं के लिये विशेष उपयोगी है क्योंकि इसमें 'विशिष्ट से सामान्य की ओर' तथा 'स्थूल से सूक्ष्म की ओर' जैसे मनोवैज्ञानिक एवं व्यावहारिक सिद्धान्तों का समावेश किया जाता है।

(2) इस विधि से गणित क नवीन नियम, सम्बन्ध, सिद्धान्त, निष्कर्ष आदि ज्ञात किये जा सकते हैं।

(3) यह विधि बालकों को स्वयं काम करने के लिये प्रेरित करती है, जिससे उनमें आत्म-विश्वास की भावना में वृद्धि होती है।

(4) इस विधि द्वारा ज्ञान स्थायी एवं उपयोगी होता है।

(5) इस विधि में छात्र थकावट महसूस नहीं करते तथा निष्कर्ष तक पहुंचने में धैर्य और प्रसन्नता का अनुभव करते हैं।

(6) विद्यार्थी नियमों, सूत्रों एवं सम्बन्धों का ज्ञात करने के आधारभूत सिद्धान्तों से परिचित रहते हैं।

(7) इस विधि में बालकों में गणित के प्रति रुचि एवं उत्सुकता बनी रहती है।

सीमायें (Limitations) : इस विधि की मुख्य सीमायें निम्नलिखित हैं–

(1) इस विधि द्वारा केवल नियम का ही पता लगता है। समस्य को हल करने की क्षमता का विकास इस विधि द्वारा सम्भव नहीं है।

(2) इस विधि के प्रयोग में अध्यापक को पर्याप्त परिश्रम और समय लगाना पड़ता है।

(3) इस विधि का सफल प्रयोग केवल अनुभवी अध्यापक ही कर सकते हैं।

(4) यह विधि उच्च कक्षाओं में काम में नहीं लाई जा सकती क्योंकि अनेकों एकस प्रकरण होते हैं जिनका आरम्भ प्रत्यक्ष उदाहरणों से सम्भव नहीं है।

(5) इस विधि से प्राप्त नियम कुछ सीमा तक ही शुद्ध होते हैं।

निगमन विधि (Deductive Method)

विशेषतायें (Merits) : इस विधि की मुख्य विशेषतायें निम्नलिखित हैं–

(1) सूत्र या नियम पहले ही ज्ञात होने के कारण प्रश्नों को हल करने में एक विशेष सुविधा होती है।
(2) नवीन समस्याओं को हल करने के लिये यह विधि अत्यन्त उत्तम है।
(3) इस विधि से ज्ञात सूत्रों की उपयोगिता का क्षेत्र व्यापक है।
(4) इस विधि में छात्रों एवं अध्यापकों को कम परिश्रम करना पड़ता है।
(5) इस विधि में विद्यार्थी को प्रत्येक सूत्र, विधि, नियम या निष्कर्ष की खोजना नहीं पड़ता।

सीमायें (Limitations) : इस विधि की मुख्य सीमायें निम्नलिखित हैं–

(1) इस विधि में रटने को अधिक बल मिलता है तथा विद्यार्थियों की तर्क एवं अन्वेषण करने के अवसर प्राप्त नहीं होते।
(2) इस विधि से अर्जित ज्ञान स्थायी नहीं होता।
(3) यह विधि छोटी कक्षाओं के लिये उपयोगी नहीं है।
(4) इस विधि की सफलता आगमन विधि के साथ प्रयोग करने पर निर्भर करती है।
(5) यह विधि समाजिक नहीं है

प्रोफेसर आर्मस्ट्रांग ने स्वयं ही इस विधि की निम्न परिभाषा दी है–

''अन्वेषण विधि वह विधि है, जिसमें हम छात्र को अन्वेषक की स्थिति में रखते हैं।''

(Heuristic method of teaching are methods which involve our present students as far as possible in the attitude of dicoverers, methods which involved their finding out instead of merely told about things).

अनुसंधान विधि (Heuristic Method)

गणित शिक्षण में अन्य विधियों की तरह ह्यूरिस्को (अनुसंधान) विधि का भी विशेष स्थान है। हयूरिस्टिक शब्द की उत्पत्ति ग्रीक भाषा के (Heurisco) से मानी जाती है। जिसका शब्दिक अर्थ है–'मै खोजता हूं' (I find out) इस विधि के जन्मदाता प्रो० हेनरी एडवर्ड आर्मस्ट्रांग (Hehery Edurard Armstrong) हैं। वे प्रयोगशाला के विशिष्ट प्रशिक्षण–'अनुसंधानात्मक प्रशिक्षण' (Heuristic training) के मुख्यरूप से समर्थक थे। यह विधि शैक्षणिक दृष्टिकोण से अधिक महत्वपूर्ण है क्योंकि इस विधि मे विद्यार्थी स्वयं अन्वेषक के रूप में कार्य करते हैं। तथा समस्याओं का समाधान करते हैं। क्योंकि इस विधि में विद्यार्थी द्वारा वैज्ञानिक एवं गणितीय दृष्टिकोण का विकास होता हैं।

हर्बर्ट स्पेन्सर ने इस विधि की महत्ता पर प्रकाश डालते हुए स्पष्ट किया हैं। कि–"बालकों को कम से कम बताया जाय और जितना अधिक सम्भव हो उनको खोजने के लिए प्रोत्साहित किया जाये"।

परिभाषा

(1) प्रो० एच० ई० आर्मस्ट्रांग (Armstrong) के अनुसार–यह शिक्षण की वह विधि है जिसके द्वारा हम बालक (विद्यार्थी) को एक अच्छे अनुसंधानकर्ता एवं खोजी के रूप में देख सकते हैं।

(This is the method of teaching which place the pulis (Student) as far as possible in the atitude of a dicoverer).

(2) वैस्टावे (Westaway) के अनुसार–अन्वेषण (अनुसंधान) विधि अनिवार्य रूप से कार्य को दूसरे स्थान पर रखा जाता हैं।

(The Heuristic method is inteded to provide a training in method. Knowledge is a secondary consideration altogether).

इस प्रकार इस विधि का मुख्य उद्देश्य छात्र को एक अनुसंधानकर्ता या खोजी बनाना है। इसमें तथ्यों, सिद्धान्तों आदि की शिक्षा की उपेक्षा ज्ञान की प्राप्ति किस प्रकार की जा सकती है? इस पर अधिक बल दिया जाता है।

समस्या समाधान पद्धदि (Problem Solving Method)

समसया समाधान विधि के अन्तर्गत व्यक्ति समस्या के समाधान के लिए नियोजित तरीके से समस्या पर निष्कर्ष प्राप्त करने के उद्देश्य से प्रहार करता है। समस्या समाधान तथा योजना पद्धति में पर्याप्त समानता है। दोनो में अन्तर केवल इतना है कि प्रथम में मानसिक चिन्तन एवं मानसिक निष्कर्षो पर बल दिया जाता है। जबकि दूसरी पद्धति केवल प्रायोगिक कार्य को महत्व देती है। समस्या समाधान के अन्तर्गत विभिन्न तरीके से समस्या पर विचार करने हेतु वैज्ञानिक विधि का प्रयोग किया जाता है। समस्या समाधान से शिक्षण के अन्तर्गत शैक्षिक दृष्टि से उपयोगी समस्याओं का ही चुनाव किया जाता है। तथा छात्र एवं अध्यापक मिलकर वैज्ञानिक तरीके से समस्या का समाधान करने का प्रयास करते है। समस्या समाधान पद्धति के द्वारा शिक्षण करने का यह उद्देश्य होता हैं कि छात्रों में समस्या समाधान की योग्यताओ का विकास हो ताकि भावी जीवन में छात्र अपने आने वाली समस्याओं से भयभीत होकर पलायन न करें। समस्याओं का अवैज्ञानिक तरीके से समाधान न निकाले अपितु समस्याओं का नियोजित तरीके तथा वैज्ञानिक विधि से समाधान ढूंढे। यह पद्धति इस मनोवैज्ञानिक मान्यता पर आधारित है कि प्रत्येक व्यक्ति के अन्दर समस्याओं के अपने तरीके से समाधान

की योग्यता, तर्क देने की क्षमता होती है, मात्र आवश्यकता इस बात की है। कि व्यक्ति के अन्दर समस्या का वैज्ञानिक दृष्टिकोण से हल खोजने की क्षमता का विकास किया जायें। अत: समस्या समाधान पद्धति की मुख्य विशेषता मानसिक क्रियायें एवं चिन्तन हैं।

डयूवी के अनुसार इस प्रकार के चिन्तन को **विवेचना चिन्तन** कहते हैं। विवेचनात्मक चिन्तन की दो अवस्थायें है, एक ऐसी स्थिति जब संशय अपराध दुविधा या मानसिक कठिनाई जिसमें चिन्तन का प्रारम्भ होता है और द्वितीय अवस्था जब व्यक्ति शोध, जांच, तलाश एवं पूछताछ का कार्य करता है और ऐसी सामग्री जुटाता है जब संशय अवरोध और द्विविधा का समाधान होता है

उदाहरण (Example)

समानान्तर चतुर्भुज की विशेषताओं की खोज करना।

उपरोक्त समस्या को ह्यूरिस्टिक प्राणाली से हल करने के लिये सर्वप्रथम अध्यापक छात्रों के सम्मुख कागज पर बनी विभिन्न आकार की समानान्तर चतुर्भुज की आकृतियां प्रस्तुत करेगा। अब छात्रों से पूछा जायेगा कि वे अपने प्रयासों के आधार पर इन समानान्तर चतुर्भुज की आकृतियों की विशेषताओं की खोज करने की प्रक्रिया के विषय में विचार करें। स्पष्ट है कि छात्र इन विभिन्न आकृतियों के अंगों एवं दूसरे तथ्यों का निरीक्षण एवं मापन करना आरम्भ कर देंगे। प्रयास करने पर अगर वे निष्कर्ष निकाल सकें कि प्रत्येक आकृति की आमने-सामने की भुजायें समान है, साथ ही साथ प्रत्येक आकृति के आमने-सामने के कोणों का योग भी बराबर है तब विद्यार्थी आत्मविश्वास के साथ यह सामान्यीकरण (Generalization) कर सकता है कि प्रत्येक समानान्तर चतुर्भुज के आमने-सामने की भुजायें बराबर होती हैं और उनके आमने-सामने के कोणों का योग भी बराबर होता है। इस प्रकार वे स्वयं के प्रयासों के आधार पर समानान्तर चतुर्भुज की विशेषताओं की खोज करने में सफलता प्राप्त कर लेते हैं जिससे उनके अन्दर आत्म संतोष, खुशी एवं आत्मविश्वास की भावना का विकास होता है।

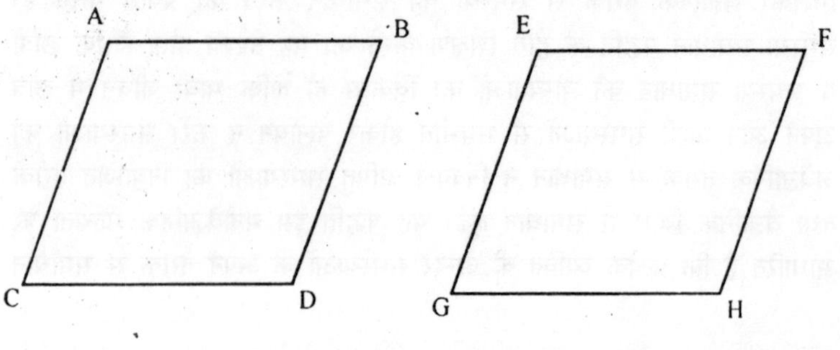

असत्य ह्यूरिस्टिक (False Heuristic)	सत्य ह्यूरिस्टिक (True Heuristic)
(1) क्या यह सही है कि समानान्तर चतुर्भुज के कर्ण एक दूसरे को काटते हैं?	(1) ऐसे चित्रों के कर्णो के बारे में तुम क्या जानते हो?
(2) क्या ABCD एक समानन्तर चतुर्भुज है?	(2) ABCD किस प्रकार की आकृति है?
(3) क्या तुम्हें याद है कि वृत्त का क्षेत्रफल निकालने का सूत्र πr^2 होता है?	(3) वृत्त का क्षेत्रफल निकालने का क्या सूत्र है?
(4) क्या यह सत्य है कि वर्ग की चारों भुजायें समान होती हैं?	(1) वर्ग की भुजाओं के बारे में आप क्या जानते हैं?

विशषतायें (Mertis) : इस विधि की मुख्य विशेषतायें निम्नलिखित हैं–

(1) विद्यार्थी तथ्यों एवं प्रमाणों का तर्क-वितर्क की कसौटी पर जांचने के बाद ही स्वीकार करते हैं।

(2) इस विधि से बालकों में परिश्रम करने की आदत पड़ती है तथा उत्तरदायित्व की भावना का विकास होता है।

(3) बालकों में सत्य को जानने की उत्सुकता बनी रहती है तथा वे तथ्यों को ध्यानपूर्वक समझने की आदत डाल लेते हैं।

(4) अध्यापक को बालकों के गुण तथा अवगुणों को जानने के अवसर मिलते हैं तथा वह उनसे व्यक्तिगत सम्पर्क (Rapport) स्थापित कर सकता है।

(5) इस विधि में छात्र ज्ञान को एक निष्क्रिय रूप से ही ग्रहण नहीं करता है बल्कि सीखने में वह सक्रिय भाग लेता है। सीखने की क्रिया के बारे में ड्यूवी (Dewey) का कहना है, ''मस्तिष्क एक ब्लॉटिंग पेपर के टुकड़े के समान नहीं है जो किसी द्रव को स्वतः सोखता है और धारण करता है। यह तो एक जीवधारी (Living Organism) है जिसे अपने भोजन की खोज करनी पड़ती है तथा जो अपनी वर्तमान अवस्था एवं आवश्यकता के अनुसार चुनता है और छोड़ देता है तथा जितना पचा सकता है उतना ही धारण करता है और उसे पनी शक्ति के रूप में बदल लेता है।''
(The mind is not a piece of Blotting Paper that absorbss and retains automatically).

(6) विद्यार्थी सोचने की प्रक्रिया में ऐसी अनेक बातों की सही जानकारी प्राप्त कर लेते हैं जो केवल इसी विधि द्वारा सम्भव है।

(7) इस विधि द्वारा विद्यार्थियों में आत्मविश्वास, आत्मनिर्भरता एवं वैज्ञानिक दृष्टिकोण का विकास होता है।

(8) इस विधि में बालकों को गृह-कार्य देने की आवश्कता नहीं पड़ती है।

(9) विद्यार्थी नवीन ज्ञान की खोज स्वयं करते हैं अतः ज्ञान स्थायी एवं व्यावहारिक होता है।

(10) विद्यार्थ्यियों में सही प्रकार से आलोचना करने की क्षमता का विकास होता है।

सीमायें (Limitations) : इस विधि की मुख्य सीमायें निम्नलिखित हैं–

(1) इस विधि द्वारा बालकों से मौलिक खोज की आशा की जाती है परन्तु उनका मानसिक विकास अपेक्षित स्तर का नहीं होता कि व वास्तव में अनुसन्धाान कर सकें। अतः यह विधि बहुधा असफल रहती है।

(2) सम्पूर्ण पाठ्यक्रम को इस विधि से नहीं पढ़ाया जा सकता।

(3) कक्षा में सभी विद्यार्थी समान क्षमता के नहीं होते। अतः इस विधि का प्रयोग वर्तमान कक्षाओं के विद्यार्थियों के लिये सम्भव नहीं है।

(4) इस विधि में खोज कम तथा समय की बर्बादी अधिक होती है।

(5) अध्यापक के सम्मुख इस विधि द्वारा अनक कठिनाइयां प्रस्तुत होती हैं। सभी विद्यार्थियों के लिये सामग्री जुटाना कठिन ही नहीं बल्कि असम्भव है।

(6) यह विधि केवल ऐसी कक्षाओं के लिये ही उपयोगी है जिनमें छात्रों की संख्या कम हो।

(7) बालक का मस्तिष्क अपरिपक्व होता है अतः प्रायः वह समस्या का हल ज्ञात नहीं कर पाता। मात्र यह कहना कि 'Think yourself' या 'Use your brain' उचित नहीं, क्योंकि हम एक औसत बालक से दूसरा यूक्लिड होने की आशा नहीं कर सकते (We can't expect the average child to be a second Euclid)।

ह्यूरिस्टिक प्रणाली को प्रयोग करने के सम्बन्ध में प्रोफेसर यंग (Young) अध्यापकों को निम्नलिखित राय देते हैं–

"किसी भी सामग्री का पहले पढ़ाने के ढंग से नहीं (Didactically) बल्कि समस्यात्मक ढंग से (Problematically) समझो। जो बात तुम ढूंढ़ना चाहते हो,

यह कोशिश करो कि विद्यार्थी उसका अधिक से अधिक भाग ढूंढ़ कर तुम्हें बतायें। जो कुछ तुम्हें इस प्रकार विद्यार्थी न बता पायें, उसे अपने आप बता दो। कक्षा की समाप्ति पर पुस्तक सन्दर्भ (Bibliography) or Reference Books या पुनरावृत्ति (कक्षा में जो कुछ रूपरेखा दी गई थी), उसे पूरा करने के लिये की जा सकती है। कक्षा के कालांश का अधिकार समय पहले ऐसे कार्य को देना चाहिये। कालांश के प्रारम्भिक भाग में पिछले दिन के कार्य को दुहराना चाहिये जिसके लिये बीच के समय में पुस्तक से सहायता ली जा चुकी है। अभ्यासार्थ प्रश्न कक्षा में तथा कक्षा से बाहर के लिये देने चाहियें।''

प्रयोगशाला विधि (Laboraqtory or Experimental Method)

विज्ञान शिक्षण की भांति गणित शिक्षण को भी अधिक भावीपूर्ण एवं रोचक बनाने के लिऐ इस विधि का प्रयोग भी किया जान लगा है इस विधि मं विद्यार्थी को भाक्तिगत रूप से प्रत्यक्ष अनुभवों द्वारा स्वयं तथ्यों से परिचित होने का अवसर प्रदान किया जाता है। यह मुख्य: 'Learnng by Doing', 'Learning by Observation', 'From Concrete to Abstract' तथा 'From known to Unknown' आदि शिक्षण सूत्रों पर आधारित है। एक प्रकार से यह आगमन विधि का ही एक विस्तृत प्रयोगात्मक रूप है। छात्र मात्र किसी बात को सुनते ही नहीं हैं वरन् उसे प्रयोग में लाकर आत्मसात करने की कोशिश भी करते है।

कुछ गणितज्ञों के अनुसार Experimental Method व Heuristic Method दोनों एक ही हैं। अन्तर केवल इतना है कि Heuristic Method में इस किसी तथ्य का विश्लेषण करने में अध्यापक द्वारा पूछे गये प्रश्नों की सहायता लेते हैं जबकि Experimental Method में हम उन Experiments की सहायता लेते हैं जिन्हें छात्र स्वयं प्रयोग में ला रहे होते हैं। इस विधि में सभी बातें विद्यार्थी स्वयं सीखता है। प्रयोग में हमारी समस्त इन्द्रियां क्रियाशील रहती हैं। यदि एक इन्द्रिय की अपेक्षा ज्ञान अनेक इन्द्रियों के माध्यम से प्राप्त होगा तो वह अधिक सरलता से हम तक पहुंचेगा और पहुंचने के बाद चिरकाल तक स्थायी भी रहेगा। अत: प्रयोगशाला विधि शिक्षण की एक उत्तम विधि है।

इस विधि में एक Well equipped Laboratory की आवश्यकता होती है। जिस प्रकार विद्यार्थी विज्ञान की प्रयोगशाला में प्रयोग करते हैं, उसी प्रकार वह गणित की प्रयोगशाला में भी प्रयोग करते हैं। गणित की प्रयोगशाला में कुछ उपकरणों की आवश्यकता पड़ती है, जैसे–ज्यामिति के यन्त्र, सर्वे के यन्त्र, ज्यामिति की भिन्न–भिन्न प्रकार की आकृतियों के मॉडल, गोला, बेलन, प्रिज्म, चार्ट, चित्र, गत्ता, शीश, ड्राइंग बोर्ड, श्यामपट्ट, स्टेन्शिल, गणना की मशीन, ग्राफ कागज इत्यादि।

इस विधि में विद्यार्थी गणित के सिद्धान्तों और नियमों की खोज कुछ प्रयोगों द्वारा करते हैं। इस प्रकार प्रयोग के दौरान पूरे समय छात्र क्रियाशील बना रहता है। ज्यामिति में पूरी तरह Laboratory work ही रहता है, जैसे-रेखा खींचना, कोण बनाना, त्रिभुज या समान्तर चतुर्भुज की रचना करना आदि। इन सभी में हमें ज्यामितीय यन्त्रों की आश्यकता पड़ती है।

प्रयोगशाला विधि का सार यह है कि यहां अध्यापक पृष्ठभूमि (पार्श्व) (Background) में ओझल रहता है और समस्यायें स्थूल रूप में सामने प्रस्तुत रहती हैं। कक्षा में पढ़ाते समय वह विद्यार्थियों के सम्मुख रहता है। अलंकारिक भाषा में वह कक्षा का कर्णधार है। प्रयोगशाला कार्य में वह छात्र की कठिनाई को दूर करने में सहायता करता है। इस विधि में बालक के मस्तिष्क को पूर्णतः समझना चाहिये तथा तार्किक पहलू की अपेक्षा मनोवैज्ञानिक पहलू को प्रधानता देनी चाहिये। शिक्षण का केन्द्र विषय वस्तु या परीक्षा की तैयारी न होकर बालक की आवश्कता एवं ग्रहण शक्ति होना चाहिये। बालक की रुचि प्रमुख है। हमें अपनी रुचि उन पर लादनी नहीं चाहिये। उपयोगिता में ही बालक की रुचि नहीं होती, वह काम को सफलतापूर्वक करना भी चाहता है, जैसे–पहेलियां हल करना। प्रारम्भ में बालक यह नहीं समझ पाता कि परिभाषाओं, नियमों, सूत्रों आदि से क्या सूचित होता है तथा उन्हें कैसे प्रयोग में लाया जा सकता है। वह रटने के लिये बाध्य होता है प्रयोगशाला में उसका कार्य के अनुभव तथा अपनी क्रियाओं से सीधा सम्बन्ध होता है। वस्तुओं का अपने हाथ से प्रयोग करने तथा समस्याओं को हल करने में उसे अपनी सफलताओं पर आनन्द प्राप्त होता है तथा उसकी रुचि जागृत होती है। प्रयोगशाला विधि यद्यपि गणित में प्रयोगात्मक, स्कूल एवं कार्यशाला (Work shop) सम्बन्धी पहलुओं पर अधिक जोर देती है, फिर भी इसका सूक्ष्म गणित से कोई विरोध नहीं है। यहां विद्यार्थी स्वयं सामान्यीकरण करता है। प्रोफेसर यंग के अनुसार, "विचारों का प्रथक्करण एवं सामान्यीकरण नींव नहीं है, बल्कि अन्तिम उपज है।"

(Abstractions and Generalizations are rather the crowning products than foundation stones).

उदाहरण (Example)

"त्रिभुज के तीनों कोणों का योग दो समकोण या 180° के बराबर होता है" प्रयोगशाला में हम इसे निम्न प्रकार सिद्ध कर सकते हैं।

उद्देश्य : सिद्ध करना है कि त्रिभुज के तीनों कोणों का योग दो समकोण 180° के बराबर होता है।

उपकरण : गत्ता या कार्डशीट, पेन्सिल, स्केल चांदा आदि

विशेषतायें (Merits) : इस विधि की मुख्य विशेषतायें निम्नलिखित हैं–

(1) यह विधि अल्प आयु के बालकों के लिये बहुत उपयोगी है।

(2) इस विधि के प्रयोग ये बालक अपनी तीनों ज्ञानेन्द्रियों आंख, कान, हाथ का प्रयोग कर स्थायी ज्ञान प्राप्त करता है।

(3) इसमें 'स्थूल से सूक्ष्म' की ओर, 'ज्ञात से अज्ञात' की ओर तथा 'स्वयं करके सीखो' शिक्षण सूत्रों का प्रयोग किया जाता है।

(4) इसमें गुरु शिष्य सम्बन्ध मधुर रहते हैं।

(5) यह अन्वेषण करने की प्राकृतिक विधि है।

(6) इस विधि द्वारा शिक्षण के मुख्य उद्देश्य 'कौशल' (Skill) को प्राप्त करने में पर्याप्त सहायता मिलती है।

(7) इसमें गणित के नियमों, सिद्धान्तों तथा परिभाषाओं का स्पष्ट ज्ञान प्राप्त करना सम्भव है।

उपकरण (Apparatus)

गत्ते या कार्डशीट, पेन्सिल, स्केल, चांदा आदि अन्य आवश्यक उपकरण।

विधि (Procedure)

प्रयोगशाला में विद्यार्थियों को एक-एक गत्ता या कार्ड-शीट दे दी जायेगी, तत्पश्चात् उनको उस पर विभिन्न प्राकर के त्रिभुज बनाने का कहा जायेगा। त्रिभुज बनाने के बाद छात्रों से उनको कैंची की सहायता से सफाई से अलग-अलग कटवा लिया जायेगा।

निरीक्षण (Observation)

बनाये गये त्रिभुजों के कोणों को मापेंगे तथा उनकी मापों को एक तालिका में अंकित कर लेंगे।

तालिका

आकृति	विभिन्न कोणों की माप			योग
सं०	$\angle A$	$\angle B$	$\angle C$	$\angle A + \angle B + \angle C$
1.	90°	60°	30°	180°
2.	120°	30°	30°	180°
3.	60°	60°	60°	180°

गणना (Calculation)

त्रिभुजों को मापने के पश्चात् दी गई मापों के अनुसार विभिन्न प्रकार के त्रिभुज के कोणों की गणना करके उनका योग ज्ञात करेंगे।

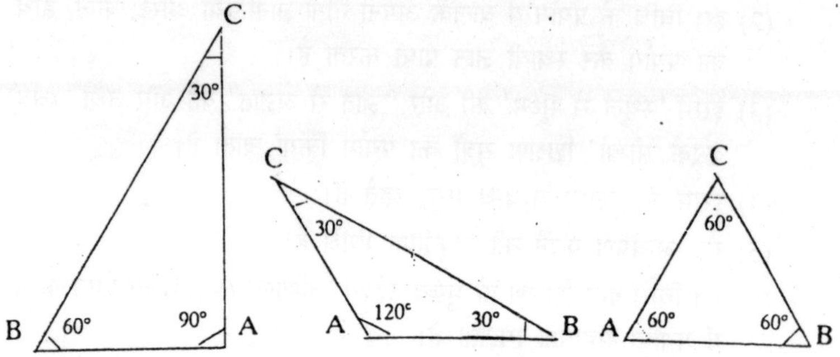

विभिन्न मापों के त्रिभुज

(1) आकृति (1) में–

$$\therefore \quad \angle A = 90°, \angle B = 60°, \angle C = 30°$$
$$\angle A + \angle B + \angle C = 90° + 60° + 30° = 180°$$

(2) आकृति (2) में–

$$\therefore \quad \angle A = 120°, \angle B = 30°, \angle C = 30°$$
$$\angle A + \angle B + \angle C = 120° + 30° + 30° = 180°$$

(3) आकृति (3) में–

$$\therefore \quad \angle A = 60°, \angle B = 60°, \angle C = 60°$$
$$\angle A + \angle B + \angle C = 60° + 60° + 60° = 180°$$

प्रयोगशाला विधि के लाभ (Merits of Laboratory Method)

(1) यह विधि 'करके सीखने' (Learning by doing) के सिद्धान्त पर आधारित है जिससे छात्रों की अपने कार्य में रुचि बनी रहती है।

(2) इस विधि द्वारा अर्जित किया गया ज्ञान अधिक स्थाई होता है, क्योंकि छात्र स्वयं प्रयोग एवं निरीक्षण के आधार पर ज्ञान प्राप्त करते हैं।

(3) इस विधि द्वारा गणित को व्यावहारिक विषय के रूप में प्रस्तुत किया जा सकता है।

(4) इस विधि में बालक गणित को स्थूल तथ्यों के आधार पर प्राप्त करते हैं।

(5) बालक प्रयोगशाला के विभिन्न उपकरणों का प्रयोग एवं उपयोग सीख जाते हैं।

(6) इस विधि के द्वारा छात्रों में विभिन्न तार्किक एवं एवं निरीक्षण शक्तियों का विकास होता है।

(7) इस विधि द्वारा बालक गणित के ज्ञान के विभिन्न परिस्थितियों में प्रयोग करना सीख जाते हैं।

(8) यह एक मनोवैज्ञानिक तथा वैज्ञानिक विधि है, जिससे छात्रों में वैज्ञानिक दृष्टिकोण का विकास होता है तथा गणित के प्रति सही दृष्टिकोण विकसित होता है।

(9) प्रयोगशाला विधि द्वारा समस्या-समाधान (Problem-Solving) योग्यता का विकास होता है।

(10) बीजगणित के सूत्रों एवं ज्यामिति में प्रायोगिक कार्य को इस विधि द्वारा सुगमता से किया जा सकता है।

(11) छात्रों को रचनात्मक कार्य करने का अवसर मिलता है।

प्रयोगशाला विधि के दोष (सीमायें)

Demerits (Limitations) of Laboratory Method

(1) यह अधिक खर्चीली विधि है, इसलिए सभी विद्यालयों में प्रयोग नहीं की जा सकती है।

(2) कम संख्या के छात्रों की कक्षाओं में ही इस विधि का प्रयोग किया जा सकता है।

(3) इस विधि द्वारा शिक्षण करने पर समय अधिक लगता है जिसके कारण गणित के विस्तृत पाठ्यक्रम को सीमित समय में पूरा नहीं किया जा सकता।

(4) यह छोटी कक्षाओं के लिए अधिक उपयुक्त नहीं है, क्योंकि उनका बौद्धिक तथा मानसिक स्तर इतना विकसित नहीं होता है कि वे स्वयं प्रयोग करके सूत्र अथवा नियमों का सत्यापन कर सकें।

(5) गणित के कुछ प्रकरणों को ही इस विधि द्वारा सीखा जा सकता है।

(6) सभी शिक्षक इस विधि का प्रभावशाली उपयोग नहीं कर सकते हैं।

(7) सभी गणितीय सिद्धान्तों, नियमों तथा सूत्रों का प्रयोगशाला में सत्यापन करना सरल काम नहीं है।

(8) इस विधि की गति अत्यन्त धीमी होती है।

इस प्रकार एक शिक्षक प्रयोगशाला विधि के लाभ एवं सीमाओं (दोषों) को ध्यान में रखते हुए गणित शिक्षण में इसका प्रभावशाली उपयोग कर सकता है तथा अपने शिक्षण को अधिक प्रभावशाली बना सकता है। गणित की प्रयोगशाला में विभिन्न गणितीय नियमों, सूत्रों, सिद्धातों आदि को सत्यापित किया जा सकता है। गणित से सम्बन्धित कुछ प्रयोग निम्नलिखित हो सकते हैं, जिनको छात्र प्रयोगशाला में सरलता से करके जांच कर सकते हैं–

(i) माप-तौल की विभिन्न इकाइयों से सम्बन्धित प्रयोग।

(ii) चाल, समय, दूरी, काम तथा औसत से सम्बन्धित प्रयोग।

(iii) संख्याओं के वर्गमूल तथा घनमूल की सारणी तैयार करना तथा उनका मान ज्ञात करना।

(iv) विभिन्न ज्यामितिय आकृतियों का क्षेत्रफल, आयतन, पृष्ठीय क्षेत्रफल आदि की गणना एवं उनके प्रतिमान (Model) बनाना।

(v) विभिन्न गणितीय आंकड़ों को लेखाचित्र द्वारा प्रदर्शित करना।

(vi) रेखागणित में विभिन्न प्रमेयों को सिद्ध करना तथा उनसे सम्बन्धित प्रतिमान तैयार करना।

(vii) गणितीय, तथ्यों, सूत्रों, नियमों आदि का संकलन एवं उनकी सारणी या चार्ट बनाना।

प्रयोगशाला तथा प्रदर्शन या प्रदर्शनात्मक विधि में अन्तर
(Difference between Laboratory and Demonstration Method)

प्रयोगशाला विधि (Laboratory Method)	प्रदर्शन विधि (Demonstration Method)
(1) यह मनोवैज्ञानिक विधि है। यह विधि 'करके सीखना' (Learning by doing) सिद्धान्त पर आधारित है।	(1) यह विधि मनोवैज्ञानिक दृष्टिकोण से उपयुक्त नहीं है। यह 'देखो, सुनो और समझो, सिद्धान्त पर आधारित है।
(2) इस विधि द्वारा छात्रों में रचनात्मक तथा अन्वेषणात्मक प्रवृत्तियों का विकास होता है।	(2) इस विधि में छात्रों को अपनी रचनात्मक तथा अन्वेषणात्मक प्रवृत्तियों को विकसित करने का अवसर नहीं मिलता है।

(3) इस विधि में छात्र व्यक्तिगत रूप से प्रयोगशाला में जाकर स्वयं प्रयोगों द्वारा प्रत्यक्ष अनुभव प्राप्त करते है	(3) इस विधि में अध्यापक कक्षा में विषय-वस्तु पढ़ाते समय उससे सम्बन्धित प्रयोग स्वयं करके दिखा देता है।
(4) इसमें बालक विभिन्न प्रकार के उपकरणों का प्रयोग करके देखते हैं तथा प्रयोगशाला में जाकर विभिन्न क्रियायें करते हैं।	(4) इस विधि में छात्र में बैठे-बैठे ही विभिन्न प्रकार के उपकरणों, प्रयोगों तथा क्रियाओं को देखते रहते हैं।
(5) इस विधि में छात्र अपेक्षाकृत अधिक सक्रिय रहते हैं।	(5) इसमें छात्रों की अपेक्षा शिक्षक अधिक सक्रिय रहते हैं।
(6) यह विधि अधिक खर्चीली है।	(6) यह विधि कम खर्चीली है।
(7) इस विधि द्वारा नवीन तथ्यों की खोज की जा सकती है। नियमों तथा सिद्धान्तों को व्यावहारिक रूप में सीखकर प्रयोग में लाया जा सकता है।	(7) प्रदर्शन विधि द्वारा नवीन तथ्यों की खोज नहीं की जा सकती है।
(8) इस विधि की गति अत्यधिक धीमी होती है, जिससे समय अधिक लगता है।	(8) इसकी गति अपेक्षाकृत तीव्र हाती है, जिससे समय कम लगता है।
(9) इसके द्वारा छात्रों में वैज्ञानिक दृष्टिकोण का विकास होता है।	(9) इसमें छात्रों को वैज्ञानिक दृष्टि विकसित करने के बहुत कम अवसर मिलते है।

अनुसंधान विधि (Heuristic Method)

गणित शिक्षण में अन्य विधियों की तरह ह्यूरिस्टिक (अनुसंधान) विधि का भी विशेष स्थान है। ह्यूरिस्टिक शब्द की उत्पति ग्रीक भाषा के 'ह्यूरिस्टिक (Heurisco) से मानी जाती है जिसका शाब्दिक अर्थ है–'मै खोजता हूं' (I find out)। इस विधि के जन्मदाता प्रो० हेनरी एडवर्ड आर्मस्ट्रांग (Henery Edward Armstrong) हैं। वे प्रयोगशाला के विशिष्ट प्रशिक्षण–'अनुसंधानात्मक–प्रशिक्षण' (Heuristic training) के मुख्यरूप से समर्थक थे। यह विधि शैक्षणिक दृष्टिकोण से अधिक महत्त्वपूर्ण है क्योंकि इस विधि में विद्यार्थी स्वयं अन्वेषक के रूप में

कार्य करते हैं तथा समस्याओं का समाधान करते हैं। इस विधि के द्वारा छात्रों में वैज्ञानिक एवं गणितीय दृष्टिकोण का विकास होता है।

परियोजना विधि (Project Method)

इस विधि के जन्मदाता हैं–अमेरिका के प्रसिद्ध शिक्षा शास्त्री जॉन डीवी (John Dewey) के योग्य शिष्य पर विलियम किलपैट्रिक (Sir William Kilpatrik) उन्होंने डीवी के प्रयोजनवाद (Pragmatism) से प्रभावित होकर ही इस विधि द्वारा शिक्षा के सभी अंगों को एकता के सूत्र में पिरोकर शिक्षण को रुचिकर जीवनोपयोगी बनाने का प्रयत्न किया है। 'प्रोजैक्ट' (Project) या परियोजना शब्द के विभिन्न पक्षों को समझने से पहले यह आवश्यक है कि इसका अर्थ समझाा जाये।

प्रोजैक्ट या परियोजना शब्द का अर्थ (Its Meaning)–परियोजना या प्रोजैक्ट शब्द को कई शिक्षा शास्त्रियों ने कई प्रकार से परिभाजित किया है। सभी ने इसकी अलग-अलग परिभाषाएं दी हैं।

(1) **पारकर (Parker)** के अनुसार "यह क्रिया की एक इकाई है जिसमें विद्यार्थियों को योजना और उद्देश्य निर्धारित करने के लिये उत्तरदायी बनाया जाता है।"

(It is a unit of activity in which pupils are made responsible for planning and purposing).

(2) **प्रो० स्टीवेन्सन (Prof. Stevenson)** के अनुसार, "प्रोजैक्ट एक समस्या-मूलक कार्य है जिसे स्वाभाविक परिस्थितियों में पूर्ण किया जाता है।"

(A Project is a problematic act carried to completion in its natural setting).

(3) **बेलर्ड (Ballard)** के अनुसार, "प्रोजैक्ट यथार्थ जीवन का ही एक भाग है जो विद्यालय में प्रदान किया जाता है।"

(A Project is a bit of real life that has been imparted into school).

(4) **किलपैट्रिक (Kilpatrik)** के अनुसार, "प्रोजैक्ट वह उद्देश्यपूर्ण कार्य है जिसे लगन के साथ सामाजिक वातावरण में किया जाता है।

(A Project is a whole-hearted purposeful activity proceeded in a social environment).

उपरोक्त परिभाषाओं के आधार पर यदि प्रोजैक्ट शब्द का अर्थ समझने का प्रयास किया जाये तो विश्लेषण के पश्चात् इस परिणाम पर पहुंचा जा सकता है कि प्रोजैक्ट या परियोजना विद्यार्थियों के वास्तविक जीवन से सम्बन्धित किसी

समस्या का हल खोज निकालने के लिये अच्छी तरह से चुना हुआ तथा प्रसन्नतापूर्वक हाथ में लिया जाने वाला वह कार्य है जिसे पूर्ण स्वाभाविक परिस्थितियों में सामाजिक वातावरण में ही पूर्ण किया जाता है।

परियोजना विधि का स्वरूप या प्रकृति (Nature of Project Method)

परियोजना पर काम करते समय उन्हें जिस प्रकार के ज्ञान की आवश्यकता होती है वह उसी समय अर्जित कर लिया जाता है चाहे वह किसी भी विषय से सम्बन्धित क्यों न हो। इस प्रकार इस विधि में प्रासंगिक ढंग से पढ़ाई की जाती है।

परियोजना कार्य जॉन डीवी के व्यवहारवाद पर आधारित है। जॉन डीवी ने शिक्षा को जीवन के लिये और जीवन द्वारा बनाने पर बल दिया। उसक अनुसार स्कूल और घर के जीवन में खाई को कम करना चाहिये।

परियोजना का संक्षेप में अभिप्राय हुआ किसी कार्य को समूह में करना जिसमें सभी विद्यार्थी सहकारिता की भावना से कार्य करते हैं। इस परियोजना के मुख्याधार या मुख्य सिद्धान्त निम्नलिखित हैं–

(i) करके सीखना (Learning by Doing)

(ii) जीवन से सीखना (Learning by Living)

(iii) विद्यार्थी के सहयोग और साहचर्य द्वारा सीखना (Learning by Co-operation and Association)।

परियोजनाएं प्राथमिक कक्षाओं के लिये बहुत उपयोगी होती हैं और छोटे-छोटे समूहों में अच्छी तरह से कार्य करती हैं।

परियोजना के पद (Steps in a Project)

किसी भी परियोजना के संचालन के लिये या उसे चालू करने के लिये एक निश्चित क्रम के अनुसार निम्नलिखित पदों का अनुकरण करना आवश्यक है–

(1) *परिस्थिति प्रदान करना (Providing a Situation)* : सर्वप्रथम अध्यापक विद्यार्थियों को वैसी ही स्थिति प्रदान करें जिसमें कुछ समस्याएं हों। ये परिस्थितियां विद्यार्थियों के साथ वार्ताओं के द्वारा प्रदान की जा सकती हैं। ये वार्ताएं विद्यार्थियों और अध्यापकों को रुचियों के अनुसार ही होनी चाहिये। इस प्रकार ऐसी परिस्थितियों का सामना करने के लिये ही विद्यार्थियों में अनुकूल प्रोजैक्ट को हाथ में लेने की इच्छा जाग्रत होती है।

(2) *चयन और उद्देश्य (Selection and Objective)* : इस पद के अन्तर्गत अध्यापक विद्यार्थियों को परिस्थिति के चयन में सहायता देता है। परियोजना का चयन विद्यार्थियों पर लादना नहीं चाहिये। अध्यापक विद्यार्थियों के सम्मुख विभिन्न परियोजनायें प्रस्तुत कर सकता है। लेकिन चयन के बारे में निर्णय विद्यार्थी स्वयं ही लें। अध्यापक यह देखें कि परियोजना के उद्देश्य स्पष्ट रूप से परिभाषित हों। यदि विद्यार्थी किसी गलत परियोजना का चुनाव कर लेते हैं तो अध्यापक युक्ति से उनका मार्ग-दर्शन कर सकते हैं ताकि वे धन और समय की बर्बादी न करें।

(3) *योजना (Planning)* : चयन की प्रक्रिया के पश्चात् विद्यार्थियों को परियोजना को विस्तृत योजना तैयार करनी चाहिये। अध्यापक इस कार्य में भी विद्यार्थियों का मार्ग-दर्शन कर सकता है, लेकिन अपने सुझावों को उन पर थोप नहीं सकता। अध्यापक अपने मन ही मन दो-तीन योजनाएं तैयार कर ले और विद्यार्थियों को मार्ग-दर्शन दे। प्रत्येक विद्यार्थी को बहस में भाग लेने के लिये प्रोत्साहित करना चाहिए। प्रत्येक विद्यार्थी योजना को ठीक ढंग से कापी में नोट कर ले। योजना में सभी विद्यार्थियों में कार्य को विभाजित किया जाना चाहिये। ताकि सभी विद्यार्थी परियोजना के कार्यों में अपना-अपना योगदान दे सकें। इससे विद्यार्थियों में सहकारिता का विकास होता है।

(4) *लागू करना या कार्यान्वित करना (Executing the Project)* : योजना बना लेने के पश्चात् इसे लागू करना बहुत ही जिम्मेदारी का काम होता है। अध्यापक, विद्यार्थियों को उनकी रुचियों और योग्यताओं के अनुसार कार्य बांट देना चाहिये। परियोजना को कार्यन्वित करने के लिये उसे अपना सक्रिय योगदान देना चाहिये। विद्यार्थी की योग्यता तथा रुचि के अनुसार कार्य न बांटने से परियोजना का कोई लाभ नहीं जैसे–पेंटिंग या ड्राईंग का कार्य उस विद्यार्थी को दे दिया जाये जो एक सीधी लाइन भी न खींच सके तो कोई लाभ नहीं होगा। इस पद में अध्यापक और विद्यार्थी के धैर्य का होना अति आवश्यक है। अध्यापक को समयानुसार निर्देश देते रहना चाहिये।

(5) *मूल्यांकन (Evaluation)* : परियोजना की समाप्ति पर सम्पूर्ण कार्य का मूल्यांकन किया जाना चाहिये तथा त्रुटियों को नोट किया जाना चाहिये। विद्यार्थियों की स्वयं अपनी आलोचना करनी चाहिये। विद्यार्थियों को यह देखना चाहिये कि परियोजना के उद्देश्य किस सीमा तक प्राप्त कर लिये गये हैं और उनमें क्या कमी रह गई है।

(6) *रिकॉर्ड करना (Recording) :* परियोजना कार्य का सारा रिकॉर्ड विद्यार्थियों को रखना चाहिये। रिकॉर्ड परियोजना के सभी पदों से सम्बन्धित रखा जाना चाहिये। परियोजना की योजना, उसे लागू करने सम्बन्धी नियम, उद्देश्य तथा मूल्यांकन से सम्बन्धित रिकॉर्ड रखा जाना चाहिये। इस रिकॉर्ड में विद्यार्थियों को दिये गये कार्य आदि भी शमिल है। इसी रिकॉर्ड में परियोजना के लिये प्रयोग की गई धन-राशि, पुस्तकें, चार्ट, मॉडल आदि सम्मिलित किये जाने चाहिये।

अच्छी परियोजना के गुण (Qualities of a Good Project)

एक अच्छी परियोजना में निम्नलिखित गुण होते हैं–

(1) विद्यार्थी और अध्यापक दोनों को ही जो सक्रिय रखे, वह उत्तम परियोजना कहलाती है, लेकिन विद्यार्थियों की सक्रियता अधिक आवश्यक है।

(2) एक अच्छी परियोजना का सबसे पहला और आवश्यक गुण यह है कि यह परियोजना उद्देश्यपूर्ण एवं लाभदायक होनी चाहिये।

(3) परियोजना–कार्य उपलब्धि-योग्य (Attainable) होना चाहिये।

(4) विद्यार्थियों का परियोजना कार्य की स्पष्टता होनी चाहिये।

(5) परियोजना-कार्य चुनौतीपूर्ण होनी चाहिये और विद्यार्थियों को प्रयास करने के अवसर दिये जाने चाहिये। यह अधिक कठिन भी नहीं होना चाहिये और अधिक आसान भी नहीं होना चाहिये।

(6) परियोजना से प्राप्त किये गये अनुभव लाभकारी होने चाहिये। परियोजना-कार्य अवश्य पूरा किया जाना चाहिये और आगामी ज्ञान प्राप्त करने के लिये परियोजना बच्चों को प्रोत्साहन दे।

(7) परियोजना समुदाय की आवश्यकता के अनुसार होनी चाहिये।

(8) परियोजना वही अच्छी मानी जाती है जो विद्यार्थी-क्रिया को प्रोत्साहित करती है और उन्हें अधिक उत्तरदायी बनाती है। विद्यार्थियों में स्वतन्त्र चिन्तन और योजना को प्रोत्साहन देना चाहिये।

(9) परियोजना सस्ती होनी चाहिये और उसमें समय भी कम लगना चाहिये।

(10) परियोजना विद्यार्थी को मानसिक और शारीरिक रूप से व्यस्त रखे।

परियोजना विधि की विशेषतायें (Charaeteristics of Project Method)

इस विधि की प्रमुख विशेषतायें निम्नलिखित हैं–

(1) परियोजना विधि सामूहिक अन्तःक्रिया और सहयोग को बढ़ावा मिलता है और समुदाय के हितों के बारे में चिन्तन का विकास होता है।

(2) मानसिक परिधि (Mental Horizon) का विस्तार भी इसी विधि से सम्भव है।

(3) परियोजना-विधि सीखने के निम्नलिखित नियमों पर आधारित है–

(a) *तैयारी का नियम (Law of Readiness)* : परियोजना-विधि में विद्यार्थी सृजनात्मक कार्य सीखने के लिये तैयार रहते हैं।

(b) *अभ्यास का नियम (Law of Exercise)* : विद्यार्थी अभ्यास द्वारा बहुत कुछ सीखते हैं। शिक्षण के समय जब वे वास्तविक परिस्थितियों में कार्य करेंगे तो उनका अधिगम अधिक होगा।

(c) *प्रभाव का नियम (Law of Effect)* : अधिगम प्रक्रिया सफलता और असफलता से बहुत प्रभावित होती।

(4) इसमें विषयों को विभिन्न शाखाओं में बांटना नहीं पड़ता। विषय का सह-सम्बन्ध इस विधि द्वारा अधिकतम हो सकता है।

(5) इस विधि द्वारा समस्या के समाधान की चुनौती का अवसर मिलता है। इससे रचनात्मक और सृजनात्मक क्रियाओं को बढ़ावा मिलता है।

(6) इस विधि में लोकतान्त्रिक ढंग से सीखने की प्रक्रिया का विकास होता है।

(7) खोज के परिणामस्वरूप प्रसन्नता का अनुभव होता है।

(8) इस विधि से परिश्रम की मर्यादा (Dignity of Labour) का विकास होता है।

(9) इससे विषय के साथ सह-सम्बन्ध (Correlation) ढूंढ़ा जा सकता है।

परियोजना विधि के दोष (De-Merits of Project Method)

इस विधि के प्रमुख दोष इस प्रकार हैं–

(1) परियोजनाओं के लिये सुसज्जित प्रयोगशालायें (Well-equipped Laboratories) चाहिये। अतः यह विधि बहुत खर्चीली है।

(2) परियोजना विधि में परियोजना को पूरा करने में समय बहुत अधिक खर्च होता है।

(3) गणित विषय में परियोजना कार्यों के लिये अध्यापक को ज्ञाता समझा जाता है और उससे यह आशा की जाती है कि वह सभी प्रकरणों (Topics) में सह-सम्बन्ध स्थापित करके पढ़ायें। यह बहुत-सी कठिन कार्य है।

(4) अध्यापक पर काम का अधिक बोझ बढ़ता है। अधिकतर समय वह योजना बनाने, तैयारी करने तथा मूल्यांकन करने में ही व्यस्त रहता है।

(5) परियोजना-कार्यों में कौशलों के अभ्यास के लिये अवसर प्रदान नहीं किये जाते। गणित जैसे विषयां के लिये ये अभ्यास अति आवश्यक हैं।

(6) परियोजना के लियें सन्दर्भ-सामग्री (Reference Material) का अभाव रहता है।

(7) उच्च कक्षाओं का पाठ्यक्रम प्रोजैक्ट के द्वारा पूरा नहीं किया जा सकता।

(8) कई बार कोई परियोजना-कार्य समय पर समाप्त नहीं हो पाता जिससे कक्षा में उच्च कक्षाओं के पाठ्यक्रम पूर्ण नहीं हो पाते।

(9) विषय का विकास, क्रम (Seqiemce) से नहीं हा सकता। शिक्षण-कार्य संगठित और निरन्तर (Continuous) नहीं होता।

(10) यह विधि निम्न कक्षाओं के लिये तो लाभकारी है, लेकिन उच्च कक्षाओं में यह कार्य अधिक लाभकारी नहीं हो सकता।

(11) इस विधि में सम्पूर्ण समय-सारणी (Time Table) को व्यवस्थित करना पड़ता है।

(12) परियोजना के पदों के अनुसार लिखी गई पुस्तकें उपलब्ध नहीं हैं।

(13) इस विधि में किसी भी प्रकरण (Topic) का विस्तृत ज्ञान नहीं दिया जा सकता। केवल प्रारम्भिक ज्ञान (Surface Knowledge) ही दिया जा सकता है।

विद्यार्थियों को प्रेरित करना या परियोजना विधि में अध्यापक की भूमिका (Stimulation of Pupils or Role of Teacher in Project Method)

परियोजना विधि में विद्यार्थी को सक्रिय करना अति आवश्यक है क्योंकि यह विधि विद्यार्थी-केन्द्रित ही है। उसकी सक्रियता के बिना परियोजना-कार्य सफल नहीं हो सकता। विद्यार्थियों को प्रेरित करने में अध्यापक की विशेष भूमिका होती है। अत: परियोजना विधि में विद्यार्थी और अध्यायक दोनों की भूमिकाओं का अपना-अपना महत्व होता है. विद्यार्थियों को प्रेरित करने में अध्यापक की भूमिका इस प्रकार हो सकती है–

(1) अध्यापक को सभी विद्यार्थियों के बारे में ज्ञान होना चाहिये और उन्हें कार्य सौंपे जाने चाहिये।

(2) अध्यापक विद्यार्थियों के चरित्र और व्यक्तित्व के विकास में सहायक हो ताकि वे अपने ऊपर उत्तरदायित्व ले सकें।

(3) किसी भी परियोजना में अध्यापक एक मार्ग-दर्शन, सहयोगी तथा मित्र की भमिका निभाता है न कि किसी तानाशाह की।

(4) संकोच करने वाले तथा कार्य से जी चुराने वाले विद्यार्थियों को भी परियोजना के काम में व्यक्त करना अध्यापक का कर्त्तव्य है।

(5) अध्यापक स्वयं भी विद्यार्थी के साथ अध्ययन करता है।

(6) अध्यापक विद्यार्थियों में गणित शिक्षण सम्बन्धी उचित दृष्टिकोण का विकास करें।

(7) अध्यापक को पर्याप्त अनुभव होना चाहिये तथा उसमें पहल करने की योग्यता का होना आवश्यक है।

(8) अध्यापक को चाहिये कि वह कक्षा में विद्यार्थियों की स्वतन्त्रता बनाये रखे तथा उनके भय को दूर करे।

(9) अध्यापक को परियोजना के प्रारम्भ से ही सावधान रहना चाहिये, ताकि परियोजना कार्य सही दिशा में चलता रहे।

गणित में लिखित, मौखिक, अभ्यास तथा गृह कार्य (Written, Oral, Drill and Home Work in Mathematics)

शैक्षिक दृष्टिकोण से गणित में लिखित, मौखिक, अभ्यास तथा गृहकार्य का दिया जाना अत्याधिक महत्वपूर्ण है। अध्यापक द्वारा कक्षा में शिक्षण करने पर विद्यार्थी गणित की विषय वस्तु को सीखता है तथा समक्षता है। तदुपरान्त, वह उससे सम्बन्धित समस्याओं को यदि समाधान कर लेता है तब यह समझा जाता है कि उस विद्यार्थी ने गणित के अमुक प्रकरण, नियम, सिद्धान्त से क्रिया (Operation) आदि को पूर्ण तथा स्पष्ट रूप से समझ लिया है। इसी दृष्टिकोण को ध्यान में रखकर अध्यापक द्वारा छात्रों को कक्षा में लिखित कार्य, मौखिक कार्य अभ्यास कार्य तथा गृहकार्य दिया जाता है।

बालकों को गणित में यदि नियमित रूप से ये सभी कार्य दिये जायें तथा उनकी जांच भी नियमित होती रहे तो इनसे बालकों को उनके द्वारा की गई गलतियों का पता भी लगता रहता है तथा वे उसमें आवश्यक सुधार करके अपने ज्ञान को अधिक स्पष्ट और स्थाई बना सकते है। इस प्रकार सभी श्रेणियों (स्तरों) के बालकों को अपना कार्य नियमित रूप से करने तथा उसकी जांच से प्रोत्साहन भी मिलता रहता है जिससे उन्हें और अधिक कार्य करने की प्रेरणा मिलती है इनके द्वारा न केवल समस्या के परिणामों का ज्ञान होता है बल्कि समस्या के बीच में आने वाले विभिन्न पदो की भी जानकारी होती है।

गणित में लिखित कार्य (Written, Work in Mathematics)

गणित में एवं इबारती समस्याओं का समाधान तथा गणनाकार्य बालक मौखिक रूप से नही कर पाता है। कभी-कभी मौखिक कार्य में भी लिखित कार्य करने

की आवश्यकता होती है। लिखित कार्य द्वारा बालकों को कक्षा में अपनी क्षमता तथा योग्यतानुसार कार्य करने हेतु प्रोत्साहन दिया जा सकता है इस प्रकार मौखिक तथा लिखित कार्य दोनों एक-दूसरे के पूरक होते है। अतः अध्यापक को मौखिक कार्य करने के पश्चात् उससे सम्बन्धित जटिल समस्याओं को लिखित रूप में भी हल करवा देना चाहिए। गणित अध्यापक को लिखित कार्य कराते समय यह ध्यान रखना चाहिए कि जब तक बालकों को गणित के विभिन्न नियमों, सूत्रों, सिद्धान्तों प्रमेयों की भलीभांति जानकारी न हो जाये, तब तक उनको लिखित कार्य भी न दिया जाये। इस प्रकार गणित में बालकों द्वारा सीखे गये नियमों, प्रमेयों, सिद्धान्तों सक्रियाओं आदि का अभ्यास कराने के लिए गणित अध्यापक को लिखित कार्य की आवश्यकता होती है।

अतः हम कह सकते हैं कि जब गणित में समस्याओं या प्रश्नों को मौखिक रूप से हल न करके, कागज पर पैन, पैन्सिल इत्यादि की सहायता से लिखित रूप में हल किया जाये, तब वह गणित मे लिखित कार्य कहलाता है जिसे लिखित गणित की संज्ञा भी दी जाती है। छोटी कक्षाओं के बालक गणित की जटिल समस्या को हल करने में प्रायः असमर्थ रहते हैं। इसलिए छोटी कक्षाओं में लिखित कार्य की अधिक महत्व दिया जाना चाहिए। उच्च कक्षाओं में भी लिखित कार्य करने से बालकों को कम मानसिक परिश्रम करना पड़ता है तथा समस्या का समाधान शुद्धता एवं शीघ्रता से किया जा सकता है।

लिखित कार्य के सम्बन्ध मे किसी शिक्षा शास्त्री ने ठीक ही कहा है कि "पढ़ने से व्यक्ति पूर्ण बनता है, संगठित से त्वरित और लेखन से शुद्ध कार्य करने वाला व्यक्ति (Reading makes a full man, conference a ready man and fireting maeks can exact man) गणित में लिखित कार्य के द्वारा निम्न बातों की पूर्ति की जा सकती है–

(a) सीख गये प्रकरणों, नियमो, सूत्रों, सिद्धान्तों आदि की लिखित रूप से जांच करना।

(b) मौखिक रूप से सीखी गई विषय वस्तु का लेख तैयार करना।

(c) ऐसी समस्याओं का समाधान तथा गणना कार्य जो कि मौखिक रूप से न किया जा सके।

इस प्रकार स्पष्ट होता है कि लिखित कार्य में मानसिक कार्य करना तथा लिखने की विधि दोनों ही सम्मिलित होती है। जिससे लिखित कार्य गणित अध्यापक को बालकों का सही मूल्यांकन करने में भी सहायता प्रदान करता है।

गणित में लिखित कार्य का महत्व तथा उद्देश्य
(Impartance and Aims of Written Work in Mathematics)

गणित में लिखित कार्य के महत्व अथवा उद्देश्य (Purpose) निम्नलिखित है।

(1) *क्रमबद्ध तथा विधिवत् कार्य की आदत का विकास*—लिखित कार्य द्वारा बालकों में क्रमबद्ध विधिवत् तथा स्वच्छता से गणित की समस्याओं को हल करने की आदत विकसित होती है इसके द्वारा बालकों से क्रियाएं (operation) एवं पदों (Steps) को लिखने का ढंग तथा क्रम का बोध होता है। बालक अपनी तर्क शक्ति द्वारा समस्याओं का विश्लेषण एवं संश्लेषण करके विभिन्न पदों को लिखना सीखता है।

(2) *मानसिकशक्तियों का विकास*—लिखित कार्य द्वारा बालकों को अपनी मानसिक शक्ति विकसित करने का पूरा अवसर मिलता है इसके द्वारा बालको के विचार स्पष्ट तथा तर्कपूर्ण होते है। जिससे छात्रों में आत्म-विश्वास, आत्मनिर्भरता तथा स्वतन्त्रता से कार्य करने की आदतों का विकास होता है।

(3) *अधिगम दिशा का निर्धारण*—लिखित कार्य द्वारा बच्चों के अधिगम को दिशा निर्देश भी मिलते हैं जिससे वह समस्या का विश्लेषण करते हुए उसके विभिन्न पदों (Steps) का उल्लेख करता है और उसका समाधान प्राप्त कर लेता है। लिखित कार्य का उद्देश्य बालक द्वारा सीखे गये मौखिक ज्ञान का अभ्यास उसका लेखा-जोखा तथा ज्ञान की नवीन परिस्थितियों मे प्रयोग में लाना भी है। इस प्रकार लिखित कार्य द्वारा अधिगम दिशा का निर्धारण करने में भी सहायता मिलती है।

(4) *कार्य करने की गति (Speed) में वृद्धि*—गणित में बालकों को अपना कार्य एक निर्धारित समय में पूरा करना होता है। लिखित कार्य द्वारा बालकों को अपना कम से कम समय में करना सीख जाते हैं। इस प्रकार लिखित कार्य द्वारा बालकों को अपना कार्य करने की गति में वृद्धि करने के पर्याप्त अवसर मिलते हैं।

(5) *शुद्धता के साथ कार्य करने की आदत*—बालक द्वारा किये गये लिखित कार्य की गणित अध्यापक द्वारा नियमित रूप से जांच की जाती है। उसमें जो गलतियां होती हैं उनको दूर किया जाता है जिससे बालकों को अपना कार्य-शुद्धता के साथ करने का अवसर प्राप्त होता है। इस प्रकार लिखित कार्य द्वारा बालकों को गति एवं शुद्धता से कार्य करने का प्रशिक्षण (Training) मिलता है।

(6) *किये गये कार्य को लिखित रूप से व्यक्त करना*–गणित एक ऐसा विषय है जिसको रटकर या याद करके सीखना बहुत कठिन है। गणित को अभ्यास के द्वारा अधिक प्रभावशाली ढंग से सीखा जा सकता है। अत: सीखे कार्य का लेखा रखना लिखित कार्य के द्वारा ही सम्भव है जिसको देखकर निरीक्षक बालक द्वारा किये गये कार्य तथा उनकी प्रगति का अनुमान लगा सकता है। अध्यापक को भी लिखित कार्य द्वारा अपने द्वारा कराये गये कार्य की पूर्ण जानकारी बनी रहती है।

(7) *कार्य करने की प्रेरणा*–गणित में लिखित कार्य करने से बालकों में गति एवं शुद्धता के साथ कार्य करने की आदत का विकास होता है। लिखित कार्य की जांच करके उनकी गलतियों अथवा कमियों से भी अवगत कराया जाता है। जिसका लेखा उनके पास रहता है। अत: छात्र अपनी गलतियों को ध्यान में रखकर उनको दूर करने का प्रयास करते है तथा आगे कार्य करने के लिए प्रेरणा (Mativation) भी प्राप्त करते हैं।

(a) गणित में लिखित रूप से सीखे गये बहुत से महत्वपूर्ण नियमों, सूत्रों, सिद्धान्तों, प्रमेयों, गणनाओं आदि को भविष्य में उपयोग हेतु सुरक्षित रखा जा सकता है।

(b) छोटी कक्षाओं या निम्न स्तर पर गणित का ज्ञान लिखित रूप में सरलता से दिया जा सकता है।

(c) लिखित कार्य करने से बालकों में भाषा सम्बन्धी बोध तथा कुशलताओं का विकास सम्भव है।

गणित में मौखिक कार्य (Oral Work in Mathematics)

मौखिक कार्य गणित में महत्वपूर्ण तथा अति आवश्यक है परन्तु, वर्तमान परीक्षा पद्धति में मौखिक कार्य को उचित स्थान नही दिया गया है। अधिकांश बालकों का गणित में पिछड़ना तथा इसे एक कठिन विषय समझना, मौखिक गणित को महत्ता न देने के कारण ही है। मौखिक कार्य की आवश्यकता प्राथमिक स्तर से लेकर उच्च स्तर तक पड़ती है। यह गणित की आरम्भिक सीढ़ी है इसके बाद ही लिखित तथा मानसिक कार्य आता है। मौखिक तथा लिखित कार्य दोनों में ही घनिष्ठ सम्बन्ध है। बिना मौखिक कार्य के लिखित कार्य भी सम्भव नही है। इस प्रकार कहा जा सकता है कि मौखिक कार्य गणित का अभिन्न अंग है मौखिक कार्य से तात्पर्य "ऐसा कार्य जिसमे बालक किसी कार्य अथवा गणना की मन ही मन बिना किसी कागज और पेन्सिल की सहायता से हल करता है"। इसमें मानसिक क्रियाओं की अधिक महत्व दिया जाता है। गणित में यान्त्रिक कुशलताओं

(Machanical Skills) को विकसित करने के लिए मौखिक कार्य अत्यन्त महत्वपूर्ण तथा आवश्यक हैं

मौखिक कार्य व्यावहारिक जीवन मे अधिक उपयोगी होता है। प्रत्येक नागरिक को अपने दैनिक जीवन मे इसकी आश्यकता पड़ती है। इससे बालकों की स्मरण शक्ति तथा चिन्तन शक्ति का विकास होता है। चिन्तन के साथ-साथ छात्रों में एकाग्रता की आदत भी विकसित होती है। मौखिक कार्य या गणित के महत्व को स्पष्ट करते हुए डा० सलामत ऊला ने स्पष्ट किया है कि-"Mental Arithmetic should be regarded as an essential part of education for citizenship and effective living."

गणित शिक्षण की प्रविधियां
(Techniques of Teaching Mathematics)

मौखिक गणित (Oral Mathematics)

मौखिक गणित से गणितीय समसयाओं को शीघ्रता और शुद्धता से हल करने की क्षमता, स्पष्ट चिंतन, नई परिभाषाओं एवं प्रत्ययों को समझने की योग्यता का विकास होता है। छोटी कक्षाओं में पहाड़ों को याद करना लाभदायक होता है, क्योंकि इनसे छात्रों को संख्याओं के सम्बन्धों को समझने के अवसर मिलते हैं। पहाड़ों का पढ़ना संख्याओं के सम्बन्धों को समझने के लिए आवश्यक है।

जब अध्यापक छात्रों से मौखिक रूप से किसी प्रश्न का उत्तर निकालने को कहता है, तो छात्र मन ही मन में गणना कर उत्तर बोलकर बताता है-इस प्रकार से संचालित क्रिया को मौखिक गणित कहते हैं। कक्षा में अध्यापन करते समय छात्रों को मौखिक गणित करने के लिए प्रोत्साहित किया जाना चाहिये जिससे कि समस्त छात्रों की प्रगति का बोध हो सके। मौखिक गणित में छात्रों को प्रश्नों के उत्तर बोलकर देने होते हैं। मौखिक गणित में प्रश्न पूछने पर गणना बोल कर की जाती है अथवा गणना का उत्तर बोल कर दिया जाता है। कक्षा में समस्याओं को हल करते समय अध्यापक छात्रों से अनेक प्रश्न पूछ कर पदों को श्यामपट्ट पर लिखता है तथा छात्र मौखिक रूप से अध्यापक के प्रश्नों के उत्तर बोल कर देते हैं।

गणित में मौखिक कार्य समस्याओं को हल करते समय निरन्तर करना आवश्यक है। गणित में गणना-क्रियाओं को परिशुद्धता के साथ करने में मौखिक कार्य अत्यन्त सहायक है। छात्रों की कठिनाइयों के निदान में मौखिक कार्य सहायक सिद्ध होता है।

मौखिक गणित के लाभ (Its Merits)—मौखिक गणित के प्रमुख लाभ निम्नलिखित हैं—

(1) मौखिक गणित द्वारा छात्रों में विचारशक्ति, तर्कशक्ति तथा विवेक का विकास होता है।

(2) छात्रों के मूल्यांकन के लिए मौखिक गणित का प्रयोग परीक्षा का एक महत्वपूर्ण भाग बनाया जा सकता है।

(3) मौखिक गणित का प्रयोग गणित के आधाभूत सिद्धान्तों, नियमों आदि के अभ्यास (Drill) में अत्यन्त सहायक होता है।

(4) लिखित गणित (Written Mathematics) करते समय मौखिक गणित द्वारा अनेक चरणों को शीघ्रता से किया जा सकता है।

(5) गणित में सामूहिक शिक्षण को प्रभावी बनाने में मौखिक गणित का उपयोग लाभकारी है।

(6) मौखिक गणित से छात्रों में समस्याओं को हल करने के लिए आवश्यक यांत्रिक कुशलता आती है।

(7) मौखिक गणित की सहायता से पाठ की पुनरावृति शीघ्रता से की जा सकती है।

(8) मौखिक गणित में गणना करने में समय की बचत होती है तथा छात्र अपनी त्रुटियों की जांच कर स्वयं ठीक कर सकते हैं।

(9) मौखिक गणित से छात्रों में गणना—प्रक्रियाओं में परिशुद्धता आती है।

(10) मौखिक गणित के माध्यम से अध्यापक को छात्रों की प्रगति के बारे में आवश्यक जानकारी निरंतर मिलती रहती है।

(11) मौखिक गणित से छात्रों की विचारशक्ति को गति मिलती है तथा छात्रों का ध्यान आधारभूत सिद्धांतों की ओर आकर्षित किया जा सकता है।

(12) मौखिक गणित छात्रों को दैनिक जीवन की समस्याओं को हल करने की क्षमता पैदा करता है।

(13) मौखिक गणित द्वारा छात्रों के सोचने के तरीकों में हिचकिचाहट, घबराहट या संकोच को दूर किया जा सकता है।

(14) मौखिक गणित में मौखिक प्रश्नों द्वारा छात्रों का ध्यान पाठ की विशेषताओं की ओर खींचा जा सकता है।

(15) मौखिक गणित द्वारा छात्रों की योग्यता की जांच शीघ्रता से की जा सकती है।

(16) छोटी कक्षाओं में विशेषकर मौखिक गणित अत्यन्त गुणकारी है क्योंकि इन कक्षाओं के छात्रों को मौखिक गणित करने में बड़ा आनन्द आता है।

(17) गणित के सिद्धांतों एवं संकल्पनाओं को मौखिक गणित द्वारा समझाकर धारणाओं को स्पष्ट किया जा सकता है।

कक्षा में मौखिक गणित का अभ्यास कराते समय ध्यान देने योग्य बातें (Points for Consideration during Oral Maths Practice)—कक्षा में मौखिक गणित का अभ्यास कराते समय निम्नलिखित बातों को ध्यान में रखना चाहिये–

(1) मौखिक प्रश्नों को पूछने का निश्चित क्रम होना चाहिए।

(2) मौखिक गणित के प्रश्नों में केवल छोटी संख्याओं का ही प्रयोग करना चाहिए।

(3) मौखिक गणित करते समय यदि कोई अस्पष्टता हो तो छात्रों को लिख कर समाधान करने का अभ्यास कराना चाहिए।

(4) प्रश्न छोटे-छोटे होने चाहिए जिससे छात्र उन्हें सरलता से समझ सकें।

(5) मौखिक गणित को लिखित गणित का पूरक समझा जाना चाहिए।

(6) मौखिक गणित के द्वारा छात्रों में गणितीय सिद्धान्तों के बारे में स्पष्टता प्राप्त हो और उनको रटने की आदत न पड़े।

(7) मौखिक गणित के माध्यम से छात्र व्यक्तिगत रूप से दक्षता प्राप्त करने का प्रयत्न करें, यह वांछनीय है।

(8) नवीन सिद्धान्तों तथा प्रत्ययों को पढ़ाते समय मौखिक गणित का अधिक प्रयोग करना चाहिये।

(9) मौखिक प्रश्नों के उत्तर यथासम्भव छात्र ही दें, इसका प्रयास करना चाहिए।

(10) मौखिक प्रश्न छात्रों की योग्यतानुसार पूछे जाने चाहिए।

(11) मौखिक प्रश्न ऐसे हों कि छात्र अनुमान लगाकर उत्तर नहीं दे सकें।

(12) मौखिक गणित मे अधिक बल अभ्यास तथा गणना पर दिया जाना चाहिए।

(13) मौखिक प्रश्नों को सर्वप्रथम सारी कक्षा के समक्ष प्रस्तुत करने के बाद ही किसी एक छात्र विशेष को उत्तर देने के लिए कहना चाहिए।

(14) मौखिक प्रश्नों के द्वारा चिंतन तथा तर्क को प्रोत्साहन मिलना चाहिये।

(15) गणित की पुस्तकों मे मौखिक प्रश्नों को भी दिया जाना चाहिए।

(16) मौखिक प्रश्नों में जटिल गणनाओं को कराने का प्रयास नहीं किया जाना चाहिए।

(17) मौखिक प्रश्न पूछने के बाद छात्रों को सोचने का अवसर देना चाहिए।

(18) मौखिक प्रश्नों का प्रयोग कक्षा को सचेत रखने के लिए किया जाना चाहिए ताकि प्रत्येक छात्र पाठ को समझने के लिए प्रयास करे।

गणित में अभ्यास कार्य (Drill in Mathematics)

अभ्यास कार्य का अर्थ (Meaning of Drill)

गणित में अभ्यास कार्य अत्यन्त आवश्यक है। अंकगणित, बीजगणित तथा ज्यामिति की प्रक्रियाओं का स्पष्ट अवबोधन अभ्यास कार्य से ही सम्भव है। प्रारम्भिक स्तर के गणित से लेकर उच्च स्तर के गणित को सीखने के लिए अभ्यास कार्य आवश्यक है। जोड़, बाकी, गुणा तथा भाग की सही क्रियाओं को सही-सही ढंग से करने की क्षमता बालक में कभी पैदा हो सकती है जब उसको इन क्रियाओं का व्यवस्थित ढंग से अभ्यास कराया जाये। जब तक अभ्यास कार्य नियमित एवं व्यवस्थित ढंग से नहीं किया जाता, तब तक उसके द्वारा छात्रों में वांछनीय क्षमता का विकास नहीं होता, जब तक छात्र उन क्रियाओं का मानसिक एवं मौखिक स्तर पर उपयोग नहीं कर सकते।

जिस प्रकार अन्य क्षेत्रों में निपुणता एवं कुशलता पाने के लिए अभ्यास कार्य आवश्यक एवं उपयोगी है उसी प्रकार गणित में क्षमता प्राप्त करने के लिए अभ्यास कार्य का महत्वपूर्ण स्थान है। बिना अभ्यास के व्यक्ति अपने कार्य में पारंगत नहीं हो सकता। गणित के नियमों, सूत्रों, सिद्धान्तों, विधियों, प्रक्रियाओं आदि पर अधिकार प्राप्त करने के लिए निरन्तर अभ्यास की आवश्यकता होती है। यह कहावत कि 'करत-करत अभ्यास के जड़मति होत सुजान', गणित विषय के लिए अक्षरण: लागू होती है। कक्षा में जो विद्यार्थी गणित विषय में अच्छे हैं तथा विषय के सिद्धान्तों नियमों, प्रक्रियाओं आदि को समझते हैं तथा उनका सही प्रयोग करते हैं, उनकी इस क्षमता का कारण उनके व्यवस्थित ढंग से अभ्यास करना ही माना जाना चाहिए। किसी सिद्धान्त को मानसिक स्तर पर जानना एक बात है तथा उसका सफल प्रयोग कर सकना दूसरी बात है। निरन्तर अभ्यास के द्वारा छात्रों में स्पष्ट ज्ञान एवं प्रयोग करने की क्षमता का प्रादुर्भाव होता है। यह बहुधा देखने में आता है कि गणित के छात्र गणित की छोटी-छोटी गणना करने में असमर्थ रहते हैं तथा गणना में अनेक अशुद्धियां करते हैं। अभ्यास के बिना गणित के कार्य में वेग तथा परिशुद्धता दोनों की कमी रह जाती है।

"The meaning of drill work is to apply the learnt task or skills or read material in novel situations. Drill work tells the teacher whether the teaching objective have been achieved or not. In other words, the knowledge gained by drill work gets consolidated."

अभ्यास का साधारण शब्दों में अर्थ है एक ही कार्य को निरन्तर करते रहना जब तक उस कार्य को करने में निपुणता नहीं आ जाये। गणित में किसी एक नियम या विधि के अध्यापन के पश्चात् उस नियम या विधि से सम्बन्धित समस्याओं को छात्रों से कक्षा में तथा गृह-कार्य द्वारा करानी चाहिये। गणित में अभ्यास कराने की सर्वश्रेष्ठ विधि यही है।

अभ्यास कार्य का महत्व (Its Importance)

यह एक मनोवैज्ञानिक सत्य है कि गणितीय सिद्धान्तों एवं प्रक्रियाओं का अवबोधन समुचित अभ्यास कार्य के बिना नहीं हो सकता। समुचित अभ्यास कार्य का अर्थ यह नहीं है कि गणित के सूत्रों को रट कर उनका प्रयोग मात्र किया जाय वरन् अभ्यास कार्य के द्वारा गणितीय प्रत्ययों, सिद्धान्तों, नियमों, प्रक्रियाओं आदि के उचित अवबोधन में सहायता प्रदान करना है। अभ्यास कार्य का तात्पर्य यह कदापि नहीं है कि छात्र यंत्रवत् प्रश्नों को हल करें तथा अभ्यास कार्य उद्देश्यहीनता से परिपूर्ण हो।

अभ्यास कार्य का औचित्य गणित के अध्यापन के उद्देश्यों के संदर्भ में ही देखना चाहिए। गणित अध्यापन के उद्देश्यों की पूर्ति के लिये ही अभ्यास कार्य का संपादन होना चाहिए। गणित में वेग तथा परिशुद्धता के लिए अभ्यास कार्य का योगदान महत्वपूर्ण माना जाना चाहिए। अभ्यास कार्य का नियोजन तथ संचालन गणित के कक्षोपयोगी उद्देश्यों को ध्यान में रख कर ही किया जाना चाहिए। गणित में अभ्यास कार्य का महत्व इस प्रकार है-

(1) नियमित अभ्यास का आयोजन ही गणित के उद्देश्यों की प्राप्ति में सहायक होता है। यदि अभ्यास कार्य का आयोजन विधिवत् नहीं होगा तो इसके प्रभावी होने में सदैव संशय बना रहेगा।

(2) अभ्यास कार्य द्वारा छात्रों में गणना सम्बन्धी कुशलताओं में विकास किया जा सकता है। मानसिक गणित तथा मौखिक गणित में कुशलता के लिए भी पर्याप्त अभ्यास की आवश्यकता होती है। अधिकांशत: अभ्यास के अभाव के कारण ही छात्र गणित विषय में कमजोर पाए जाते हैं।

(3) अभ्यास के द्वारा छात्रों में स्वच्छता तथा कलात्मक ढंग से काम करने की आदत डाली जा सकती है। ज्यामिति के चित्रों को सही एवं स्वच्छता से खींचने की आदत का आधार अभ्यास कार्य ही है।

(4) गणित को एक नीरस तथा कठिन विषय माना जाता है जो कि असत्य है। यदि हम अभ्यास कार्य का नियोजन वैज्ञानिक विधि से करें तो छात्रों की गणित में रुचि होने लगेगी। अनेक सिद्धान्तों, प्रत्ययों के बारे में

अस्पष्टता के कारण ही छात्र नये उप-विषयों को सीख नहीं पाते हैं और गणित उनको कठिन एवं नीरस विषय लगने लगता है। पर्याप्त अभ्यास द्वारा प्रत्ययों एवं संकल्पनाओं को स्पष्ट किया जाना सम्भव है। गणित को नीरस एवं कठिन विषय अभ्यास कार्य की अपर्याप्तता ने ही बना दिया है।

(5) गणित को सीखने के लिए तर्क एवं चिंतन करने की योग्यता का होना आवश्यक है। अभ्यास कार्य द्वारा छात्रों को व्यवस्थित ढंग से सोचना एवं तर्क करना सिखाया जा सकता है।

(6) अभ्यास के प्रश्नों को हल करने से छात्रों में सफलता, आत्म-सन्तोष एवं आनन्द की अनुभूति होती है। गणित को सीखने के लिए इन अनुभूतियों द्वारा छात्रों को प्रोत्साहन मिलता है।

(7) सीखे हुए सिद्धान्तों, प्रत्ययों, नियमों, प्रक्रियाओं आदि का प्रयोग (application) अभ्यास कार्य द्वारा ही सम्भव है; अन्यथा सिद्धान्तों, नियमों आदि का ज्ञान छात्रों के लिए बोझ बन कर रह जायेगा।

(8) अभ्यास कार्य से समस्याओं को वेग एवं परिशुद्धता के साथ करने की क्षमता में वृद्धि होती है। गणित में वेग तथा परिशुद्धता आवश्यक है और इसका विकास अभ्यास कार्य द्वारा सम्भव है।

(9) सूत्रों, नियमों आदि को रटना हानिकारक होता है। इनका प्रयोग अभ्यास कार्य में करके छात्र इन्हें समझकर याद कर सकते है।

(10) गणित को सफलता से सीखने के लिए धैर्य, परिश्रम, लगन, आत्म-विश्वास, एकाग्रता, चिंतन, विश्लेषण आदि गुणों को आवश्यकता होती है। यदि हम छोटी कक्षाओं से ही अभ्यास कार्य का ठीक प्रकार से नियोजन करें तो छात्रों में शनै-शनैः इन वैयक्तिक गुणों का विकास कर सकते हैं। उच्च गणित को सफलतापूर्वक सीखने के लिए इन गुणों का छात्रों में होना आवश्यक है।

(11) गणित के अभ्यास कार्य द्वारा छात्रों को स्कूल, घर तथा समाज मे नियम, स्वच्छता, व्यवस्था आदि से रहने की आदत पड़ जाती है।

अभ्यास कार्य का संचालन (How to Conduct Drill?)

गणित शिक्षण में अभ्यास कार्य का संचालन सावधानी से करना चाहिए अन्यथा अभ्यास कार्य से छात्रों को लाभ नहीं होगा। गणित शिक्षण के उद्देश्यों को ध्यान में रखकर ही अभ्यास कार्य का नियोजन करना उपयोगी सिद्ध होगा। अभ्यास कार्य के नियोजन एवं संचालन के लिए निम्न सिद्धान्तों को ध्यान में रखना चाहिए–

(1) गणित में अभ्यास कार्यों में सामंजस्य का स्थापित किया जाना आवश्यक है। कक्षा-कार्य, गृह-कार्य तथा अभ्यास कार्य में सामंजस्य स्थापित करके ही इनको उपयोगी बनाया जा सकता है। कक्षा में किये गये कार्य के आधार पर ही गृह-कार्य दिया जाना चाहिए।

(2) यदि कुछ छात्र अभ्यास कार्य में पिछड़ जायें तो उनको विशेष प्रयासों द्वारा अन्य छात्रों के स्तर पर लाने का प्रयत्न करना चाहिए। जो छात्र अधिकांशतः अनुपस्थित रहते हों उनका विशेष ध्यान रखना आवश्यक है।

(3) अध्यापक को छात्रों के अभ्यास कार्य का लेखा-जोखा रखना चाहिए।

(4) अभ्यास कार्य कराने के पहले यह निश्चित कर लेना चाहिए कि छात्र आधारभूत सिद्धान्तों, नियमों, सम्बन्धों आरि को भली-भांति समझ गये हैं या नहीं। उदाहरणार्थ ब्याज के प्रश्नों को हल कराने से पहले छात्रों को ब्याज ज्ञात करने करने का सूत्र अर्थात् $\frac{P \times R \times T}{100}$ स्पष्ट होना चाहिए; $(a \pm b)^2$ का प्रयोग करने से पहले छात्रों को इन सूत्रों का अर्थ स्पष्ट होना चाहिए। यदि आधाभूत सिद्धान्तों की स्पष्टता के बिना अभ्यास कराया गया तो छात्रों को कोई लाभ नहीं होगा।

(5) अभ्यास कार्य को अध्यापन एवं सीखने का भाग कर ही नियोजित करना चाहिए। छोटी कक्षाओं के छात्र अधिक समय तक अभ्यास कार्य नहीं कर सकते तथा इसी प्रकार उच्च-कक्षाओं के छात्रों की भी इस सम्बन्ध में अपनी सीमायें होती हैं। अभ्यास कार्य देते समय इस बात का ध्यान रखना चाहिए कि इसे करते समय छात्रों को थकावट महसूस न हो।

(6) अभ्यास कार्य छात्रों की वैयक्तिक भिन्नताओं को ध्यान में रखकर संचालित किया जाय। अभ्यास कार्य देते समय छात्रों की योग्यता, पृष्ठभूमि एवं स्तर का ध्यान रखा जाये। सामान्य बुद्धि एवं प्रखर बुद्धि वाले छात्रों की आवश्यकताओं को ध्यान में रखकर उन्हें अभ्यास कार्य दिया जाये।

(7) अभ्यास कार्य का सम्बन्ध कक्षा में पढ़ायी जाने वाली गणित की विषय-सामग्री से होने चाहिए। कक्षा में सिखाये गये प्रत्ययों, सिद्धान्तों, प्रक्रियाओं के ज्ञान को स्थायी बनाने के लिए अभ्यास कार्य को आधार बनाना चाहिए। कक्षा के उद्देश्यों की पूर्ति करने में अभ्यास कार्य को एक उपयोगी साधन बनाना चाहिए। अभ्यास कार्य साधन है, साध्य नहीं। कक्षा में नये उप-विषय का अध्यापन तभी आरम्भ करना चाहिए जब गत उप-विषय सम्बन्धी अभ्यास कार्य सम्पूर्ण हो जाये।

(8) अभ्यास कार्य छात्रों के लिए बोझ सिद्ध न हो, इस बात का ध्यान रखना आवश्यक है। यदि विद्यार्थियों को उनकी क्षमता से अधिक अभ्यास कार्य करने को दिया जायेगा तो वे अभ्यास कार्य को बोझ समझ कर नहीं करेंगे। नियमित रूप से अभ्यास कार्य कराने से छात्र अभ्यास कार्य में रुचि लेंगे। इस बात का ध्यान रखना चाहिए कि एक समय में एक ही प्रकार का अभ्यास कार्य छात्रों को दिया जाये जिससे वे उसे एकाग्रता के साथ कर सकें।

(9) गणित में अभ्यास कार्य करते समय छात्रों को समस्याओं के उत्तर उपलब्ध होने चाहिए। जिससे कि वे अपनी सफलता का मूल्यांकन कर सकें। जब छात्रों को अपने परिश्रम का प्रतिफल मिल जाता है तो वह अभ्यास कार्य में प्रगति बनाये रखते हैं। गणित के लिए इस प्रकार का प्रोत्साहन अत्यन्त आवश्यक है।

(10) यदि गणित के किसी उप-विषय को पढ़ाते समय हम उसकी उपयोगिता तथा महत्व के बारे में कक्षा को मुख्य-मुख्य बातें बता दें तो वे उससे सम्बन्धित अभ्यास कार्य में रुचि लेने के लिए प्रोत्साहित होंगे। उदाहरणार्थ, लघुगुणक गणनाओं को शीघ्रता से करने में मदद करता है; दशमलब प्रणाली का प्रयोग हम लेन-देन, व्यापार, क्रय-विक्रय आदि में प्रत्येक कदम पर करते हैं; बीजगणित अंकगणित का विकास है आदि को बताने से छात्रों को इन विषयों के बारे में अधिक जानकारी प्राप्त करने की इच्छा बनी रहती है।

(11) गणित में किये गये अभ्यास कार्य का सावधानी से निरीक्षण किया जाना चाहिए। छात्रों की त्रुटियों को ध्यान में रखकर अभ्यास कार्य द्वारा उन्हें दूर करने का प्रयत्न करना चाहिए। यदि अभ्यास कार्य की त्रुटियों को समय पर ठीक नहीं किया गया तो अभ्यास कार्य की उपयोगिता कम हो जायेगी। सामूहिक त्रुटियों को कक्षा में सब छात्रों के समक्ष स्पष्ट करना उचित होगा। सबसे उपयोगी सिद्धान्त यह है कि प्रत्येक छात्र का अभ्यास कार्य सम्बन्धित छात्र के समक्ष ही ठीक किया जाये जिससे कि उसका ध्यान त्रुटियों की ओर खींचा जा सके।

अभ्यास कार्य में अध्यापक का स्थान
(Role of the Teacher in Drill)

गणित के अध्यापक को अपने गुरुतर उत्तरदायित्वों के प्रति जागरूक रहना चाहिए। अन्य विषयों को तो किसी सीमा तक अध्यापक की सहायता के बिना

छात्र प्रयास कर स्वयं सीख सकते हैं किन्तु गणित के लिए यह बात सत्य नहीं है। गणित के अध्यापक का इस विषय को सीखने की प्रक्रिया में महत्वपूर्ण योगदान होता है। कभी-कभी यह देखा जाता है कि गणित के अभ्यास कार्य को अध्यापक स्वयं के लिए विश्राम का साधन समझ बैठता है तथा इस मनोवृत्ति से छात्रों को अत्यधिक हानि उठानी पड़ती है। जब छात्र कक्षा में अभ्यास कर रहे हों तो अध्यापक का कर्त्तव्य है कि वह निरीक्षण कर छात्रों की व्यक्तिगत कठिनाइयों को दूर करे तथा यह ज्ञात करे कि अधिकांश छात्र किस प्रकार की त्रुटियां कर रहे हैं जिससे कि इन त्रुटियों का सामूहिक रूप से समाधान किया जा सके।

अध्यापन पाठों की तैयारी करते समय अभ्यास कार्य की रूपरेखा निश्चित कर लेनी चाहिए। अभ्यास कार्य का सही नियोजन अध्यापक के कार्य को सरल एवं उपयोगी बनाता है। सफल अध्यापन के लिए प्रभावी अभ्यास कार्य आवश्यक है। गणित की कक्षा में चिंतन एवं तर्क को दिश प्रदान करने के लिए अभ्यास कार्य का आयोजन करना उपयोगी है। गणित के अध्यापक को इस बात का ध्यान रखना चाहिए कि ऐसे उप-विषयों को जहां गणना पक्ष अधिक महत्वपूर्ण है, अभ्यास कार्य को अधिक समय दे जिससे कि छात्रों में गणना सम्बन्धी दक्षताओं का विकास हो सके। अध्यापन काल में से कितना समय अभ्यास कार्य को देना चाहिए–इसका निश्चय अध्यापक को स्वयं को करना चाहिए। गणित का कुशल एवं कर्त्तव्य-परायण अध्यापक कक्षा में अभ्यास कार्य करते समय बालकों का सही रूप से मार्ग-दर्शन कर सकता है। अभ्यास कार्य को अध्यापन कार्य का महत्वपूर्ण अंग बनाने की क्षमता ही अध्यापक की सफलता की कसौटी है।

छात्रों को गृह-कार्य देकर भी अभ्यास कार्य कराया जा सकता है। अध्यापक गृह-कार्य देते समय इस बात का अवश्य ध्यान रखे कि यह छात्रों की क्षमता से बाहर न हो। ज्यादा अच्छा यह है कि गृह-कार्य में दी गई समस्याओं के कठिन पक्षों का मौखिक रूप से कक्षा में विश्लेषण कर दिया जाये। कक्षा में किये गये अभ्यास कार्य तथा गृह-कार्य की जांच में अच्छे विद्यार्थियों की सहायता भी ली जा सकती है। अध्यापक को इस बात का भी ध्यान रखना चाहिए कि छात्रों की प्रगति ही सब आयोजनों का उद्देश्य हो।

कार्य संशोधन का श्रम तभी सफल होता है जब छात्र अशुद्धियों पर ध्यान दें तथा उनके निवारणर्थ प्रयत्न करें। अध्यापक को इस दिशा में प्रयत्न करने चाहिए अशुद्धियां मुख्यत: सैद्धान्तिक एवं गणनात्मक होती है। सैद्धान्तिक अशुद्धियों का निवारण औपचारिक अध्यापन से सम्भव है तथा गणनात्मक त्रुटियों को छात्रों का ध्यान उनकी ओर आकर्षित कर दूर किया जा सकता है। सतत् अशुद्धियों के लिए निदान की आवश्यकता होती है।

पूरे वर्ष अध्यापन कार्य का नियोजन करते समय अध्यापक को अपनी योजना में अभ्यास कार्य के लिये कुल अवधि निश्चित कर लेनी चाहिये जिससे कि वह अपने अध्यापन कार्य का आत्मविश्वास के साथ संपादन कर सके। साथ ही, मौखिक एवं लिखित अभ्यास कार्य में Co-ordination का होना भी आवश्यक है।

गणित में गृह-कार्य
(Home Assignment in Mathematics)

गृह-कार्य की रचना इस प्रकार की जाती है जिससे शिक्षण उद्देश्यों की प्राप्ति की जा सके। अनेक शिक्षा शास्त्रियों के मतानुसार बालकों में कक्षा शिक्षण की क्रियाओं द्वारा उत्पन्न अधिगम अनुभवों को संगठिन करने के लिये गृह-कार्य देना अत्यन्त आवश्यक तथा महत्वपूर्ण है। इस प्रकार गृह-कार्य अनुभवों के अभ्यास तथा पुनर्बलन का कार्य करता है। कक्षा शिक्षण अधिगम परिस्थितियों में बालक जो अनुभव प्राप्त करते हैं, उन्हें अपने ढंग से सीखने और स्थाई बनाने के दृष्टिकोण से गृह-कार्य का गणित में विशेष महत्व है। अत: गृह-कार्य वह साधन हैं जो बालकों को स्वयं अभ्यास करके सीखने के अवसर प्रदान करता है। यह अधिगम अनुभवों का एक प्रमुख अंग है।

गृह-कार्य के माध्यम से बालक को सीखे गये गणित के सूत्रों, नियमों, सिद्धान्तों आदि का अभ्यास करने का अवसर मिलता है। अभ्यास से इनके द्वारा अर्जित ज्ञान अधिक स्थाई तथा स्पष्ट हो जाता है। अधिगम में गृह-कार्य विषय-वस्तु के पुनर्संगठन (re-organisation) की दृष्टि से भी आवश्यक है। कक्षा में शिक्षक सीमित परिस्थितियों में ही शिक्षण कर पाता है। गृह-कार्य के माध्यम से उसे अर्जित ज्ञान को विभिन्न परिस्थितियों में उपयोग करने के लिये अवसर प्राप्त होते हैं। इसके लिये वह गणितीय चिंतन करता हैं तथ उससे उत्पन्न विचारों को अपने शब्दों में व्यक्त करता है। जिसके फलस्वरूप वह सीखे हुये अनुभवों को संगठिन करता है।

इस प्रकार गृह-कार्य का आशय उस कार्य से है जो कि विद्यार्थी द्वारा घर पर किया जाता है। (Home assignment or work means the task to be done at home by the pupils) अर्थात्, गृह-कार्य उस कार्य को कहते हैं जिसे विद्यार्थी शिक्षणोपरान्त घर पर पूरा करता है। इससे उसके द्वारा कक्षा में अर्जित ज्ञान एवं अनुभवों की पुष्टि भी हो जाती है।

गेंद एवं शर्मा (Gaind and Sharma) के अनुसार-''शैक्षिक एवं नैतिक दृष्टिकोण से गृह-कार्य का बहुत महत्त्व है।

लॉरेन फॉक्स (Lorene Fox) ने गृह-कार्य की महत्ता पर प्रकाश डालते हुये लिखा है। कि–"गृह-कार्य बालकों के लिये चुनौतीपूर्ण होना चाहिये।"

इस प्रकार गृह-कार्य कक्षा-शिक्षण का पूरक होता है। गणित एक ऐसा विषय है जिसकी सभी समस्याओं को कक्षा में हल नहीं किया जा सकता ऐसी स्थिति में गृह-कार्य अत्यन्त आवश्यक हो जाता है। गृह-कार्य अभिभावक एवं शिक्षक के मध्य सेतु (Bridge) का कार्य करता है। पढ़े-लिखे तथा जागरूक अभिभावक अपने बच्चे के गृह-कार्य में भी रुचि लेते हैं। यदि कोई बालक अपना गृह-कार्य सफलतापूर्वक कर लेता है तो यह मान लिया जाता है कि वह प्रकरण या सूत्र उसने भली-भांति समझ लिया है।

गृह-कार्य के सिद्धान्त (Principles of Home Assignment)–गृहकार्य सम्बन्धी प्रमुख सिद्धान्त निम्नलिखित हैं–

(1) क्रमबद्धता का सिद्धान्त (Principle of Sequence)

(2) शुद्धता का सिद्धान्त (Principle of Accuracy)

(3) मितव्ययता का सिद्धान्त (Principle of Economy)

(4) रुचि का सिद्धान्त (Principle of Interest)

(5) उपयुक्तता का सिद्धान्त (Principle of Relevence)

(6) स्पष्टता का सिद्धान्त (Principle of Clearness)।

गृह-कार्य का महत्त्व (Importance of Home Work)–गृह-कार्य का महत्त्व निम्नलिखित बिंदुओं के अन्तर्गत स्पष्ट किया जा सकता है–

वैयक्तिक विभिन्नताओं के अनुरूप अध्ययन (Study in Accordance with Individual Differences)–बालकों में वैयक्तिक विभिन्नतायें मानसिक क्षमता, सीखने की गति, स्मृति आदि में पाई जाती हैं। गृह-कार्य ऐसा साधन है जिसके द्वारा बालकों को व्यक्तिगत विभिन्नताओं के अवसर मिलता है। प्रतिभाशाली तथा कुशाग्र बुद्धि वाले बालकों को गृह-कार्य अधिक तथा मन्दबुद्धि और पिछड़े बालकों को यह कम मात्रा में दिया जा सकता है जिससे कि वे अपनी क्षमताओं के अनुरूप सरलता से कार्य कर सकते हैं।

गणित में रुचि उत्पन्न करना (Creating Interest in Maths)–गृह-कार्य द्वारा बालकों में गणित के प्रति सकारात्मक दृष्टिकोण उत्पन्न किया जा सकता है। जब बालक स्वयं गणित की समस्याओं को हल करता है तो इस सफलता पर उसे एक विशेष आनन्द की अनुभूति होती है तथा वह गणित के अध्ययन में रुचि लेने लगता है। इस प्रकार एक अच्छे स्तरीय तथा सन्तुलित गृह-कार्य द्वारा बालकों में गणित बालकों में गणित के प्रति रुचि विकसित करने में सहायता मिलती है।

मनोवैज्ञानिक आवश्यकताओं की पूर्ति में सहायक (Helpful in Fulfilling Psychological Needs)–बालकों में समस्या का हल ढ़ंढने की जिज्ञासा, खोज की प्रवृत्ति आदि गुणों का समावेश होता है। यदि बालक को गणित में गृह-कार्य इस रूप में दिया जाये कि उसे समस्या का हल ज्ञात करना हो अथवा कोई रचना कार्य करना हो तो इसके द्वारा उसकी मनोवैज्ञानिक आवश्यकताओं की पूर्ति की जा सकती है।

समय का सदुपयोग (Proper Time Utilization)–गृह-कार्य द्वारा बालकों के समय का सदुपयोग होता है। यदि उनके पास गृह-कार्य नहीं होगा तो वे इधर उधर घूमने या खेल-कूद में अपना समय बर्बाद कर देंगे। गृह-कार्य के कारण वह अपना कार्य घर पर करने के लिये बाध्य रहता है।

अभ्यास कार्य के पर्याप्त अवसर (Enough Chances for Drill)–गृह-कार्य बालक द्वारा सीखे गये गणित के किसी प्रकरण, सूत्र या नियम से सम्बन्धित होता है। कम समय होने के कारण बालकों को कक्षा में अभ्यास के लिये पर्याप्त अवसर नहीं मिल पाते हैं। गृह-कार्य ही वह माध्यम है जिसके द्वारा बालकों को अभ्यास कार्य करने के पर्याप्त अवसर मिलते हैं।

मौलिक चिन्तन का विकास (Development of Origional Thinking)–गृह-कार्य करते समय बालक एकाग्रचित होकर जब किसी समस्या का समाधान प्राप्त करने के लिये चिन्तन करता है तो उसके मस्तिष्क में बहुत से नवीन विचार होते हैं। इस प्रकार गृह-कार्य मौलिक चिन्तन के विकास में सहायता प्रदान करता है।

नियमित रूप से कार्य करने की आदत का विकास (Development of Regular Study Habit)–यदि बालक गणित के गृह-कार्य को रोजाना नहीं करेगा तो वह कक्षा मं पिछड़ जायेगा। इस भय के कारण वह अपना कार्य नियमित रूप से करता रहता है। इस प्रकार गृह-कार्य बालक में नियमित तथा कार्य करने की आदत का विकास करता है।

संक्षेप में गृह-कार्य का महत्त्व इस प्रकार है–

(1) इससे छात्रों में आत्मविश्वास तथ आत्मनिर्भरता का विकास होता है।
(2) गृह-कार्य द्वारा बालकों को सीखने में सहायता मिलती है।
(3) गृह-कार्य द्वारा बालकों को पाठ्य-पुस्तकों तथ पुस्तकालय में अध्ययन करने के लिये प्रोत्साहन मिलता है।
(4) इसके द्वारा अध्यापकों को बालकों की कमजोरी का निदान करने का अवसर मिलता है।

(5) गृह-कार्य का मूल्यांकन करके बालकों को पुनर्बलन प्रदान किये जाते हैं।

(6) सभी बालकों को समान रूप से सीखने के अवसर प्रदान किये जाते हैं।

(7) यह बालकों को व्यक्तिगत शैक्षिक निर्देशन के अवसर प्रदान करता है।

(8) गृह-कार्य का उपयोग बालकों के व्यवहार, परिवर्तनों की पुष्टि तथा पुनरावृत्ति मे किया जाता है।

गृह-कार्य देते समय सावधानियां (Precautions)

गृह-कार्य देते समय निम्नलिखित सावधानियां बरतनी चाहिये-

(1) गृह-कार्य योजनाबद्ध तथा क्रमबद्ध होना चाहिये।

(2) गृह-कार्य पढ़ाये गये पाठ से सम्बन्धित होना चाहिये।

(3) गृह-कार्य देते समय बालकों की रुचियों तथा क्षमताओं को ध्यान में रखना चाहिये।

(4) गृह-कार्य में प्रश्नों की भाषा सरल तथा स्पष्ट होनी चाहिये।

(5) आवश्यकता से अधिक गृह-कार्य बच्चों को नहीं देना चाहिये।

(6) गृह-कार्य बालकों के शारीरिक और मानसिक स्तर के अनुरूप होना चाहिये।

(7) गृह-कार्य हेतु अध्यापक को महत्त्वपूर्ण पुस्तकें भी बता देनी चाहिये।

पर्यवेक्षित-अध्ययन (Supervised Study)

अध्यापक की पूर्ण देख-रेख या पर्यवेक्षित (Supervised) में विद्यार्थियों द्वारा किया जाने वाला अध्ययन पर्यवेक्षित अध्ययन (Supervised study) कहलाता है। इस प्रकार का अध्ययन स्वाध्याय (Self study) अथवा समूह अध्ययन (Group study) किसी भी रूप में संपन्न हो सकता है। विद्यार्थी अलग-अलग व्यक्तिगत रूप में अथवा समूह (Groups) बनाकर चाहे जैसे अपना अध्ययन कर सकते हैं परन्तु उन्हें अपने अध्ययन क्रम से अध्यापक को अवगत कराते रहना होता है। जो कुछ भी विद्यार्थियों द्वारा किया जाता है उसकी पूरी निगरानी अथवा देख-रेख अध्यापक को करनी पड़ती है। अध्यापक यहां एक वास्तविक पर्यवेक्षक (Supervisor) के रूप में कार्य करता है। उसे व्यक्तिगत अथवा सामूहिक रूप से विद्यार्थियों का उचित मार्ग-निर्देशन करना होता है तथा उनके मार्ग में आने वाली कठिनाइयों का उनकी अपनी योग्यताओं और शक्तियों के आधार पर समाधान ढूंढ़ना पड़ता है। विद्यार्थी अध्ययन करते समय अपने विषय से दूर न चले जायें अथवा लापरवाही न बरतें, इसके लिए उनके कार्य की जांच भी करते रहना पड़ता हैं इस प्रकार के अध्ययन क्रम में विद्यार्थियों को भी अपनी समस्याओं के हल

के लिए अध्यापक से परामर्श लेना होता है तथा अपनी प्रगति से व्यक्तिगत रूप से अथवा सामूहिक रूप में अध्यापक को परिचित कराते रहना पड़ता है।

गणित की शिक्ष में इस प्रकार के अध्ययन क्रम में साधारण तौर पर कुछ अग्रलिखित रूप हो सकते हैं–

(1) सीखे हुए नियमों तथा सिद्धान्तों के प्रयोग से अच्छी तरह परिचित होने के लिए विद्यार्थी उन पर आधारित विभिन्न समस्याओं को अपने हाथ में ले सकते हैं। इन समस्याओं के हल की खोज करते समय अध्यापक उनको आवश्यकतानुसार परामर्श एवं सहायता दे सकता है।

(2) गणित के ज्ञान को व्यावहारिक जीवन में किस प्रकार प्रयोग में लाया जाता है, इसके उचित अभ्यास के लिए विद्यार्थी विभिन्न योजनाओं (Projects) को अपने हाथ में ले सकते हैं। अध्यापक इन योजनाओं की प्रगति में आवश्यकतानुसार परामर्श एवं सहयोग दे सकता है तथा उनके द्वारा किए जाने वाले सम्पूर्ण कार्य की निगरानी रख सकता है।

(3) विद्यार्थियों को गणित सम्बन्धी सम्पूर्ण साहित्य के बारे में अध्ययन करने के लिए कहा जा सकता है। विद्यार्थी व्यक्तिगत रूप में अथवा सामूहिक रूप में अपना-अपना कार्य बांटकर अध्ययन शुरू कर सकते हैं।

(4) प्रयोगशाला (Laboratory method) या खोज विधि (Heuristic method) का प्रयोग कराकर अध्यापक अपने विद्यार्थियों को गणित सम्बन्धी विशेष तथ्यों, नियमों तथा सिद्धान्तों को खोज में लगा सकता है।

सैद्धान्तिक आधार (Theoretical Basis)

पर्यवेक्षण-अध्ययन निम्नलिखित सिद्धान्तों पर आधारित हो–

(1) शिक्षण में विविध प्रकार की सहायक सामग्री तथा पाठ्य-वस्तु के अध्ययन को महत्त्व दिया जाता है।

(2) शिक्षण में छात्रों की आवश्यकताओं तथा स्तर को ध्यान में रखकर अध्ययन-व्यवस्था की जाती है।

(3) छात्र अपनी स्वत: क्रियाओं तथा अध्ययन (Adaptive Learning) से अधिक सीखते हैं क्योंकि उन्हें प्रत्यक्षीकरण का अवसर मिलता है।

(4) यह छात्रों की व्यक्तिगत भिन्नता के मनोवैज्ञानिक सिद्धान्त पर आधारित है।

पर्यवेक्षण-अध्ययन से बौद्धिक व्यवहारों के विकास के अधिक अवसर प्रदान किये जाते हैं। यह छात्रों में सामान्यीकरण, सूझ तथा समस्याओं के समाधान के लिये क्षमताओं का विकास करता है। इसमें बौद्धिक-व्यवहारों को प्रोत्साहित किया जाता है तथा छात्र एवं शिक्षक दोनों ही क्रियाशील रहते हैं।

पर्यवेक्षण-अध्ययन का स्वरूप (Structure of Supervised Study)

इस प्रविधि में निम्नलिखित बातों को ध्यान में रखा जाता है–

(1) इस प्रविधि में छात्रों की व्यक्तिगत आवश्यकताओं को ध्यान में रखा जाता है।

(2) अध्ययन की विविध प्रकार की सामग्री–मानचित्र, चार्ट, मॉडल आदि के प्रयोग को ध्यान में रखा जाता है।

(3) अध्ययन सामग्री के विविध स्तरों पर प्रयोग को ध्यान में रखते हैं।

(4) पाठ्य-वस्तु को प्रभावशाली ढंग से प्रस्तुत करने का ध्यान रखा जाता है।

(5) पर्यवेक्षण–अध्ययन में छात्रों को उनकी योग्यताओं के अनुसार उन्हें तीन समूह–उच्च, सामान्य, निम्न स्तरों में बांट लिया जाता है तथा उनकी योग्यताओं के अनुसार अध्ययन सामग्री के उपयोग का सुझाव दिया जाता है।

(6) छात्रों की पूर्व-योग्यताओं को भी ध्यान में रख जाता है।

(7) पर्यवेक्षण-अध्ययन के कालांश को निर्धारित कर लिया जाता है।

(8) आवश्यक सूचनाओं तथा कठिनाइयों को ध्यान में रखकर उनके लिये निर्देशन की व्यवस्था की जाती है।

(9) छात्रों के अध्ययन की क्रियाओं का पर्यवेक्षण शिक्षक द्वारा किया जाता है और वह उनके लिये निर्देशन को व्यवस्था करता है।

(10) छात्रों की अध्ययन क्रियाओं का छात्र भी आपस में निरीक्षण करते हैं और सुझाव देते हैं।

पर्यवेक्षण-अध्ययन की विशेषतायें (Theoretical Basis)

पर्यवेक्षण-अध्ययन को अधोलिखित विशेषतायें होती हैं–

(1) इस अध्ययन कालांश में छात्रों को पुस्तकालय, प्रयोगशाला तथा क्षेत्र में अधिक कार्य करने का अवसर दिया जाता है। इसमें छात्रों को गृह-कार्य भी दिये जाते हैं।

(2) पर्यवेक्षण अध्ययन का मूल उद्देश्य अनेक सम्बन्धों के आधार पर सामान्यीकरण कराना होता है जिससे छात्र पाठ्य-वस्तु को गहनता से बोधगम्य कर सकें।

(3) पर्यवेक्षण अध्ययन द्वारा छात्रों की पाठ्य-वस्तु की गहनता (Thoroughness) का विकास करता है।

(4) इस विधि द्वारा कामचोर तथा आलसी बच्चों को नियंत्रण में रखा जा सकता है।

(5) पर्यवेक्षण अध्ययन का अन्तिम लक्ष्य पाठ्य-वस्तु का स्वामित्व कराना होता है। इस प्रकार के अन्त में स्वामित्व का परीक्षण किया जाता है।, यदि छात्र इस परीक्षा को उत्तीर्ण नहीं कर पाते हैं तब उन्हें शिक्षक अध्ययन का पुन: अवसर देता है और शिक्षक इस बार अधिाक सतर्कता बरतता है।

(6) अध्यापक छात्रों की प्रगति से परिचित होते रहते हैं।

(7) छात्रों को उचित समय पर आवश्यकतानुसार मार्ग निर्देशन मिलता रहता है।

(8) पर्यवेक्षण अध्ययन में शिक्षक तथा छात्रों को अधिक क्रियाशील रहना होता लिये निर्देशन देना होता है। शिक्षक छात्रों की क्रियाओं का पर्यवेक्षण करता है कि वे अपनी-अपनी क्रियायें समुचित ढंग से कर रहे हैं या नहीं।

(9) पर्यवेक्षण अध्ययन के समय छात्रों की व्यक्तिगत क्रियाओं को अधिक प्रधानता दी जाती है।

"The work of students is highly individualized in the supervised study"

इस प्रकार अध्ययन व्यवस्था में प्रत्येक छात्र को उसकी आवश्यकताओं के अनुसार अध्ययन का अवसर दिया जाता है।

पर्यवेक्षण अध्ययन की सीमायें
(Limitations of Supervised Study)

पर्यवेक्षण अध्ययन-व्यवस्था की निम्नलिखित सीमायें हैं-

(1) इस शिक्षण व्यवस्था में अधिकांश छात्र शिक्षक के निर्देशन पर ही आश्रित रहते हैं। प्रत्येक समस्या का समाधान शिक्षक से पूछते हैं। वे स्वयं निर्णय नहीं लेते हैं।

(2) विद्यालयों में पाठ्य-वस्तु सम्बन्धी सामग्री, पुस्तकें तथ प्रयोगशलाओं में इतनी सुविधायें उपलब्ध नहीं होती कि सभी छात्रों को व्यक्तिगत ढंग से कार्य करने की सुविधायें तथा अवसर प्रदान किये जा सकें।

(3) पर्यवेक्षण अध्ययन की प्रमुख सीमा यह है कि इसमें छात्रों के मानवीय-व्यवहारों के विकास पर ध्यान नहीं दिया जाता है। पाठ्य-वस्तु के स्वामित्व को ही विशेष महत्त्व दिया जाता है।

(4) इस प्रकार के अध्ययन व्यवस्था में शिक्षक को अधिक क्रियाशील रहना पड़ता है और अधिक समय का अपव्यय होता है। शिक्षक को अधिक परिश्रम करना पड़ता है।

(5) शिक्षक का पाठ्य-वस्तु में तन्मय या तल्लीन होना, छात्रों को प्रेरणा देता है। यहां मनोवैज्ञानिक तथा सामाजिक अभिप्रेरणा का प्रयोग नहीं किया जताा है, जबकि इस प्रकार की प्रेरणा अधिक प्रभावशाली होती है।

(6) इस अध्ययन व्यवस्था का प्रयोग उच्च कक्षाओं के लिये अधिक उपयोगी है परन्तु प्राथमिक और माध्यमिक कक्षाओं के छात्रों के अध्ययन में अधिक उपयोगी नहीं है।

(7) इस प्रकार की शिक्षण व्यवस्था में भावात्मक तथा क्रियात्मक पक्षों के विकास को कम महत्त्व दिया जाता है। छात्रों के ज्ञानात्मक पक्ष का ही विकास किया जाता है।

पर्यवेक्षण अध्ययन के प्रभावी प्रयोग के सुझाव

(Suggestion for Effective use of Supervised Study)

पर्यवेक्षण अध्ययन की व्यवस्था को प्रभावी बनाने के लिए निम्नलिखित बातों को ध्यान में रखना चाहिये-

(1) शिक्षक को अपने समीक्षा काल में भावात्मक पक्ष के विकास पर भी बल देना चाहिये। शिक्षक अपने व्यवहार से भी छात्रों में मानवीय-व्यवहारों तथा गुणों का विकास कर सकता है।

(2) पर्यवेक्षण अध्ययन के लिये शिक्षक को ऐसे प्रकरणों को देना चाहिये जिसके लिये पुस्तकालय में पर्याप्त साहित्य उपलब्ध हों तथा प्रयोगशाला में सुविधायें भी पर्याप्त हों।

(3) पर्यवेक्षण अध्ययन की व्यवस्था करने से पूर्व यह देख लेना चाहिये कि छात्रों के लिये प्रकरण अलग-अलग उपलब्ध हो सकें।

(4) पर्यवेक्षण अध्ययन को प्रभावशाली ढंग से प्रयुक्त करने के लिये प्रकरण की रूपरेखा अथवा समीक्षा तथा सम्बन्धित पाठ्य-पुस्तकों की सूची भी देनी चाहिये।

(5) पर्यवेक्षण अध्ययन के अन्तर्गत जो गृह-कार्य दिये जायें उनका स्वरूप प्रत्येक छात्र के लिये अलग-अलग होना चाहिये जिससे वे एक दूसरे की नकल न कर सकें तथा उन्हें व्यक्तिगत अध्ययन का अवसर मिल सके।

(6) शिक्षण को उन्हीं प्रकरणों की समीक्षा करनी चाहिये जिनके सम्बन्ध में छात्रों को पूर्व ज्ञान हो। समीक्षा का समय निश्चित होना चाहिये। समीक्षा के समय छात्रों की क्रियाओं का निरीक्षण करना भी आवश्यक होता है।

(7) पर्यवेक्षण अध्ययन का कालांश निश्चित होना चाहिये। छात्रों को अपने अध्ययन की समीक्षा तथा आलेख तैयार करने के लिये कहना चाहिये।

(8) पर्यवेक्षण अध्ययन के समय शिक्षक को कम-से-कम निर्देश देने चाहिये। छात्रों को स्वयं समस्या का समाधान करने का अवसर देना चाहिये जिससे वे शिक्षक पर आश्रित न हों।

स्व-अध्ययन प्रविधि (Self-Study Technique)

इस प्रविधि को योजना-कार्य (Project-work) भी कहा जाता है। इसमें छात्र स्वयं अध्ययन करते हैं अथवा छोटे-छोटे समूह में कार्य करते हैं। परन्तु इस प्रकार अध्ययन में यह आवश्यक नहीं है कि शिक्षण के समय शिक्षक कक्षा में उपस्थित ही रहे और न ही यह आवश्यक होता है कि शिक्षण कार्य नियमित रूप से नियोजित या संगठित (Organized) किया जाये। कहने का तात्पर्य यह है कि इसमें कक्षा शिक्षण की भांति नियमित कार्यक्रम का भी अनुसरण नहीं किया जाता है। छात्र को अपने अध्ययन के कार्यक्रम की रूपरेखा स्वयं तैयार करनी होती है। उसे अपना कार्य करने तथा अध्ययन की योजना बनाने की पूर्ण स्वतन्त्रता रहती है। वस्तुत: यह प्रविधि छात्र-केद्रित प्रविधि है। इस प्रविधि का प्रयोग करते समय अध्यापक से यह अपेक्षा की जाती है कि वह अपने छात्रों में इतनी क्षमता उत्पनन कर दे कि वे स्व-अध्ययन आसानी से कर सकें अथवा स्वतन्त्र अध्ययन के परिणामस्वरूप वे समस्याओं को आसानी से हल कर सकें।

इस प्रविधि के प्रयोग में यह देखा जाता है कि छात्र अपने अध्ययन की रूपरेखा स्वयं तैयार करके अपने कार्य को स्वतन्त्र रूप से करते हैं। आज के युग में इन प्रविधि को कई रूपों में सफलता मिल रही है। एक ओर छात्र जब किसी समस्या को बिना किसी कठिनाई से हल कर लेते हैं तो उन्हें कार्य विशेष में रुचि उत्पन्न होती है तथा दूसरी ओर उनमें आत्मविश्वास विकसित होता है। यहां यह स्मरणीय है कि इस प्रविधि में शिक्षक मात्र एक दिशा-निर्देशक के रूप में कार्य करता है। इस दृष्टि से शिक्षक के लिये यह आवश्यक है कि वह स्वतन्त्र अध्ययन हेतु सम्भावनाएं एवं अवसर एक क्रमबद्ध तरीके से प्रदान करे।

शिक्षण की परम्परागत विधियों की तुलना में यह प्रविधि निश्चित रूप से अधिक प्रभावशाली प्रविधि है। मूल रूप में इस प्रविधि का सम्बन्ध भावनात्मक

एवं क्रियात्मक पक्षों के विकास से है। साथ ही इसके प्रयोग से ज्ञानात्मक पक्ष के उच्च शिक्षण उद्देश्यों को भी प्राप्त किया जा सकता है। इस प्रविधि में छात्र को चिन्तन के स्वतन्त्र अवसर प्रदान किये जाते हैं तथा परम्परागत शिक्षण विधियों की तुलना में इसमें शिक्षक की भूमिका बिल्कुल भिन्न होती है। इस प्रविधि में शिक्षण का प्रमुख कार्य छात्रों को निर्देश देना है। छात्रों को जब कार्य पूरा करने और अध्ययन में कठिनाई उत्पन्न होती है तब उन्हें शिक्षक से परामर्श करना पड़ता है। शिक्षक उनकी समस्याओं का निदान करके उन्हें शैक्षिक निर्देशन प्रदान करता है। इस प्रविधि में शिक्षक का उत्तरदायित्व अन्यस विधियों की तुलना में कहीं अधिक बढ़ जाता है। क्योंकि यहां शिक्षक को व्यक्तिगत निर्देशन पर अधिक ध्यान केन्द्रित करना पड़ता है।

विशेषताएं (Characteristics)–स्वाध्याय प्रविधि की प्रमुख विशेषताएं निम्नलिखित हैं–

(1) छात्रों के सामान्य-ज्ञान तथा विषय-सम्बन्धी विशेष ज्ञान के स्तर को ऊंचा उठाने में भी स्वाध्याय से बहुत सहायता मिलती है।

(2) स्वाध्याय से गणित के अध्ययन में बच्चों की स्वाभाविक रुचि विकसित होती है।

(3) अध्यापक द्वारा पढ़ाये जाने वाले प्रकरणों (Topics) को स्वाध्याय की आदत होने से विद्यार्थी थोड़ा बहुत पहले ही पढ़ लेते हैं, इससे इन प्रकरणों को समझने में उन्हें कोई कठिनाई नहीं होती।

(4) इस प्रविधि का बच्चों को स्वावलम्बी तथा आत्म-निर्भर बनाने में विशेष महत्त्व है।

(5) अपने प्रयत्नों द्वारा समस्याओं के हल करने तथा स्वयं पढ़ते रहने से विद्यार्थियों के आत्म-विश्वास में वृद्धि होती है।

(6) स्वाध्याय बालकों में अनुसंधानात्मक दृष्टिकोण (Heuristic Attitude) विकसित करने में भी सहायक होता है

(7) प्रकरणों को पढ़ाये जाने के बाद उनसे सम्बन्धित सीखे हुए ज्ञान को मस्तिष्क में ठीक प्रकार से बिठाने में स्वाध्याय सहायता करता है।

(8) स्वाध्याय के माध्यम से खाली समय का सदुपयोग हो जाता है।

स्वाध्याय को प्रोत्साहित करने के उपाय (Ways to Encourage Self-Study)

गणित में स्वाध्याय की प्रवृत्ति को विकसित करने के लियेस निम्नलिखित उपाय इस दिशा में प्रभावी सिद्ध हो सकते हैं–

(1) स्वाध्याय की आदत को शनैः-शनैः विकसित करने में गृह-कार्य (Home-work) तथा अधिन्यासों (Assignments) का भी विशेष महत्त्व है।

(2) स्वाध्याय की प्रवृति को प्रोत्साहन देने के लिए गणित सम्बन्धी विभिन्न प्रकार की प्रतियोगिताओं का भी आयोजन किया जा सकता है, जैसे-वाद-विवाद, भाषण, निबन्ध प्रतियोगिताएं आदि।

(3) प्रारम्भ में विद्यार्थियों को गणित सम्बन्धी रुचिकर साहित्य जैसे-गणित का इतिहास, गणितज्ञों की जीवनी इत्यादि पड़ने के लिए प्रोत्साहित किया जाना चाहिये। इससे उनमें गणित के प्रति लालसा जागृत होगी तथा स्वतः ही उनका झुकाव इस प्रकार की सामग्री के अध्ययन में हो जायेगा। धीरे-धीरे उनका यह झुकाव स्वाध्याय की स्थायी आदत में परिणत हो सकता है।

(4) अध्यापक जिस प्रकरण (Topic) के बारे में जिस दिन छात्रों को ज्ञान कराना चाहता हो उसके बारे में उन्हें पहले से ही बता दिया जाना चाहिये ताकि छात्र उस प्रकरण से सम्बन्धित कुछ न कुछ घर से पढ़कर आ सकें। इसके लिए अध्यापक छात्रों के समक्ष कुछ रूपरेखा भी रख सकता है जिसके आधार पर छात्र स्वाध्याय कर सकें।

(5) छात्रों के समक्ष गणित की समस्याओं के हल प्रस्तुत करने की अपेक्षा उन्हें इन समस्याओं को हल करने के ढंग पर अधिक जोर देना चाहियें। स्वतः हल निकालने में स्वाध्याय को उचित माध्यम बनाया जा सकता है।

(6) बालकों में पुस्तकालय के प्रति रुचि उत्पन्न करके उनमें स्वाध्याय की उचित नींव डाली जा सकती है। इस आकर्षण को उत्पन्न करने के लिए पुस्तकालय की उचित व्यवस्था आवश्यक है।

कहने का तात्पर्य यह है, कि इस प्रकार के कुछ प्रयत्नों द्वारा बच्चों में स्वाध्याय की आदत को विकसित करने में सहायता मिल सकती है। स्वाध्याय को जहां तक हो सके अध्यापक को अपने शिक्षण कार्यक्रम का एक आवश्यक एवं महत्त्वपूर्ण अंग मानकर चलाना चाहिये। साथ ही, इस प्रवृत्ति को प्रोत्साहित करने के लिये उसे उचित मार्ग-दर्शन एवं पर्यवेक्षण द्वारा भी भरसक प्रयत्न करने चाहिये।

5

अभिक्रमित अधिगम
(Programmed Learning)

अभिक्रमित अधिगम का अर्थ (Its Meaning)–प्रत्येक युग के शिक्षाविद् इस असन्तुलन के स्थान पर सन्तुलित स्थिति को उत्पन्न करने की ओर सदैव सजग और प्रयत्नशील रहे हैं। फलस्वरूप शिक्षण-प्रक्रिया के अनेक रूप विभिन्न शिक्षण-विधियों के रूप में, आज हमारे पास विद्यमान हैं। अभिक्रमित अध्ययन (प्रोग्राम्ड लर्निंग) में शिक्षण प्रक्रिया का एक आधुनिक स्वरूप है जो शिक्षक और शिक्षार्थी के मध्य एक सहज और सन्तुलित स्थिति की स्थापना करता है।

अभिक्रमित अध्ययन एक ऐसी शिक्षण-प्रक्रिया, विधि अथवा तकनीक है, जिसमें सीखने योग्य विषय-वस्तु को छोटे-छोटे पदों के रूप में इस प्रकार अभिक्रमित (प्रोग्राम्ड) किया जाता है कि शिक्षार्थी स्व: प्रयत्न और स्वगति (सैल्फ प्रोसेसिंग) से सक्रिय रहकर निरन्तर ज्ञात से अज्ञात की ओर अग्रसर होता रहता है। इस प्रयास में उसके द्वारा किये गये कार्य की तुरन्त पुष्टि करा दी जाती है। प्रत्येक पद पर उसे सफलता की अनुभूति करायी जाती है। इससे उसके प्रयास को पुनर्बलन (रिइनफोर्समेन्ट) मिलता रहता है। स्वाध्याय की यह प्रक्रिया शिक्षार्थी के मनोबल को कायम रखती है। उसके आत्मविश्वास को दृढ़ से दृढ़त्तर बनाती है। इस कारण इसे ''ऑटो इन्ट्रक्शनल मैथड'' भी कहा जाता है। इसमें शिक्षक द्वारा किये जाने वाले शिक्षण विषयक कार्य अभिक्रमित-अध्ययन सामग्री (प्रोग्राम्ड लर्निंग मटीरियल) को हस्तान्तरित कर दिया जाता है।

अभिक्रमित अध्ययन तकनीक को वर्तमान स्वरूप में विकसित करने में अमेरिका के ओहायो स्टेट विश्वविद्यालय के मनोवैज्ञानिक सिडनी एल० प्रेसी (1926) ने बहुत बड़ा योगदान किया है। उसने टीचिंग मशीन का उपयोग कर शिक्षाविदों को एक नया मार्ग दर्शाया। सन् 1954 में हारवर्ड विश्वविद्यालय के बी० एफ० स्किनर ने अपने सहयोगी जेम्स जी० होलेण्ड के साथ प्रेसी के अनुभवों को साकार किया। फलस्वरूप 'प्रोग्राम्ड लर्निंग' का जन्म हुआ। यह नाम वास्तव में बी० एफ० स्किनर

का ही दिया हुआ है अतः इस तकनीक का नाम प्रोग्राम्ड लर्निंग या अभिक्रमित अध्ययन पड़ा। इसीलिए इस तकनीक का जन्मदाता बी०एफ० स्किनर को ही माना गया है।

अभिक्रमित अधिगम की कुछ प्रमुख परिभाषाएं इस प्रकार हैं–

(1) कोरे (Corey) "अभिक्रमित अनुदेशन एक ऐसी शिक्षण-प्रक्रिया है जिसमें दक्षक के वातावरण को सुव्यवस्थित कर पूर्व-निर्धारित व्यवहारों को उसमें विकसित कर दिया जाता है।

In short, Programmed learning may be defined as the, "designing a strategy in which various kinds of intellectual, emotional and motor experiences are provided to the learner in a controlled situation through a variety of devices like book, machine, teacher, radio and television etc."

(2) सुसन मार्कल (Susan Markle) के अनुसार, "अभिक्रमित अनुदेशन पुनः प्रस्तुत की जा सकने वाली क्रियाओं की श्रृंखला को संरचित करने की वह विधि है जिसकी सहायता से व्यक्तिगत रूप से प्रत्येक विद्यार्थी के व्यवहार में मापनीय और विश्वसनीय परिवर्तन लाया जा सके।"

"Programmed instruction is a method of designing a reproducible sequence of instructional events to produce a measurable and consistent effect on the behaviours of each and every acceptable student."

(3) स्मिथ और मूरे (Smith and Moore) के अनुसार "अभिक्रमित अनुदेशन किसी अधिगम सामग्री को क्रमिक पदों की श्रृंखला में व्यवस्थित करने वाली एक प्रक्रिया है और प्रायः इसके द्वारा किसी विद्यार्थी को उसकी परिचित पृष्ठभूमि से प्रत्ययों, सिद्धान्तों एवं बोध के एक जटिल और नवीन स्तर लाया जाता है।"

"Programmed instruction is the process of arranging the material to be earned into a series of sequential steps usuallky it moves the students form a femiliar background into a complex and new set of concept, principle and understanding."

अभिक्रमित अधिगम के सिद्धान्त
(Principles of Programmed Learning)

अभिक्रमित अधिगम के मुख्य सिद्धान्त निम्नलिखित हैं–

(1) *शिक्षार्थियों को किये गये कार्य की तुरन्त पुष्टि करा दी जाती है (Principle of Reinforcement)* : सक्रिय सहयोग के लिए इस तकनीक से यह

अत्यावश्यक समझा गया है कि शिक्षार्थी के मनोबल को निरन्तर बनाये रखा जाये। इस तथ्य को दृष्टिगत रखकर ही उत्प्रेरकों की मदद से रिक्त स्थान की शुद्ध पूर्ति उससे करवाई जानी है। रिक्त स्थान पर लिखा गया शब्द/वाक्य शुद्ध है अथवा नहीं इसका शिक्षार्थी को तुरन्त ज्ञांन कराया जाता है। अभिक्रमित अध्ययन तकनीक का तुरन्त पुष्टि का यह सिद्धान्त मनोवैज्ञानिक दृष्टि से अत्यन्त महत्त्पूर्ण है। आपने एक कार्य किया और उसके परिणाम का ज्ञान कराने में जितना अधिक विलम्ब किया जायेगा उस कार्य के प्रति आपका आकर्षण उतना ही क्षीणतर होता चला जायेगा। कार्य के तुरन्त पश्चात् यदि परिणाम की जानकारी करा दी जाये, तो इस जानकारी के आधार पर आप नये उत्साह से उसकी क्रियान्विति में जुट जाते हैं। इसी प्रकार परीक्षा-परिणाम एक ओर तो परीक्षा के तुरन्त बाद और दूसरी ओर एक या दो माह पश्चात् घोषित किया जाये तो दोनो स्थितियों में पर्याप्त अन्तर आ जायेगा। अभिक्रमित अध्ययन तकनीक के तुरन्त पृष्टि के सिद्धान्त को ही सीखने की प्रक्रिया में संलगन शिक्षार्थी के लिए अत्यन्त महत्त्व का माना गया है।

(2) *विद्यार्थियों का सतत् मूल्यांकन किया जाता है (Principle of Continuous Evaluation) :* हमने यह देखा कि विद्यार्थियों को स्व:गति से सीखने के सुअवसर प्रदान कर उनका सक्रिय सहयोग लेते हुए और किये गये कार्य की उन्हें तुरन्त पृष्टि कराते हुए छोटे-छोटे पदों के माध्यम से जब उनके लिए 'ज्ञात से अज्ञात की ओर' अग्रसर होने का मार्ग प्रशस्त किया जाता है, तब इस तकनीक में मूल्यांकन की प्रक्रिया को आंखों से ओझल नहीं किया जाता है। सतत् मूल्यांकन इस तकनीक की वह विशेषता है जो दूसरी विधियों में मिलनी कठिन है। प्रत्येक छोटे पद में मूल्यांकन समाया हुआ होता है। यह मूल्यांकन प्रत्येक शिक्षार्थी के लिए ऐसे रूप में प्रस्तुत किया हुआ होता है कि उसे इसका ज्ञान ही नहीं रहता कि उसकी जांच भी हो रही है। वह तो यह समझता रहता है कि वह अपने प्रयत्न से कुछ नयी बात सीख रहा है। मूल्यांकन का इतना सतत्, सरल, सहज और व्यापक स्वरूप अन्य किसी शिक्षण-विधि में मिल पाना अत्यन्त कठिन है।

सतत् मूल्यांकन अभिक्रमित अध्ययन-तकनीक की एक बहुत बड़ी विशेषता इस कारण से भी मानी गई है कि आज के युग में जब तक किसी तथ्य को आंका, परखा और जांचा नहीं जाता है तब तक उसमें

विश्वस नहीं किया जा सकता है। कसौटी पर खरा उतरने पर ही स्वर्ण कहलाता है। अभिक्रमित अध्ययन-तकनीक मूल्यांकन की इस कसौटी पर खरी उतरती है।

(3) *विषयवस्तु को छोटे-छोटे पदों में विभक्त कर शिक्षार्थी के समक्ष प्रस्तुत करना (Principles of Small Steps) :* ऐसे व्यक्ति बिरले ही होते है जो एक ही दृष्टि में समग्र विषयवस्तु को आत्मसात् करने में सक्षम हुआ करते हैं। सामान्य व्यक्ति शनैः-शनैः निरन्तर अभ्यास करके किसी बात को सीखता है। सीखने की यह प्रक्रिया जब ज्ञात से अज्ञात और 'सरल से कठिन' के सिद्धान्तों का पालन करती हुई चलती रहती है, तो जो कुछ सीखा जाता है वह स्थायी होता जाता है। जिस प्रकार सुस्वादु व्यंजनों को धीरे-धीरे उदरस्त करने में एक विशेष प्रकार का सुख मिलता है, उसी भांति नयी विषयवस्तु को छोटे-छोटे पदों के सुपाच्य रूप में विद्यार्थी के समक्ष प्रस्तुत करने से विद्यार्थी उसे सहजभाव से ग्रहण करता जाता है। विषय-वस्तु के पद कितने छोटे हों यह शिक्षार्थी की क्षमता पर निर्भर करता है। यह उसी प्रकार की प्रक्रिया है जिस प्रकार एक स्थान से दूसरे स्थान तक पहुंचने में वयस्क और बालक में अन्तर होता है। बालक जितना छोटा होगा, उसके कदम भी उतने ही छोटे और धीमे गति वाले होंगे किन्तु वयस्क के कदम बड़े और तेज गति लिए हुए होंगे। अभिक्रमित अध्ययन सामग्री के छोटे पदों में इस बात का विशेषरूप से ध्यान रखा जाता है, अतः यह सामग्री योग्यता और क्षमता वाले व्यक्तियों के लिए अत्युत्तम तथा उपयोगी सिद्ध हुई है।

विषयवस्तु के ये छोटे-छोटे पद एक दूसरे से इस प्रकार जुड़े रहते हैं जिस प्रकार जंजीर की कड़ियां परस्पर जुड़ी रहती हैं। एक कड़ी के जंजीर से अलग होने पर जैसे उसका महत्त्व घट जाता है अभिक्रमित अध्ययन-सामग्री का एक पद भी उसी प्रकार सीखने की प्रक्रिया में अर्थहीन बन जाया करता है। इन पदों के इस प्रकार परस्पर जुड़े रहने के कारण ही इस तकनीक को अभिक्रमित अध्ययन कहा जाता है।

(4) *विद्यार्थी को सीखने की प्रक्रिया में निरन्तर सक्रिय रखा जाता है (Principle of Activity) :* अभिक्रमित अध्ययन-सामग्री के प्रत्येक पद में उत्प्रेरक, रिक्त स्थान और शुद्ध प्रत्युत्तर की व्यवस्था की जाती है। इस व्यवस्था के फलस्वरूप ही शिक्षार्थी का सीखने की प्रक्रिया में निरन्तर सक्रिय रखा जाता है। शिक्षण की अनेक विधियों में शिक्षार्थी का सक्रिय सहयोग

प्राप्त करने का उल्लेख अवश्य किया गया है किन्तु इस सिद्धान्त सक्रिय सहयोग के सिद्धान्त का उपयोग जितना अधिक अभिक्रमित अध्ययन तकनीक में किया गया है, उसका शतांश भी अन्य विधियों में नहीं किया गया है।

(5) *विद्यार्थियों को स्व:गति से अध्ययन करने के अवसर प्रदान किये जाते हैं (Principle of Self-pacing)* : तुरन्त पृष्टि, सक्रिय सहयोग, उत्प्रेरकों की मदद और छोटे-छोटे पदों की व्यवस्था से अभिक्रमित अध्ययन-तकनीक में प्रत्येक शिक्षार्थी को उसकी स्वयं की योग्यता, क्षमता और गति से ज्ञात से आरम्भ करके अज्ञात की ओर शनैः-शनैः बढ़ने के अवसर प्रदान किये जाते हैं। इस स्व:-गति के सिद्धान्त का निर्वाह अन्य विधि यों में इतनी सूची के साथ नहीं किया जाता है। यही कारण है कि यह तकनीक नये ज्ञान को सीखने में शिक्षार्थी के लिए अत्यन्त महत्त्पूर्ण सिद्ध हुई है। शिक्षार्थियों को इसका सर्वाधिक लाभ यह मिलता है कि किसी एक प्रकरण का इस प्रकार अध्ययन करने के उपरान्त उसकी उपलब्धि की जांच करने पर 90 प्रतिशत विद्यार्थी 90 प्रतिशत अंक प्राप्त करने में खरे उतरते हैं। यह उपलब्धि कम नहीं है। इस दृष्टि से इस तकनीक की यह विशेषता ऐसी है जिसे प्राप्त करने की ओर शिक्षाविद् सदैव प्रयत्नशील रहे हैं। स्किनर के इस महान् योगदान की जितनी प्रशंसा की जाये उतनी ही कम होगी।

(6) *शिक्षक और शिक्षार्थी का अनुपात 1 : 1 रखा जाता है (Principle of Maintaining Ratio)* : प्रत्येक शिक्षार्थी को स्व:गति से पढ़ने के अवसर देकर और कदम-कदम पर उसे सफलता प्राप्ति की सुखद अनुभूति कराना उस समय ही सम्भव हो सकता है, जब एक शिक्षक और एक शिष्य की आदर्श स्थिति उत्पन्न की जा सके; शिक्षक भी ऐसा हो जो अपने शिष्य की मनोवृत्ति, अभिरुचि, योग्यता और क्षमता का पूर्ण ध्यान रखकर रुचिपूर्ण और सुपाच्य सामग्री उसे देने वाला हो। अभिक्रमित अध्ययन-तकनीक पर आधारित अभिक्रमित अध्ययन सामग्री ऐसे ही शिक्षक का काम करती है। प्रत्येक शिष्य को जब ऐसा सुयोग्य शिक्षक मिल जाता है तो निःसन्देह उस शिष्य की उपलब्धि भी ऊंची होगी।

(7) *विद्यार्थियों को प्रतिपद सुखद अनुभूति करायी जाती है (Principle of Gaiety)* : मूल्यांकन में मिली सफलता से जो प्रसन्नता व्यक्ति को मिलती है वैसी सम्भवतः अन्य किसी बात में उसे नहीं मिला करती है। परीक्षा

में मिली सफलता कितनी सुखद होती है? इस सफलता का स्तर जितना ऊंचा होता है सुख भी उसी अनुपात में बढ़ जाता है। 90 प्रतिशत अंकों से सफलता प्राप्त करने का जिस शिक्षार्थी को सौभाग्य प्राप्त होता है उसकी प्रसन्नता का अनुमान 33 प्रतिशत से उत्तीर्ण होने वाले विद्यार्थी नहीं लगा सकते हैं। अभिक्रमित अध्ययन-तकनीक में प्रत्येक विद्यार्थी को सीखने की प्रक्रिया के प्रत्येक कदम पर सफलता का ज्ञान कराकर ऐसी सुखद अनुभूति करने के प्रचुर अवसर प्रदान किये जाते है।

अभिक्रमित अध्ययन के मनोवैज्ञानिक आधार

अभिक्रमित अध्ययन-तकनीक जिन मनोवैज्ञानिक तथ्यों पर आधारित हैं वे इस प्रकार हैं–

(1) *प्रेरकों को शनैः-शनैः कम करना (प्रिन्सीपल ऑफ फिडिंग) (Principle of Feeding)* : प्रारम्भ में बालक को सहारे की आवश्यकता होती है। धीरे-धीरे यह सहारा हटाने से बालक में आत्मविश्वास जाग्रत होता है। इसी सिद्धान्त के आधार पर अभिक्रमित अध्ययन सामग्री के प्रारम्भिक पदों में प्रेरकों का प्रयोग किया जाता है। धीरे-धीरे इन प्रेरकों को घटा दिया जाता है और एक स्थिति यह आती है जब एक भी प्रेरक का प्रयोग नहीं करने से भी विद्यार्थी के सीखने पर प्रतिकूल प्रभाव नहीं पड़ता है। इन मनोवैज्ञानिक तथ्यों के अतिरिक्त अभिक्रमित अध्ययन-तकनीक में विभेदीकरण (डिस्क्रिमिनेशन), क्रमबद्धता (सीक्वेंसिंग) आदि मनोवैज्ञानिक सिद्धान्तों का भी विधिवत् पालन किया जाता है।

(2) *वैयक्तिक विभिन्नता (Individual Differences)* : योग्यता, क्षमता और रुचि की दृष्टि से सब व्यक्ति समान नहीं होते हैं। इस तथ्य की अनदेखी करके कक्षाओं में विद्यार्थियों को शिक्षक अपनी स्वयं की रुचि और तैयारी से हांकने का जो प्रयास करते हैं, विद्यार्थियों के उससे आंशिक लाभ ही मिल पाता है। वर्तमान परिस्थितियों में अभिक्रमित अध्ययन तकनीक वैयक्तिक भिन्नता के सिद्धान्त का पालन करती है। अतः विद्यार्थियों की उपलब्धि में अत्यधिक वृद्धि होती है और इसे प्रयोगों की कसौटी पर भी परखा गया है।

(3) *पुनर्बलन के सिद्धान्त का पालन करना (To Reinforcemment Theory)* : अभिक्रमित अध्ययन का मूलाधार पुनर्बलन का सिद्धान्त (थ्योरी ऑफ रीइनफोर्समेंट) ही है। स्किनर का कहना है कि वे व्यवहार जो पुनर्बलित होते हैं उनकी आवृत्ति बार-बार होती है। सीखने में पुनर्बलन का अत्यन्त

महत्त्व है। इस सिद्धान्त के आधार पर स्किनर ने अपनी मनोवैज्ञानिक प्रयोगशाला में कबूतरों को अंग्रेजी के 8 के आकार में नांचने पिंग-पोंग का खेल खेलने जैसी जटिल प्रक्रियाओं को भी सिखा दिया है। इन प्रयोगों से उसका यह दृढ़ मत बना कि शिक्षा में इस सिद्धान्त का उपयोग करने से कठिन से कठिन विषयवस्तु को भी सरलता से शिक्षार्थियों को सिखाया जा सकता है। इसी सिद्धान्त को आधार बनाकर उसने अभिक्रमित अध्ययन-सामग्री का निर्माण किया, जो कसौटी पर खरी उतरी।

(4) *अभ्यास के नियम का पालन (Based on Law of Exercise)* : थॉर्नडाइक का यह मत रहा है कि किसी कार्य को करने के लिए व्यक्ति को जितना अधिक अभ्यास कराया जायेगा उतना ही अधिक उस कार्य में वह व्यक्ति कुशलता प्राप्त करेगा। हमारे विद्वानों ने भी कहा है, "रसरी आवत जात तें सिल पर होत निशान।" इस कहावत के आधार पर जब पत्थर जैसी कठोर वस्तु पर रस्सी के बार-बार आने और जाने के निशान बन सकते हैं तो व्यक्तियों के व्यवहार पर अभ्यास के नियम से निश्चित ही वांछित प्रभाव पड़े बिना न रहेगा। अभिक्रमित समक्ष प्रस्तुत कर पर्याप्त अभ्यास कराया जाता है। इससे एक ओर तो विद्यार्थी उस विषय-वस्तु के प्रत्येक पक्ष को भली-भांति समझ लेता है और दूसरी ओर उसका सीखा हुआ ज्ञान स्थावित्व ग्रहण करता जाता है। इस ज्ञान को वह आज की भांति भुलाता नहीं है।

(5) *लक्ष्य की ओर शनैः-शनैः बढ़ाया जाये (To Proceed Towards Goal Gradually)* : ज्ञात से अज्ञात के सिद्धान्त का पालन करते हुए लक्ष्य की ओर शनैः-शनैः बढ़ने के परिणाम निश्चित रूप से अच्छे निकलते हैं। इस प्रक्रिया में धैर्य की अत्यावश्यकता होती है। अभिक्रमित अध्ययन तकनीक के छोटे-छोटे पदों का सिद्धान्त इसी मनोवैज्ञानिक तथ्य पर आधारित है।

(6) *त्रुटि दर को कम करना (To Reduce Error)* : स्किनर की वह मान्यता रही है कि विद्यार्थियों को यदि आप त्रुटियां करने के अवसर नहीं देंगे तो वे कभी त्रुटि नहीं करेंगे। त्रुटियों की दर में वृद्धि होने से मनोबल गिरता है अतः अभिक्रमित अध्ययन-तकनीक पर आधारित पठन-सामग्री में इस बात का विशेषरूप से ध्यान रखा जाता है। प्रेरक संकेतों का उपयोग करके त्रुटि दर को न्यूनतम किया जाने का प्रयास किया जाता है।

(7) *सफलता की अनुभूति करना (Feedling of Success)* : थॉर्नडाइक ने एक सिद्धान्त यह भी प्रतिपादित किया कि जिन कार्यों को करने में मनुष्य को सुख मिलता है उसे वह बार-बार करना चाहता है। इसे विपरीत कष्टप्रद कार्यों से वह मुक्ति चाहता है। अभिक्रमित अध्ययन-तकनीक में इस सिद्धान्त को इस रूप में अपनाया गया है कि सीखने की प्रक्रिया में विद्यार्थी को निरन्तर सफलता की यदि अनुभूति कराई जाये तो इससे उसके आत्मविश्वास और मनोबल में वृद्धि होती है। आत्मविश्वास और मनोबल के साथ किया गया कार्य उत्तम कोटि का ही होगा। व्यक्तित्व के निर्माण में भी ये दोनों गुण अत्यन्त महत्व के होते हैं।

अभिक्रमित अनुदेशन के प्रकार
(Types of Programmed Instruction)

अभिक्रमित अनुदेशन के मुख्य तीन प्रकार हैं–

(1) रेखीय अभिक्रमित अनुदेशन (Linear Programming)

रेखीय अभिक्रमित अनुदेशन को शृंखला अभिक्रमित अधिगम भी कहते हैं। इसके प्रवर्तक हार्वर्ड विश्वविद्यालय के प्रोफेसर बी० एफ० स्किनर तथा उनके साथी होलेण्ड हैं। इसके अन्तर्गत विषयवस्तु को छात्रों के सम्मुख छोटे-छोटे पदों के रूप में कमबद्ध तरीके से प्रस्तुत किया जाता है। छात्र को प्रत्येक पद पर अनुक्रिया करनी होती है तथा इस प्रकार वह धीरे-धीरे अन्तिम व्यवहार (Terminal Behaviour) अथवा वांछित व्यवहार की ओर बढ़ता जाता है। छात्र पढ़ने के बाद वह अनुक्रिया करता है तथा अपनी अनुक्रिया की जांच करता है कि वह सही है या गलत। सही क्रिया करने के बाद ही वह दूसरे पद को पढ़ता है। इससे उसे प्रतिपुष्टि (Feedback) मिलती है। इस अधिगम प्रक्रिया को एक सीधी रेखा या शृंखला द्वारा प्रदर्शित किया जाता है, इसीलिये इसे रेखीय या शृंखला अभिक्रमित अनुदेश कहते है।

"Linear Programming is originally based on a conditioning mode. Briefly, it postulates that desired change in behaviour, defined as learning, can best be brought about by inducing and then rewarding the desired behaviour. The learning materials are designed to cause the student to omit the behaviours defined as the subject-matter to be learned, plece by plece, rewarding each instance whereing the student omits the desired behavriour."

According to Skinner, "The best way to teach student is to break the subect-matter into meaningful segments of information and write samll steps in such a way that only the correct responses are likely to occur. Students learn better when they are successful. The student should be provided immediate knowledge of the result of his performance."

This method is called linear because it emphasises on proceeding in a straight line. Generally, all the students go through a single series of short steps which are designed to ensure a high rate of correct response to the frame.

इस प्रकार की प्रोग्रामिंग में प्रत्येक छात्र को निम्नवत् एक समान रास्ता तय करना होता है। निम्न चित्रों से इसे स्पष्ट करने का प्रयास किया जाता है–

फ्रेम (Frames)

प्रथम फ्रेम	द्वितीय फ्रेम	तृतीय फ्रेम	चतुर्थ फ्रेम	पंचम फ्रेम

अधिगम का पथ

पूर्व व्यवहार ⟶ ⟶ ⟶ ⟶ ⟶ ⟶ अंतिम व्यवहार

इस प्रकार के अनुदेशन के अन्तर्गत अध्ययन सामग्री का निर्माण करते समय निम्नलिखित नियमों को ध्यान में रखना चाहिए–

(1) प्रेरकों को शनैः-शनैः लुप्त कर दिया जाए।
(2) प्रत्येक विद्यार्थी लिखकर सक्रिय सहयोग दे।
(3) प्रत्येक सही उत्तर का पुनर्बलन किया जाए
(4) विभेदीकरण की शिक्षा दी जाए।
(5) त्रुटि दर न्यूनतम रखी जाए।
(6) क्रमबद्ध तरीके से छोटे पदों में प्रगति की जाए।
(7) विद्यार्थी का व्यवहार नियन्त्रित हो।
(8) अनुक्रिया प्रत्यक्ष (Overt) होनी चाहिए।

मान्यताएं (Assumptions)–लीनियर प्रोग्रामिंग निम्नलिखित मान्यताओं पर निर्भर है–

(1) एक छात्र उस स्थिति में बेहतर सीखता है जब विषय-वस्तु को व्यवस्थित तरीके से छोटे-छोटे भागों में विभक्त कर लिया जाता है।
(2) इस प्रोग्रामिंग में उपचारात्मक शिक्षण की कोई गुंजाइश नहीं है। इसके लिये ब्राचिंग प्रोग्रामिंग है।

(3) एक छात्र केवल सक्रिय रहकर ही कुछ सीख सकता है। इसका तात्पर्य यह है कि कुछ सीखने के बाद छात्र को एक निश्चित तरीके से ही क्रिया करनी होती है।

(4) एक छात्र उस स्थिति में बेहतर सीखता है तथा प्रेरित होता है जब उसके सही दिशा में कदम उठाने पर उसे कहा जाये कि वह ठीक दिशा में अग्रसर है।

(5) उप-कार्य को इस प्रकार व्यवस्थित किया जाना चाहिये कि कोई दूसरा व्यक्ति भी इसका सत्यापन कर सके।

संक्षेप में, लीनियर प्रोग्रामिंग का उपयोग उसी स्थिति में किया जाये जब छात्र विषय-वस्तु के बड़े अंश को आत्मसात् न कर सके, जब कौशल का निर्माण करना हो, जब विद्यार्थियों की योग्यता का स्तर एक समान हो और जब प्रयोग द्वारा यह सिद्ध हो कि इसका उपयोग करना ही छात्रों के लिए हितकर होगा।

रेखीय (शृंखला) अभिक्रमित अनुदेशन का स्वरूप
(Structure of Linear Programme)

इस आव्यूह में पाठ्य-वस्तु को छोटे-छोटे पदों में क्रमबद्ध रूप में प्रस्तुत किया जाता है। प्रत्येक पद छात्र को नवीन ज्ञान प्रदान करता हैं प्रत्येक पद पर छात्र सही अनुक्रिया करता है जिसका सम्बन्ध अन्तिम व्यवहार (Terminal Behaviour) से होता है। छात्र एक समय में जितना पढ़ता है उसे पद (Frame) कहते हैं। सभी पदों में परस्पर चढ़ाव के क्रम में सम्बन्ध होता है। प्रत्येक पद के तीन भाग होते हैं–

(1) उद्दीपन (Stimulus)

(2) अनुक्रिया (Response)

(3) पुनर्बलन (Reinforcement)।

(1) *उद्दीपन (Stimulus) :* शृंखला अभिक्रमित व्यवहारवादी मनोविज्ञान के सिद्धान्तों पर आधारित है। इसलिए अधिगम की प्रक्रिया की उद्दीपन-अनुक्रिया (S-R) के रूप में व्याख्या की जाती है। इसमें वातावरण और परिस्थिति को प्रधानता दी जाती है। उद्दीपन पाठ्य-वस्तु के रूप में प्रस्तुत किया जाता है। इसे स्वतन्त्र चर (Independent Variable) भी कहते हैं। पाठ्य-वस्तु उद्दीपन अनुक्रिया के लिये परिस्थिति उत्पन्न करता है। यह अपेक्षित अनुक्रिया के लिये पर्याप्त नहीं होता इसलिए अतिरिक्त उद्दीपन भी प्रयुक्त किया जाता है जो सही अनुक्रिया करने में छात्रों

को सहायता प्रदान करता है। इन्हें उभारक और अनुबोधक (Prompts) कहते हैं।

(2) *अनुक्रिया (Response)* : छात्र को उद्दीपन के लिये अपेक्षित अनुक्रिया करनी होती है जिसे आश्रित चर (Dependent Variable) कहते हैं। अनुक्रिया उद्दीपन पर निर्भर होती है। सही अनुक्रिया करने से छात्र ज्ञान (Knowledge of Result) प्राप्त करता है। प्रत्येक अनुक्रिया नये व्यवहार का विकास करती है जिसका सम्बन्ध अन्तिम व्यवहार से होता है। इस प्रकार श्रृंखला अभिक्रमित अनुदेशन की अनुक्रियाओं की अग्रलिखित तीन विशेषताएं होती हैं–

(अ) अनुक्रिया से छात्र को नया ज्ञान प्राप्त होता है।

(ब) अनुक्रिया का सम्बन्ध अन्तिम व्यवहारों से होता है।

(स) अनुक्रिया की पुष्टि छात्र को पुनर्बलन प्रदान करती है।

(1) *रचनात्मक अनुक्रिया (Constructive Response)* : प्रत्येक पद के लिए स्थान में छात्र को अनुक्रिया लिखनी पड़ती है। यह अनुक्रिया छात्र के लिए नया व्यवहार होता है। इसे रचनात्मक अनुक्रिया (Construct Response) कहते हैं। शृंखला अभिक्रमित अधिगम में इसी प्रकार की अनुक्रियाओं के लिए अधिकांश परिस्थितियां उत्पन्न की जाती हैं।

(2) *विभेदीकृत अनुक्रिया (Discriminent Response)* : कुछ पदों में अनुक्रिया के लिए दो विकल्प दिये जाते हैं उनमें एक सही अनुक्रिया होती है। पद को पढ़ते समय छात्र को सही अनुक्रिया का चयन करना होता है। इसे विभेदीकरण अनुक्रिया कहते हैं। छात्र पदों का अध्ययन करते समय अपनी अनुक्रिया को उत्तर-पत्रक (Response-Sheet) पर अंकित करता है। इन अनुक्रिया का अवलोकन किया जा सकता है। इसे बाह्य-अनुक्रिया (Overt Response) कहते हैं। परम्परागत पुस्तकों की भांति अपनी अनुक्रिया को बिना लिखे भी पढ़ सकते हैं परन्तु पढ़ते समय रिक्त स्थान के लिए अनुक्रिया को सोचना पड़ेगा तथा उसकी पुष्टि भी करनी होगी। इस प्रकार की अभिक्रिया को आन्तरिक अनुक्रिया (Covert Response) कहते हैं। इन दोनों का भी दो-दो भागों में विभाजन किया गया है। इस प्रकार शृंखला अभिक्रमित अनुदेशन में चार प्रकार की अनुक्रियायें की जाती हैं–

(क) रचनात्मक बाह्य अनुक्रिया (Over Construct Response)

(ख) रचनात्मक आन्तरिक अनुक्रिया (Covert Construct Response)

(ग) विभेदीकृत बाह्य अनुक्रिया (Over Discriminent Response)

(घ) विभेदीकृत आन्तरिक अनुक्रिया (Covert Discriminent Response)

(3) *पुनर्बलन (Reinforcement) :* छात्रों को अपनी अनुक्रियाओं की जांच करनी होती है। सही उत्तर पदों के साथ दिया जाता है। सही अनुक्रिया पाने पर छात्रों को प्रसन्नता होती है और अगले पद को पढ़ने के लिये पुनर्बलन मिलता है। सही अनुक्रिया नया ज्ञान (Knowledge of Result) प्रदान करती है। इस प्रकार पुनर्बलन से छात्र उद्दीपन अनुक्रिया के नये सम्बन्ध स्थापित करता है इसे पुष्टिकरण (Confirmation) की संज्ञा दी जाती है। इसमें सभी छात्र तत्पर रहते हैं, क्योंकि पढ़ते समय उन्हें अनुक्रिया करनी होती है। अपने अध्ययन का आलेख भी तैयार करना होता है जिससे उनके अध्ययन की पुष्टि भी होती है।

शाखीय प्रोग्रामिंग के सिद्धान्त
(Principles of Branching Programming)

शाखीय अभिक्रमित अनुदेशन के सिद्धान्त निम्न प्रकार है।

(1) *कार्य विश्लेषण (Task Analysis) :* इस सिद्धान्त के अनुस्वर कार्य को उसके तत्वों के अनुरूप विभक्त किया जाता है। ये तत्व एक क्रम में व्यवस्थित किये जाने चाहिए। ताकि अधिगम का हस्तान्तरण (Transfer of Learning) आसानी से हो सके।

(2) *प्रस्तुति (Exposure) :* इस नियम के अनुसार कार्य को विस्तृत रूप में अथवा एक व्यापक यूनिट के रूप में प्रस्तुत किया जाता है। इसीलिये इसे Expository Programme भी कहा जाता है।

(3) *निदान (Diagnosis) :* Exposition के बाद छात्रों की कमजोरियों को पहचानने का प्रयास किया जाता है। तकनीकी लोगों की दृष्टि से इसे Fault Loccation कहा जाता है। बिना निदान के कोई Prescription नहीं दिया जा सकता।

(4) *उपचार (Remediation) :* निदान के बाद समस्याओं का निराकरण किया जाता है अर्थात् कमियों (Fault) को दूर किया जाता है। ये सभी सिद्धान्त शिक्षण अधिगम में भी प्रयोग किये जाते हैं।

शाखीय अभिक्रमण की प्रक्रिया (Process) : शाखीय अभिक्रमण में एक या दो पैरा में या एक पूरे पेज पर एक फ्रेम दिया जाता है। यह रेखीय प्रोग्रामिंग की तुलना में काफी बड़ा होता है। छात्र एक-एक करके सभी फ्रेमों से गुजरते हैं। एक फ्रेम के पश्चात् उसे सम्बन्धित बहु-निर्वचनीय वस्तुनिष्ठ प्रश्नों के उत्तर

देने होते हैं। उसे दिये गये उत्तरों में से एक सही उत्तर का चुनाव करना होता है। यदि उसका उत्तर सही है तो वह आगे बढ़ता है और यदि उत्तर सही नहीं है तो उसे उपचारात्मक निर्देश प्रदान किये जाते हैं। इस हेतु उसे मूल अंश की विशिष्ट रूप से तैयार की गयी उपचारात्मक श्रृंखला की ओर जाने का निर्देश दिया जाता है और इसके पश्चात् पुनः इस पद पर आने तथा उत्तर देने को कहा जाता है। यह क्रिया तब तक चलती रहती है जब तक कि छात्र सही उत्तर नहीं दे देता। केवल सही उत्तर मिलने पर ही उसे अगले पद पर आगे बढ़ने के लिए कहा जाता है। शाखीय अभिक्रमण में कमजोर छात्र की अपेक्षा एक प्रतिभाशाली छात्र अन्तिम व्यवहार तक जल्दी पहुंचता है। अभिक्रमण की इस शैली में छात्रों की त्रुटियां दूर करने की अपेक्षा उनके निदान पर अधिक बल दिया जाता है।

मान्यताएं (Assumptions) : शाखीय अनुदेशन निम्नलिखित मान्यताओं पर आधारित है

(1) अधिगमकर्त्ता की त्रुटियां अधिगम में व्यवधान उत्पन्न नहीं करती लेकिन ये उपचारात्मक शिक्षण के लिये आधार अवश्य प्रदान करती हैं। कहने का तात्पर्य यह है कि यह थॉर्नडाइक तथा स्किनर की मान्यताओं से मेल नहीं खाती।

(2) पाठ्य-वस्तु को व्यापक रूप में प्रस्तुत करना चाहिये न कि छोटे-छोटे पदों के रूप में।

(3) गृह पृष्ठ पर पढ़ाई जाने वाली विषय-वस्तु की व्याख्या की जाती है तथा त्रुटि पृष्ठ पर निदानात्मक तथा उपचारात्मक निर्देश दिये जाते हैं।

(4) अधिगमकर्त्ता की आवश्यकता को संतुष्ट करके व्यक्तिगत विभिन्नताओं का ध्यान रखा जा सकता है। अधिगमकर्त्ता की आवश्यकता प्रमुख है। वह अपनी आवश्यकता के अनुसार ब्रांचिगं पथ का चयन करता है।

(5) शाखीय अधिगम में पदों को पृष्ठों (Pages) के रूप में प्रस्तुत किया जाता है। इसमें दो प्रकार के पृष्ठ होते हैं–गृह पृष्ठ (Home Page) तथा त्रुटि पृष्ठ (Wrong Page)।

शाखीय अभिक्रमित अनुदेश के प्रकार (Types of Branching Programming)

शाखीय अभिक्रमित अनुदेशन निम्नलिखित चार प्रकार के बतलाये गये हैं–

(1) पुंज प्रश्नों पर आधारित।

(2) बहुनिर्वचन प्रश्न पर आधारित (Based on multiple choice questions)।

(3) रचनात्मक अनुक्रिया प्रश्न पर आधारित (Based on constructive response questons)।

(4) रचनात्मक निर्वचन प्रश्न पर आधारित (Based on constructive choice questions)।

(1) *पुंज प्रश्नों पर आधारित*–इस प्रकार के शाखीय अनुदेशन का स्प 'अपठित विषय-वस्तु' (Unseen Passage) के समान् होता है। प्रस्तुतीकरण में पर्याप्त सूचना छात्र को प्रदान की जाती है और उससे सम्बन्धित कई प्रश्नों के उसे उत्तर देने होते हैं। आरम्भ में इस प्रकार के पदों की रचना की जाती क्योंकि इसमें छात्र से कई प्रकार के प्रश्न पूछे जाते हैं। इसमें छात्र की अनुक्रिया की पुष्टि भी नहीं की जाती और न गलत अनुक्रियाओं के लिये उपचारात्मक अनुदेशन (Remedial Instruction) ही प्रदान किया जाता है। इस प्रकार के पदों को परीक्षण के लिये प्रयोग किया जाता है। सभी प्रकार के शाखीय अनुदेशन में अनुक्रियाओं को छात्र स्वयं आन्तरिक रूप में नियन्त्रित करते हैं। छात्रों की अनुक्रिया के लिये पूर्ण स्वतन्त्रता होती है। इसके विपरीत शृंखला अनुदेशन (Linear Programme) में छात्रों को अनुक्रिया की बिल्कुल स्वतन्त्रता नहीं होती और अभिक्रमक छात्रों की अनुक्रिया को नियन्त्रित करता है। मानव अधिगम के लिए शाखीय अनुदेशन अपेक्षाकृत अधिक उपयोगी प्रतीत होती है।

(2) *बहुनिर्वचन प्रश्न पर आधारित*–शाखीय अनुदेशन के इस रूप में सूचना के अन्त में बहुनिर्वचन प्रश्न दिया जाता है जिसमें प्रश्न के लिए कई सम्भावित विकल्प दिये जाते हैं। उनमें से एक सही होता है छात्रों को उनमें से एक ही उत्तम विकल्प का चयन करना होता है। यदि वह सही विकल्प का चयन कर लेता है तब उसके सामने अंकित संख्या के प्रश्न से उसकी पुष्टि होती है। गलत अनुक्रिया करने पर उसके सामने अंकित संख्या के पृष्ठ पर उपचार के लिए अनुदेशन दिये जाते हैं।

(3) *रचनात्मक अनुक्रिया प्रश्न पर आधारित*–सूचनाओं के अन्त में प्रश्न दिये जाते हैं और उनके उत्तर के लिये कोई विकल्प नहीं दिये जाते। छात्रों को उन प्रश्नों का उत्तर स्वयं देना होता है। छात्र अपनी अनुक्रिया की शुद्धता की स्वयं जांच करता है और गलत अनुक्रिया के लिये उसे उपचारात्मक अनुदेशन प्रदान नहीं किया जाता है। छात्र प्रस्तुत सूचना को दोहरा सकता है।

(4) *रचनात्मक निर्वचन प्रश्न पर आधारित*–इस प्रकार के शाखीय अनुदेशन

में छात्रों को प्रश्न का उत्तर लिखना होता है। इसके बाद छात्र पृष्ठ को पलट कर अपनी अनुक्रिया की पुष्टि करता है। जब छात्र अगले पृष्ठ पर पहुंचता है। तब वहां उसे उपचारात्मक अनुदेशन दिया जाता है क्योंकि इस पृष्ठ पर सही अनुक्रिया के लिये विकल्प दिये जाते हैं। प्रत्येक विकल्प के लिए उपचारात्मक अनुदेशन दिया जाता है। छात्र की अनुक्रिया जिस विकल्प से मिलती-जुलती है उसी के उपचारात्मक अनुदेशन का छात्र अध्ययन करता है। गलत अनुक्रिया के लिये उपचारात्मक अनुदेशन की सहायता प्रदान की जाती है।

(3) अवरोह-अभिक्रमित अनुदेशन (Methetics Programming)

अवरोह-अभिक्रमित अनुदेशन का आविर्भाव (Origin of Methetics)

मेथटिक्स का मौलिक प्रत्यय थॉमस एफ० गिलबर्ट (1962) ने दिया है। इन्होंने मेथटिक्स' नामक एक पत्रिका प्रकाशित की थी और उसमें इस प्रत्यय का सर्वप्रथम उल्लेख किया था। मेथटिक्स को यूनानी भाषा के शब्द 'मेथीन' (Methein) से लिया गया है, जिसका अर्थ है सीखना। यद्यपि इस प्रकार के अभिक्रमित अनुदेशन का प्रयोग संयुक्त राज्य अमेरिका में गणित विषय के प्रत्ययों के अनुदेशन के लिए किया गया है परन्तु इस प्रकार के अनुदेशन का उपयोग विद्यालय के अन्य विषयों के शिक्षण में भी किया जा सकता है। इस अभिक्रमित अनुदेशन में विषय के स्वामित्व पर अधिक बल दिया जाता है।

अवरोह-अभिक्रमित अनुदेशन की परिभाषा एवं अर्थ (Meaning and Definition of Methetics)

मेथटिक्स अनुदेशन एक नया प्रत्यय है, जिसमें तकनीकी का प्रयोग किया जाता है। यह अनुदेशन अधिक प्रेरणादायक कार्य से प्रारम्भ होता है। इसमें कार्य का स्वरूप ऐसा होता है जो क्रम में व्यवस्थित किया जा सके और जिसकी अन्तिम प्रक्रिया से कार्य की पूर्णता की सम्भावना अधिक हो सके। मेथटिक्स अथवा अवरोह अभिक्रमित अनुदेशन के प्रतिमान में शिक्षार्थी सभी प्रकार की निष्पत्तियों को क्रियाओं द्वारा सीखता है। इसे अन्तर्गत व्यवहार में विभेदीकरण, सामान्यीकरण तथा श्रृंखला को महत्त्व दिया जाता है और सभी प्रकार के अनुदेशन में इन्हीं तीनों व्यवहारों का शिक्षण किया जाता है। इसमें पाठ्य-वस्तु को एक श्रृंखला के रूप में व्यवस्थित किया जाता है जिसमें छात्रों को विशिष्ट अनुक्रियायें करनी पड़ती हैं परन्तु अनुक्रियायें अवरोह क्रम में की जाती है। अर्थात्, अन्तिम क्रिया पहले करनी पड़ती है और प्रथम क्रिया अन्त में। इसलिए मेथटिक्स को अवरोह श्रृंखला अनुदेशन (Retrogressive Chaining) भी कहते हैं। अत: इसमें अवरोह श्रृंखला (Backward Chaining)

का प्रयोग किया जाता है जबकि श्रृंखला अनुदेशन में आरोह क्रम (Progressive Chaining) का अनुसार किया जाता है। गिलबर्ट महोदय ने 'अवरोह अनुदेशन' अथवा मेथटिक्स की परिभाषा निम्न प्रकार से की है।

''मेथटिक्स जटिल व्यवहार श्रृंखला के निर्माण एवं विश्लेषण के लिए पुनर्बलन के सिद्धान्तों का एक व्यवस्थित प्रयोग है जो पाठ्य-वस्तु के स्वामित्व को प्रदर्शित करता है।''

"Methetics is defined as the systematic application of re-inforcement theory to the analysis and construction of complex repertories which represent mastery of subject-matter."

उपरोक्त परिभाषा से स्पष्ट होता है कि जटिल व्यवहार श्रृंखला के विकास के लिए उद्दीपन व अनुक्रिया की सहायता ली जाती है जिससे शिक्षार्थी को पुनर्बलन मिलता है और वह पाठ्य-वस्तु पर स्वामित्व प्राप्त करता है।

इस अनुदेशन का मुख्य उद्देश्य पाठ्य-वस्तु पर स्वामित्व प्रदान करना है। जटिल व्यवहारों के विकास की सहायता से विषय-वस्तु पर स्वामित्व किया जा सकता है, जो कि इस अनुदेशन से सम्भव है।

अवरोह–अभिक्रमित अनुदेशन की अवधारणायें
(Assumptions of Methetical Programming)

इस अभिक्रमित अनुदेशन की अधोलिखित अवधारणायें हैं–

(1) पाठ्य-वस्तु के स्वामित्व के लिए अवरोह श्रृंखला अधिक उपयोगी होती है।

(2) कार्य की पूर्ति छात्रों को पुनर्बलन प्रदान करती है। प्रस्तुतीकरण में प्रत्येक उद्दीपन पुनर्बलन प्रदान करता है।

(3) अधिक प्रेरणादायी क्रियाओं (Motivating Task) के लिए यह अनुदेशन अधिक प्रभावशाली होता है।

(4) श्रृंखला अधिगम के लिये अवरोह अनुदेशन (Methetics) अधिक उपयोगी होता है।

(5) अन्तिम पद को पहले प्रस्तुत करने से पाठ्य-वस्तु के स्वामित्व में अधिक सहायता मिलती है।

(6) उद्दीपन तथा अनुक्रिया ही पाठ्य-वस्तु के स्वरूप को निर्धारित करते है।

(7) अधिगम की परिस्थिति में विभेदीकरण, सामान्यीकरण तथा श्रृंखला अधिगम अधिक प्रभावशाली होता है।

अवरोह–अभिक्रमित अनुदेशन के सिद्धान्त
(Principles of Methetics)

इस प्रकार के अनुदेशन का मुख्य लक्ष्य पाठ्य-वस्तु का स्वामित्व प्रदान करना है जिसके लिये प्रस्तुतीकरण (Prescription) को विशेष महत्व दिया जाता है। प्रस्तुतीकरण में निम्न तीन नियमों को विशेषरूप से ध्यान में रखा जाता है–

(अ) सामान्यीकरण का नियम (Law of Generalization)

(ब) शृंखला का नियम (Law of Chaining)

(स) विभेदीकरण का नियम (Law of Discrimination)।

(अ) *सामान्यीकरण का नियम (Law of Generalization)* : सामान्यीकरण का प्रयोग उन परिस्थितियों में किया जाता है जहां कई उद्दीपनों के लिए एक ही अनुक्रिया की जा सके। कई उद्दीपनों के समान तत्व होने पर एक अनुक्रिया पर्याप्त होती है। इसे सामान्यीकरण कहा जाता है। सामान्यीकरण को उद्दीपन अनुक्रिया के रूप में निम्न प्रकार से प्रस्तुत किया जा सकता है–

$$\left.\begin{array}{l}\text{उद्दीपन}_1\\ \text{उद्दीपन}_2\\ \text{उद्दीपन}_3\end{array}\right] \rightarrow \text{अनुक्रिया}$$

एक उदाहरण से सामान्यीकरण को स्पष्ट कर सकते हैं–

$$\left.\begin{array}{l}\text{लाल}\\ \text{पीला}\\ \text{हरा}\end{array}\right] \rightarrow \text{रंग} \qquad \left.\begin{array}{l}\text{तांबा}\\ \text{लोह}\\ \text{जस्ता}\end{array}\right] \rightarrow \text{धातु}$$

प्रथम तीनों उद्दीपनों के लिए एक अनुक्रिया 'रंग' तथा दूसरी परिस्थिति के लिए अनुक्रिया 'धातु' सामान्यीकरण के आधार पर ही की जा सकती है।

अवरोही अभिक्रमित अनुदेशन की सामग्री के निर्माण में इन्हीं तीनों (शृंखला, विभेदीकरण तथा सामान्यीकरण) का उपयोग किया जाता है और अधिगम के लिए उद्दीपन अनुक्रिया की सहायता से समुचित अधिगम परिस्थिति उत्पन्न की जाती है।

(ब) *शृंखला का नियम (Law of Chaining)* : शृंखला का प्रयोग उन क्रियाओं में किया जाता है जहां स्वामित्व देने वाली क्रियाओं की व्यवस्था एक क्रम में की जा सकती है। पाठ्य-वस्तु का विश्लेषण करके उसके तत्वों को उद्दीपन अनुक्रिया के रूप में प्रस्तुत किया जा सकता है। प्रत्येक

अनुक्रिया अपने से अगले पद के लिये उद्दीपन का कार्य करती है। शृंखला के स्वरूप को संकेतों की सहायता से निम्न प्रकार से प्रस्तुत किया जा सकता है–

उद्दीपन$_1$ अनुक्रिया$_2$ उद्दीपन$_2$ अनुक्रिया$_2$ उद्दीपन$_3$ अनुक्रिया$_3$

शृंखला का सम्पादन करने के लिए उद्दीपन तथा अनुक्रिया की व्यवस्था इस प्रकार की जाती है कि एक पुंज (Package) में प्रथम पद की अनुक्रिया द्वितीय पद के लिए उद्दीपन का कार्य करे और दूसरे पद की अनुक्रिया तीसरे पद के लिए उद्दीपन का कार्य करे। अनुक्रिया का सम्बन्ध स्वामित्व व्यवहार से होता है।

(स) विभेदीकरण का नियम *(Law of Discrimination)* : विभेदीकरण का प्रयोग उन परिस्थितियों में किया जाता है जहां उद्दीपन तथा अनुक्रियायें विभिन्न प्रकार की होती हैं। विभेदीकरण तब हो सकती है जब प्रत्येक उद्दीपन अलग-अलग प्रकार की होती है। विभेदीकरण को संकेतों के द्वारा निम्न प्रकार से प्रस्तुत किया जा सकता है–

उद्दीपन$_1$ → अनुक्रिया$_1$ Cu → तांबा

उद्दीपन$_2$ → अनुक्रिया$_2$ Fe → लोहा

उद्दीपन$_3$ → अनुक्रिया$_3$ Zn → जस्ता

इसमें प्रत्येक उद्दीपन स्वतन्त्र होती है। एक साथ अलग-अलग उद्दीपन प्रस्तुत करने से छात्र अलग-अलग अनुक्रियायें करता है और अलग अनुक्रियाओं के करने से विभेदीकरण का सम्पादन होता है।

अवरोह–अभिक्रमित अनुदेशन का स्वरूप
(Structure of Methetics)

इस प्रकार के अनुदेशन में स्वामित्व इकाई को छोटे-छोटे पदों में विभाजित किया जाता है और उन्हें सीखने के क्रम में व्यवस्थित किया जाता है। पहले पद में प्रत्यय की व्याख्या की जाती है। छात्र से कोई अनुक्रिया नहीं कराई जाती। इसके बाद सभी तत्वों का प्रदर्शन किया जाता है परन्तु स्वामित्व तत्व के लिए छात्र अनुक्रिया करते हैं। तीसरे पद में सभी तत्वों का प्रदर्शन किया जाता है और अन्तिम दो तत्वों के लिए छात्र अनुक्रियायें करते हैं। इसी प्रकार पहले तत्व के लिए छात्र अनुक्रिया अन्त में करते हैं। इसीलिए इसको अवरोही शृंखला (Backward Chaining) भी कहते हैं। एक स्वामित्व इकाई के सभी पदों को एक पुंज (Package) कहा जाता है इस प्रकार के अनुदेशन के रूप को एक उदाहरण से अधिक स्पष्ट रूप से समझा जा सकता है–

उदाहरण

(1) संख्या 65 का वर्ग ज्ञात करना है।

(अ) संख्या के पहले अंक 6 को उससे अगले अंक 7 से गुणा कीजिये।

(ब) गुणनफल.......के दाहिनी ओर........को लिख दीजिये।

(स) संख्या 65 का वर्ग..........है।

अनुक्रियायें : (ब) $6 \times 7 = 42$ दाहिनी ओर 25 को लिख दीजिये।

(स) संख्या 65 का वर्ग 4225 है।

(2) संख्या 35 का वर्ग ज्ञात करना है।

(अ) संख्या के पहले अंक 3 को उससे अगले अंक 4 से गुणा कीजिये।

(ब) गुणनफल 12 के दाहिनी ओर 25 लिख दीजिए।

(स) संख्या 35 का वर्ग.........है।

अनुक्रिया : (स) वर्ग 1225

(3) संख्या 25 का वर्ग ज्ञात करना है।

(अ) संख्या के पहले अंक (2) को इससे अगले अंक (3) से गुणा कीजिये।

(ब) गुणनफल 6 के दाहिनी ओर 25 लिख दीजिये।

(स) संख्या 25 का वर्ग 625 है।

(4) अंक 5 से समाप्त होने वाली दो अंकों की संख्या का वर्ग ज्ञात करना।

(अ) संख्या के पहले अंक को उससे अगले अंक से गुणा कीजिये।

(ब) इस गुणनफल के दाहिनी ओर 25 लिख दीजिये।

(स) किसी अनुक्रिया की आवश्यकता नहीं है।

(5) निम्नलिखित संख्याओं का वर्ग क्या है।

(अ) संख्या 75 ....

(ब) संख्या 85 ....

अनुक्रियायें : (अ) 5625 (ब) 7225

(6) संख्या 45 वर्ग ज्ञात करना है।

(अ) संख्या के पहले अंक को इससे अगले अंक से गुणा कीजिये।

(ब) गुणनफल .... के दाहिनी ओर .... को लिख दीजिये।

(स) संख्या 45 का वर्ग .... है।

अनुक्रियायें : (अ) संख्या 4 का 5 से गुणा।

(ब) गुणनफल 20 के दाहिनी ओर 25।

(स) संख्या 45 का वर्ग 2025 है।

इस उदाहरण से ज्ञात होता है कि स्वामित्व के लिये पूर्ण शृंखला को प्रत्येक बार दोहराया जाता है। प्रत्येक पद को सम्पूर्ण करके सम्मिलित किया जाता है। छात्र जैसे-जैसे आगे बढ़ता है उसे अधिक क्रियाशील होना पड़ता है और सूचनाओं को कम किया जाता है। मौलिक रूप में तीन पदों को ही सम्मिलित किया गया है।

इसके अन्तर्गत शिक्षण करते समय प्रथम फ्रेम में प्रत्यय, सूत्र या नियम की व्याख्या की जाती है। छात्रों से कोई अनुक्रिया नहीं कराई जाती है, द्वितीय फ्रेम में सभी पदों (Steps) का प्रदर्शन किया जाता है। लेकिन अन्तिम पद हेतु छात्र अनुक्रिया करते हैं। तीसरे फ्रेम में सभी पदों का प्रदर्शन किया जाता है तथा अन्तिम दो पदों के लिए छात्र अनुक्रिया करते हैं। चतुर्थ फ्रेम में प्रथम दो पदों का प्रदर्शन किया जाता है तथा अन्तिम तीन पदों के लिए छात्र अनुक्रिया करते हैं।

अबरोह–अभिक्रमित अनुदेशन के निर्माण के सोपान

(Steps for the Development of Methetical Programme)

अवरोही अभिक्रमित के अनुदेशन के निर्माण में पांच सोपानों का अनुसरण किया जाता है–

(1) कार्य-विश्लेषण तथा प्रदत्तों का संकलन (Task Analysis and Data Collection)

(2) स्वामित्व के लिये प्रस्तुतीकरण (Prescription for Mastery)

(3) पाठ्य योजना तथा विशिष्टीकरण (Characterization and Lesson plan)

(4) अभ्यास के लिये पद (Exercise Writing)

(5) सम्पादन करना (Editing)

सोपान 1–कार्य-विश्लेषण तथा प्रदत्तों का संकलन (Task-Analysis and Data Collection)

कार्य-विश्लेषण में विश्लेषण तथा संश्लेषण दोनों प्रक्रियाओं का प्रयोग किया जाता है। पाठ्य-वस्तु के प्रकरण को उप-प्रकरणों तथा तत्वों में विश्लेषण किया जाता है। इन तत्वों का क्रमबद्ध रूप में संश्लेषण किया जाता है। इन अनुदेशन का लक्ष्य पाठ्य-वस्तु का स्वामित्व प्रदान करना है, इसलिए कार्य विश्लेषण को विशेष महत्व दिया जाता है। इसमें पाठ्य-वस्तु के विशेषज्ञों से भी परामर्श किया जाता है। अन्तिम कार्य के लिए अन्य कार्यों को एक शृंखला के रूप में व्यवस्थित किया जाता है।

पाठ्य-वस्तु विश्लेषण तथा अपेक्षित व्यवहार परिवर्तन रूपी प्रदत्तों के आधार पर इस अनुदेशन का निर्माण होता है और इनकी सहायता से स्वामित्व सोपानों के लिए अवरोह श्रृंखला का विकास किया जाता है।

सोपान 2–स्वामित्व के लिए प्रस्तुतीकरण (Prescription for Mastery)

कार्य-विश्लेषण से प्राप्त प्रदत्तों को प्रेरणादायी क्रम में व्यवस्थित करना चाहिये। अनुदेशन की मूल इकाइयों को एक श्रृंखला में रखकर उद्दीपन-अनुक्रिया के रूप में प्रस्तुत किया जाता है। उद्दीपन-अनुक्रिया की इस प्रकार व्यवस्था की जाती है जिससे पिछले पद की अनुक्रिया अगले पद के लिए उद्दीपन का कार्य कर सके। उद्दीपन-अनुक्रिया के प्रस्तुतीकरण के लिए तीन अधिगम परिस्थितियों (श्रृंखला, विभेदीकरण तथा सामान्यीकरण) का प्रयोग किया जाता है तथा परिस्थितियां उत्पन्न करने के लिए उदाहरण–नियम (Eg-rule) के स्वरूप की सहायता ली जाती है। अनुदेशन के इस प्रकार के प्रस्तुतीकरण से छात्र पाठ्य-वस्तु पर स्वामित्व प्राप्त कर सकता है।

इसके अतिरिक्त अभिक्रमक पदों के निर्माण में समुचित अधिगम-स्वरूपों (Learning Structures) को उत्पन्न करने का प्रयास करता है जिससे छात्र पाठ्य-वस्तु का स्वामित्व सरलता से कर सकें।

सोपान 3–पाठ योजना का निर्माण (Preparation of Lesson Plan)

इसमें पाठ योजना तैयार की जाती है और इसमें पाठ के पदों का विस्तृत विश्लेषण किया जाता है। इसमें निम्न बातों का ध्यान रखा जाता है।

(अ) उद्दीपन–प्रक्रिया के कठिन सम्बन्धों का स्पष्टीकरण तथा मध्यस्थ उद्दीपन का प्रयोग।

(ब) उद्दीपन–अनुक्रिया के प्रस्तुतीकरण के क्रम श्रृंखला तथा उपश्रृंखला के रूप में व्यवस्था।

(स) अनुकरणीय घटकों (Simulators) का अपेक्षित स्तर तथा अनुदेशन में अनुकरणीय घटकों की समुचित स्थान पर व्यवस्था।

इस अनुदेशन में कठिन सम्बन्धों के लिए अतिरिक्त उद्दीपन का प्रयोग किया जाता है जिसे मध्यस्थ उद्दीपन (Mediation) कहते हैं। उद्दीपन–अनुक्रिया के कठिन युग्मों (Pairs) के लिए मध्यस्थ उद्दीपन कड़ी का कार्य करता है।

(द) अन्त में परीक्षण पदों की व्यवस्था।

सोपान 4–अभ्यास के लिए पद (Exercise Writing)

अभिक्रमक ने अपने अनुदेशन में जिस पाठ का नियोजन किया है उसी के लिए उसे अभ्यास पदों का निर्माण करना होता है। पाठ्य-वस्तु का स्वामित्व छात्रों की क्रियाओं द्वारा ही कराया जाता है। अवरोह–अभिक्रमित–अनुदेशन में एक पुंज (Package) के अभ्यास के लिए अवसर दिया जाता है तभी छात्र पाठ्य-वस्तु का स्वामित्व प्राप्त करता है। अभ्यास के पदों में अनुकरणीय प्रतिधियों की भी सहायता ली जाती है।

सोपान 5–अवरोह–अभिक्रमित का सम्पादन करना (Editing Methetical Programme)

(अ) प्रथम रूप का सम्पादन (Copy Editing) तथा

(ब) प्रायोगिक सम्पादन (Empirical Editing)।

(अ) *प्रथम रूप का सम्पादन (Copy Editing)* : प्रथम अवस्था में अभिक्रमित द्वारा लिखे गये पदों की भाषा, अभिव्यति तथा व्याकरण सम्बन्धी कठिनाइयों तथा त्रुटियों की जांच करके उनमें सुधार किया जाता है और अनुदेशन के प्रथम रूप का सम्पादन किया जाता है।

(ब) *प्रायोगिक सम्पादन (Empirical Editing)* : द्वितीय अवस्था में अनुदेशन के सम्प्रेषण की कमजोरियां के न्यादर्श पर जांच करके सुधार किया जाता है। न्यादर्श का चयन अपेक्षित जनसंख्या (Target Population) से किया जाता है। उस उद्दीपन–अनुक्रिया में छात्र कठिनाई का अनुभव करते हैं अथवा त्रुटियां करते हैं, उन्हें बदल दिया जाता है तथा अतिरिक्त उद्दीपन–अनुक्रिया कर सकें। छात्रों पर जांच करने के बाद अनुदेशन के अन्तिम रूप का सम्पादन कर लिया जाता है।

अवरोह–अभिक्रमित अनुदेशन की विशेषतायें (Characterisics of Methetical Programme)

अवरोह–अभिक्रमित अनुदेशन की निम्नलिखित विशेषतायें हैं–

(1) कार्य की पूर्णता को पुनर्बलन का साधन माना जाता है। छात्रों को अपनी अनुक्रियाओं की पुष्टि करने से पुर्नबलन का साधन माना जाता है। छात्रों को अपनी अनुक्रियाओं की पुष्टि करने से पुनर्बलन मिलता है।

(2) इस अनुदेशन से छात्र बिना शिक्षक की उपस्थिति के पाठ्य-वस्तु का स्वामित्व कर लेते हैं।

(3) यह अनुदेशन की एक ऐसी व्यूह रचना है जो पाठ्य-वस्तु के स्वामित्व को महत्व देती है।

(4) इसमें अवरोह श्रृंखला क्रम (Retrogressive Chaining Sequence) का प्रयोग किया जाता है जो स्वामित्व पद के लिए अधिक प्रभावशाली होता है।

(5) अधिगम में श्रृंखला, विभेदीकरण तथा सामान्यीकरण का प्रयोग किया जाता है।

(6) पाठ्य-वस्तु को छोटे-छोटे पदों में प्रस्तुत किया जाता है जिन्हें छात्र सरलता से बोधगम्य कर लेते हैं।

(7) इस व्यूह रचना में अधिगम परिस्थितियों, अपेक्षित व्यवहारों तथा पाठ्य-वस्तु के स्वामित्व को समान महत्व दिया जाता है।

(8) इस अनुदेशन की पाठ्य-सामग्री में नियम–उदाहरण (Ruleg) तथा उदाहरण–नियम (Egrule) दोनों प्रविधियों का प्रयोग किया जाता है।

(9) छात्रों को अपनी अनुक्रियाओं से सीखने का अवसर दिया जाता है। इससे छात्र अध्ययन के समय तत्पर रहते हैं।

(10) स्वामित्व पद अधिगम की श्रृंखला में कहीं भी आ सकता है, इसलिए यह व्यूह रचना अधिक लचीली है।

अवरोह-अभिक्रमित अनुदेशन की सीमाएं (Limitations of Methetical Programme)

अवरोह-अभिक्रमित अनुदेशन की मुख्य सीमाएं इस प्रकार हैं–

(1) इस प्रकार के अनुदेशन का निर्माण करना कठिन होता है।

(2) इसका प्रयोग सीमित पाठ्य-वस्तुओं के लिये ही किया जा सकता है क्योंकि अवरोह श्रृंखला क्रम से सभी प्रकार की पाठ्य-वस्तु को प्रस्तुत नहीं किया जा सकता है।

(3) इस अभिक्रमित-अनुदेशन में छात्रों की कठिनाइयों तथा कमजोरियों के लिए उपचारात्मक अनुदेशन की कोई व्यवस्था नहीं की जाती है।

(4) छात्रों की आवश्यकताओं को ध्यान में नहीं रखा जाता। सभी छात्रों को एक ही क्रम में अध्ययन करना होता है।

(5) इसके अध्ययन में छात्रों की अनुक्रिया के लिए स्वतन्त्रता नहीं होती। अन्तिम क्रिया पहले करने में छात्रों में कठिनाई होती है।

(6) इसका प्रयोग प्रत्ययों तथा नियमों की बोधगम्यता के लिए प्रभावशाली ढंग से नहीं किया जा सकता है।

(7) इस प्रकार के अनुदेशन का प्रयोग उच्च उद्देश्यों की प्राप्ति के लिए नहीं किया जा सकता है।

(8) इसमें केवल मनोवैज्ञानिक अभिप्रेरणा ही दी जाती है तथा सामाजिक अभिप्रेरणा को महत्व नहीं दिया जाता है।

शाखीय–अभिक्रमित अनुदेशन का प्रयोग
(Application of Branching Programming)

गणित में शाखीय अभिक्रमित अनुदेशन के प्रयोग को निम्न उदाहरण से स्पष्ट किया जा सकता है–

उदाहरण (Example)–*दो वर्गों के अन्तर वाले व्यंजनों के गुणनखण्ड ज्ञात करना। Question –* $16x^2 - 25y^2$ *के गुणनखण्ड कीजिए।*

(a) $(4x + 5y)(4x - 5y)$

(b) $(5y + 4x)(5y - 4x)$

(c) $(16x - 5y)(16x + 5y)$.

हल (Solution)–उपरोक्त प्रश्न में x और y दो व्यंजक हैं जिनके वर्गों का अन्तर $x^2 - y^2$ होगा। अब दो वर्गों के अन्तर वाले व्यंजकों अर्थात्, $x^2 - y^2$ प्रकार के व्यंजकों के गुणनखण्ड ज्ञात करने के लिए सर्वप्रथम हम दिये गये व्यंजक को $(x)^2 - (y)^2$ के रूप में व्यक्त करेंगे। इसके पश्चात् प्रथम कोष्ठक में दोनों व्यंजकों का योग $(x - y)$ तथा द्वितीय कोष्ठक में दोनों व्यंजकों का अन्तर $(x - y)$ लिखेंगे। इस प्रकार ये दोनों दिये गये व्यंजक के गुणनखण्ड कहलायेंगे। उत्तर की जांच के लिय यदि हम $(x + y)$ और $(x - y)$ की गुण करें तो गुणनफल $x^2 - y^2$ आना चाहिये। इस प्रकार हमारे उत्तर का सत्यापन भी हो जाता है।

सूत्र रूप में, दो वर्गों के अन्तर वाले व्यंजकों के गुणनखण्ड ज्ञात करने का सूत्र निम्नलिखित है–

$$x^2 - y^2 = (x + y)(x - y)$$

उपरोक्त प्रश्न का सही विकल्प (b) तथा विकल्प (c) के रूप में दिया है, उनके उत्तर गलत हैं। उन्हें पुनः इस विधि का अभ्यास करना चाहिये। जिन छात्रों ने विकल्प (b) को चुना है वे $(4x - 5y)$ तथा $(5y - 4x)$ में अन्तर नहीं जान पाये हैं। ठीक इसी प्रकार जिन छात्रों ने विकल्प (c) को चुना है वे $16x^2$ को $(16x)^2$ समझ बैठे हैं, जो कि गलत है। कहने का तात्पर्य यह है कि जिन छात्रों ने विकल्प (a) को चुना है उन्होंने इस अनुदेशन से सम्बन्धित गृह पृष्ठों (Home Page) का गहनता से अध्ययन किया है तथा उन्हें त्रुटि पृष्ठों (Wrong Pages) की ओर न जाकर गृह पृष्ठों की ओर ही अग्रसर होना है। इस प्रकार हम कह

सकते हैं कि शाखीय अनुदेशन में छात्र अपनी क्षमता एवं आवश्यकता के अनुरूप अपना मार्ग प्रशस्त करता है। साथ ही, कमजोर छात्रों की समस्याओं का निदान करके उनके लिए उपचारात्मक शिक्षण की भी व्यवस्था की जाती है। संक्षेप में, शाखीय अभिक्रमित अनुदेशन प्रक्रिया में किसी प्रत्यय, सिद्धान्त या नियम को समझने के लिए गृह पृष्ठों (Home Pages) तथा त्रुटि पृष्ठों (Wrong Pages) का महत्वपूर्ण स्थान है। ये छात्र की सफलता की राह के दो पड़ाव हैं।

अवरोह–अभिक्रमित अनुदेशन का प्रयोग
(Application of Methetics Programming)

गणित में अवरोह–अभिक्रमित अनुदेशन का प्रयोग निम्न उदाहरण से स्पष्ट किया जा सकता है–

Frame-1

माध्य निकालने का सूत्र है $M = \frac{\Sigma X}{N} = \mu \frac{\text{संख्याओं का योग}}{\text{पदों की संख्या}}$

(1) सर्वप्रथम दी गई संख्याओं का योग (ΣX) ज्ञात कीजिए।

(2) कुल पदों की संख्या (N) ज्ञात कीजिए।

(3) अब संख्याओं के योग (ΣX) में कुल पदों की संख्या (N) से भाग दीजिए।

(4) सूत्र का प्रयोग कर माध्य की गणना कीजिए, $M = \frac{\Sigma X}{N}$

विशेष–इस फ्रेम के अन्तर्गत छात्र से कोई अनुक्रिया नहीं कराई जाती।

Frame-2

Question– 7, 10, 8, 13, 11, 14, 9, 9, 13, 15 का मध्यमान निकालिए।

(1) $\Sigma X = 7 + 10 + 8 + 13 + 11 + 14 + 9 + 9 + 13 + 15 = 109$

(2) $N = 10$

(3) $\frac{\Sigma X}{N} = \frac{109}{10} = 10.9$

(4) अत: $M = 10.9$

Note : किसी अनुक्रिया की आवश्यकता नहीं।

Frame-3

Question– 10, 16, 17, 22, 26, 24, 26, 11 का मध्यमान निकालिए।

(1) $10 + 16 + 17 + 22 + 26 + 21 + 26 + 11 = 152$

(2) $N = 8$

(3) $\frac{\Sigma X}{N} = \frac{152}{8}$

(4) अत: M = ...

अनुक्रिया : $\frac{152}{8} = 19$

M = 19

उपरोक्त उदाहरण से स्पष्ट है कि विषय-वस्तु पर स्वामित्व (Mastery) के लिए पूरी प्रक्रिया को कई बार दोहराना पड़ता है तथा प्रत्येक फ्रेम में सम्पूर्ण प्रक्रिया को सम्मिलित किया जाता है। इस प्रकार के अनुदेशन में सम्पूर्ण कार्य सफलतापूर्वक कर लेने पर ही छात्र को पुनर्बलन प्रदान किया जाता है। यही इस अनुदेशन की विशेषता है।

अभिक्रमित अध्ययन–तकनीक की विशेषताएं (Characteristics)

इस तकनीक को अपनाकर अभिक्रमित अध्ययन–सामग्री की मदद से विद्यार्थियों को अध्ययन के अवसर प्रदान करने से अनेकानेक लाभ मिल सकते हैं–कुछ प्रमुख विशेषताएं इस प्रकार हैं–

(1) इस तकनीक में पदों को एक निश्चित तथा तार्किक क्रम में व्यवस्थित किया जाता है।

(2) इसमें विषय-वस्तु को छोटे-छोटे पदों में प्रस्तुत किया जाता है जिससे बच्चे आसानी से सीख जाते हैं।

(3) इसमें अनुक्रिया की तत्काल जांच करने की व्यवस्था रहती है। जिससे छात्र सीखने के लिए तत्पर रहता है।

(4) इसकी सहायता से कठिन प्रत्ययों, नियमों या सिद्धान्तों की सरलता से समझा जा सकता है।

(5) इसमें बालकों को अपनी गति एवं क्षमता के अनुसार सीखने का अवसर मिलता है।

(6) पत्राचार–शिक्षण में इस तकनीक का लाभ लिया जा सकता है। पत्रचार द्वारा शिक्षा प्रदान करने की प्रवृत्ति का शनैः-शनैः विकास हो रहा है। इसमें शिक्षक के अभाव में भी शिक्षक के समान अध्यापन इस तकनीक को अपनाकर सरलता से किया जा सकता है।

(7) वैयक्तिक भिन्नता का ध्यान रखा जा सकता है। चूंकि इसमें सामग्री के प्रयोग में एक शिक्षक–एक शिष्य की आदर्श स्थिति उत्पन्न की जाती

है अतः प्रत्येक शिक्षार्थी को उसकी स्वयं की गति, क्षमता और योग्यता से पढ़ने के अवसर सुलभ कराये जा सकते हैं।

(8) देश के श्रेष्ठ शिक्षकों की सेवाओं का लाभ प्रत्येक विद्यार्थी को उपलब्ध कराया जा सकता है। अभिक्रमित अध्ययन-सामग्री का निर्माण श्रेष्ठ लाभ दिया जा सकता है।

(9) यह मनोवैज्ञानिक सिद्धान्तों पर आधारित अधिगम प्रविधि है।

(10) आज के शिक्षक का लगभग सारा समय विद्यार्थियों को पढ़ाने में खर्च होता है। पढ़ाने का कार्य यदि अभिक्रमित अध्ययन-सामग्री द्वारा किया जा सके तो शिक्षक को बालक के व्यक्तित्व के अन्यान्य पक्षों के विकसित करने के अवसर उपलब्ध हो सकते हैं।

(11) विद्यार्थियों में स्वाध्याय की प्रवृत्ति का विकास किया जा सकता है। इस तकनीक को प्रारम्भिक कक्षाओं से (कक्षा 3 व 4 से) अपनाने पर विद्यार्थियों में स्वाध्याय की प्रवृत्ति को विकसित करने में पूरी मदद मिल सकती है।

(12) इस तकनीक में बालक अधिक क्रियाशील रहते हैं।

सीमायें (Limitations)

उपरोक्त विशेषताओं के अतिरिक्त अभिक्रमित-अधिगम तकनीक की कुछ सीमाएं भी हैं, जो इस प्रकार हैं–

(1) इस तकनीक द्वारा उच्च उद्देश्यों को प्राप्त करना असम्भव तो नहीं लेकिन जटिल कार्य अवश्य है।

(2) इस तकनीक द्वारा निदान तो सम्भव है, लेकिन उपचारात्मक शिक्षण की व्यवस्था करना सरल कार्य नहीं है।

(3) इसमें बालकों की रुचि तथा आवश्यकताओं पर विशेष ध्यान नहीं दिया जाता।

(4) इस तकनीक के अन्तर्गत उचित फ्रेम (पद) तैयार करना कठिन कार्य है।

(5) इस तकनीक में अधिगम नियन्त्रित परिस्थितियों में ही कराया जाता है।

(6) यह तकनीक मेधावी छात्रों को अधिक प्रभावित नहीं करती।

(7) इस तकनीक का प्रयोग करने के लिये अध्यापक को विशेष प्रशिक्षण की आवश्यकता होती है।

प्रश्न (Questions)

(1) गणित शिक्षण में योजना विधि से आप क्या समझते हैं? इस विधि के गुण-दोषों की चर्चा कीजिए।

What do you mean by Project mehod in Mathematics Teaching? Discuss its merits and de-merits.

(2) गणित में मौखिक कार्य से आप क्या समझते हैं? गणित शिक्षण में इसका क्या प्रयोजन तथा महत्व है? समझाइए।

What do you mean by Oral Work in Mathematics? What is the purpose and importance of Oral Work in Mathematics Teaching? Explain.

(3) 'गणित में लिखित कार्य' विषय पर एक संक्षिप्त निबन्ध लिखिए।

Write a short essay on the topic 'Written Work in Mathematics.'

(4) गणित में अभ्यास कार्य के महत्व को विस्तार से समझाइये।

Discuss in detail importance of Drill Work in Mathematics Teaching.

(5) गणित शिक्षण में गृह-कार्य की संक्षिप्त विवेचना कीजिए। इसके विभिन्न सिद्धान्तों एवं महत्व को समझाइये। गृह-कार्य देते समय गणित अध्यापक को क्या-क्या सावधानियां रखनी चाहिए।

Discuss in brief Home Assignment in Mathematics Teaching. Explain its principles and importance. What precaution should be observed by the Mathematics teacher while giving Home Assignment?

(6) लक्ष्य और उद्देश्य में क्या अन्तर है? हाईस्कूल स्तर पर गणित शिक्षण के क्या उद्देश्य होने चाहिए? व्यावहारिक पदों के रूप में लिखिए।

What is the difference between Aim and Objective? What should be the aims of teaching Mathematics at High-Scholl level? Write in terms of behaviour.

(7) प्राप्य उद्देश्यों से आप क्या समझते हैं? अपनी इच्छानुसार गणित के किसी शीर्षक (प्रकरण) पर किन्हीं तीन प्राप्य उद्देश्यों को बताइये और उन्हें व्यावहारिक पदों के रूप में लिखिए।

What do you understand by Objectives? Take any three objectives related to any topic of Mathematics of your own choice and write them in terms of behavioural outcomes.

(8) ब्लूम द्वारा दिये गये वर्गीकरण के आधार पर गणित शिक्षण के प्रमुख उद्देश्यों की सूचीबद्ध कीजिए।

On the basis of Bloom's Taxonomy list out the major objectives of teaching Mathematics.

(9) गणित शिक्षण की विश्लेषण एवं संश्लेषण विधियों की तुलनात्मक समीक्षा कीजिए।

Give a comparative account of Analytic and Synthetic method of teaching Mathematics.

(10) गणित शिक्षण की आगमन एवं आगमन एवं निगमन विधियों की तुलनात्मक समीक्षा कीजिए।

Give a comparative study of Inductive and Deductive method of teaching Mathematics.

(11) गणित शिक्षण की प्रयोगशाला विधि तथा प्रदर्शन विधि में क्या अन्तर है? गणित शिक्षण में प्रयोगशाला विधि का प्रभावी प्रयोग किस प्रकार किया जा सकता है। सोदाहरण स्पष्ट कीजिए।

What is the difference between Laboratory method and Demonstration method of teaching Mathematics? How can we make effective use of Laboratory method in the teaching of Mathematics. Explain with examples.

(12) गणित शिक्षण की अनुसन्धान विधि को स्पष्ट कीजिए तथा इसके गुण-दोषों की चर्चा कीजिए।

Clarify the Heuristic method of teaching Mathematics and discuss its merits and de-merits.

(13) गणित शिक्षण में अवरोह-अभिक्रमित अनुदेशन पर आधारित एक कार्यक्रम तैयार कीजिये।

Prepare a programme in Mathematics Teaching based on Mathetics Programming.

(14) पर्यवेक्षित-अध्ययन तकनीक क्या है? गणित शिक्षण में इसकी विशेषताओं एवं सीमाओं का उल्लेख कीजिए।

What is Supervised Study technique? Discuss its characteristics and limitations in Mathematics Teaching.

(15) गणित शिक्षण में अभिक्रमित अनुदेशन से आप क्या समझते हैं? इसके विभिन्न सिद्धान्तों एवं विशेषताओं का उल्लेख कीजिए।

What do you understand by Programmed Instruction in Mathematics Teaching? Discuss its various principles and characteristics.

संक्षिप्त टिप्पणियां लिखिए (Write Short Notes on)

(a) योजना विधि के सोपान

(Steps of Project Method)

(b) लक्ष्य एवं उद्देश्य में अन्तर

(Difference between Aim and Objective)

(c) गणित शिक्षण में लिखित कार्य

(Written work in Mathematics Teaching)

(d) ब्लूम का वर्गीकरण

(Bloom's Taxonomy)

(e) प्रयोगशाला तथा प्रदर्शन विधि में अन्तर

(Difference between Laboratory and Demonstration Method)

(f) गणित शिक्षण में मौखिक कार्य

(Oral work in mAthematics Teaching)

(g) गणित शिक्षण में अभ्यास कार्य

(Drill work in Mathematics Teaching)

(h) गणित शिक्षण में गृह कार्य

(Home Assigment in Mathematics Teaching)

(i) रेखीय–अभिक्रमित अनुदेशन का गणित मे प्रयोग

(Application of Linear Programming in Mathematics)

(j) शाखीय–अभिक्रमित अनुदेशन का गणित में प्रयोग

(Application of Branching Programming in Mathematics)

6

गणित में इकाई एवं पाठ योजना
(Unit and Lesson Planning in Mathematics)

किसी कार्य को क्रमबद्ध एवं सफलतापूर्वक करते हुए एक निर्धारित उद्देश्य (Aim) अथवा लक्ष्य (Goal) के प्राप्त करने के साधन को योजना (Planning) कहते है। योजनाबद्ध ढंग से कार्य करना सुविधाजनक तथा नियमित हो जाता है। योजना से कार्य करने पर उस कार्य की अनुमति रूपरेखा (Outline) के सम्बन्ध में मार्ग-निर्देशन प्राप्त होता है। इसलिए शिक्षण एवं प्रशिक्षण (Teaching and Training) को सउद्देश्य (Purpossive) बनाने के लिए योजनाबद्ध कार्य करना अति आवश्यक ही नही महत्वपूर्ण भी है। गणित शिक्षण में योजनानुसार कार्य करने से गणित के ज्ञान को सर प्रभावशाली तथा अधिक सार्थक बनाया जा सकता है।

योजना का महत्व या लाभ
(Importance or Merits of Planning)

(1) योजनानुसार कार्य करने से श्रम (Labour) तथा समय (Time) की बचत तथा सदुपयोग होता है।

(2) योजना के अभाव में गणित के शिक्षक अपने विषय के साथ न्याय नहीं कर पाते है।

(3) योजनाबद्ध कार्य करने पर उद्देश्यों की प्राप्ति में उपलब्ध साधनों का उचित उपयोग किया जाता है।

(4) योजनानुसार शिक्षण कार्य करने पर अध्ययन के उद्देश्य, शिक्षण सामग्री, शिक्षण विधियों तथा मूल्यांकन के विभिन्न साधनों का विस्तृत रूप से चिन्तन किया जा सकता है।

(5) योजना का पूर्व में निर्माण करके शिक्षक अपने कार्य को व्यवहारिक रूप प्रदान कर सकता है।

(6) योजनाबद्ध ढंग से कार्य करके अपने प्रयासों को सफल तथा प्रभावशाली बना सकता है।

(7) योजना से कार्य करने पर अध्यायक में आत्मविश्वास का विकास होता हैं।

(8) इसकी सहायता से अध्यायक अपने कार्य विभाजन का प्रारूप तैयार कर सकता है।

(9) अपने कार्य में आने वाली विभिन्न कठिनाइयों एवं समस्याओं का समाधान पूर्व में करके परिस्थितियों के साथ समायोजन स्थापित कर सकता है।

(10) योजनाबद्ध शिक्षण करने पर शिक्षण में क्रमबद्धता आ जाती है।

पाठ–योजना का अर्थ (Meaning of Lesson Planning)

वस्तुत: पाठ-योजना अध्यापक के उन कार्यों का समूह है जिसे उसे कक्षा में क्रियान्वित करना होता है। एक आकर्षक, सफल एवं प्रभावी शिक्षण के लिये पाठ-योजना का निर्माण अत्यन्त आवश्यक है। एक कुशल कारीगर (Craftsman) की तरह अध्यापक को भी अपने छात्रों में वांछित सुधार लाने के लिए अपने उपकरणों (Tools) (अर्थात् शिक्षण विधियों-प्रविधियों) का चयन बड़ी सावधानी से करना पड़ता है। दूसरे शब्दों में, पाठ-योजना अध्यापक के लिये एक खिड़की (Window) का काम करती है जिसमें से झांक कर वह अपने छात्रों की अन्तर्निहित विशेषताओं एवं क्षमताओं को पहचानने का प्रयास करता है। इसीलिये किसी ने सही लिखा है कि, "Lesson plan is teacher's mental and emotional visualisation of class room activities."

बोसिंग (Bossing) महोदय के अनुसार, पाठ-योजना की परिभाषा इस प्रकार है–

''पाठ-योजना उस कथन को शीर्षक दिया जाता है जो यह वर्णन करता है। कि क्या उपलब्धियां प्राप्त करनी हैं और किन साधनों द्वारा इन्हें कक्षा की क्रियाओं के परिणामस्वरूप प्राप्त किया जा सकता है।''

पाठ–योजना के विभिन्न सोपान (Steps Involved in a Lesson Plan)

जे०एफ० हरबर्ट (J.F. Herbart) ने पाठ-योजना के पांच मुख्य सोपन वताये हैं, जिन्हें 'हरबर्ट की पंच-पद प्रणाली' के नाम से जाना जाता है। ये पद इस प्रकार हैं–

(1) तैयारी (Preparation)

(2) प्रस्तुतीकरण (Presentation)

(3) तुलना (Comparison)

(4) सामान्यीकरण (Generalization)

(5) अनुप्रयोग (Application)।

इसके अतिरिक्त एक अन्य सोपान भी है–

(6) पुनरावृत्ति (Recapitulation)

(1) *तैयारी (Preparation) :* अध्यापक नवीन ज्ञान देने के लिए भूमिका बनाता है। उसे अपने छात्रों को इस प्रकार से उत्तेजित करना चाहिये कि वे नया ज्ञान सीखने को आवश्यकता का अनुभव करें। यह कार्य उनके पूर्व ज्ञान सम्बन्धी प्रश्नों का मूल्यांकन करके, मौखिक प्रश्न पूछकर, कहानियों के माध्यम से अथवा चार्ट्स, मॉडल, पिक्चर्स आदि का प्रयोग करके किया जा सकता है। प्रस्तावना आकर्षक ढंग से प्रस्तुत की जानी चाहिये ताकि छात्रों की पाठ में रुचि शीघ्रता से जाग्रत की जा सके।

(2) *प्रस्तुतीकरण (Presentation) :* इस सोपान के अन्तर्गत छात्र तथ्यों का अवलोकन एवं निरीक्षण करता है, साथ ही तथ्यों के बीच सम्बन्ध भी स्थापित करता है। इन सम्बन्धों के आधार पर फिर सामान्य नियम, सूत्र एवं निष्कर्ष निकालता है। छात्रों को नवीन ज्ञान सरलतम एवं परम्परागत सुविधाजनक तरीके से दिया जाना चाहिये। विषय प्रस्तुतीकरण की इस प्रक्रिया का विकास छात्रों के सक्रिय सहयोग से किया जाना चाहिये। छात्र मात्र आंख मूंदकर सुनते ही न रहें। प्रश्नों के पूछने में अध्यापक को प्रश्नों की उपयुक्तता, छात्रों का मानसिक स्तर, प्रश्नों की सरल एवं स्पष्ट भाषा तथा प्रश्नों के समान वितरण (Evenly distributed) आदि बातों पर शिष ध्यान देना चाहिये। समय-समय पर सहायक सामग्री का प्रयोग करते जाना चाहिये तथा श्यामपट्ट सारांश (Black Board Summary) भी साथ-साथ लिखते जाना चाहिये।

(3) *तुलना (Comparison) :* छात्र जो भी ज्ञान प्राप्त करते हैं उस ज्ञान से सत्यता को परखकर वे प्राप्त ज्ञान को समान परिस्थितियों में रखते हैं। परिणामस्वरूप, नवीन ज्ञान उनके चरित्र का स्थायी अंग बन जाता है।

(4) *सामान्यीकरण (Generalization) :* सामान्यीकरण के इस क्रम का अनुकरण विशेषतया उन पाटों में किया जाता है जिनमें आगमन एवं निगमन विधियों का प्रयोग किया जाता है। उदाहरणार्थ, π का मान ज्ञात करना, त्रिभुज के तीनों अन्तः कोणों का योग दो समकोण होता है। साधारण

ब्याज निकालने का सूत्र S.I. = $\frac{P \times P \times N}{100}$, वृत्त की परिधि एवं व्यास में सम्बन्ध आदि। लेकिन, प्रत्येक पाठ में एक ही प्रकार की योजना के अनुसार चलना असम्भव है। सामान्यीकरण की इस प्रक्रिया में छात्रों का सक्रिय सहयोग प्राप्त करते हुए किसी सूत्र, नियम अथवा सिद्धान्त की स्थापना की जानी चाहिये।

(5) *अनुप्रयोग (Application) :* पढ़ाये गये पाठ को ज्ञान का स्थायी अंग बनाने के लिए 'सीखने का हस्तान्तरण' (Transfer of Training) की दृष्टि से प्रस्तुतीकरण के लिए 'सीखने का हस्तान्तरण' (Transfer of Training) की दृष्टि से प्रस्तुतीकरण के पश्चात् अनुपयोग के लिये अभ्यासार्थ कक्षा कार्य देना चाहिये। अध्यापक को निरीक्षण कार्य फुर्ती से करना चाहिये। विद्यार्थियों के सही कार्यों की प्रशंसा करनी चाहिये। ऐसे विद्यार्थियों की गलतियां भी ध्यान से देखनी चाहिये। तथा यथा सम्भव छोटी-मोटी गलतियों को विद्यार्थी के पास जाकर तथा बड़ी गलतियों को शयामपटट् पर सही कर देना चाहिये। गणित जैसे विषय में अध्यापक इस बात पर बहुत अधिक जोर न दे कि विद्यार्थी गलती न करें। गणित में गलती की अपेक्षा बचाव अधिक अच्छा नहीं है। (Prevention is not better than cure in Mathematics)। जीवन की वास्तविक समस्याओं के हल में भी प्राप्त गणितीय ज्ञान का प्रयोग करने के लिये छात्रों को प्रेरित करना चाहिये।

(6) *पुनरावृत्ति (Recapitulation) :* पाठ-योजना का यह एक अन्तिम सोपान है। लेकिन, इसकी महत्व किसी भी प्रकार से अन्य सोपानों की अपेक्षा कम नहीं माना जा सकता। इस सोपान के माध्यम से अध्यापक को यह जानने में सहायता मिलती है कि उसके छात्रों ने क्या सीखा है? उनके बौद्धिक स्तर में कहां तक विकास हुआ है? तथा उसे स्वंयं छात्रों में अपेक्षित (वांछित) व्यावहारिक सुधारों के लाने में कहां तक सफलता प्राप्त हुई है। पुनरावृत्ति का मुख्य उद्देश्य शिक्षण की सफलता का पता लगाना है। प्रकरण की मुख्य-मुख्य बातें संक्षेप में प्रश्न पूछकर दोहरायी जा सकती हैं

एक अच्छी पाठ-योजना की कसौटी
(Criteria of a Good Lesson Plan)

एक अच्छी पाठ-योजना की कसौटी इस प्रकार है–

(1) पाठ-योजना को अनावश्यक रूप से नीली-पीली रोशनाई एवं पत्तियों के माध्यम से आकर्षक बनाने का प्रयास नहीं करना चाहिये।

(2) एक अच्छी पाठ-योजना में व्यक्तिगत ध्यान (Individual Attention) की भी व्यवस्था रहनी चाहिये।

(3) अच्छी पाठ-योजना छात्रों के सक्रिय सहयोग पर आधारित होनी चाहिये।

(4) पाठ-योजना लक्ष्यों, शिक्षण विधियों-प्रविधियों, सहायक सामग्री आदि की दृष्टि से विस्तृत होनी चाहिये।

(5) प्रश्नोत्तर प्रणाली (Questioning Technique) प्रभावी होनी चाहिये।

(6) पाठ-योजना की भाषा सरल एवं आकर्षक होनी चाहिए।

(7) मूल्यांकन की सुविधा की दृष्टि से एक अच्छी पाठ योजना को अध्यापक के इस कार्य में सहायक होना चाहिये।

(8) पाठ-योजना सम्बन्धी सामान्य (General) एवं विशिष्ट (Specific) उद्देश्य स्पष्ट रूप से लिखे जाने चाहिये।

(9) प्रकरण का चयन कर लेने के पश्चात् तथ्यों को क्रमबद्ध एवं उचित शीर्षकों के अन्तर्गत संगठित किया जाना चाहिये।

(10) सहायक सामग्री के प्रयोग की व्यवस्था उचित समय एवं आवश्यकता के अनुरूप ही की जानी चाहिये।

(11) श्यामपटट् पूर्तियां (Black Board Entries) आकर्षक ढंग से भरी जानी चाहिये।

(12) छात्रों की जिज्ञासा बढ़ाने के लिये अच्छी पाठ योजना का आधार पूर्व ज्ञान को ही बनाया जाना चाहिये।

(13) कक्षा के सामान्य अनुशासन के प्रति भी अध्यापक को सजग रहना चाहिये।

पाठ–योजना सम्बन्धी कुछ अन्य महत्वपूर्ण बातें
(Some Other Important Points Regarding Lesson-Planning)

पाठ-योजना बनाने से पूर्व निम्नलिखित महत्वपूर्ण बातों को ध्यान में रखना चाहिये।

(1) विद्यार्थियों की प्रकृति, रुचियों, मानसिक क्षमताओं एवं आवश्यकताओं का ज्ञान होना चाहिये।

(2) कक्षा में पाठ-योजना का ज्यों का त्यों उपयोग करना बड़ा कठिन है। पाठ-योजना के अनुकरण में शिक्षक एक भौंरे की तरह कमल में न फंसा रहे वरन् आवश्यकतानुसार अपनी बुद्धि के उपयोग से गूढ़ समस्याओं को भी सरल ढंग से हल करने की कला में दक्षता प्राप्त करे।

(3) शिक्षक को छात्रों के पूर्व ज्ञान का भली-भांति पता लगा लेना चाहिये।

(4) पाठ-योजना का प्रयोग एक साधन (Means) के रूप में करना चाहिये। इसे लक्ष्य (End) मानकर न चला जाये। पाठ-योजना को केवल मार्गदर्शक (Guide) ही समझना चाहिये। आंख मूंदकर 'लकीर के फकीर' बनकर अक्षरश: पालन करना उचित नहीं।

(5) पाठ-योजना बनाने से पूर्व शिक्षक को अपने विषय का अच्छी तरह अध्ययन कर लेना चाहिये। साथ ही, विषय की आधुनिकतम जानकारी भी प्राप्त कर लेनी चाहिये।

(6) विषय सम्बन्धी शिक्षण विधियों-प्रविधियों (Methods-Techniques) का पूर्ण ज्ञान होना चाहिये।

(7) उसे विषय सम्बन्धी सामान्य एवं विशिष्ट उद्देश्यों का पूर्ण ज्ञान होना चाहिये।

पाठ-योजना की सीमायें (Limitations of Lesson-Plan)

पाठ-योजना की सीमाएं निम्नलिखित हैं-

(1) छात्रों की रुचियों, आयु, योग्यता, क्षमताओं, आवश्यकताओं की उपेक्षा करना।

(2) छात्रों में जिज्ञासा उत्पन्न करने की दृष्टि से प्रश्नों का कम प्रभावपूर्ण रहना।

(3) सर्वोत्तम शिक्षण विधि के चयन की समस्या।

(4) उपयुक्त सहायक सामग्री के प्रयोग का अभाव एवं प्रभावशाली ढंग से प्रस्तुत न कर पाना।

(5) पाठ-योजना विकास में छात्रों का सक्रिय सहयोग प्राप्त न करना।

(6) विशिष्ट उद्देश्यों की प्राप्ति में असफलता।

(7) पाठ-योजना का व्यापक न होना।

(8) महत्वपूर्ण शिक्षण बिन्दुओं को ठीक से न पहचान पाना।

(9) गृह-कार्य की उपयुक्ता का अभाव।

(10) श्यामपटट् कार्य का असंतोषजनक होना।

(11) विभिन्न सोपानों के पुरावृत्ति के उचित अवसर न मिल पाना।

(12) विभिन्न प्रकरणों में सह-सम्बन्ध का अभाव।

पाठ-योजना की रूप रेखा
(Specimen Proforma for Drawing up Plan)

पाठ-यांजना संख्या ....

दिनांक :	विषय :	कक्षा :
....	उप-विषय :	कालांश :
	प्रकरण :	विद्यालय का नाम :

(1) सामान्य उद्देश्य (General Aims)

(2) विशिष्ट उद्देश्य (Specific Objectives)

(3) सहायक सामग्री (Amterial Aids Used)

(4) पूर्व ज्ञान (Previous Knowledge)

(5) प्रस्तावनात्मक प्रश्न (Introductory Questions)

(6) उद्देश्य कथन (Statement of Aim)

(7) उद्देश्य प्रश्न प्रस्तुतीकरण (Model Question Presentation)

(8) कक्षा-कार्य (Class Work)

(9) निरीक्षण (कक्षा) (Observation)

(10) गृह-कार्य (Home Assignment)।

इकाई पाठ-योजना (Unit Planning)

इकाई योजना (Unit Plan)

मनोवैज्ञानिक सिद्धान्त के अनुसार समान प्रकृति की विषय-वस्तु (Content) को ही एक क्रम में पढ़ाने से छात्रों को प्रत्ययों एवं संकल्पनाओं का ज्ञान आसानी से हो पाता है। मस्तिष्क की एक विशेषता यह होती है कि वह समान विशेषताओं वाले ज्ञान के पारस्परिक सम्बन्धों एवं तथ्यों को समग्र (As a whole) रूप से प्राप्त करना चाहता है। गणित जैसे विषयों के लिये इकाई योजना का महत्व और भी अधिक बढ़ जाता है, क्योंकि गणित वस्तुतः प्रत्ययों, सम्बन्धों, संकल्पनाओं आदि का विषय है। इन्हें बिना आपस में परस्पर सम्बन्धित किये तथा बिना निश्चित क्रम में रखे प्रभावशाली ढंग से नहीं पढ़ाया जा सकता।

कुछ प्रमुख शिक्षाविद्ों (Educationists) ने इकाई को निम्न प्रकार से परिभाषित किया है–

(1) जेरोलिमेक (Jarolomek) के अनुसार–"इकाई, शिक्षण के उद्देश्य के लिए वांछित सामग्री को सुव्यस्थित करने का एक साधन है जो कि महत्वपूर्ण

विषय सामग्री अर्थात्, जिसमें छात्र शारीरिक एवं मानसिक क्रियाओं के माध्यम से सीखने की क्रियाओं में संलग्न रहने का प्रयोग करती है तथा उनके व्यवहार में इस सीमा तक सुधार लाती है जिससे कि वे नवीन समस्याओं एवं परिस्थितियों का अधिक कुशलता से सामना कर सकें।''

(2) हिन्ना, हेगमन तथा पोटर (Henna, Hageman and Potter) के अनुसार– ''इकाई को उद्देश्यपूर्ण सीखने के अनुभव के रूप में परिभाषित किया जा सकता है। यह महत्वपूर्ण सामाजिक ज्ञान की ओर संकेत करती है जो कि सीखने वाले के व्यवहार में सुधार लाती है तथा उसे जीवन की परिस्थितियों में प्रभावशाली ढंग से समायोजन करने के योग्य बनाती है।''

(3) पेस्टन महोदय (Preston) के शब्दों में–''एक इकाई, सम्बन्धित विषय-वस्तु का विद्यार्थी द्वारा एक निश्चित समयावधि में आत्मसात् किया जाने वाला भाग है।''

एक अच्छी इकाई योजना की विशेषतायें
(Characteristics of a Good Unit)

एक अच्छी इकाई योजना में निम्नलिखित विशेषतायें होती हैं–

(1) उद्देश्य स्पष्ट इकाई योजना में निम्नलिखित विशेषतायें होती हैं।

(2) अच्छी इकाई योजना का सह-सम्बन्ध जीवन तथा पाठ्यक्रम के अन्य विषयों से होता है।

(3) इकाई योजना की व्यापकता छात्रों की पहुंच के भीतर होती है।

(4) इकाई योजना के अन्तर्गत छात्रों की वैयक्तिक विभिन्नताओं को आदर किया जाता है।

(5) अच्छी इकाई योजना के अन्तर्गत, फोल्डट्रिप्स, पर्यटन, सरस्वती यात्राओं आदि का भी समावेश किया जाता है।

(6) स्कोरटिंग (Sehorting) के अनुसार–''एक अच्छी इकाई योजना के अन्तर्गत छात्र विभिन्न प्रकार की योजनाओं के बनाने एवं उनके कार्यान्वयन में स्वतन्त्र होते हैं।''

(A good unit leaves pupils free to work. they have chance to plan organise and execute.)

(7) हेनसन (Hanson) के अनुसार–''कक्षा को उद्देश्यों से ठीक प्रकार से अवगत कराने के लिये शिक्षण प्रक्रिया के दौरान सहायक सामग्री की विविधता अत्यन्त आवश्यक है।''

(A multiplicity of materials is almost a necessity for teaching process if the class is to realise the objectives.)

(8) प्रत्येक इकाई को सम्भावित उप-इकाइयों में बांटना चाहिये।

(9) अच्छी योजना में मूल्यांकन पक्ष एक महत्वपूर्ण अंग है।

(10) इकाई-योजना का संगठन विशिष्ट (Unique) होना चाहिये।

(11) अच्छी इकाई योजना में छात्रों को कार्य करने के पर्याप्त अवसर मिलते हैं। वे मात्र मूक दर्शक की स्थिति में नहीं बैठे रहते।

इकाई पाठ-योजना के आधार

(Steps Invlved in Developing a Unit)

इकाई पाठ-योजना निम्न संकेतों के आधार पर बनाई जाती है–

(1) *तैयारी (Preparation) :* इकाई पाठ-योजना का एकमात्र उद्देश्य छात्रों का ध्यान पाठ की ओर केन्द्रित करना होता है। अत: छात्रों का शिक्षण प्रारम्भ करने से पूर्व उन्हें विभिन्न उपायों से प्रेरित एवं प्रोत्साहित किया जाता है। छात्रों के पूर्वज्ञान की परीक्षा भी इसी उद्देश्य से ली जाती है जिससे कि प्रदत्त नवीन ज्ञान को पूर्वज्ञान के साथ आसानी से जोड़ा जा सके तथा साथ ही छात्रों की रुचि सम्पूर्ण शिक्षण की प्रक्रिया के दौरान बराबर बनायी रखी जा सके।

(2) *पूर्व ज्ञान परीक्षा (Prevcious Knowledge Test) :* किसी भी नये प्रकरण को प्रारम्भ करने का आधार बालक के पूर्व अनुभव होने चाहिये। इसके अभाव में प्रकरण का विकास अर्थहीन हो जायेगा। यह ठीक उसी प्रकार होगा जिस प्रकार एक संस्कृत के पंडित को न्यूक्लियर फिजिक्स का भाषण सुनने के लिये बैठा दिया जाये। अध्यापक अपनी पाठ योजना ठीक प्रकार से नहीं बना सकता। यदि उसे इस बात का ज्ञान नहीं है कि उसके छात्रों को प्रारम्भ किये जाने वाले प्रकरण की पूर्व जानकारी कितनी है? यहां इस तथ्य को भी नहीं भुलाया जा सकता है कि छात्रों को पूर्व ज्ञान पर आधारित प्रश्नों के उत्तर देने में सफलता ही मिले। लेकिन इस तर्क से पूर्व ज्ञान के इस सोपान का महत्व कम नहीं हो जाता। नवीन ज्ञान के लिये पूर्व ज्ञान को आधार बनाना ही पड़ेगा।

(3) *प्रस्तुतीकरण (Presentation) :* छात्रों को प्रेरित करने एवं उनका ध्यान पाठ की ओर केन्द्रित करने के लिये अध्यापक को अपने मस्तिष्क में बहुत से रुचिकर तरीकों की योजना बनानी पड़ती है। छात्रों की रुचि सम्पूर्ण शिक्षण प्रक्रिया के दौरान बनाये रखना एक मुश्किल एवं कलापूर्ण

कार्य है। कुछ छात्र कक्षा में बैठे-बैठे ही दिव्य-स्वप्न (Day-dreaming) में खोये रहते हैं। अध्यापक उनको उनकी इस दुनिया से अलग करके उनकी जिज्ञासा पाठ की ओर केन्द्रित करने का प्रयास करता है। अध्यापक को यह नहीं भूलना चाहिये कि छात्र उसके पीरियड के अतिरिक्त दूसरे विषय का पीरियड पढ़कर आ रहे हैं (जिसका ज्ञान उनके मस्तिष्क में अभी तक घूम रहा है) (Wandering in their minds) अथवा खेल के मैदान से, कैंटीन से या हंसी-मजाक के मूड से आ रहे हैं, तो ऐसी स्थिति में यकायक उनकी तन्द्रा भंग करके नवीन ज्ञान के प्रति रुचि उत्पन्न कर देना एक बहुत ही जटिल कार्य है। इसीलिये विषय के प्रस्तुतीकरण में अध्यापक को अत्यन्त सावधानी एवं धैर्य से काम लेना चाहिये।

(4) *संक्षिप्तीकरण (Summarization)* : पाठ के समाप्त होने पर विषय-वस्तु का सार प्रस्तुत किया जाता है। विषय-वस्तु की विशिष्ट बातों (Main Points) को अत्यन्त आकर्षक एवं प्रभावी ढंग से प्रस्तुत किया जाना चाहिये। सेक्शनल सार संक्षेप (Sectional Summaries) भी दिये जा सकते हैं।

(5) *अभ्यास प्रश्न (Drill or Recapitulation)* : गणित जैसे विषय में अभ्यास कार्य का बहुत महत्व है। Practice makes a man perfect गणित के लिये अक्षरशः सत्य है। अध्यापक के लिये यह सम्भव नहीं होता कि वह बहुत से प्रश्नों का अभ्यास कक्षा में ही करा दे। इस दृष्टि से पाठ-योजना को ठीक प्रकार से समझने के लिये विद्यार्थियों को घर पर करने के लिये पुनरावृत्ति प्रश्न (Home Assignment) दे देने चाहिये।

(6) *मूल्यांकन (Evaluation)* : मूल्यांकन को शिक्षण प्रक्रिया का एक अविच्छिन्न अंग (Intergral Part) माना गया है। जहां मूल्यांकन प्रक्रिया एक ओर अध्यापक को छात्रों के वांछित व्यावहारिक परिवर्तनों का बोध कराती है, वहीं अध्यापक स्वयं अपने शिक्षण सम्बन्धी दोषों को भी जानकारी प्राप्त करके उन्हें दूर करने का प्रयास करता हैं। मूल्यांकन के लिये प्रश्नावली (Questionnaire) अथवा परीक्षा (Test) का प्रयोग किया जा सकता है।

योजना के स्तर (Levels of Unit)

इकाई योजना के प्रमुख तीन स्तर हैं–

(1) वार्षिक योजना (Yearly Plan)

(2) मासिक योजना (Monthly Plan)

(3) साप्ताहिक योजना (Weekly Plan)।

वार्षिक योजना का प्रारूप सावधानी एवं विस्तार से तैयार करने पर उसे बहुत आसानी से मासिक एवं साप्ताहिक योजनाओं में परिवर्तित किया जा सकता है। वार्षिक योजना बनाते समय सम्पूर्ण पाठ्क्रम की विषय सामग्री को विभिन्न इकाइयों में बांट लेना चाहिये। इसके पश्चात् प्रत्येक इकाई को विभिन्न उप-इकाइयों में अपेक्षित शैक्षिक उद्देश्यों के सन्दर्भ में विभक्त कर लेना चाहिये। उदाहरणार्थ, वार्षिक योजना का प्रारूप नीचे प्रस्तुत है।

वार्षिक पाठ-योजना प्रारूप (Proforma of an Yearly Unit Plan)

Subject .... Class ....

Name of Unit ....

No. of Periods required ....

निम्न सारिणी से स्पष्ट है कि वर्ष भर में हमें गणित की कुछ छः इकाइयों, जैसे–वर्गमूल, लाभ-हानि, अनुपात, साधारण ब्याज, प्रतिशत तथा वृत्त को छः विशिष्ट उद्देश्यों की पूर्ति करते हुए पढ़ाना है। यदि विद्यालय समय-सारणी में गणित (अंकगणित) पढ़ाने के लिये 60 कालांश मिले हों तो इकाइयों तथा उद्देश्यों के लिये पृथक्-पृथक् कालांशों का वितरण निम्न ढंग से किया जायेगा। उदाहरणार्थ, बाद की तीन यूनिटों (साधारण ब्याज, प्रतिशत, वृत्त) को वर्ष भर में क्रमशः 19, 9 तथा 10 कालांश मिलेंगे। बाद की तीन इकाइयों को निम्न प्रकार से और अधिक स्पष्ट किया गया है।

उद्देश्य	Unit	Unit	Unit	Unit	Unit	Unit	कालांश
ज्ञान	1	2	2	7	4	2	18
अवबोध	2	3	3	4	2	1	15
प्रयोग	1	–	1	2	1	3	8
दक्षता	2	1	1	3	2	1	10
रुचि	1	1	1	1	–	2	6
अभिवृत्ति	–	–	–	2	–	1	3

वार्षिक योजना बनाने के पश्चात् अध्यापक इकाई योजना तैयार करता है। इकाई योजना के माध्यम से शिक्षक को यह ज्ञात रहता है कि उसे इकाई के अन्दर कितनी पाठ्य-वस्तु का ज्ञान छात्रों को देना है, पाठ्य-वस्तु में किन-किन शिक्षण बिन्दुओं पर बल देना है तथा किन विशिष्ट उद्देश्यों की प्राप्ति करनी है आदि-आदि।

इकाई पाठ-योजना (Unit Lesson Plan)

इकाई योजना बनाने के बाद शिक्षक इकाई पाठ-यांजना तैयार करता है। एक इकाई को पूर्ण करने के लिये उसे बहुत-सी पाठ-योजनायें ब्रनानी होती हैं। इसी को इकाई पाठ-योजना कहते हैं।

इकाई पाठ-योजना का प्रारूप नीचे दिया जा रहा है।

पाठ-योजना संख्या:

दिनांक : विषय : कक्षा :

उप-विषय कालांश :

प्रकरण समय :

पाठ्य-वस्तु	विशिष्ट उद्देश्य एवं अपेक्षित व्यावहारिक परिवर्तन	शिक्षक क्रियायें	छात्र छात्रायें	विधि प्रविधि सहायक सामग्री एवं श्यामपटट् कार्य	मूल्यांकन
गृह-कार्य (Home Assignment)					

इकाई योजना के लाभ (Advantages of Unit Planning)

इकाई योजना के प्रमुख लाभ इस प्रकार हैं–

(1) प्रजातान्त्रिक वातावरण में छात्रों की व्यक्तिगत विभिन्नताओं को ध्यान में रखते हुए शिक्षा सम्बन्धी सुविधायें प्रदान की जाती हैं।

(2) सामान्य एवं विशिष्ट उद्देश्यों के स्पष्टीकरण में सहायता मिलती है।

(3) इकाई योजना से छात्रों के ज्ञान का विस्तार, कौशलों, रुचियों एवं अभिवृत्तियों का विकास होता है।

परिभाषाएं (Definitons)

बिनिंग एवं बिनिंग (Bining and Bining)

"दैनिक पाठ योजना के निर्माण में उद्देश्यों को परिभाषित करना, पाठ्य-वस्तु का चयन करना तथा उसे क्रमबद्ध रूप में व्यवस्थित करना और प्रस्तुतीकरण की विधियों एवं प्रक्रिया का निर्धारण करना है।"

(Daily lesson planning involves defining the objectives selecting and arranging the subject-matter and determining the method and procedure.)

एन०एल० बॉसिंग (N.L. Bossing)

"शिक्षण क्रियाओं तथा उद्देश्यों के आलेख को पाठ योजना कहते हैं। शिक्षण उद्देश्यों को प्राप्त करने के लिए अध्यापक जिन क्रियाओं का नियोजन करता है, उनके आलेखन को पाठ योजना की संज्ञा दी जाती है। इसे लिखित व अलिखित दोनों ही रूपों में तैयार किया जाता है।"

(Lesson plan is the title given toa stateent of the objectives to be realized and the specific means by which these are attained as a result of activites during the period.)

जोसफ लैन्डन (Joseph Landon)

पाठ योजना को हम कागज पर स्पष्ट रूप से अंकित की जाने वाली पाठ की रूपरेखा कहकर परिभाषित कर सकते हैं जिससें पाठ से सम्बन्धित सभी महत्त्वपूर्ण तथ्य स्पष्ट रूप से आ जाते हैं, चाहे उनका सम्बन्ध विषय सामग्री से हो या विधि से।

(We may define Lesson Plan as a draft of the lesson put upon paper with all the important points whether of matter of method elearly marked.)

पाठ योजना का महत्त्व एवं आवश्यकता (Importance and Need of Lesson Plan)

(1) पाठ योजना के द्वारा कक्षा में शिक्षण की क्रियाओं तथा सहायक सामग्री की पूर्ण जानकारी हो जाती है।

(2) विषय-वस्तु के स्वरूप एवं प्रस्तुतीकरण को निश्चित करने में सहायक है।

(3) इसमें विषय-वस्तु के सभी तत्त्वों का उल्लेख किया जाता है।

(4) इसकी सहायता से शिक्षण क्रियाओं का अधिगम स्वरूपों से सम्बन्ध स्थापित किया जाता है।

(5) छात्राध्यापकों को पाठ योजना कक्षाकक्ष की क्रियाओं के लिए रूपरेखा प्रदान करती है।

(6) पाठ योजना के द्वारा पूर्व ज्ञान के आधार पर नवीन ज्ञान प्राप्त होता है। जिससे पाठ में सरलता तथा नवीनता आ जाती है।

(7) शिक्षण की प्रभावशीलता, सफलता तथा प्रगति सुव्यवस्थित पाठ योजना पर निर्भर करती है।

(8) छात्रों के स्तरानुसार पाठ योजना में शिक्षण बिन्दुओं का निर्धारण किया जाता है।

(9) यह छात्रों की अधिगम उपलब्धि (Learning Outcomes) के मापन हेतु आधार प्रदान करती है।

(10) इसके द्वारा समय तथा शक्ति की बचत होती है।

(11) पाठ योजना के द्वारा शिक्षण को अधिक उद्देश्यपूरक तथा सार्थक बनाया जाता है।

(12) पाठ योजना में शिक्षण विधियों, शिक्षण व्यूह रचना तथा शिक्षण सामग्री के सम्बन्ध में निर्णय लिया जाता है।

(13) इसकी सहायता से शिक्षण-अभ्यास (Teaching Practice) के दौरान निरीक्षकों को मूल्यांकन हेतु आधार प्रदान किया जाता है।

(14) पाठ योजना की सहायता से शिक्षण को व्यावहारिक रूप प्रदान किया जाता है।

पाठ योजना निर्माण के महत्त्वपूर्ण तत्व
(Some Important Elements for the Construction of Lesson Plan)

(1) अध्यापक का विषय-वस्तु पर पूर्ण अधिकार होना चाहिए।

(2) अध्यापक में उद्देश्यों को व्यावहारिक रूप में लिखने की क्षमता एवं योग्यता होनी चाहिए।

(3) अध्यापक को विभिन्न विधियों, प्रविधियों तथा सहायक सामग्री की जानकारी तथा प्रयोग में लाने कुशलता होनी चाहिए।

(4) अध्यापक में मूल्यांकन हेतु प्रश्नों का निर्माण करने का कौशल होना चाहिए।

(5) अध्यापक को पाठ योजना के व्यावहारिक स्वरूप की जानकारी होनी चाहिऐ।

(6) पाठ का प्रस्तुतीकरण सरल, क्रमबद्ध तथा आत्मविश्वास के साथ करना चाहिए।

(7) पढ़ाई जाने वाली विषय-वस्तु छात्रों के पूर्वज्ञान पर आधारित होनी चाहिए।

(8) पूछे जाने वाले प्रश्न तथा सम्भावित उत्तरों को स्पष्ट रूप से लिखना चाहिए।

गणित में मनोरंजक क्रियाएँ
(Recreational Activities in Mathematics)

गणित को एक शुष्क विषय के रूप में जाना जाता है और छात्र इनमें किसी प्रकार की रुचि का अनुभव नहीं करते हैं। गणित के प्रति इस प्रकार की धारणा थी

कि गणित विषय में मनोरंजक क्रियाओं को स्थान देकर किसी सीमा तक कम किया जा सकता है। इस प्रकार की मनोरंजक क्रियाओं को स्थान देने से गणित को एक जीवन्त, रुचिकर एवं सरस स्वरूप प्रदान किया जा सकता है। इस प्रकार की मनोरंजक क्रियाएँ विषय में विविधता तथा रुचि का विकास करती हैं।

प्राचीन काल से गणित को मुख्यरूप से इसके मनोरंजक मूल्य के कारण तथा अवकाश के क्षणों में सदुपयोग हेतु ही अध्ययन किया जाता था। संख्याओं से खेलना तथा दूसरी गणितीय व्यावहारिक समस्याओं को हल करना आदि क्रियाओं में लोग रुचि एवं आनन्द की अनुभूति करते थे। गणित की पहेलियां मनोरंजन का एक उत्तम साधन थीं। ये ह्रास-परिह्रास, व्यंग्य, ठिठोली तथा रस से परिपूर्ण होती है।

मनोरंजक क्रियाओं का महत्व
(Importance of Recreational Activities)

गणित में मनोरंजक क्रियाओं का महत्व इस प्रकार है–

1. मनोरंजक क्रियाएं कक्षा के वातावरण में एक स्वस्थ परिवर्तन लाती हैं।

   (Recreational activities bring a healthy change in the class atmosphere.)

2. मनोरंजक क्रियाएं गणित में रुचि उत्पन्न करती हैं।

   Recreational activities develop taste for mathematics.

3. इन क्रियाओं के आयोजन से छात्र गणित के महत्व एवं उसकी सुन्दरता को पहचानते हैं।

   The students learn to appreciate the power and beauty of mathematics.

4. मनोरंजक क्रियाएं छात्र को अवकाश के क्षणों के सदुपयोग के लिये तैयार करती हैं। इस दृष्टि से पहेलियों का महत्व स्पष्ट झलकता है।

   Recretional activities prepare the students for leisure time. They can put riddles etc., and enjoy their leisure time.

5. ये मनोरंजक क्रियाएं अनेक सूक्ष्म सम्बन्ध स्थापित करती हैं जो हमें कभी-कभी व्यर्थ सी प्रतीत होती हैं।

   These activities develop many abstract relationships which would otherwise remain vague.

6. ये क्रियाएं बुद्धि को तीव्र करती हैं तथा त्वरित चिन्तन को बढ़ावा देती हैं।

   They sharpen wit and stimulate quick thinking.

7. ये क्रियाएं खेल भावना विकसित करती हैं तथा पारस्परिक सहयोग एवं स्वस्थ प्रतिस्पर्धा को प्रोत्साहित करती हैं।

   They develop sportsman spirit and promote mutual co-operation and healthy competitive feeling.

मनोरंजक क्रियाओं के आयोजन में प्रयुक्त सावधानियाँ (Precautions Regarding Organisation of Recreational Activities)

हम कहते हैं कि गणित में मनोरंजक क्रियाएं आनन्द प्राप्ति का एक सशक्त माध्यम हैं तथा अवकाश के क्षणों में सदुपयोग की दृष्टि से अपना विशेष महत्व रखती हैं। इन क्रियाओं से पूर्ण लाभ उठाने के लिये इन क्रियाओं का आयोजन एक सही तरीके से किया जाना चाहिये तथा आयोजन करते समय निम्नलिखित बिन्दुओं को ध्यान में रखना चाहिये–

1. इन क्रियाओं के आयोजन हेतु समय-चक्र में एक कालांश नियत करना चाहिये तथा अध्यापक को चाहिये कि वह अपने छात्रों को इस व्यवस्था से ठीक से अवगत करा दे।
2. अध्यापक किसी बुद्धिमान तथा तेज (Intelligent and Active) छात्र को इन क्रियाओं के आयोजन का इंचार्ज नियुक्त कर दे तथा उसे सचिव आदि का नाम दे दे।
3. जो छात्र इन क्रियाओं में भाग लेना चाहें, उन्हें अपने नाम छात्र इंजार्च को समय से पूर्व देने को कहा जाये।
4. अध्यापक सभी छात्रों को निर्देश दे कि वे नियत तिथि पर इन क्रियाओं में भाग लेने के लिये पहेलियों या अन्य क्रियाओं के साथ तैयार होकर आयें।
5. इन क्रियाओं में भाग लेने वाले छात्रों को स्टेज पर अपनी प्रस्तुति व प्रदर्शन के लिये एक-एक करके बुलाया जाना चाहिये।
6. एक समय पर केवल एक ही छात्र को अपने आइटम की प्रस्तुति के लिये कहा जाये।
7. अध्यापक का प्रतिभागी को किसी पहेली में निहित सिद्धान्त या सूत्र को स्पष्ट कर देना चाहिये।
8. पहेलियों के अत्यधिक प्रयोग को निरुत्साहित करना चाहिये।
9. अध्यापक को कुछ रुचिकर पहेलियों का चयन करना चाहिये जो उसके विषय के किसी प्रकरण से सम्बन्धित हों जिसका वह शिक्षण कर रहा है। इस प्रकार की पहेलियों का बहुत अधिक प्रेरणात्मक मूल्य होता है।

नीचे गणित में आयोजित मनोरंजक क्रियाओं का विस्तृत ब्यौरा प्रस्तुत किया जा रहा है–

1. शीघ्र गणनाएँ (Rapid Calculations)

सरल गुणा (Simple Multiplication)

सरल गुणा सम्बन्धी प्रश्न निम्न प्रकार के हो सकते हैं–

(*i*) किसी संख्या को 10, 100, 1000 आदि से गुणा करने के लिये संख्या में मात्र 1, 2 या तीन शून्य जोड़िये अथवा दायीं ओर दशमलव एक, दो या तीन स्थानों तक हटाइये।

(*ii*) संख्या को 5 से गुणा करने के लिये दायीं ओर एक शून्य बढ़ाकर 2 से भाग दीजिये।

(*iii*) संख्या को 25 से गुणा करने के लिये दायीं ओर दो शून्य बढ़ाकर 4 से भाग दीजिये।

(*iv*) संख्या को 125 से गुणा करने के लिये दायीं ओर तीन शून्य बढ़ाकर 8 से भाग दीजिये।

(*v*) संख्या को 15, 35, 45 से गुणा करने के लिये क्रमशः संख्या में 30, 70, 0 से गुणा करके 2 से भाग दीजिये।

(*vi*) संख्या को 99, 999 इत्यादि से गुणा करने के लिये क्रमशः संख्या में 100, 1000 से गुणा करके उसमें से उस संख्या को घटा दीजिए।

भाग (Division)

भाग सम्बन्धी प्रश्न निम्न प्रकार के हो सकते हैं–

संख्याएँ 10 से या 10 के किसी घातांक से विभाजित की जा सकती हैं मात्र दशमलव बिन्दु को बायीं ओर उतने स्थान तक खिसकाकर जितने भाजग (Divisor) में शून्य हैं।

भाग परीक्षण (Tests of Divisibility)

संख्याएं पूर्णतया विभाजित की जा सकती हैं–

2 से, यदि वे इकाई के स्थान पर किसी सम संख्या पर समाप्त हो रही हैं।

3 से, यदि संख्याओं का योग 3 से विभक्त हो रहा है।

4 से, यदि बाद की दो संख्याएँ 4 से विभक्त हो रही हैं।

5 से, यदि आखिरी संख्या 0 है या 5 है।

7 से, यदि 2 और 3 से विभक्त हो रही है।

8 से, यदि बाद की तीन संख्यायें 8 से विभक्त की जा सकती हैं।

9 से, यदि सम संख्याओं का योग विषम संख्याओं के योग के बराबर हो अथवा इन दोनों का अन्तर 11 का गुणक है।

12 से, यदि 3 और 4 से विभक्त हो रहा है।

विस्तार एवं पेचीदगी (Involution and Evolution)

उदाहरण 1 (Example) -

$36.19 = 36(20 - 1) = 720 - 36 = 684$

$57.98 = 57(100 - 2) = 5700 - 114 = 5586$

$26.24 = (25 - 1) \cdot (25 + 1) = 624$

$(x^5)^2 = (100x + 5)^2 = 100x^2 + 100x + 25 = 100x(x + 1) + 25$

उदाहरण 2 (Example)

66	33	81	52	47
× 64	× 37	× 89	× 58	× 43

(This requires when the sum of the ones' digits add ten and the tens' digits are identical.)

If n = ten's digit, the correct product is $100n (n + 1)$
+ product of the units' digits 66×64
$= 100(6 \times 7) + 6 \times 4 = 4224$

$(a + 1)^2 = a^2 - 2a + 1 = a^2 + a + (a + 1)$

उदाहरण 3 (Example)

$10^2 = 100$

$10^2 = 100 + 10 + 11 = 121$

Similarly,

$(a - 1)^2 = a^2 - 2a + 1 = a^2 - [a + (a - 1)]$

$(10a + 5)^2 = 100a^2 + 100a + 25$

$30^2 = 900$

$35^2 = 900 + 325 = 1225$

Here, $a = 3$, $100a + 25$ is simply 3 with 25 written after it.

$997 \times 997 = (997 + 3)(997 - 3) + 3 \times 3 = 994009$

$79 \times 79 = 80 \times 78 + 1 \times 1 = 6241$

$988 \times 988 = 1000 \times 976 + 12 \times 12 = 976144$

The follwoing identity explains the process.

$$A^2 = A^2 - B^2 + B^2 = (A + B)(A - B) + B^2$$

किसी संख्या का वर्ग करने की सामान्य विधि (General Method of Squaring any Number)

उदाहरण (Examle) —

$73 \times 73 = 5329$

Working:

$3 \times 3 = 9$

$6 \times 7 = 42$: 2 down, carry 4

$7 \times 7 = 49$: 49 plus 4 = 53

यह निम्न बीजगणितीय सूत्र पर आधारित हैं –

$$(A + B)(A + B) = A^2 + AB + B^2$$

गणित में पहेलियाँ (Riddles in Mathematics)

मिथ्या-बोध क्या है? (What is Paradox)

मिथ्या बोध वह है जो देखने में असत्य प्रतीत होता है लेकिन वास्तव में सत्य होता है अथवा जो देखने में सत्य प्रतीत होता है लेकिन वास्तव में असत्य होता है, अंथवा जो स्वत: ही विरोधाभासी होता है।

यह निदेशात्मक (Instructive) होता है तथा उन लोगों के लिये बहुत उत्तम समय व्यतीत करने का साधन होता है जो गणित को बहुत कम समझ पाते हैं।

कुछ उादहरण इसकी पुष्टि में इस प्रकार हैं–

Example 1: दो पिता और दो पुत्र एक शहर को छोड़ते हैं। इससे शहर की जनसंख्या 3 कम हो जाती है। क्या यह गलत है? नहीं। यह सत्य है–बशर्ते इन तीनों में पिता, पुत्र तथा पौत्र (Grandson) सम्मिलित हों।

Example 2: तीन व्यक्तियों ने एक होटल में डिनर लिया, उन्हें तीस रुपये का बिल मिला तथा उनमें से प्रत्येक ने वेटर को 10 रुपये का नोट दिया। वेटर ने इस पैसे को ऑफिस में जमा किया। यहाँ उसे बताया गया कि बिल में गलती हो गयी है तथा बिल 30 रुपये के स्थान पर 25 रुपये होना चाहिये था। इसलिये ऑफिस ने उसे 5 रुपये का नोट देकर उसे वापिस करने को कहा। रास्ते में वेटर ने सोचा कि 5 रुपये तीन व्यक्तियों में बाँटना मुश्किल कार्य है, साथ ही, ये लोग सही बिल जानते भी नहीं हैं। अत: वेटर ने 2 रुपये अपने पास रखकर एक-एक रुपया तीनों लोगों में अलग-अलग दे दिया। इस प्रकार प्रत्येक आदमी ने 9 रुपये दियें। 9 का तीन गुना 27 होता है। 2 रुपये वेटर ने अपनी जेब में रख लिये थे। इस प्रकार 27 और 2 रुपये 29 होते हैं। जबकि इन लोगों ने वास्तव में 30 रुपये दिये। बताइये वह एक रुपया कहाँ गया?

Example 3 : एक व्यक्ति बैंक में जमा अपने 50 रुपये निम्न प्रकार से निकालता है–

Rs. 20	leaving	Rs. 30
Rs. 15	leaving	Rs. 15
Rs. 09	leaving	Rs. 06
Rs. 06	leaving	Rs. 00
Total Rs. 50		Total Rs. 51

बताइये अतिरिक्त 1 रुपया कहाँ से आता है?

Example 4: एक अमीर शेख ने अपनी मृत्यु के समय अपने तीन बेटों के लिये 17 घोड़े छोड़े। सबसे बड़े पुत्र को 1/2 घोड़े मिलने थे, दूसरे को 1/3 तथा सबसे छोटे को 1/9। वे इन घोड़ों को बिना कसाई (Butcher) के बुलाये आपस में नहीं बाँट सके। इस कार्य में उन्होंने एक वृद्ध आदमी की सलाह ली जिसने उनकी मदद का आश्वासन दिया। वह अस्तबल में अपने स्वयं के घोड़े के साथ आया। इस घोड़े को उसने उन सत्रह घोड़ों में सम्मिलित कर दिया और अब भाईयों को आपस में घोड़े बांटने के लिये अपनी पसंद मांगी। सबसे बड़े भाई ने अट्ठारह घोड़ों के आधे अर्थात् 9 घोड़े लिये। दूसरे भाई ने अट्ठारह घोड़ों के एक तिहाई अर्थात् छः घोड़े लिये और सबसे छोटे भाई ने अट्ठारह घोड़ों के 1/9 अर्थात् 2 घोड़े लिये। जब सभी सत्रह घोड़े चुन लिये गये तो बूढ़ा आदमी अपने घोड़े को लेकर चला गया। इस पहेली को समझिये।

इस पहेली का आशय यह है कि या तो शेख गणित में बहुत कमजोर था या वह अपने लड़कों को कुछ सोचने-विचारने के अवसर देना चाहता था।

Example 5: एक घड़ी 5 सैकेण्ड में 7 बजाती हैं। बारह बजाने में यह कितना समय लेगी?

उत्तर: 10 सैकेण्ड नहीं बल्कि 11 सैकेण्ड है।

Example 6: एक मेंढ़क 30 फीट गहरे कुएँ को जड़ में बैठा है। प्रत्येक घंटा वह 3 फीट वापस फिसल जाता है' कुएँ से बाहर निकलने में वह कितना समय लेगा?

उत्तर: 30 घण्टे नहीं बल्कि 28 घण्टे!

Example 7: अगर 2 को तीन बार लिया जाये तो वह बड़ी से बड़ी तथा छोटी से छोटी संख्या बताइये।

सम्भावित संभावनायें हैं– 222, 22^2, 2^{22}, and 2^{2^2}.

अत: सबसे छोटी संख्या 2^{2^2} = 16 है तथा बड़ी संख्या है 2^{22}.

Example 8: एक तेल व्यापारी के पास तेल से भरा एक टैंक है तथा उसके पास दो मापक 3 लीटर तथा 5 लीटर के हैं। उसे टैंक में से 7 लीटर तेल निकालना है। इन दो मापकों का प्रयोग कर वह तेल किस प्रकार निकालेगा?

Example 9: एक तीतर के सामने 2 तीतर हैं, तीतर के पीछे भी दो तीतर हैं और एक तीतर इनके बीच में है। बताइये कुल कितने तीतर है।? (**Ans.** 3)

Example 10: 7 गीले तौलिये जो एक तार पर सूर्य की रोशनी में लटके हुये 30 मिनट में सूखते हैं, बताइये एक तौलिये को सूखने में कितना लगेगा?

Examle 11: कौन अधिक भारी है–एक टन लोहा या एक टन पंख?

Examle 12: यदि पाँच छिपकली 5 मिनट में 5 मक्खियाँ पकड़ लेती हैं तो बताइये 100 मिनट में 100 मक्खियाँ पकड़ने के लिये कितनी छिपकलियाँ चाहिये। (**Ans.** 5 Spiders)

Example 13: A man sold a basket of eggs. To the first customer he dsold half his eggs and half an egg. To the second he sold half of what was left and half an egg. To the third he sold half of what was left then and half an egg. Three eggs remained. How many did he start out with? (**Ans.** 31)

Example 14: Arrange six matches together to form four triangles.

(**Ans.** Edges of a Triangular Pyramid)

Example 15: What number multiplied by half of itself will produce 12½?

Example 16: What is the difference between six dozon dozon and half a dozon dozon. (**Ans.** 799)

Example 17: Place three sixes together to make 7. $\left(\textbf{Ans. } 6\frac{6}{6}\right)$

Example 18: What three figures multiplied by 4 will give 5.

$\left(\textbf{Ans. } 1\frac{1}{4}\right)$

Example 19: Write the same figure four times so as to equal 100.

$\left(\textbf{Ans. } 99\frac{9}{9}\right)$

Example 20: How can you take one from nineteen and leave twenty?

(XIX – I = XX)

Example 21: Arrange number 9 eight times in such a way as to add up to 1000.

$$\begin{array}{r} 8 \\ 8 \\ 8 \\ 88 \\ 888 \\ \hline 1000 \\ \hline \end{array}$$

Example 22: There are between 50 and 60 eggs in a basket. If I count them 3 at a time there are 2 left. If I count them 5 at a time there are 4 left. How many eggs are there in the basker?

Example 23: सुनिधि तथा सुनन्दा को उसके भाई ने कुछ पैसे दिये। उसने जितने पैसे सुनिधि को दिये उससे कुछ अधिक पैसे सुनन्दा को दिये। सुनिधि ने कहा, "मुझे जो पैसे मिले हैं वे दो वर्गों की राशि के बराबर हैं।"

"मेरे पास भी पैसे इसी तरह हैं।" सुनन्दा ने कहा।

इस पर सुनिधि ने कहा, "एक खास बात और है। मेरे पास जो राशि है वह दो घनों (क्यूबों) का अन्तर भी है।" सुनन्दा भी पीछे रहने वाली नहीं थी। मुस्कराकर बोली, "मेरे पास भी ऐसी ही राशि है।"

बताइये सुनिधि और सनन्दा को कितने-कितने पैसे मिले?

(Ans. सुनिधि = 26 पैसे = 25 + 1 = 27 – 1

सुनन्दा = 37 पैसे = 36 + 1 – 64 = 27.

Example 24: कुछ आम खरीदे गये। उनका प्रति आम मूल्य (पैसों में) कुल खरीदे गये आमों की संख्या का तिगुना था, दोनों में दो-दो अंक थे। कुल मूल्य जो पैसों में चार अंकों में था तथा आमों की संख्या के अन्तिम अंक से शुरू होता था। कुल कितने आम खरीदे गये और किस मूल्य पर?

माना कि 'अ' आमों को 'ब' पैसे प्रति आम की दर से खरीदा गया। कुल मूल्य दिया गया 'अ' व 'द' पैसे। चूंकि 'ब' = 3 'अ', 'ब' को 30 और 99 के बीच होना चाहिये और 'अ' को 10 और 33 के बीच। यदि 'अ' 10 और 19 के बीच है, 'ब' 30 और 57 के बीच है। चूंकि 'ब', 'अ' के समाप्त होने वाले अंतिम अंक से शुरू होता है और यदि 'अ'। से शुरू होता है तो वह केवल 13, 14, 15 हो सकता है। इस तरह 'ब' क्रमश: 39, 42 या 45 के बराबर हो जाता है। इन सब मामलों में 'अ', 'ब' तीन अंक वाली संख्याएं हैं (इन्हें चार अंक वाली संख्या होना चाहिये), अत: 'अ' 1 से आरंभ नहीं होता। यदि यह 3 से शुरू होता है तो 'ब' 9 से शुरू होता है। 'अ' 39 की संख्या हो जाती

है। परंतु 'अ' 33 से अधिक नहीं हो सकता, अतः 'अ' का पहला अंक 2 है, और 'ब' 60 तथा 87 के बीच है। 'ब' शुरू होता है 6, 7 और 8 से, और 'अ' है 26, 27 या 28। जब 3 × 26 = 78 है। यदि 'अ' 26 है, 'ब' 78 होना चाहिये। यह असंभव है क्योंकि 'ब' 6 से शुरू होना चाहिये। यदि 'अ' = 27 तो 'ब' बराबर है 81। यह भी उत्तर नहीं है क्योंकि 'ब' 7 से शुरू होना चाहिये। अब स्थिति है– 'अ' 28 और 'ब' 84। इसमें 'ब' से शुरू होता है।

गणित प्रयोगशाला (Maths Laboratory)

प्रगतिशील गणितज्ञों का विचार है कि प्रत्येक स्कूल में दूसरी प्रयोगशालाओं के समान गणित विषय में भी प्रयोगशाला की स्थापना आवश्यक है। प्रयोगशाला में प्रत्यक्ष अनुभवों तथा उपकरणों द्वारा छात्रों को जटिल प्रत्ययों, सिद्धान्तों एवं अमूर्त सम्बन्धों का प्रत्यक्ष ज्ञान दिया जा सकता है। गणित में मापन एवं गणनाओं सम्बन्धी क्रियाओं को करने के लिये उपकरणों का प्रयोग किया जाता है। इन उपकरणों के प्रयोग में दक्षता का विकास प्रयोगशाला में किये गये प्रयोगों द्वारा ही सम्पन्न होता है। गणना मशीन (Calculating Machine) की सहायता से छात्रों को गणना करने का प्रशिक्षण दिया जा सकता है। इसके अतिरिक्त छात्रों को कक्षा के बाहर के कार्य (Field Work) करने के अवसर उपलब्ध कराना भी आवश्यक होता है। इसके अर्न्तगत इमारतों तथा स्तम्भों की ऊँचाइयाँ ज्ञात करने, खेतों को नापने, दौड़ने के ट्रैक बनाने, फुटबॉल, बास्केटबॉल के फील्ड बनाने, क्षेत्रफल तथा आयतन निकालने, पर्यवेक्षण (Survey) करने, नक्शा खींचने तथा उन्हें छोटा-बड़ा करने आदि कार्य कक्षा के बाहर कराये जाने चाहये। इन कार्यों को कराने के लिये सेक्सटैन्ट (Sextent), कोण-दर्पण (Angle Mirror), फीते (Tapes), प्रोपोर्शनल डिवाइडर (Pro-portional Divider), क्लोनोमीटर (Clinometer),. समतल-मापक (The Level) आदि प्रयोगशाला में उपलब्ध होने चाहिये। इसके अतिरिक्त स्लाइड रूल (Slide Rule), गोलक पटल (Spherical Black-board), ड्राइंग बोर्ड, चाँदे, पैमाने और परकार, टी स्क्वायर, ड्राफ्टमैन्स त्रिभुज, स्लाइडें (Slides), फिल्म, फिल्मस्ट्रिप आदि भी गणित की प्रयोगशाला के महत्त्वपूर्ण उपकरण हैं। प्रयोगशाला में महान् गणितज्ञों के चित्र भी लगाये जाने चाहिये। साथ ही, गणित की मनोरंजक पहेलियाँ, गणित के खेल आदि भी गणित की प्रयोगशाला में संकलित कर रखे जा सकते हैं।

गणित में प्रयोगशाला का प्रत्यय नवीन नहीं है। शिंकागो (Chicago) विश्व-विद्यालय के प्रो॰ ई॰एच॰ मूरे ने 1902 में अमेरिकन मैथेमेटिक्स सोसाइटी को सम्बोधित करते हुए कहा है–

"छात्रों को अवलोकन शक्ति, प्रयोग एवं अभिव्यक्ति तथा निगमन शक्ति में प्रशिक्षित करना तब तक असम्भव होगा जब तक कि गणित को सीधे ठोस स्वरूप से न जोड़ा जाये.... तथा सुधार के इस कार्य को गणित व भौतिकी में सम्पूर्ण रूप से अनुदेशन की प्रयोगशाला विधि का विकास कहा जाता है।"

इसी प्रकार, "A Handbook for Teachers of Basic School" में कहा गया है कि–"Nothing can impress pupils in the formative age as the actual visualising of these experiments in a graphic manner. "

आदर्श गणित प्रयोगशाला का स्वरूप
(Components for an Ideal Mathematics Laboratory)

एक अच्छी आदर्श गणित प्रयोगशाला के मुख्य तत्व इस प्रकार हैं–

1. विभागीय सदस्य (Staffing)—गणित अध्यापक या विभागाध्यक्ष और उसके विभागीय सदस्य विद्यालय कार्यक्रम के अन्तर्गत गणित प्रयोगशाला की स्थापना में सहायता करने हेतु इच्छित एवं तैयार हों। प्रारम्भ में प्रयोगशाला स्थापना के समय विभाग के केवल एक या दो सदस्यों की आवश्यकता होती है, परन्तु प्रयोगशाला को गणित अधिगम केन्द्र के रूप में परिवर्तित करना सम्पूर्ण विभागीय सदस्यों के सहयोग के ऊपर निर्भर करता है।

2. भौतिक सुविधाएँ (Physical Facilities)—नवीन विद्यालयों में गणित प्रयोगशाला हेतु एक विशिष्ट स्थान होना चाहिए तथा उसकी योजना में समस्त सुविधाओं एवं दशाओं को स्थान प्रदान करना चाहिए। प्रयोगशाला कक्षा-कक्ष से जुड़ी होनी चाहिए तथा परिवर्तनशील भाग के द्वारा उससे अलग होनी चाहिए। इससे जब भी आवश्यकता पड़ेगी। तो विस्तृत समूह अनुदेशन हेतु एक बड़ा भाग प्राप्त हो जायेगा। प्रयोगशाला 800 वर्गफुट को एक बड़ी कक्षा के रूप में होनी चाहिए।

3. फर्नीचर (Furniture)

(A) गणना केन्द्र (Calculating Centre)—दीवार के साथ दस इलेक्ट्रिक कैलकलेटर के लिए मेज की ऊँचाई तक स्थायी, सुरक्षित स्थान होना चाहिए, जिससे छात्र व्यक्तिगत रूप से भी इनका प्रयोग कर सकें।

(B) मापन केन्द्र (Measurement Centre)—मापन केन्द्र में एक 30" × 70" का माप की बहुउद्देशीय मेज होनी चाहिए।

(C) खेल केन्द्र (Game Centre)—खेल केन्द्र एक पर एक 30" × 72" की माप की बहुउद्देशीय मेज रखी जाये।

(D) पाठन केन्द्र (Reading Centre)—पाठन केन्द्र पर नीचे कार्पेट बिछा हो तथा एक आरामदायक सोफा या कुछ आराम कुर्सियाँ, एक छोटी व नीची मेंज रखी जायें

(E) नैदानिक एवं ट्यूटोरियल केन्द्र (Diagnostic and Tutorial Centre)—केन्द्र में तीन बड़ी मेजें पड़ी हों।

(F) कुछ 30 कुर्सियां हों।

(G) कुल 15 बड़ी मेजें हों।

(H) फाइल रखने की अलमारी–कम से कम दो अलमारी हों तथा संसाधनों की आवश्यकतानुसार इनकी संख्या बढ़ायी जा सकती है।

(I) अलमारियाँ–गणित प्रयोगशाला में पाठन सामग्री, कार्य पुस्तिकाओं, किट्स, खेलों तथा अन्य सामानों को रखने हेतु उचित स्थान होना चाहिए।

(J) स्टोर (Storage)—यह प्रयोगशाला का हिस्सा या उससे जुड़ा हुआ अलग कक्ष हो सकता है परन्तु यह अति आवश्यक है।

(K) प्रयोगशाला में एक विशाल, स्थायी स्क्रीन (पर्दा) कक्षा में ऐसे भाग में होना आवश्यक है जहाँ विशाल समूह हेतु इसका प्रयोग किया जा सके।

उपकरण (Equipments)

(A) गणना केन्द्र (Calculating Centre)—विद्युत केलकुलेटर। इसके अतिरिक्त इलैक्ट्रॉनिक केलकुलेटर, कम्प्यूटर टर्मिनल भी होना चाहिए।

(B) दृश्य-श्रव्य सामगी केन्द्र (Audio-Visual Centre) —

* टेपरिकॉर्डर
* श्रवण स्टेशन (Listening Stations)
* ओवर हैड प्रोजेक्टर
* ट्रॉन्सपेरन्सी मेकर
* पोर्टेबिल स्क्रीन
* फिल्म स्ट्रीप प्रोजेक्टर
* फिल्म प्रोजेक्टर
* चार्ट
* श्यामपट्ट
* बुलेटिन बोर्ड
* डिस्प्ले बोर्ड

(C) खेल केन्द्र (Game Centre)—विभिन्न खेल सामग्री।

(D) मापन केन्द्र (Measurement Centre)—विभिन्न मापन यन्त्र-फीता (Tape), मीटर (Metre Rod), भार मशीन (Weighing Machine) आदि।

(E) सर्वे यन्त्र (Survey Instruments)—गणित प्रयोगशाला में सर्वे सम्बन्धी बहुत से यन्त्र भी रखे जाने चाहिये। कुछ प्रमुख सर्वे सम्बन्धी यन्त्र इस प्रकार हैं–

1. कोण-दर्पण (Angle Mirror)—इस यन्त्र का उपयोग खेतों या मैदानों में समकोण का पता लगाने के लिये किया जाता है।

2. समतल मेज एवं एलीडेट (Plane Table and Alidate)—इनका प्रयोग प्रारम्भिक नाप तथा सर्वे सम्बन्धी कार्य में किया जाता है।

3. हिप्सोमीटर तथा क्लीनोमीटर (Hypsometer and Clinometer)—इन दोनों यंत्रों का प्रयोग उन्नति व अवनति कोणों (Angle of elevationa nd depression) का मापन करने के लिये किया जाता है। इन यन्त्रों का प्रयोग अप्रत्यक्ष रूप से वस्तुओं की ऊँचाई व दूरी नापने के लिये भी किया जा सकता है।

4. लेवल (Level)—इस यन्त्र की सहायता से झुकाव के अन्तर को ज्ञात किया जा सकता है।

5. ट्रांसिट (Transit)—यह समकोण मापक तथा समतल करने वाला यन्त्र है।

(F) अनुदेशनात्मक सामग्री (Instructional Material)—गणित प्रयोगशाला हेतु अनुदेशन सामगी के चयन के समय निम्न सामग्री प्रत्येक छत्र हेतु उपलब्ध होनी चाहिए–

1. छात्र के व्यक्तिगत अभिलेख, प्रमुख रूप से निदान एवं प्रगति सम्बन्धी अभिलेखों को रखने की व्यवस्था।
2. गणित में प्रगति के मापन हेतु उपलब्धि परीक्षण।
3. गणना के लिए विकास सामग्री, जैसे–कार्य पुस्तक (Work Book) कैलकुलेटर आदि।
4. समस्या-समाधान सामग्री, जैसे–वास्तविक जीवन से सम्बन्धित समस्याओं का संकलन एवं अन्य व्यावसायिक सामग्री।
5. छात्रों की कमजोरियों को दूर करने के लिये निदानात्मक परीक्षणों की व्यवस्था।
6. प्रत्येक छात्र से सम्बन्धित अभिलेख तैयार करना जिसमें पढ़ाई का स्तर, समस्या समाधान में उपलब्धि का स्तर, गणना सम्बन्धी कुशलताओं का स्तर तथा मापन सम्बन्धी उपलब्धियों का स्तर।

7. आवश्यक तथा प्रभावी श्रृव्य-दृश्य सामग्री, जैसे–चार्ट, मॉडल, विभिन्न प्रकार की ज्यामितीय आकृतियां आदि।
8. लघुगणक सारणियाँ तथा त्रिकोणमितीय अनुपातों एवं कोणों की सारणी आदि।
9. ड्राइंग सम्बन्धी उपकरण–पटरी, परकार, पैन्सिल, सैट-स्कवायर (Set-squares) आदि।

गणित शिक्षण में प्रयोगशाला का महत्व एवं आवश्यकता
(Need and Importance of Laboratory in Mathematics Teaching)

गणित शिक्षण में प्रयोगशाला का महत्व निम्नलिखित कारणों से है–

1. प्रयोगशाला में बालक स्वयं करके सीखते हैं (Learning by Doing) जिससे उनका ज्ञान अधिक स्थाई हो जाता है।
2. इसके द्वारा बालक क्रियात्मक एवं व्यावहारिक ज्ञान प्राप्त करते हैं।
3. प्रयोगशाला में कार्य करते समय छात्र गणित के अध्ययन में अधिक रुचि लेते हैं।
4. प्रयोगशाला के द्वारा छात्रों में रचनात्मक एवं अनुसंधानात्मक दृष्टिकोण विकसित होता है।
5. छात्र गणित के प्रयोग करने में आनन्द की अनुभूति करते हैं क्योंकि प्रयोग करने से उनकी जिज्ञासाओं की सन्तुष्टि होती है।
6. छात्रों की विभिनन प्रकार की गणितीय कुशलताओं का विकास होता है, जैसे–आकृति, चित्र, मॉडल बनाने की कुशलता, माप-तौल की कुशलता आदि।
7. छात्रों में आगमनात्मक (Inductive) चिन्तन (Thinking) का विकास होता है।
8. छात्रों में आत्म-विश्वास, आत्म-निर्भरता, परिश्रम तथा प्रयोग करने की योग्यता का विकास होता है।
9. छात्रों में वैज्ञानिक दृष्टिकोण (Scientific Attitude) विकसित होता है।

प्रयोगशला में कार्य करते समय सावधानियाँ
(Precautions to be Taken)

गणित प्रयोगशाला में कार्य करते समय निम्नलिखित सावधानियाँ बरतनी चाहिए–

1. प्रयोग में लाये जाने वाले उपकरण या सामग्री के सम्बन्ध में अच्छी जानकारी होनी चाहिए।

2. उपकरणों को सावधानीपूर्वक काम में लाना चाहिए। लापरवाही नहीं बरतनी चाहिए।
3. प्रदर्शन-मेज की व्यवस्था उचित ढंग से करनी चाहिए जिससे छात्रों को परेशानी न हो।
4. अमुक उपकरण का प्रयोग किस प्रकार करना है? यह अध्यापक को पूर्व में ही स्पष्ट कर देना चाहिए।
5. प्रयोग करने में समय का भी ध्यान रखना चाहिए।
6. प्रयोग करने के पश्चात् सभी उपकरणों को यथास्थान, साफ करके रखना चाहिए।
7. सभी छात्रों को प्रयोगशाला में कार्य करने का अवसर मिलना चाहिए।

पुस्कालय कक्ष (Library Room)

गणित कक्षा में एक लघु पुस्तकालय होना चाहिए। जहाँ से छात्र पाठ्य-पुस्तकों, गणित के इतिहास की पुस्तकों इत्यादि को आसानी से प्राप्त कर सकें। यह पुस्तकालय अपनी कक्षा-कक्ष के एक भाग में अलमारियों के रूप में भी, साधारण रूप से हो सकता है। इस पुस्तकालय में विभिनन प्रकार की पाठ्य-पुस्तकें, व्यक्तिनिष्ठ अनुदेशन सामग्री, पत्र-पत्रिकायें (Periodicals), सन्दर्भ-पुस्तकें इत्यादि उपलब्ध होनी चाहिए। लघु पुस्कालय ठीक प्रकार से व्यवस्थित होना चाहिए तथा छात्रों के ठीक बैठने एवं पढ़ने की सुविधा होनी चाए।

लघु पुस्कालय मे छात्रों के वर्ग विभिन्न, क्रियाओं हेतु सामग्री उपलब्ध हो। इन क्रियाओं के अन्तर्गत खेलों की श्रृखंला, प्रयोग, गणित, पहेली इत्यादि हो सकते हैं। ये विभिन्न प्रकार के सुन्दर, रंगीन डिब्बों में रखे जायें, जिन पर लेवल लगा हो तथा नम्बर लिखा हो तथा इनको ऐसी जगह रखनी चाहिए जहाँ पर छात्र आसानी से पहुँच सके और अपनी समस्या का समाधान कर सकें। पुस्तकालय के माध्यम से छात्रों में स्वाध्याय की आदत विकसित की जा सकती है और उनके ज्ञान को और अधिक व्यापक एवं समृद्धशाली (Eriched) बनाया जा सकता है। इस प्रकार पुस्तकालय में निम्नलिखित सामग्री का होना अनिवार्य है–

(*i*) सामान्य एवं प्रेरणादायक पुस्तकें (General and Inspirational books)

(*ii*) पाठ्य-पुस्तकें एवं सन्दर्भ पुस्तकें (Teet books & Reference books)

(*iii*) गणित से संबंधित लोकप्रिय (Popular) पुस्तकं, पत्रिकायें (Magazines) और जनरल (Journals)।

गणित पुस्तकालय (Maths Library)

आधुनिक शिक्षा प्रणाली के अनुसार बालकों को शिक्षा इस प्रकार से दी जाती है कि वे नवीन बातों की खोज स्वयं करें। अध्यापक एक पथ-प्रदर्शक (Guide) के रूप में कार्य करता है। इसके साथ ही गणित अध्यापक के लिये यह भी सम्भव प्रतीत नहीं होता कि वह निश्चित अध्ययन काल में ही गणित का पूरा पाठ्यक्रम, पुनरावृत्ति प्रश्न, पर्याप्त अभ्यास एवं मनोरंजन की दृष्टि से गणित एवं गणितज्ञों का इतिहास तथा गणित सम्बन्धी पहेलियाँ भी कक्षा में ही हल करा दें। किसी सीमा तक वह अपने प्रयासों से छात्रों में गणित के प्रति रुचि उत्पन्न करने का भरसक प्रयत्न करता है। कोर्स सम्बन्धी विषयों पर पर्याप्त अभ्यास उसकी कक्षा के बाद में कराना होता है। पर्याप्त अभ्यास कराने के लिये एवं मनोरंजन की दृष्टि से अध्ययन कराने के लिये उसे पाठ्य-पुस्तकों के अतिरिक्त अन्य पुस्तकों के अध्ययन की भी आवश्यकता पड़ती है जो कि गणित पुस्तकालय द्वारा ही सम्भव हो सकती है।

अध्यापक को स्वयं भी अपने ज्ञान को विस्तृत करने के लिये एवं शिक्षण को प्रभावशाली बनाने के लिये आधुनिक खोजों एवं नवीन प्रणालियों के सम्पर्क में आना पड़ता है। केवल पाठ्य-पुस्तकों की सहायता से वह विद्यार्थियों की सभी आवश्यकतायें पूर्ण नहीं कर सकता। इस दृष्टि से गणित पुस्तकालय का गणित अध्यापक के लिए बहुत महत्व है।

हायर सेकेण्डरी स्कूलों में गणित पुस्तकालय, स्कूल लाइब्रेरी का ही एक अंग होना चाहिये। यदि विद्यालय में एक गणित कक्ष है और कोई अध्यापक उस कक्ष का अध्यक्ष है तब गणित पुस्तकालय, गणित कक्ष में भी स्थापित किया जा सकता हैं

पुस्तकालय की आवश्यकता एवं महत्व (Need and Importance of Maths Library)

गणित शिक्षण में पुस्कालय की आवश्यकता एवं महत्व इस प्रकार हैं–

1. सहायक पुस्तकों की सुविधा (Facility for Reference Books) — छात्रों को अपने विषय पर अन्य अनुभवी एवं योग्य लेखकों के विचार जानने के लिये अन्य पुस्तकें पुस्तकालय में ही सुलभ हो सकती हैं। मूल्यवान और विविध प्रकार की पुस्तकें छात्रों द्वारा खरीदा जाना सम्भव नहीं होता है।

2. विस्तृत ज्ञान (Scope for Wider Knowledge) — अपनी पाठ्य-पुस्तकों के अतिरिक्त अन्य पुस्तकें पढ़ने से विषय का ज्ञान विस्तृत होता है और छात्रों

में पुस्तकालय से सुलभ अच्छी पुस्तकें पढने से अध्ययनशीलता का विकास होता है जिसके लिये पुस्तकालय का होना बहुत ही आवश्यक एवं महत्वपूर्ण है।

3. शिक्षकों की दृष्टि से (From Teacher's Point of View) — पुस्तकालय की आवश्यकता छात्रों के साथ-साथ शिक्षकों को भी होती है। अपने विषय पर उच्च स्तर की पुस्तकें पढ़कर अपने ज्ञान को विस्तृत करना तथा किसी स्थल पर अधिक स्पष्टीकरण अथवा किसी प्रकार की शंका आदि होने पर अच्छे लेखकों की पुस्तकों की सहायता से शिक्षक लाभ उठा सकते हैं और समय-समय पर पुस्तकालय में सन्दर्भ पुस्तकें (Reference Books) ले सकते हैं।

4. शिक्षण-सामग्री (Collection of Material Aids) — पुस्तकालय केवल पुस्तकों के ही संग्रह के लिये नहीं अपितु शिक्षण-विधियों और शिक्षण सामग्री के संग्रह का भी स्थान है। अतः शिक्षकों को उत्तम शिक्षण हेतु नवीन शिक्षण विधियों का ज्ञान कराने तथा उन्हें शिक्षण सामग्री (चार्ट, चित्र, रेखाचित्र, मॉडल, स्लाइड्स आदि) उपलब्ध कराने के लिये भी पुस्तकालय का महत्व है।

गणित पुस्तकालय के लिये पुस्तकों का चुनाव
(How to Make Selection of Books)

चूँकि, कोई भी विद्यालय विषय पुस्तकालय (Subject Library) के लिये अधिक मात्रा में धन व्यय नहीं कर सकता अतः यह बहुत-ही आवश्यक है कि जो धन गणित पुस्तकालय के लिये मिले उसका उचित प्रकार से उपयोग किया जाये तथा केवल उन्हीं पुस्तकों को खरीदा जाए जो विद्यार्थियों अथवा अध्यापक की विद्यालय एवं शिक्षण सम्बन्धी आवश्यकताओं की पूर्ति करें। बहुधा देखने में आता है कि यदि कोई अध्यापक कोई उच्च परीक्षा दे रहा है या अनुसन्धान कार्य कर रहा है तो उससे सम्बन्धित पुस्तकें वह स्वयं न खरीदकर पुस्तकालय में खरीदवा देता है जिनका वहाँ बाद में कभी भी कोई उपयोग नहीं होता। पुस्तकें खरीदते समय इस बात का भी ध्यान रखना चाहिये कि पुस्तकें छोटी और बड़ी सभी कक्षाओं के लिये खरीदी जायें, न कि किसी कक्षा विशेष अथवा वर्ग के लिये।

पुस्तकों का चुनाव करते समय निम्नलिखित बातों पर विशेष रूप से ध्यान देना चाहिये–

1. अनुभवी तथा योग्य अध्यापकों तथा गणितज्ञों द्वारा लिखी पुस्तकों को ही पुस्तकालय के लिये खरीदना चाहिये।
2. उपलब्ध धनराशि को ध्यान में रखते हुए केवल उन्हीं पुस्तकों को खरीदा जाये, जो अध्यापक एवं विद्यार्थियों की अधिक से अधिक आवश्यकताओं की पूर्ति कर सकें।

3. पुस्कालय में प्रतिदिन उपयोग में आने वाली पुस्तकों की कई प्रतियाँ (Copies) मंगानी चाहिये तथा अन्य उपयोगी पुस्तकों की कम से कम एक प्रति अवश्य होनी चाहिए।
4. पुस्तकें खरीदने से पूर्व किसी अच्छे पुस्तकालय में जाकर गणित की उपयोगी पुस्तकों की सूची तैयार कर लेनी चाहिये।
5. पुस्तकों की मुख्य-मुख्य बातों के बारे में उनके संक्षिप्त विवरण तथा केटालोग (Catalogue) को देखकर ही उनको खरीदना चाहिये।
6. गणित पुस्तकालय के लिये उपयोगी पुस्तकों का चुनाव करने में अन्य स्कूलों के अध्यापकों से भी सहायता लेनी चाहिये।
7. आकर्षक, सुन्दर छपाई, मजबूत जिल्द तथा कम मूल्य की पुस्तकों को ही पुस्तकालय के लिये खरीदना चाहिये।
8. पुस्तकें खरीदते समय विभिन्न विद्यार्थियों की रुचि, योग्यता, आयु तथा स्तर को ध्यान में रखना चाहये।
9. केवल उन्हीं पुस्तकों को खरीदना चाहिये जिनमें विषय सामग्री ठीक से व्यवस्थित की गई हो।
10. छोटी कक्षा के विद्यार्थियों के लिये ऐसी पुस्तकें खरीदनी चाहिये जिनमें विभिन्न प्रकार के चित्र, रोचक कहानियाँ, खेल और मनोरंजक पहेलियाँ इत्यादि की अधिकता हो।

पुस्तकालय का उपयोग

(How to Make Effective use of Library?)

गणित पुस्तकालय का ठीक. प्रकार से उपयोग करने के लिये, जिससे छात्र एवं अध्यापक उसका पूरा-पूरा लाभ उठा सकें, निम्नलिखित बातों का ध्यान रखना चाहिये–

1. पुस्तकों की संख्या पर्याप्त होना (Adequate Number of Books)— पुस्तकालय में छात्रों के उपयोग हेतु पुस्तकों की संख्या पर्याप्त होनी चाहिये जिससे अच्छी पुस्तकें सभी छात्रों को मिल सकें। एक पुस्तक की कई-कई प्रतियाँ, विशेषकर पाठ्य-पुस्तक और पाठ्यक्रम से सम्बन्धित पुस्तकों का होना उचित रहता है।

2. पुस्तकों की विविधता (Variety of Books) — पुस्तकालय में गणित से सम्बन्धित विविध प्रकार की तथा विभिन्न स्तरों की पुस्तकें होनी चाहिये। जिससे छात्र अथवा शिक्षक अपनी रुचि, योग्यता एवं स्तर के अनुसार पुस्तकालय का लाभ उठा सकें। उदाहरणार्थ –गणित की विभिन्न शाखायें, गणित की शिक्षण विधियाँ, गणित का विकास और इतिहास, प्रसिद्ध गणितज्ञों के जीवन और कार्य गणित

में हुई खोजें और वर्तमान प्रगति तथा दैनिक जीवन और व्यवहार में गणित का उपयोग आदि विभिन्न विषयों पर पुस्तकें होनी चाहिये।

3. छात्रों को प्रेरणा (Motivation for Students) — पुस्तकालय से पुस्तकें लेकर छात्र लाभ उठा सकें इसके लिये उन्हें शिक्षक की ओर से अच्छी-अच्छी पुस्तकों के सुझाव दिये जाने चाहिये और उन्हें प्रेरित किया जाना चाहिये कि वे अनुभवी लेखकों की पुस्तकों को पढ़ें। इसके लिये व्यावहारिक सुझाव यह है कि छात्रों की अभ्यासार्थ प्रश्न करने के लिये पुस्तकालय में से अच्छे लेखकों की पुस्तकों में से प्रश्नावलियाँ दी जायें, जैसे–गुणनखण्ड (Factorization) समीकरण सम्बन्धी प्रश्न, लाभ-हानि, क्षेत्रफल आदि।

4. छात्रों द्वारा लेखा (Record by Students) — पुस्तकालय में अध्ययन और अभ्यास हेतु गणित की जो पुस्तकें छात्र प्रयोग करें उनका एक लेखा या सूची बनवाये जाए औरउनकी साप्ताहिक अथवा मानसिक प्रगति विवरण (Progress Report) में इसका उल्लेख किया जाना चाहिये। छात्र पुस्तकालय से ली गई पुस्तकों के नाम, लेख तथा विशेष उद्धरण इस लेख में लिखे जाए। सब छात्राकी उपस्थिति में अध्ययनशील छात्रों के नाम सुनाकर प्रशंसा की जाये जिससे अन्य छात्रों को भी पुस्तकालय के उपयोग और अध्ययन की प्रेरणा प्राप्त हो।

5. पुस्तकालय प्रयोग एक कला है (Using Library is an Art) — पुस्तकालय का प्रयोग करना एक कला है। अध्यापक को विद्यार्थियों में यह क्षमता उत्पन्न कर देनी चाहिये कि कौन-सी पुस्तक को किस परिस्थिति में तथा किस सीमा तक शीघ्रता से प्रयोग किया जा सकता है। विद्यार्थी में अपनी आवश्यकतानुसार उपयुक्त पुस्तक का चुनाव करने की योग्यता आरम से ही आ जानी चाहिये।

वैदिक गणित
(Vedic Mathematics)

भारतीय संस्कृति के अवलोकन से विभिन्न शास्त्रों और कलाओं का ज्ञान होता है। इन्हीं विभिन्न शास्त्रों में गणित का विशेष महत्व है। प्राच्य विद्या-विशादरों ने गणित में विश्व के विद्याकोष में अनेकों अमूल्य रत्न अर्पित किये हैं। गणना विज्ञान की संचालिका है। विज्ञान की उन्नति मुख्यत: गणित पर निर्भर करती है। गणित के अनेक आर्चाय हुए परन्तु 'हरमन हेकल' ब्राह्मणों को ही बीजगणित का आदि प्रणेता मानता है। शोतर गणना भी भारतीय मस्तिष्क की देन है। उत्तरकालीन विशेषज्ञ कोल, बुक, हिटनी, वेबर, थीबो कैन्टर, हीथ आदि हिन्दुओं की कृति में ग्रीस की परछाईं देखते हैं। काये जिन्होंने भारतीय गणित पर कुछ लेख लिखे हैं, प्राच्य विद्वानों में सुनिश्चितता तथा सूक्ष्मता की कमी का दोष लगाते हे। परन्तु

अन्वेषकों ने अब भारतीय विद्वानों को विलक्षण बुद्धिमत्ता तथा उन्होंने गणित शास्त्र पर जो शास्त्रीय दक्षता प्राप्त की थी उसको स्वीकार कर लिया है।

गणित शास्त्र हमारे भारतवर्ष की उपज है। पुरातन शिलालेखों और मोहन जोदड़ों की खुदाई में पाये गये सिक्कों से ये निश्चित हो गया है कि यूनान, मिश्र आदि देशों से पूर्व भारतवासी संख्याओं को अंकों द्वारा लिखते थे। परन्तु आधुनिक अंकों से यह अंक कुछ भिन्न थे। इस विषय को मुख्य देन जो हिन्दुओं ने दी है वह है शून्य। पहे भिन्न भिन्न प्रकार से संख्याएँ लिखी जाती थीं–उदाहरणार्थ, फिनीशियन रीति से 9 को 111 111 111 नौ लम्बी लकीरों द्वारा लिखते थे, 10 को ....) चिन्ह से, 19 लिखने के लिये 111 111 111 ...) लिखना पड़ता था। 40 लिखने का चिन्ह (HH) था।

शून्य का उपयोग पिड़गल ने अपने छन्द सूत्र में ईसा से 200 वर्ष पूर्व किया था। भास्कर ने अपने महाभाश्करीय में शून्य का प्रयोग किया। हिन्दुओं के अंकगणित एवं बीजगणित में शून्य के सम्बन्ध में परिच्छेद पाये जाते हैं।

आर्यभट्ट, महावीर, श्रीपति, श्रीधर, भाश्कराचार्य आदि गणितज्ञों ने वर्गमूल निकालने की रीतियाँ बताई हैं। इसके अतिरिक्त घनमूल निकालने की विधि भी हिन्दुओं ने ही विश्चव को दी है। सम्भव है आर्यभट्ट के पूर्व के गणितज्ञों ने यह रीति निकाली हो। ये रीतियाँ आठवीं शताब्दी के मध्य में भारत वर्ष ने अरबों के पास पहुँची और उनके द्वारा अन्य देशों को पहुंची। प्राचीन अरबी विद्वानों ने भी यह माना है कि अंकलिपि का आविष्कार हिन्दुओं ने किया।

हिन्दुओं ने बीजगणित में बहुत दक्षता प्राप्त की। आर्यभट्ट, श्रीधराचार्य, भास्कराचार्य तथा ब्रह्मगुप्त आदि विद्वान इस विषय के बड़े विद्वानों में से थे।

हिन्दुओं को ज्यामिति का विशेष ज्ञान था। यज्ञ में वेदियों के बनाने के ज्यामिति का प्रयोग प्राचीन काल से चला आ रहा है। 'शल्ब सूत्र' में वर्ग, आयत बनाने की विधि दी हुई है। भुजा से कर्ण का सम्बन्ध, वर्ग के समान आयत, वर्ग के समान वृत्त आदि प्रश्नों पर इस ग्रन्थ में विचार किया गया है।

आर्यभट्ट ने गणित और ज्यामिति के श्रेणी व्यवहार का उल्लेख किया है। भास्कराचार्य की 'लीलावती' में यह प्रमाणित किया जाता है कि जब किसी अंक को शून्य से भाग दिया जाता है तो उसका फल अनंत हो जाता है। 'लीलावती और बीजगणित' भास्कराचार्य कृत सिद्धान्त शिरोमणि के दो भाग हैं। यह चमत्कृत ग्रन्थ भास्कराचार्य ने अपनी आयु के 36 वें वर्ष में लिखा था।

ज्यामिति से बीजगणित और बीजगणित से अंकगणित की उत्पत्ति हुई। त्रिकोणमिति के क्षेत्र में हिन्दुओं ने ऐसा कार्य किया जो बेजोड़ और मौलिक है।

इन्होंने ज्या, कोटिज्या तथा उत्क्रमज्या आविष्कृत की। इस तरह भारतीय विद्वानों ने गणित शास्त्र में अनेक रीतियों, पद्धतियों को जन्म दिया।

वेदों से गणित की उत्त्पत्ति

भारतीय विद्वानों को गणित शास्त्र का ज्ञान वेदों से प्राप्त हुआ। आज विश्व को ऐसे-ऐसे सूत्र व अंक हमारे वेदों ने दिये हैं जिनके लिये विश्व सदैव भारत का ऋणी रहेगा। गणित प्राचीन काल से ही भारत में प्रचलित है।

वैदिक युग का अंकगणित

दि स्कोप एण्ड डवलपमेण्ट आफ हिन्दू गणित में वी॰वी॰ दत्त लिखते हैं कि उस समय छोटी और बड़ी संख्या गिनने की विधि ज्ञात थी। यजुर्वेद में "इमा में इष्ट का धेनवः एकाय दशमं शतमं, शतमं, सहसं, चायुत-आयुतं च नियुतं च नियुतं च प्रयुतं च अर्थव च 000000 1712 कहा गया है। इसी वेद में दो व चार के पहाड़े का उल्लेख है। अतः सिद्ध है कि जोड़, ऋण, गुणन, भाजन आदि के अंकगणित के मौलिक सिद्धान्त वैदिक काल में ही प्रौढ़ हो चुके थे। अर्थववेद परिशिष्ट के गणित सम्बन्धी सोलह सूत्रों पर भारतीय कृष्ण तीर्थ की Vedic Mathematics पुस्तक बनारस वि॰वि॰ में 1964 में प्रकाशित हुई जो अत्यन्त उपयोगी हैं शतपथ ब्राह्मण में अग्निचयन प्रकरण के ऋग्वेद के अक्षरों की सख्या है जो 432000 है।"

ई॰ सन् के बाद सशून्य दशांक गणना विधि

सशून्य दशांक गणना विधि का अविष्कार भारतीयों ने किया जिसका समस्त विश्व ऋणी है। देश गुणोत्तर पद्धति का सर्वप्रथम पूर्ण उल्लेख पातंजलयोग सूत्र के भाष्यकार में मिलता है। डा॰ कोण न इण्डियन मैथमैटिक्स में लिखा है कि 12वीं सदी में इस विधि का प्रचार अरबों ने योरुप में किया और उन्होंने इसे भारत से सीखा।

युसूफ जई इलोक की खुदाई से प्राप्त भोजपत्र की प्रति में इसी अंक शैली का प्रयोग है। अरबी भाषा में संख्या को हिंदसा कहते हैं। ईसवीं 505 में बराहमिहिर विधि का ध्यान रखते हैं। वे 3750 की 'खवाणाद्रिरामाः' लिखते हैं। अंक बायीं ओर गिने जाते हैं। इसके पूर्व आर्यभट्ट को भी इस विधि का ज्ञान था क्योंकि इसने वर्गमूल व घनमूल की विधि का वर्णन किया है। एनसाइक्लोपीडिया ब्रिटेनिका में लिखा है। इसमें कोई शक नहीं कि हमारे वर्तमान अंक क्रमांक की उत्पत्ति भारतीय है। 773 ई॰ में भारतीय राजदूत इसे बगदाद लाया। वहाँ से यह योरुप पहुंची। ब्रह्मगुप्त का 'ब्रह्मस्फुट' तथा भास्कराचार्य का 'लीलावती' अंकगणित के

चरमोत्कर्ष के प्रदर्शन है। अंकगणित का विकास आठ प्रकार से हुआ-जोड़, बाकी, गुणा, भाग, वर्ग, घन, वर्गमल, घनमूल।

बीजगणित

गणित के इतिहास लेखक काजोरी का कहना है कि बीजगणित से प्रथम यूनानी विद्वान् दियोफांतुस को 360 ई० में बीजगणित का प्रथम अभ्यास भारत से ही मिला। 19 वीं शदी के प्रख्यात गणितज्ञ "दियोफांतुस" का बीजगणित ज्ञान भारतीय ज्ञान के समक्ष नाममात्र का है। आर्यभट्ट और बराहमिहिर बीजगणित में महान् आचार्य हैं। इन्होंने ज्यामिति के कार्यों का वर्णन किया है। पाश्चात्य विद्वान् 'मिल' आदि ने ज्यामिति का श्रेय अरबों को दिया है। पर यह आर्यभट्ट को मिलना चाहिये। ब्रह्मगुप्त और भास्कर ने अनेक साधारण समीकरणों को सुलझाया।

डा० मैकडानल 'इण्डियसाज पास्ट' में लिखते हैं। भारतीयों का गणितशास्त्र में सबसे बड़ा आविष्कार द्वितीय स्थल की असीमबद्ध संख्याओं के समाघात की क्रिया का निकालना था। यह क्रिया 12वीं सदी के सभी आविष्कारों से सूक्ष्म थी। चलन-कलन का 17वीं सदी में 'न्यूटन' का सिद्धान्त 13वीं सदी में भास्कर ने आविष्कृत कर दिया था। जर्मन गणितज्ञ हानकेल कहते हैं-बीजगणित के आविष्कार का सारा श्रेय हिन्दुस्तान को है।

रेखागणित

इसका यज्ञ से निकट का सम्बन्ध है और इसके विकास का सम्बन्ध वैदिक युग के यज्ञों से है। भिन्न-भिन्न प्रकार के यज्ञों के लिये विभिन्न प्रकार की वेदियाँ बनाई जाती थी। इस सम्बन्ध में ऋग्वेद में रेखागणित के परिभाषिक शब्दों का उल्लेख जैसे-प्रभ, प्रतिभा, निदान परिधि, छंद आदि।

शल्य सूत्र व रेखागणित

रेखागणित के विकास से स्पष्ट पता, शल्य सूत्रों से चलता है। इनमें यज्ञ की वेदी के आकार नापने का आदि का पूरा ब्यारा मिलता है। कोण-त्रिकोण आदि नापने की विधि बताई गई है। ये सूत्र तीन हैं। वैद्यायन, कात्यायन और आप स्तम्ब। इसका समय आर०सी० दत्त 800 ई० में हुलर 400 ई०पू० कहते है। विभूति भूषण दत्त कहते हैं कि 'पाइथागोरस साध्य का उल्लेख शतपथ ब्राह्मण में और विवेचन शल्य सूत्र में है। कर्ण के विकर्ण विषयक सिद्धान्त का विवेचन भी शल्य सूत्रों में है।

ब्रह्मदत्त ने 600 ई० में कई गणित सम्बन्धी ऐसी विधियाँ दी हैं जो यूनानी व अरबों को ज्ञात न थीं जैसे वृत्त का व्यास और त्रिभुज, विषमकोण चतुर्भुज, वृत्त का क्षेत्रफल आदि निकालना।

रेखागणित व ज्योतिष

100 वर्ष तक का रेखागणित सम्बन्धी साहित्य नहीं मिला। ई॰ सन् के बाद आर्यभट्ट, बह्मगुप्त आदि इसको पुन: जीवन दान देते हैं और धार्मिकता से पृथक् करके ज्योतिष से सम्बन्धित कर देते हैं। वृतस्थचतुर्भुज की विशेषताएँ ब्रह्मगुप्त ने खोज निकालीं। ज्यामिति का विकास हुआ।

इस प्रकार गणित के मौलिक तत्वों का विकास भारत में हुआ था। ज्यामिति का प्रयोग भी भारत से अरब और अरब से यूनान पहुँचा। एक यूरोपीय विद्वान् ने 'हिन्द एचीवमेंट इन एम्जेक्ट साइन्स' में कहा है कि "यह एक मार्के की बात है कि भारत का गणित शास्त्र हमारे आज के विद्वान् कहाँ तक काम में लाते हैं और गंगा के किनारे के ब्राह्मणों के हम कितने ऋणी है। आर्यभट्ट, ब्रह्मगुप्त, भास्कर के ग्रंथ आश्चर्यजनक हैं।"

वैदिक गणित की मूल संकल्पनाएँ
(Basic Concepts of Vedic Mathematics)

साधारण एवं वैदिक संख्याएँ

गणित की साधारण प्रणाली में हम जिन संख्याओं का प्रयोग करते हैं उनके सभी अंक धनात्मक होते हैं। उदाहरणार्थ : संख्या 2346 के सभी अंक 2, 3, 4 और 6 धनात्मक हैं।

परन्तु वैदिक गणित में ऐसी संख्याओं का भी प्रयोग किया जाता है जिनके अंक धनात्मक तथा ऋणात्मक दोनों ही प्रकार के होते हैं।

अब प्रश्न उठता है कि वैदिक गणित में ऋणात्मक अंकों का प्रयोग क्यों और किस प्रकार से होता हैं? इस प्रश्न का उत्तर है कि वैदिक गणित में प्रयुक्त संख्याओं के सभी अंक 5 अथवा 5 से छोटे रखे जाते हैं, अर्थात् उनमें बड़े अंकों 6, 7, 8, 9 का प्रयोग नहीं किया जाता है। अंकों 6, 7, 8, 9 को छोटे अंकों में परिवर्तित करने की प्रक्रिया में ऋणात्मक अंक प्राप्त होते हैं। अत: वैदिक संख्या में धनात्मक तथा ऋणाात्मक दोनों ही प्रकार के अंकों का समावेश हो जाता है।

विनकुलम्

वैदिक गणित में प्रयुक्त संख्याओं के अंकों को ऋणात्मक रूप में लिखने को विनकुलम् कहते हैं।

अत: वैदिक गणित में ऋणात्मक अंक (-4) को, अंक 5 के ऊपर ऋणात्मक चिन्ह लगाकर $\bar{4}$ द्वारा व्यक्त कर दिया जाता ह जो (-4) का विनकुलम् अंक अथवा विनकुलम् कहलाता है।

विनकुलम् का सिद्धान्त

वैदिक गणित में प्रयोग की जाने वाली संख्याओं में सभी अंक 5 अथवा 5 से छोटे रखे जाते हैं। अतः संख्या में जो भी अंक 5 से बड़े (6, 7, 8, 9) होते हैं, उन सभी अंकों के स्थान पर उनके विनकुलम् अंक रख देते हैं।

किसी अंक का विनकुलम् अंक या विनकुलम् ज्ञात करना

5 से बड़े जिस अंक का भी विनकुलम् ज्ञात करना होता है उस अंक का '10 से विलचन' ज्ञात कर लेते हैं।

चूँकि 5 से बड़े अंक 6, 7, 8, और 9 सभी 10 से कम हैं, इसलिये इनके 10 से चिन्ह ऋणात्मक चिन्ह के होंगे। विचलन से प्राप्त इन ऋणात्मक अंकों को, उनके ऊपर ऋणात्मक चिन्ह (–) लगाकर प्रदर्शित कर दिया जाता है। इन रेखांकित अंको को विनकुलम या विनकुलम् अंक कहते हैं।

उदाहरणार्थ– अंक 6 का विनकुलम् ज्ञात करना।

$\because$ अंक 6 का 10 से विचलन $= 6 - 10 = -4$

$\therefore$ अंक 6 का विनकलुम् (अंक) $= \bar{4}$

इसी प्रकार, अंक 7 का विनकुलम् (अंक) $= \bar{3}$ $(\because 7 - 10 = -3)$

अंक 8 का विनकुलम् (अंक) $= \bar{2}$ $(\because 8 - 10 = -2)$

तथा अंक 9 का विनकुलम् (अंक) $= \bar{1}$ $(\because 9 - 10 = -1)$

विनकुलम् संख्याएँ

धनात्मक तथा ऋणात्मक दोनों प्रकार के अंकों से बनी संख्याएँ विनकुलम संख्याएँ कहलाती हैं।

याद रखिये कि विनकुलम् संख्याओं में 5 अथवा 5 से छोटे अंकों का ही प्रयोग होता है। इन संख्याओं में 5 से बड़े अंक उनके विनकुलम् अंकों के रूप में प्रयुक्त होते हैं

निखिलम् सूत्र

निखिलम् सूत्र निम्न हैं–

'प्रत्येक अंक को 9 में से तथा अन्तिम दाएँ अंक को 10 में से घटाओ।'

उक्त सूत्र की सहायता से अंकों के समूह का विनकुलम् सरलतापूर्वक ज्ञात किया जा सकता है। अतः दी हुई सामान्य संख्या को विनकुलम् संख्या के रूप में लिखने का यह सूत्र एक सशक्त मापन है।

साधारण संख्या को विनकुलम् संख्या के रूप में लिखना

किसी संख्या को विनकुलम् रूप में लिखने के लिए उस संख्या में आने वाले 5 से बड़े अंकों को उनके विनकुलम् अंकों द्वारा बदल दिया जाता हैं

संख्या में जो अंक 5 से छोटे होते हैं उन्हें ज्यों का त्यों ही लिख दिया जाता है। अब हम पूरी विधि का विस्तार से वर्णन करें।

(अ) जब संख्या के 'केवल एक' अंक का विनकुलम् ज्ञात करना हो–माना हमें संख्या 382 को विनकुलम् रूप में लिखना है।

यहाँ केवल अंक 8 का विनकुलम् अंक ज्ञात करना होगा।

कार्य विधि

(*i*) सर्वप्रथम अंक 8 से 10 से विचलन ज्ञात करो जो (– 2) है।

अंक 8 का विनकुलम् (अंक) = $\bar{2}$

(*ii*) अंक 8 के बायीं ओर स्थित अंक 3 में 1 की वृद्धि करो। अत:

$$3 + 1 = 4$$

(*iii*) दी हुई संख्या 382 में, 8 के स्थान पर $\bar{2}$ तथा बायीं ओर स्थित अंक 3 के स्थान पर 4 लिखने पर;

$$382 = 4\,\bar{2}\,2$$

अत: संख्या 382 का विनकुलम् रूप $4\,\bar{2}\,2$ है।

संक्षेप में उक्त क्रिया निम्न प्रकार की जा सकती है–

$$382 = (3 + 1)(8 - 10)2 = 4(-2)2 = 4\,\bar{2}\,2$$

ऊपर दी गयी विधि की व्याख्या–

(*i*) 5 से बड़े अंक का 10 से विचलन लेने पर जो अंक मिलता है उसके ऊपर ऋणातमक चिन्ह (–) लगाओ। यह उस अंक का विनकुलम् होगा। इस अंक के स्थान पर विनकुलम् (अंक) लिख दो।

(*ii*) जिस अंक का विनकुलम् ज्ञात किया है उसके ठीक बायीं ओर जो अंकों उसके मान में से एक की वृद्धि कर दो अर्थात् वहाँ के अंक को 1 बढ़ाकर लिखो।

निर्देश

जिस अंक का विनकुलम् ज्ञात किया गया है, यदि उसके बायीं ओर कोई भी अंक न हो तो वहाँ शून्य मानकर 0 + 1 = 1 लिखा जाता है।

उदहरणार्थ– संख्या 94 को विनकुलम् रूप में लिखिए।

अंक 9 का विनकुलम् (अंक) = $\bar{1}$ $(\because \quad 9 - 10 = -1)$

अंक 9 के बायीं ओर 0 में 1 जोड़ने पर, $0 + 1 = 1$

अत: $94 = 1\bar{1}4$

संक्षप में– $94 = 094 = (0 + 1)(9 - 10)4 = 1(-1)4 = 1\bar{1}4$

(ब) जब संख्या के 'एक से अधिक' अंकों का विनकुलम् ज्ञात करना हो–यदि दी हुई संख्या में 6 से बड़े अंक कई स्थानों पर आ रहे हों तो सर्वप्रथम उन अंकों के भिन्न-भिन्न समूह बना लेते हैं। यदि दो या दो से अधिक ऐसे अंक लगातार हों तो उस सभी अंकों को एक ही समूह में रखा जाता है।

आगे की क्रिया निम्न प्रकार की जाती है–

(*i*) प्रत्येक समूह में जो अंक सबसे दायीं ओर हो उसे 10 में से घटाकर तथा शेष अंकों को क्रमवार 9 से घटाकर जो अंक मिलते हैं उनके ऊपर ऋणात्मक चिन्ह (–) लगाकर सभी अंकों के विनकुलम् ज्ञात कर लेते हैं। अब समूह के प्रत्येक अंक को उसके विनकुलम् (अंक) से बदल देते हैं।

(*ii*) प्रत्येक समूह के ठीक बायीं ओर स्थित अंक के मान में एक की वृद्धि कर देते हैं अथात् वहाँ के अंक को 1 बढ़ाकर लिख देते हैं।

निर्देश

यदि किसी समूह में केवल एक अंक हो तो उसे 10 से बढ़ाकर उस अंक का विनकुलम् ज्ञात करके वहाँ लिख देते हैं।

उदाहरण 1– संख्या $782893 = (78)\,2\,(89)\,3$

यहाँ 5 से बड़े अंकों के दो समूह (78) और (89) बनते हैं।

समूह (89) का विनकुलम् ज्ञात करना:

निखिलम् सूत्र से, दायीं ओर के अंक 9 का 10 से विचलन लेने पर,

अंक 9 का विनकुलम् = $\bar{1}$ $(\because \; 9 - 10 = -1)$

तथा दूसरे अंक 8 का 9 से विचलन लेने पर,

अंक 9 का विनकुलम् = $\bar{1}$ $(\because \; 8 - 9 = -1)$

समूह (78) का विनकुलम् ज्ञात करना:

निखिलम् सूत्र से, दायीं ओर के अंक 8 का 10 से विचलन लेने पर,

अंक 8 का विनकुलम् = $\bar{2}$ $(\because \; 8 - 10 = -2)$

तथा दूसरे अंक 7 का 9 से विचलन लेने पर,

अंक 7 का विनकुलम् = $\overline{2}$ $(\because 7-9=-2)$

अब प्रत्येक समूह में आने वाले अंकों के स्थान पर उनके विनकुलम् अंक रख देंगे तथा प्रत्येक समूह के बायी ओर स्थित अंक के मान में एक वृद्धि कर देंगे।

अतः विनकुलम् रूप में,

$$782893 = 1\overline{2}\,\overline{2}\,3\,\overline{1}\,\overline{1}\,3$$

ध्यान दीजिए कि यहाँ समूह (78) के बायीं ओर कोई अंक नहीं है। अतः बीायं ओर शून्य अंक मानकर उसमें एक की वृद्धि करके 0 – 1 = 1 लिखा गया है।

संक्षेप में उक्त क्रिया निम्न प्रकार की जा सकती है–

$$782893 = (78)\,2\,(89)\,3 = 0\,(78)\,2\,(89)\,3$$
$$= (0-1)[(7-9)\,(8-10)](2-1)[(8-9)(9-10)]3$$
$$= 1[(-2)\,(-2)]\,3\,[(-1)\,(-1)]\,3 = 1\;\overline{2}\;\overline{2}\;3\;\overline{1}\;\overline{1}\;3$$

उदाहरण 2– संख्या 1918176 को विनकुलम् रूप में लिखिए।

दी हुई संख्या = 1918176 = 1(9) 1(8) 1(76)

यहाँ 5 से बड़े अंकों के तीन समूह (9), (8) और (76) बनते हैं।

समूह (76) का विनकुलम् ज्ञात करना:

दायीं ओर के अंक 6 का 10 से तथा दूसरे अंक 7 का 9 से विचलन लेने पर, अंक 7 का विनकुलीम् = $\overline{4}$ तथा अंक 7 का विनकुलम् = $\overline{2}$

समूह (8) का विनकुलम् ज्ञात करना:

अंक 8 का 10 से विचलन लेने पर

अंक 8 का विनकुलम् = $\overline{2}$

अंक (9) का विनकुलम् ज्ञात करना:

अंक 9 का 10 से विचलन लेने पर

अंक 9 का विनकुलम् = $\overline{1}$

अब प्रत्येक समूह में आने वाले अंकों के स्थान पर उनके विनकुलम् अंक रख दें तथा प्रत्येक समूह के बायीं ओर स्थित अंक के मान में एक की वृद्धि कर देंगे।

अतः विनकुलम् रूप में,

$$9818176 = 2\,\bar{1}\,2\,\bar{2}\,2\,\bar{2}\,\bar{4}$$

संक्षेप में उक्त क्रिया निम्न प्रकार की जा सकती है–

$$\begin{aligned} 1918176 &= 1\,(9)\,1\,(8)\,1\,(76) \\ &= (1-1)\,(9-10)(1+1)(8-10)(1+1)\,[(7-9)(6-10)] \\ &= 2\,(-1)\,2\,(-2)\,2\,[(-2)\,(-4)] = 2\,\bar{1}\,2\,\bar{2}\,2\,\bar{2}\,\bar{4} \end{aligned}$$

विनकुलम संख्या को सामान्य (वास्तविक) रूप में लिखना

यह विनकुलम् संख्या ज्ञात करने की विलोम क्रिया है।

अत: दी हुई विनकुलम् संख्या के सभी रेखांकित (ऋणात्मक) अंकों को धनात्मक अंकों अर्थात् मूल अंकों में परिवर्तित करके उस संख्या को वास्तविक रूप में लिखा जाता।

अब हम पूरी विधि का विस्तार से वर्णन करेंगे।

(अ) जब केवल एक विनकुलम् अंक को मूल अंक में बदलना हो–यहाँ निम्नलिखित विधि अपनायी जाती है–

(*i*) संख्या में जो भी विनकुलम् अंक (रेखांकित अंक) हो उसे '10 से घटाकर' उनका धनात्मक पूरक अंक ज्ञात कर लेते हैं तथा विनकुलम अंक के स्थान पर इस पूरक अंक को लिख देते हैं।

(*ii*) विनकुलम् अंक (रेखांकित अंक) के ठीक बायीं ओर स्थित अंक के मान में एक की कमी कर देते हैं अर्थात् उसे 1 कम करके लिख देते हैं।

उदाहरण 1: संख्या $2\,\bar{7}\,1$ को वास्तविक (सामान्य) रूप में लिखिए।

अंक $\bar{7}$ का पूरक अंक $= 10 - 7 = 3$

अंक $\bar{7}$ के बायीं ओर स्थित अंक 2 में से 1 कम करने पर $2 - 1 = 1$

अत: दी हुई संख्या $2\,\bar{7}\,1$ में अंक $\bar{7}$ के स्थान पर 3 तथा बायीं ओर के ंक 2 के स्थान पर 1 लिखने पर,

$$2\,\bar{7}\,1 = 131$$

संक्षेप में– $2\,\bar{7}\,1 = (2-1)\,(10-7)1 = 131$

उदाहरण 2: संख्या $\bar{8}\,3\,4$ को वास्तविक रूप में में लिखिये।

यहाँ अंक 8 के स्थान पर इसका पूरक अंक $10 - 8 = 2$ लिखा जायेगा तथा $\bar{8}$ के बायीं ओर शून्य मानकर वहाँ $0 - 1 = \bar{1}$ लिखा जायेगा।

$$\bar{8}\,3\,4 = \bar{1}\,2\,3\,4 = -1000 - 234 = -766$$

संक्षेप में– $\overline{8}\,3\,4 = (0-1)(10-8)\,34 = (-1)(2)34 = \overline{1}\,2\,3\,4$

(ब) संख्या के एक से अधिक रेखांकित अंकों को मूलरूप में परिवर्तित करना–यदि दी हुई संख्या में रेखांकित अंक के स्थानों पर आ रहे हैं तो सर्वप्रथम उन रेखांकित अंकों के भिन्न-भिन्न समूह बना लेते हैं। यदि दो या दो से अधिक रेखांकित अंक लगातार हों तो वे सभी अंक एक ही समूह में रखे जायेंगे।

अब निखिलम् सूत्र की सहायता से, प्रतयेक समूह में, सबसे दायीं ओर के अंक को 10 में से घटाकर उसका धनात्मक पूरक अंक ज्ञात कर लेते हैं

समूह के शेष अंकों में से प्रत्येक अंक को क्रमवार 9में से घटाकर उनके पूरक अंक ज्ञात कर लेते हैं

अन्त में, प्रत्येक समूह के सभी रेखांकित अंकों को उनके पूरक अंकों से बदल देते हैं तथा प्रत्येक समूह के ठीक बायीं ओर स्थित अंक के मान में एक की कमी कर देते हैं।

निर्देश : यदि किसी समय में केवल एक रेखांकित अंक हो तो उसे 10 में से घटाकर उसका पूरक अंक ज्ञात करते हैं।

उदाहरण 1: संख्या $3\,\overline{3}\,4\,\overline{4}$ को वास्तविक रूप में लिखिए।

दी हुई संख्या $3\,\overline{3}\,4\,\overline{4} = 3\,(\overline{3})\,4\,(\overline{4})$

यहाँ रेखांकित अंकों के दो समूह $(\overline{3})$ और $(\overline{4})$ बनते हैं जिनमें एक-एक अंक हैं।

समूह $(\overline{4})$ के अंक $\overline{4}$ का पूरक अंक $= 10 - 4 = 6$

तथा इस समूह के बायीं ओर स्थित अंक 4 में से 1 कम करने पर,

$4 - 1 = 3$

पुनः समूह $(\overline{3})$ के अंक $\overline{3}$ का पूरक अंक $= 10 - 3 = 7$

तथा समूह के बायीं ओर स्थित अंक 3 में से 1 कम करने पर,

$3 - 1 = 2$

अतः संख्या $3\,\overline{3}\,4\,\overline{4}$ का वास्तविक रूप होगा– 2736

संक्षेप में– $3\,\overline{3}\,4\,\overline{4} = (3 -)(10-3)(4-1)(10-4) = 2736$

उदाहरण 2: संख्या $2\,\overline{6}\,\overline{3}\,4\,\overline{2}\,3\,\overline{5}\,\overline{1}$ को वास्तविक रूप में लिखिए।

दी हुई संख्या $2\,\overline{6}\,\overline{3}\,4\,\overline{2}\,3\,\overline{5}\,\overline{1} = 2\,(\overline{6}\,\overline{3})\,4\,(\overline{2})\,3\,(\overline{5}\,\overline{1})$

यहाँ रेखांकित अंकों के तीन समूह $(\overline{6}\,\overline{3}), (\overline{2})$ और $(\overline{5}\,\overline{1})$ बनते हैं।

निखिलम् सूत्र से, प्रत्येक समूह में, दायीं ओर के अंक को 10 में स`तथा

शेष अंकों को 9 में से घटाया जायेा। अन्त में, प्रत्येक समूह के बायीं ओर स्थित अंक में 1 की कमी की जायेगी।

$$\therefore\ 2\bar{6}\bar{3}4\bar{2}3\bar{5}\bar{1} = (2-1)[(9-6)(10-3)](4-1)$$
$$[10-2](3-1)[(9-5)(10-1)] = 13738249$$

वैदिक विधि से संख्याओं का योग

साधारण गणित में संख्याओं का योग ज्ञात करने के लिए सबसे पहले हम इकाई के अंकों को जाड़ते हैं, फिर दहाई के अंकों को जोड़ते हैं, फिर सैंकड़ा के अंकों को जोड़ते हैं, इत्यादि।

वैदिक गणित में भी संख्याओं को योग इसी क्रम में ज्ञात किया जाता है, परन्तु इसमें अपनायी गयी विधि साधारण गणित की विधि से कुछ भिन्न होती है। वैदिक विधि से संख्याओं का योग ज्ञात करते समय हासिल का प्रयोग नहीं किया जाता है, बल्कि उसके स्थान पर उप सूत्र शुद्ध (शुद्ध अंक) का प्रयोग किया जाता हैं

योग की वैदिक विधि निम्न है।

इकाई के अंकों का योग ज्ञात करना

'ऊपर से नीचे की ओर' (↓) इकाई के अंकों को क्रमवार जोड़ना प्रारम्भ करते हैं तथा जिस अंक पर योग 9 से बड़ा आ जाता है तो (माना योग 12 आता है), उस अंक के ठीक बायीं ओर स्थित दहाई के अंक पर एक शुद्ध बिन्दु लगा देते हैं। अब योग (12) में इकाई के अंक (2) को नीचे वाले अगले अंक में जोड़ते हैं। यदि योग 9 से बड़ा आये तो बायीं ओर स्थित दहाई के अंक पर शुद्ध बिन्द लगा देते हैं, परन्तु यदि योग 9 से कम आये तो उसे नीचे वाले अगले अंक में जोड़कर योग ज्ञात करते हैं। इस क्रिया को अन्तिम अंक तक दोहराते हैं। अन्त में, जो योग प्राप्त होता है उसमें इकाई का अंक, उत्तर में इकाई के स्थान पर लिख देते हैं।

दहाई के अंकों का योग ज्ञात करना

सर्वप्रथम दहाई के स्तम्भ (कॉलम) में अंकों पर लगे शुद्ध बिन्दुओं को गिनकर इस स्तम्भ के सबसे ऊपरी अंक में जोड़ते हैं। जोड़ने पर जो अंक प्राप्त होता है उसे नीचे वाले दूसरे अंक में जोड़ देते हैं। यदि योग 9 से बड़ा आता है तो उस अंक के बायीं ओर स्थित सैकड़ा के अंक पर शुद्ध बिन्दु ला दते हैं तथा इकाई के अंक को तीसरे अंक जोड़कर आगे जोड़ना प्रारम्भ करते हैं इस क्रिया

को आगे दोहराते रहते हैं। अन्त में जा योग प्राप्त होता है उसमें इकाई का अंक, उत्तर में दहाई के स्थान पर लिख देते हैं।

सैकड़ा हजारवें ..... अंकों का योग ज्ञात करना

दहाई अंकों को जोड़ने की उक्त विधि से ही सैकड़ा, हजारवें ...., अंकों का योग ज्ञात किया जाता है।

उदाहरण–शुद्धिकरण का ऊपर से नीचे तक प्रयोग कर योग ज्ञात कीजिए –

(*i*) 3 5 7 9
4 9 6 9
5 0 7 5
9 5 6 9

	हजार	सैंकड़ा	दहाई	इकाई
0	3 + (2 शुद्ध) = 5	5 + (2 शुद्ध) = 7	7 + (3 शुद्ध) = 10	9
0	4 – : 5 : = 9	9 + : 7 : = 16	16 + : 0 : = 16	9 + : 9 : = 18
0	5 – : 9 : = 14	0 + : 6 : = 6	7 + : 6 : = 13	5 + : 8 : = 13
0	9 – : 4 : = 13	5 + : 6 : = 11	6 + : 3 : = 09	9 + : 3 : = 12
2	3	1	9	2
(शुद्ध बिन्दु)				

अत: अभीष्ट योग = 23192. **उत्तर**

क्रिया के पद

इकाई के अंकों का योग–

(*i*) 9 + 9 = 18 जो 9 से बड़ा है। ∴ यहाँ शुद्धिकरण होगा।

अब, 9 के बाँयी ओर स्थित दहाई के अंक 6 पर शुद्ध बिन्दु लगा देंगे तथा योग 18 में इकाई के अंक 9 को नीचे वाले अगले अंक 9 में जोड़ेंगे।

(*ii*) 5 + 8 = 13 जो 9 से बड़ा है। ∴ यहाँ शुद्धिकरण होगा।

अब, 5 के बाँयी ओर स्थित दहाई के अंक 7 पर शुद्ध बिन्दु लगा देंगे तथा योग 13 में इकाई के अंक 3 को नीचे वाले अगले अंक 9 में जोड़ेंगे।

(*iii*) 9 + 3 = 12 जो 9 से बड़ा है। ∴ यहाँ शुद्धिकरण होगा।

अब, 9 के बाँयी ओर स्थित दहाई के अंक 6 पर शुद्ध बिन्दु लगा देंगे तथा योग 12 में इकाई के अंक 2 को उत्तर में इकाई के स्थान पर लिख देंगे।

दहाई के अंकों का योग

(*i*) सर्वप्रथम दहाई के स्तम्भ (कॉलम) में अंकों पर लगे शुद्ध बिन्दुओं को गिना जो यहाँ 4 हैं। इन शुद्ध बिन्दुओं को इस स्तम्भ के ऊपरी अंक 7 में जोड. दिया, तब सबसे ऊपर अंक प्राप्त होगा–

7 + 3 (शुद्ध) = 10 जो 9 से बड़ा है। ∴ यहाँ शुद्धिकरण होगा।

अब, 7 के बाँयी ओर स्थित सैकड़ा के अंक 5 पर शुद्ध बिन्दु लगा देंगे तथा योग 10 में इकाई के अंक 0 को नीचे वाले अगले अंक 6 में जोड़ेंगे।

(*ii*) 6 + 0 = 6 जो 9 से छोटा हैं अत: यहाँ 6 को नीचे वाले अगले अंक में जोड़ेंगे।

(*iii*) 7 + 6 = 13 जो 9 से बड़ा है। ∴ यहाँ शुद्धिकरण होगा।

अब, 7 के बाँयी ओर स्थित सैकड़ा के अंक 0 पर शुद्ध बिन्दु लगा देंगे तथा योग 13 में इकाई के अंक 3 को नीचे वाले अगले अंक 6 में जोड़ेंगे।

(*iv*) 6 + 3 = 09

अत: योग 09 में इकाई के अंक 9 को उत्तर में दहाई के स्थान पर लिख देंगे।

सैकड़ा के अंकों का योग

(*i*) सर्वप्रथम सैकड़ा के स्तम्भ (कॉलम) में अंकों पर लगे शुद्ध बिन्दुओं को गिना जो /यहाँ 2 है। इन शुद्ध बिन्दुओं को इस स्तम्भ के ऊपरी अंक 5 में जोड़ दिया, तब

सबसे ऊपर अंक प्राप्त होगा:

5 + 2 (शुद्ध) = 7 जो 9 से छोटा है।

अत: 7 को नीचे वाले अगले अंक 9 में जोड़ेंगे।

(*ii*) 9 + 7 = 16 जो 9 से बड़ा है। ∴ यहाँ शुद्धिकरण होगा।

अब, 9 के बाँयी ओर स्थित हजार के अंक 4 पर शुद्ध बिन्दुं लगा देंगे तथा योग 16 में इकाई के अंक 6 को नीचे वाले अगले अंक 0 में जोड़ेंगे।

(*iii*) 0 + 6 = 6 जो 9 से छोटा है। अत: अब 6 को नीचे वाले अगले अंक 5 में जोड़ेंगे।

(*iv*) 5 + 6 = 11 जो 9 से बड़ा है। ∴ यहाँ शुद्धिकरण होगा।

अब, 5 के बाँयी ओर स्थित हजार के अंक 9 पर शुद्ध बिन्दु लगा दें तथायोग 11 में इकाई के अंक 1 को उऊार में सैंकड़ा के स्थान पर लिख देंगे।

हजार के अंकों का योग

पूरी क्रिया ऊपर की भाँति कीजिए।

(*i*) 3 + 2 (शुद्ध) = 5

(*ii*) 4 + 5 = 9

(*iii*) 5 + 9 = 14 (शुद्धकरण होगा)। नीचे के अंक में 4 जोड़ा जायेगा।

(*iv*) 9 + 4 = 13 (शुद्धकरण होगा)।

योग 13 में इकाई के अंक 3 को उत्तर में हजार के स्थान पर लिख देंगे।

प्रश्न (Questions)

(1) गणित शिक्षण में योजना का क्या महत्त्व है? पाठ योजना के उद्भव तथा विभिन्न उपागमें का वर्णन कीजिए।

What is the importance of planning in mathematics teaching? Describe the origin and various approaches to lesson planning?

(2) इकाई योजना से आप क्या समझते हैं? इसके गुण एवं दोषों का वर्णन कीजिए।

What do you mean by Unit Plan? Mention its merits and emerits.

(3) गणित शिक्षण में इकाई योजना निर्माण के उद्देश्यों को स्पष्ट कीजिए। इकाई तथा पाठ योजना में विभेद कीजिए।

What are the aims of Unit Plan in mathematics teaching? Differentiate between Unit and Lesson Plan.

(4) इकाई योजना तथा पाठ योजना का महत्त्व बताइए।

Give the importance of Unit and Lesson Plan.

(5) कक्षा में जाने से पूर्व शिक्षक को पाठ योजना क्यों बना लेनी चाहिए। स्पष्ट कीजिए।

Why should a teacher plan his lesson before going to the classroom? Clarify.

(6) गणित के किसी एक प्रकरण पर 35 मिनट की अवधि के लिए एक पाठ योजना का निर्माण कीजिए जिसमें विशिष्ट उद्देश्यों का व्यवहारगत परिवर्तनों की दृष्टि से उल्लेख किया गया है।

Prepare a lesson plan on any topic of mathematics for a period of 35 minutes duration giving specific objectives in terms of behavioural changes.

(7) इकाई पीरक्षण क्या है? इकाई परीक्षण किस प्रकार तैयार किया जाता है? व्याख्या कीजिए।

What is a Unit Test? How is it prepared? Explain.

(8) कक्षा 9 के लिए निम्नलिखित में से किसी एक प्रकरण का चयन करके पाठ योजना तैयार कीजिए जिसमें शिक्षण बिन्दु, शिक्षण विधि तथा शिक्षण उद्देश्यों का विशेष रूप से उल्लेख कीजिए:

Prepare a detailed lesson plan on any of the following topics, mentioning clearly the teaching points, teaching method and teaching objectives:

(i) समुच्चय सिद्धान्त (Set Theory)

(ii) चक्रवृद्धि ब्याज (Compound Interest)

(iii) $(a + b)^2 = a^2 + b^2 + 2ab$

(iv) घातांक के नियम (Laws of Indices)

(v) लघुगणक (Logarithms)

(9) पाठ योजना के विभिन्न पदों का उल्लेख कीजिए। गणित शिक्षण के लिए पाठ योजना की क्या उपयोगिता है।

Illustrate the various steps of Lesson Planning. What is the utility of Lesson Planning for a mathematics teacher?

(10) गणित की किसी शाखा से एक इकाई किसी भी कक्षा के लिए चुनकर विभिन्न शिक्षण बिन्दुओं, उद्देश्यों, सहायक सामग्री तथा मूल्यांकन हेतु प्रश्नों की सूची तैयार कीजिए।

(11) निम्नलिखित संख्याओं के आधार से विचलन निखिलम् सूत्र द्वारा लिखिए–

(*i*) 9, 12, 15, 17, 8

(*ii*) 93, 95, 87, 78, 97, 85, 75

(*iii*) 990, 975, 875, 982

(*iv*) 1115, 1025, 1145, 1019

(*v*) 1005, 10095, 1219, 1310

(12) निम्नलिखित संख्याओं को आधार के साथ विचलन के रूप में लिखा गया है। संख्याएँ लिखिए–

(*i*) 10 – 2, 10 + 2, 10 – 4, 10 + 3

(*ii*) 100 – 15, 100 + 3, 100 – 12, 100 – 21

(13) निम्नलिखित संख्याओं को विलकुलम संख्याओं के रूप में लिखिए–

(*i*) 7, 89, 66, 77, 86

(*ii*) 178, 169, 356, 496, 578

(*iii*) 3469, 3578, 5668, 6769, 8757

(*iv*) 32918, 37128, 41371, 52169

(*v*) 12791, 13609, 24071, 317154

(14) निम्नलिखित विनकुलम् संख्याओं को उनके वास्तविक रूप में लिखिए–

(*i*) $3\bar{4}\bar{1}$, $5\bar{2}\bar{4}$, $12\bar{2}\bar{3}$, $3\bar{1}0\bar{1}$

(*ii*) $3\bar{4}\bar{3}\bar{2}\bar{1}$ $4\bar{4}\bar{3}\bar{2}\bar{1}$ $2\bar{3}\bar{4}\bar{3}\bar{2}$

(*iii*) $1\bar{2}\bar{3}3\bar{1}$, $1\bar{2}\bar{3}4\bar{1}$, $2\bar{3}3\bar{2}1$

(*iv*) $2\bar{3}4\bar{1}\bar{1}0$, $1\bar{2}\bar{2}1\bar{2}$, $30\bar{1}\bar{2}31$

(*v*) $1\bar{2}5\bar{3}\bar{1}$, $6\bar{4}\bar{2}\bar{3}05$, $7\bar{4}\bar{2}3\bar{4}4$

7

गणित शिक्षण में सहायक सामग्री
(Teaching Aids in Mathematics Teaching)

छात्रों में गणित के अध्ययन में रुचि उत्पन्न करने व ज्ञान को स्थाई बनाने हेतु गणित अध्यापक को अनेक प्रकार के साधनों का प्रयोग करना पड़ता है। अत: वे साधन जो अध्यापक की उद्देश्य पूर्ति में सहायक होते हैं, सहायक साधन या शिक्षण सहायक सामग्री कहलाते हैं। इनको श्रव्य-दृश्य सामग्री (Audio Visual Aids) के नाम से भी जाना जाता है। गणित अध्यापक के लिए इन श्रव्य-दृश्य साधनों का विशेr महत्व होता है। श्रव्य-दृश्य सामग्री (A.V. Aids) के माध्यम से बालकों को गणित के विभिन्न सूत्रों, सिद्धातों, सम्बन्धों तथा प्रत्ययों को समझने तथा सीखने में आसानी होती है। साथ ही शिक्षक भी इनके माध्यम से अपने कार्य को अधिक प्रभावाली बना सकता है। इस प्रकार गणित में पाठ को अधिक रुचिकर, उपयोगी तथा प्रभावशाली बनाने के लिए श्रव्य-दृश्य सामग्री या शिक्षण-सहायक सामग्री का प्रयोग करना अत्यन्त आवश्यक हो जाता है। एक चीनी (Chinese) कहावट के अनुसार-"The Thing which I hear. I may forget. The Thing which I see I may remember. The thing which I do. I can not forget."

अत: जब कोई व्यक्ति या छात्र किसी कार्य को स्वयं करता है तो इसके सम्बन्ध से उसे पूर्ण जानकारी हो जाती है। तथा उसको एक लम्बे समय तक याद रखता है। सीखने के क्षेत्र में किये गये विभिन्न अनुसंधानों से ये सिद्ध हो गया है कि बालक या व्यक्ति जो सुनते हैं उसका केवल 10% याद रखते हैं। जो चीज देखी हुई है। उसको 90% तक याद रखते हैं। अत: गणित के ज्ञान को अधिक स्थाई एवं शिक्षण कार्य को प्रभावशाली बनाने हेतु श्रृत्य-दृश्य सामग्री का प्रयोग करना आवश्यक एवं महत्वपूर्ण है।।

श्रव्य-दृश्य सामग्री के उपयोग को स्पष्ट करते हुए भारतीय शिक्षा आयोग (Indian Education Commission 1964-66) ने लिखा है कि-"शिक्षण की गुणवत्ता में सुधार करने के लिए प्रत्येक विद्यालय में सहायक सामग्री उपलब्ध

करना अति आवश्यक है। सहायक सामग्री वास्तव में अपने देश में शैक्षिक क्रान्ति ला सकती है।

(The supply of teaching aids to every school is essential forthe improvement of the quality of teaching. It should indeed bring about an educational revolution in the country.)"

गणित में श्रव्य-दृश्य सामग्री प्रतिभाशाली और मन्दबुद्धि दोनों ही बालकों के लिए अति आवश्यक है। सहायक सामग्री के प्रयोग से प्रतिभाशाली बालकों के चिंतन (Thinking) में गति एवं स्पष्टता आती है। तथा मन्दबुद्धि बालकों में गणित के सूक्ष्म प्रत्ययों, सूत्रों आदि को स्थूल रूप में समझने की क्षमता का विकास होता है। इस प्रकार प्राप्त किया गया ज्ञान अधिक स्थाई होता है। प्रसिद्ध मनोवैज्ञानिक जीन पियाजे (Jean Poaget) ने अपने अध्ययनों से यह निष्कर्ष निकाला की चित्रों, मॉडलों, चार्टों के अक्षरों प्रदर्शित प्रत्ययों, परिभाषाओं सम्बन्धों, सूत्रों आदि को देखकर ही बालक आपस में तर्क-वितर्क करते हैं। शिक्षक तथा शिक्षण विधियों की सफलता भी उपर्युक्त श्रव्य-दृश्य सामग्री के समुचित उपयोग पर निर्भर करती है।

आवश्यकता और महत्त्व
(NEED AND IMPORTANCE)

एक चीनी कहावत है कि, "एक बार का देखना हजारों बार के सुनने से बेहतर है।"

"Once seeing is better than thousands hearing."

गणित शिक्षण में सहायक सामग्री का महत्व दो प्रकार से है-

1. छात्र को व्यक्तिगत रूप से अपने अध्ययनको सफलतापूर्वक चलाने के लिए।
2. सामूहिक रूप से अध्ययन की सुचारुता को बनाये रखने के लिए।

पहले प्रकार की सहायक सामग्री के अन्तर्गत निम्न चीजें आती हैं, जैसे-Text Book, Writing material, Simple drawing, Measuring instrument (Geometry Box), Note Book, Rubber, Pencil etc.

इन साधारण चीजों को यदि छात्र दूसरे छात्र से माँगता है तो यही नहीं कि उस छात्र में गन्दी प्रवृत्ति पनप रही है, बल्कि वह दोनों के समय की बर्बादी भी करता है।

बहुत वर्षों से प्रभावशाली शिक्षक अपने शिक्षण में मॉडल, चार्ट, उपकरण, ड्राइंग आदि का प्रयोग करते आये हैं। गणित शिक्षण में समस्त विचार केवल मौखिक वर्णन द्वारा ही स्पष्ट नहीं होते। सहायक सामग्री के प्रयोग से विद्यार्थियों का ज्ञान निश्चित हो जाता है। इसके प्रयोग से बालकों की स्मरण शक्ति व निरीक्षण शक्ति का विकास भी होता है।

अध्यापक स्वयं भी एक श्रेष्ठ सामग्री है क्योंकि वह शिक्षा को सरल बनाता है, भली-भाँति समझाने का प्रयत्न करता है। फिर भी, वह स्वयं में पूर्ण नहीं है। अत: सहायक सामग्री का प्रयोग उसके लिए ऐच्छिक ही नहीं वरन् अनिवार्य भी है। "दृश्य-श्रव्य सामग्री के उपकरण तथा युक्तियाँ हैं जिनकी सहायता से बहुत-सी शिक्षण-अधिगम परिस्थितियों में व्यक्तियों तथा समूहों के बीच विचारों आदान-प्रदान सरल बन जाता है।"

(Audio-visual Aids are those tools and devices by the use of which communication of ideas between persons and groups in various teaching-learning situations is helped.)

संक्षेप में सहायक-सामग्री की आवश्यकता और महत्त्व इस प्रकार है–

1. ज्ञानेन्द्रियों का महत्व (Importance of Sense Organs)—बालकों को किसी ज्ञान की प्राप्ति केवल कल्पना या पुस्तकों को पढ़ लेने की अपेक्षा अपनी ज्ञानेन्द्रियों के माध्यम से अधिक सरलता के साथ और अधिक स्थायी रूप में होती है। ज्ञानेन्द्रियाँ ही वास्तव में ज्ञान के द्वार (Gates of Knowledge) हैं। शिक्षण में सहायक सामग्री द्वारा ज्ञान को ऐसा बनाने का प्रयास किया जाता है जिससे वह छात्रों की ज्ञानेन्द्रियों को पहुँच में आ सके और ज्ञानेन्द्रियों के माध्यम अथवा द्वार से उनके मस्तिष्क में प्रवेश पा सकें।

2. शिक्षक के लिये सरलता (Easy for Teacher)—शिक्षण सामग्री का उपयोग जहाँ छा.ों के लिये विषय सरल और सुगम बनाता है वहाँ शिक्षक को भी शिक्षण कार्य अधिक सरल और सफल बनाने में सहायता मिलती है। जिन बातों को शिक्षक छात्रों को स्पष्ट करने में कठिनाई अनुभव करता हो वही बातें उपयुक्त शिक्षण सहायक सामग्री के उपयोग से वह अधिक सरलता के साथ छात्रों को स्पष्ट कर सकता है। इससे शिक्षक का श्रम कहीं अधिक कम हो जाता है। उदाहणार्थ–कोई शिक्षक छात्रों को शंकु (Cone) का धरातल अथवा क्षेत्रफल का ज्ञान करा रहा हो तो शंकु के ठोस नमूनें को सहायता से वह इस ज्ञान को छात्रों को अधिक सरलता से स्पष्ट कर सकेगा। इसके अभाव में शिक्षक को भी कठिनाई होती और छात्र भी स्पष्ट धारणा नहीं बना सकते थे।

3. स्थूल और प्रत्यक्ष का महत्त्व (Importance of Direct Presentation)—सूक्ष्म बातों को स्थूल रूप देने और छात्रों को प्रत्यक्षीकरण में आने देने योग्य बनाने के लिए शिक्षण में सहायक सामग्री की आवश्यकता होती है।

4. बालक के व्यवहार में अपेक्षित परिवर्तन (Desired Change in Pupil's Behaviour)—विद्यार्थियों के व्यवहार में अपेक्षित परिवर्तन (Desired behaviour change) करने के लिए यह आवश्यक है कि कक्षा में अध्यापक की अपेक्षा विद्यार्थी अधिक क्रियाशील रहें। सहायक सामग्री के प्रयोग से विद्यार्थी शारीरिक एवं मानसिक रूप से अधिक क्रियाशील एवं सक्रिय रहते हैं।

5. वैज्ञानिक दृष्टिकोण का विकास (Development of Scientific Attitude)—सहायक सामग्री के प्रयोग से विद्यार्थियों से वैज्ञानिक दृष्टिकोण या विषय के प्रति उचित दृष्टिकोण (Right type of Attitude) उत्पन्न हो जाता है। साथ ही, वे विभिन्न प्रकार के उपकरणों (Instruments) का प्रयोग करके परीक्षण, निरीक्षण एवं स्मरण शक्ति का विकास करके उपयोगी निष्कर्ष निकाल लेते हैं।

6. ध्यान और एकाग्रता का महत्त्व (Importance from Concentration Point of View)—विषय अथवा पाठ में छात्रों का ध्यान केन्द्रित कराने में सहायक साम्रगी का बहुत महव है। किसी नमूने, चित्र अथवा आकृति को देखकर छात्रों का ध्यान उस ओर आसानी से केन्द्रित हो जाता है और यदि वह आकर्षक रूप में बनाई गई हो तो उसके प्रति एकाग्रता भी छात्रों में आ जाती है जिससे उस पाठ अथवा विषय का ज्ञान छात्रों को सुगम और सग्राह्य बन जाता है।

7. रोचकता एवं मनोरंजन का महत्त्व (Importance from Recreation Point of View)—शिक्षण में सहायक सामग्री का उपयोग करने से विषय रोचक एवं मनोरंजक हो जाता है। गणित जैसे नीरस और अप्रिय विषय के लिये तो वह और भी आवश्यक हो जाताहै कि उपयुक्त सहायक सामग्री के प्रयोग से पाठ को रोचक बनाया जाये जिससे छात्रों में विषय के प्रति उकताहट और अरुचि उत्पन्न न हो।

8. स्पष्ट और स्थायी धारणा की परिकल्पना (Clear-cut Concept)—जो भी ज्ञान छात्रों को दिया जाये उसके प्रति छात्रों की परिकल्पना या धारणा (Concept) स्पष्ट और स्थायी तभी हो सकती है जबकि उस ज्ञान को हम छात्रों के सम्मुख स्थूल अथव प्रत्यक्ष रूप से प्रस्तुत करें। जितना अधिक छात्रों को प्रत्यक्षीकरण का अवसर दिया जायेगा उतनी ही स्पष्ट और स्थायी धारणा उनकी विषय के प्रति गहन होगी। अत: इस दृष्टि से शिक्षण सामग्री अथवा सहायक सामग्री का प्रयोग किया जाना आवश्यक एवं महत्त्वपूर्ण है।

अच्छी सहायक सामग्री के गुण (Qualities of Good Material Aids)

एक अच्छी सहायक सामग्री में निम्न गुणों का होना आवश्यक है–

1. सहायक सामग्री पाठ की आवश्यकता के अनुकूल होनी चाहिए और उसका प्रयोग केवल उसी स्थिति में किया जाना चाहिए जबकि वास्तव में उसकी आवश्यकता प्रतीत हो।

2. सहायक सामग्री बालकों के स्तर के अनुकूल होनी चाहिए।
3. सहायक सामग्री, सुन्दर, आकर्षक एवं रुचिकर होनी चाहिए, परन्तु वह इतनी अधिक आकर्षक एवं सुन्दर भी न हो कि बालक उसकी सुन्दरता में ही खो जाये और मूल पाठ से भटक जाये।
4. अध्यापक द्वारा निर्मित चित्र, रेखाचित्र, चार्ट एवं मॉडल इत्यादि में केवल वही बातें दिखायी जाये जिनका उस दिन के पाठ से सम्बन्ध हो।
5. सहायक सामग्री बहुत अधिक महँगी नहीं होनी चाहिए।
6. प्रयुक्त सहायक सामग्री इतनी स्पष्ट एवं बड़ी होनी चाहिए ताकि कक्षा का प्रत्येक विद्यार्थी अपनी जगह बैठा हुआ ही उसे भली प्रकार देख एवं समझ सके।
7. सहायक सामग्री बालकों पर वांछित प्रभाव डालने एवं अध्यापक के उद्देश्यों की पूर्ति हेतु सहायक होनी चाहिए। मात्र औपचारिकतावश सहायक सामग्री का प्रयोग उचित नहीं है।

सहायक सामग्री के प्रयोग में सावधानियाँ

(Precautions Regarding use of Material Aids)

सहायक सामग्री का प्रयोग करते समय निम्नलिखित सावधानियाँ बरतनी चाहिए –

1. सहायक सामग्री का प्रयोग पाठ में उचित स्थल पर और केवल आवश्यकता पड़ने पर ही किया जाना चाहिये।
2. सहायक सामग्री केवल उतनी ही देर दिखायी अथवा प्रयोग में लायी जाये जितनी देर उसका दिखाना अथवा प्रयोग किया जाना आवश्यक हो। प्रयोग के बाद उसे छिपाकर रख देना चाहिए।
3. कम आयु एवं छोटी कक्षाओं के बालकों के लिए इनका प्रयोग अधिक करना चाहिए और बड़ी कक्षाओं में कम।
4. जहाँ तक हो सके स्व-निर्मित सहायक सामग्री ही (Self-made material Aid) प्रयोग में लाई जायें।
5. एक ही पाठ में अत्यधिक रूप में सहायक सामग्री का प्रयोग उचित नहीं अन्यथा कक्षा में वह प्रदर्शनी का रूप ले लेगा तथा मूल पाठ प्रमुख न रहकर गौण बन जायेगा।
6. बालकों को इस प्रकार के अवसर प्रदान किये जायें कि वे स्वयं ही कक्षा में सहायक सामग्री का भली प्रकार प्रयोग करना सीख जायें।
7. सहायक सामग्री को दिखाने एवं उसके प्रयोग करने में अधिक समय नहीं लगना चाहिए, अन्यथा मूल पाठ अधूरा ही रह जायेगा।

सहायक सामग्री के प्रकार (Kinds of Material Aids)

सहायक सामग्री के महत्त्व के आधार पर हम इसका वर्गीकरण निम्न प्रकार कर सकते हैं–

1. श्रव्य सामग्री (Audio-Aids) –वे साधन जिनमें कानों से सुना जाये, जैसे–ग्रामोफोन, रिकॉर्ड, रेडियो, टेपरिकॉडर, भाषा फोन (Linguaphone) आदि श्रव्य सामग्री के अन्तर्गत आते हैं। गणित शिक्षण में इस प्रकार की सहायक सामग्री का प्रयोग प्राय: नहीं हो पाता। किसी कुशल गणित शिक्षक के शिक्षण को तैयार किया गया रिकॉर्ड, ग्रामोफोन तथ टेपरिकॉर्डर की सहायता से छात्रों को अथवा प्रशिक्षण प्राप्त कर रहे छात्राध्यापकों को सुनवाया जा सकता है।

2. दृश्य सामग्री (Visual-Aids) –गणित में ऐसी सहायक सामग्री जिसको छात्र आँखों से देखकर उपयोग कर सकें प्राय: चित्र, आकृति या चार्ट ही हैं। शिक्षक श्यामपट्ट पर सुन्दर और रंगीन खड़िया की सहायता से आवश्यकतानुसार चित्र या आकृति को रचना करें अथवा श्वेत श्यामपट्ट पर या कागज पर अलग से रचना करके लायें। इसके अतिरिक्त, दृश्य सामग्री के अन्तर्गत एक बहुत बड़ा क्षेत्र आता है, जैसे–फिल्म स्ट्रिप (Film Strips) और मैजिक लालटेन द्वारा चित्र आदि पर्दे पर दिखाना तथा अन्य कोई भी ऐसी युक्ति जिसमें छात्र देखकर ज्ञान प्राप्त कर सकें।

3. दृश्य-श्रव्य सामग्री (Audio-Visual Aids)–ऐसी शिक्षण सामग्री जिसमें छात्र सुन भी सकते हों और आँखों से देख भी सकते हों, अर्थात् आँख और कान दोनों का एक ही साथ उपयोग हो सके, जैसे–टेलीविजन, चलचित्र (Sound Film) और फिल्म प्रोजेक्टर (Film Projector) द्वारा परदे पर दिखाये जा सकने वाले ध्वनियुक्त चित्र आदि। गणित में ऐसी सहायक सामग्री के उपयोग के अवसर बहुत ही कम हैं। गणित की कुछ क्रियाएँ (Solutions) या उनके कुछ पद (Steps) किस प्रकार व्यवस्थित रूप से तर्कपूर्ण एंवं विवेचन-विश्लेषण के आधार पर व्यक्त किया जा सकते हैं, इसका प्रदर्शन इस प्रकार की दृश्य-श्रव्य सामग्री द्वारा कराया जा सकता है। परन्तु भारतीय विद्यालय में इनका प्रयोग आर्थिक दृष्टि से प्राय: असम्भव है।

गणित शिक्षण में सहायक सामग्री के रूप में प्रयुक्त होने वाली वस्तुयें निम्न हो सकती हैं–

श्यामपट्ट (Black-board)

गणित शिक्षण को प्रभावशाली तथा उपयोगी बनाने के लिए कक्षा में श्यामपट्ट का होना अत्यन्त आवश्यक है। श्यामपट्ट काले रंग का तथा चिकना होना चाहिए जिससे चॉक द्वारा लिखे गये अक्षर छात्रों को स्पष्ट रूप में दिखाई दें। श्यामपट्ट

के प्रयोग के बिना गणित शिक्षक एक कदम भी आगे नहीं बढ़ सकता है। इसका प्रयोग गणित की शिक्षा प्रारम्भ होने के साथ शुरू होता है। तथा गणित की उच्च शिक्षा तक चलती आ रही है। गणित में प्रदर्शन कार्य करने के समय श्यामपट्ट से शिक्षक को बहुत सहायता मिलती है। गणित की कक्षा में ऊपर नीचे खिसकाये जाने वाला शमपट्ट होना चाहिए क्योंकि इसके द्वारा गणितीय विभिन्न आकृतियों तथा समस्याओं को ठीक प्रकार से चिन्तित किया जा सकता है। श्यामपट्ट के अभाव में गणितीय तथ्यों प्रत्ययों, नियमों, सूत्रों प्रमेयों आदि आदि को स्पष्ट करना कठिन कार्य हो जाता है। गणित शिक्षण में श्यामपट्ट के महत्व को निम्न बिन्दुओं द्वारा स्पष्ट किया जा सकता है–

1. सम्बन्धित चित्र या आकृति बनाकर किया वस्तु को स्पष्ट किया जा सकता है।
2. जो विषय-वस्तु पढ़ाई गई है। अथवा सारांश अच्छी प्रकार से लिखा जा सकता है।
3. इसका उचित उपयोग करने पर यह एक प्रेरणादायक स्रोत बन सकता है।
4. इस पर बनाये गये चित्रों के माध्यम से पूरी कक्षा का ध्यान पाठ की ओर आकर्षित किया जा सकता है।
5. गणित के विभिन्न सूत्रों, नियमों, सूत्र सम्बन्धों को श्यामपट्ट पर लिखने से प्रत्येक छात्र इनका आसानी से प्रयोग कर सकताहै।
6. रेडियो पाठ, दूरदर्शन, फिल्म प्रदर्शन ओवर हैड प्रोजेक्टर जैसे श्रृव्य-दृश्य सामग्री में भी श्यामपट्ट की आवश्यकता होती है।
7. पढ़ाई गयी- विषय वस्तु के मुख्य-बिन्दुओं को श्यामपट्ट पर दोहरा (Repeat) करके छात्रों का ध्यान आकर्षित किया जा सकता है।
8. केवल यही एक ऐसी सामग्री है जो कि कक्षा में हर समय उपलब्ध रहती है।

मॉडल (Models)—गणित का संसार वास्तव में संकेतमय है और इस संकेतमय संसार में यथार्थता का पुट मॉडलों के प्रयोग से ही दिया जा सकता है। ज्यामिति पढ़ाते समय मॉडल की बड़ी आवश्यकता अनुभव होती है, जैसे–पाइथागोरस प्रमेय को समझने के लिए मॉडल की सहायता से यदि विद्यार्थी समकोण त्रिभुज के आधार तथा लम्ब पर बने वर्गों को उसके कर्ण पर बने वर्ग पररखकर प्रत्यक्ष देख लें कि वह बराबर है तो उनको इस प्रमेय का क्रियात्मक रूप से ज्ञान हो जाता है। इसी प्रकार खेतों का क्षेत्रफल (Field Book) या त्रिभुज के प्रकार आदि समस्याएँ, विभिन्न प्रकार के मॉडल प्रस्तुत करनेसे बालक बड़ी आसानी से समझ जाते हैं। साध्यों को

हम तर्क द्वारा सिद्ध करते हैं अत: यदि अध्यापक इन साध्यों की सत्यता मॉडल द्वारा विद्यार्थियों को दिखला दें या वे स्वयं मॉडल बनायें तो उनका कार्य पर्याप्त रुचिकर, आनन्ददायक एवं आकर्षक हो जाता है। ठोस ज्यामिति (Solid Geometry) में मॉडल की आवश्यकता और भी अधिक होती है, क्योंकि ये तीन क्षेत्रीय (Three Dimensional) होते हैं। इनको कल्पना मात्र से ही समझना प्राय: कठिन होता है। अत: घन (Cube), पिरामिड (Pyramid), प्रिज्म (Prism), गोले (Spheres), बेलन (Cylinder), शंकु (Cone) आदि के मॉडल यदि कक्षा में दिखा दिये जायें तो बालक शीघ्रता से उनके बारे में ज्ञान प्राप्त कर लेते हैं। इसी प्रकार, $(a + b)^2$, $(a - b)^2$ आदि सूत्रों को मॉडलों द्वारा समझाने से छात्रों के मस्तिष्क में संशयों के लिए कोई गुंजाइश नहीं रहती। यह एक मनोवैज्ञानिक तथ्य है कि जिन वस्तुओं को हम स्थूल रूप से देख लेते हैं उनकी विशेषतायें हमें शीघ्रता से समझ में आ जाती हैं। मॉडलों का प्रभावी ढंग से उपयोग करना अध्यापक की कुशलता पर निर्भर करता है। अध्यापक को इस बात पर विशेष ध्यान देना चाहिए कि वह पाठ से सम्बन्धित बातों को ही मॉडल में प्रधानता दे। चित्रों की अपेक्षा मॉडल अधिक लाभदायक होते हैं, क्योंकि इनमें लम्बाई, चौड़ाई और मोटाई तीनों दिखलाई पड़ती हैं। जो मॉडल कक्षा में प्रस्तुत किये जायें वह काफी सुन्दर एवं आकर्षक होने चाहिये, साथ ही, वह मूल वस्तु से रंग, रूप, रचना आदि में पूर्णत: मिलते-जुलते होने चाहिये और उनमें उन्हीं अंगों (Aspects) को प्रधानता दी जानीचाहिए जो समस्या अथवा मूल पाठ से सम्बन्धित हों।

सावधानियाँ (Precautions)—गणित-शिक्षण में जब चार्टों, मॉडलों चित्रों तथा रेखाचित्रों का प्रयोग किया जाये तो शिक्षक को चाहिये कि वह निम्नलिखित बातों को ध्यान में रखकर ही प्रयोग करें, तभी इनका प्रयोग कुछ प्रभाव छोड़ पायेगा–

1. ये वस्तुएँ सरल होनी चाहिये। विद्यार्थी इन्हें देखकर स्वयं ही समझ जाए। एक ही चार्ट, चित्रों और मॉडलों आदि में तथ्यों की भीड़ इकट्ठी नहीं की जानी चाहिये। इन चार्टों, चित्रों और मॉडलों आदि में उपयुक्त स्थान छोड़ा जाना चाहिये और चित्र इतने बड़े होने चाहिये कि विद्यार्थी इन्हें दूर से ही देख सके।

2. चार्ट, चित्र, मॉडल तथा रेखाचित्र इत्यादि का प्रदर्शन भी सही तथा वैज्ञानिक एंग से होना चाहिये। जिस स्थान पर इनका प्रदर्शन किया जाना हो, वहाँ पर उपयुक्त प्रकाश की व्यवस्था होनी चाहिये ताकि कक्षा में यह सहायक सामग्री सभी विद्यार्थियों को ठीक ढंग से दिखाई दे सके।
3. ये सभी चीजें रुचिकर होनी चाहिये, अर्थात् ये विद्यार्थियों की रुचि के अनुकूल हों। इसमें आकर्षक रंग, साधारण **डिजाइन** आदि का प्रयोग करके

इन्हें रुचिकर बनाया जा सकता है। चित्रों को आकर्षित बनाने के लिए पदार्थ या चित्र की उपयुक्तता (Exactness and Accuracy) की ओर ध्यान देना अति आवश्यक है। इसके बिना चार्ट या मॉडल आकर्षक बनाने पर भी अर्थहीन हो जायेंगे।

4. ये चित्र, चार्ट तथा मॉडल इत्यादि स्वयं में ही समस्या न बनकर रह जाएँ।
5. चार्ट, चित्र, मॉडल तथा रेखाचित्र विषय से सम्बन्धित और सही होने चाहिये।

मूल्यांकन (Evaluation)

गणित-शिक्षण में प्रयुक्त होने वाली सामग्री का मूल्यांकन करते समय निम्नलिखित बातों की ओर ध्यान देना आवश्यक है–

1. क्या प्रदर्शित चित्रों, चार्टों, रेखाचित्रों मॉडलों इत्यादि से पूर्ण विवरण प्राप्त हो रहा है?
2. क्या यह सामग्री विद्यर्थियों के मानसिक स्तर के अनुकूल है या नहीं?
3. क्या पहली बार देखने से ही विद्यार्थियों को यह स्पष्ट हो जाता है कि चित्र, रेखाचित्र, चार्ट, मॉडल इत्यादि किस चीज के हैं?
4. क्या प्रस्तुत चित्र, रेखाचित्र, चार्ट, मॉडल इत्यादि स्पष्ट रूप से समझे जाने वाले हैं या वे अस्पष्ट होने के कारण विद्यार्थियों को समझ पाने में बाधा उत्पन्न कर रहे हैं।
5. क्या यह चित्र, रेखाचित्र, चार्ट तथा मॉडल इत्यादि उत्तेजक (Stimulating) तथा उपयुक्त आकार के हैं?
6. क्या इन चित्रों, रेखाचित्रों, चार्टों, मॉडलों आदि में प्रयुक्त विभिन्न रंगों से मुख्य बिन्दुओं को उभारने में सहायता मिली है?
7. क्या यह सामग्री पढ़ाये गये पाठ से सम्बन्धित है?
8. क्या यह सामग्री साधारण हैं?
9. क्या यह सामग्री उद्देश्यपूर्ण है?
10. क्या इस प्रकार की सामग्री पर लिखे गये शब्द आसानी से पढ़े जा सकते हैं?

चार्ट या आरेख (Chart or Graph)

सर्वाधिक प्रयोग होने वाली दृश्य सामग्री है। यह संकेत, शब्द, चित्र तथा रेखा के सम्मिश्रण से बनता है। इसमें गणितीय विचारों, सूत्रों या नियमों को एक क्रमबद्ध ढंग से प्रस्तुत किया जा सकता है। शिक्षण प्रक्रिया को सफल बनाने के लिए अधिकांशत: चार्ट का ही प्रयोग किया जाता है। बेबस्टर्स शब्द कोष (Dictionary)

में रेखाचित्र को परिभाषित करते हए लिखा है। कि "गणितीय या वैज्ञानकि प्रायोजनों के लिए बनाये गये रेखांकनों, यांत्रिक रेखाचित्र या ज्यामितीय चित्र को रेखाचित्र कहते हैं। वास्तविक रूप से देखा जाये तो रेखाचित्र किसी वस्तु या प्रक्रिया का कंकाल (Skelton) होता है। गणित में दशमलव, अनुपात, भिन्न, प्रतिशत, समय-दूरी, काम और समय, चाल एवं समय आदि से सम्बन्धित प्रश्नों पर चित्र या चार्ट बनाये जा सकते हैं। छोटी कक्षाओं में चार्ट द्वारा अभ्यास कार्य भी कराया जा सकता है। चार्ट कई प्रकार केहो सकते हैं–

पिक्टोरियल (Pictorial Chart)

संगठनात्मक (Organisational Chart)

प्रवाह (Flow Chart)

समय या सारणीबद्ध (Time or Table Chart)

लाइन एवं छड़ (Line and Bar Chart)।

चार्ट का प्रयोग करते समय ध्यान देने योग्य बातें

- चार्ट का आकार ऐसा होना चाहिए, ताकि वे कक्षा में सभी छात्रों को दिखाई दे सकें।
- चार्ट स्पष्ट तथा चमकीले रंगों से बनाने चाहिए।
- कक्षा में प्रदर्शन हेतु उचित स्थान होना चाहिए।
- चार्ट का प्रदर्शन करते समय संकेतक (Pointer) का प्रयोग करना चाहिए। दिखाई जाने वाली वस्तु, आकृति या रंग वास्तविक वस्तु के अनुपात में बराबर होनी चाहिए।

बुलैटिन बोर्ड (Bulletin-Board)–बुलैटिन बोर्ड पर समाचार पत्रों, मैगजीन इत्यादि से गणित की मुख्य समस्याओं, गणित सम्बन्धी समाचारों, रुचिपूर्ण चित्रों, ग्राफों, पोस्टरों, लेखों आदि को प्रदर्शित करके छात्रों का ध्यान उनकी ओर आकर्षित किया जा सकता है। छात्रों को उन्हें समझने से गणितके अध्ययन में प्रोत्साहन मिलता है। बुलैटिन बोर्ड पर गणित की आकृतियाँ तथा चित्र इत्यादि को देखकर उनकी जिज्ञासा बढ़ती है तथा इस विषय के अध्ययन में उनकी रुचि उत्पन्न होती हैं बुलैटिन बोर्ड गणित कक्षा के अन्दर अथवा बाहर टाँगे जा सकते हैं। कुछ अन्य विषयों सम्बन्धी विज्ञापन पत्र, जिन्हें बुलैटिन बोर्ड पर प्रदर्शित किया जा सकता है, जो निम्न हो सकते हैं–

1. हमारे लिए गणित का पढ़ना क्यों आवश्यक है?
2. गणित की समस्याओं का अन्य विषयों से सम्बन्ध।
3. गणना की संक्षिप्त विधि।

4. ग्राफ की उपयोगिता इत्यादि।

बुलैटिन बोर्ड का पूरा-पूरा लाभ उठाने के लिए निम्न बातों पर विशेष ध्यान देना चाहिए–

1. बुलैटिन बोर्ड को बालकों की औसत ऊँचाई के अनसार टाँगना चाहिये जिससे उन्हें देखने में असुविधा न हो।
2. बुलैटिन बोर्ड पर ऐसी सामग्री प्रदर्शित करनी चाहिए जिसमें बालक रुचि रखते हों।
3. सम्पूर्ण बुलैटिन बोर्ड बालकों के आकर्षण का केन्द्र होना चाहिए।
4. बुलैटिन बोर्ड पर प्रदर्शित सामग्री का कक्षा कार्य से भी सम्बन्ध होना चाहिए।
5. बुलैटिन बोर्ड ऐसे स्थान पर टाँगना चाहिये जहाँ पर उस कक्षा के विद्यार्थी अधिकतर जाते हों ताकि वह उसे सुविधा से देख सकें। यदि इसे गणित कक्ष के बाहर लटका दिया जाये तो अति उत्तम रहेगा।
6. वर्तमान तथा प्रचलित समस्याओं को बुलैटिन बोर्ड पर विशेष स्थान देना चाहिये।
7. बुलैटिन बोर्ड पर प्रदर्शित सामग्री का कक्षा कार्य से भी सम्बन्ध होना चाहिए।

जादू की लालटेन (Magic Lantern)—इस साधन के शैक्षिक मूल्य को प्राय: सभी शिक्षा शास्त्रियों ने स्वीकार किया है। इसके द्वारा शिक्षण में सजीवता एवं प्रभावपूर्णता लाई जा सकती है। अमूर्त तथा गूढ़ तथ्यों को बोधगम्य बनाने के लिए वह अमूल्य साधन है।

इस यन्त्र को प्रयोग में लाने के लिए स्लाइड्स की सहायता लेनी पड़ती है। साथ ही, इस यन्त्र का प्रयोग करते समय निम्न सावधानियाँ बरतनी चाहिए–

1. बालकों की भ्रान्तियों, अस्पष्ट विचारों तथा उलझनों का निवारण करने हेतु शिक्षक द्वारा प्रस्तुत विषय पर सविस्तार व्याख्या अत्यन्त आवश्यक है। यह कार्य स्लाइड्स दिखाने के पश्चात् होना चाहिए।
2. स्लाइड दिखाते समय उनकी कुछ व्याख्या कर देनी चाहिये। इससे बालकों को ज्ञान ग्रहण करने में सुविधा हो जाती है।
3. वे ही अध्यापक इस यन्त्र का प्रयोग करें जो इसकी यान्त्रिक सूक्ष्मताओं व उपयोग करने की विधियों में प्रवीण हों।
4. स्लाइड का प्रयोग करते समय कठिन स्थलों पर धारावाहिक टिप्पणियाँ (Running Commentaries) आयोजित करनी चाहिये।

5. चित्र प्रदर्शक यन्त्र प्रयोग में लाते समय बालकों में ध्यानपूर्वक देखने की शक्ति को विकसित करने का प्रयास करते रहना चाहिये।
6. छात्रों की अभिव्यंजना शक्ति में विकास लाने के लिये स्लाइड्स द्वारा प्रदर्शित चित्रों के सम्बन्ध में उनकी प्रतिक्रियायें ज्ञात करनी चाहिये।
7. पाठों की पुनरावृत्ति के रूप में भी स्लाइड्स प्रयुक्त हो सकते हैं।
8. स्लाइड प्रयुक्त करने से पूर्व, प्रस्तावना रूप में उनसे सम्बन्धित टिप्पणी दे देना उचित रहता है।

चित्र-विस्तारक (Epidiascope)–चित्र प्रदर्शकों (Magic Lanterns) इसकी सीमायें यह हैं कि बिना स्लाइड का निर्माण किये हुए इनके द्वारा चित्र नहीं दिखाये जा सकते। सम्भवत: इसी कठिनाई को ध्यान में रखकर चित्र विस्तारक यन्त्रों का प्रयोग किया जाने लगा। चित्र-विस्तारकों से रेखाचित्र, मानचित्र, ग्राफ व पुस्तकों के पृष्ठों का दीर्घ रूप उपस्थित किया जा सकता है। यह यन्त्र छोटे चित्रों को बड़ा रूप दे देता है। शैक्षणिक क्रियाओं में इस यन्त्र के प्रयोग न अत्यन्त महत्त्वपूर्ण स्थन प्राप्त कर लिया है। अन्य राष्ट्रों में तो इसका प्रयोग बहुतायत से हो रहा है। अमेरिका के प्रत्येक विद्यालय में चित्र विस्तारक यन्त्रों की व्यवस्था की गई है। इसी प्रकार इंग्लैण्ड, फ्रांस, रूस तथा चीन आदि देशों में भी चित्र विस्तारकों के माध्यम से शिक्षा देने का पर्याप्त प्रचार है, परन्तु भारतवर्ष से निर्धनता के कारण प्रत्येक विद्यालय में इस यन्त्र की व्यवस्था नहीं हो सकी है, इसलिये हमारे यहाँ के छात्र इसका लाभ नहीं उठा सके हैं।

चित्र-विस्तारक यन्त्रों की उपयोगिता (Importance)–चित्र-विस्तारक यन्त्रों की उपयोगिता इस प्रकार है–

1. ऐसा चित्र जिसे कलाकार भी विस्तृत रूप नहीं दे पाता, उनको यह यन्त्र दीर्घ रूप दे देता है।
2. यह छोटे-छोटे चित्रों को विस्तृत (Enlarge) कर देता है।
3. यह पाठ्य-वस्तु को अधिक रोचक एवं स्पष्ट बनाता है।
4. रेखाचित्र, मानचित्र, पोस्टर तथा कार्टून इसकी सहायता से भली-भाँति स्पष्ट बनाये जा सकते हैं।

फिल्म खण्ड (Film Strip)–पश्चिमी देशों में फिल्म खण्डों का उपयोग सबसे अधिक होता है। जिस यन्त्र से फिल्म खण्डों को प्रक्षेपित (Project) किया जाता है उसे 'फिल्म-प्रोजेक्ट' कहते हैं। इसके द्वारा मुख्यत: पारदर्शी (Transparent) वस्तुओं का प्रदर्शन सम्भव है। यही कारण है कि फिल्म खण्ड अधिकतर सेल्युलाइड से बनाया जाता है। सेल्युलाइड काँच की भाँति टूटने वाली वस्तु नहीं हैं इसे

सरलतापूर्वक लपेटा जा सकता है। अतः फिल्म खण्डों को सुरक्षित रखने तथा यत्र-तत्र ले जाने में किसी तरह की कठिनाई नहीं होती।

फिल्म खण्डों के चित्रों की रील होती है जिससे चलचित्रों (Films) की तरह इन्हें भी मनोरंजक बनाया जा सकता है। कतिपय 'फिल्म प्रोजेक्टरों' के चित्र आगे-पीछे किये जा सकते हैं। इससे लाभ यह होता है कि शिक्षक आवश्यकतानुसार कई चित्रों को पुनः उपस्थित कर सकता है और उनकी विशेषताओं पर प्रकाश डाल सकता है।

केन्द्रीय सरकार भी अच्छे 'फिल्म स्ट्रिप' तैयार करने में प्रयत्नशील है। किन्तु आवश्यकता इस बात की है कि हमारे फिल्म खण्ड क्षेत्रीय भाषाओं में तैयार किये जायें जिससे सभी क्षेत्रों के बालक इस साधन द्वारा अधिकाधिक लाभान्वित हो सकें। प्रसिद्ध शिक्षा-शास्त्रियों की सहायता से पाठ टिप्पणियां भी तैयार कर लेनी चाहिये। फिल्म खण्ड तभी उपयोगी बन सकते हैं।

टेलीविजन (Television)— टेलीविजन, शिक्षण का एक नवीन तथा सशक्त साधन है जिसमें रेडियो तथा चलचित्र दोनों के गुण मौजूद हैं। थट तथा डोरबेरिच के अनुसार, "यह सर्वाधिक आशापूर्ण दृश्य-श्रव्य उपकरण हैं क्योंकि सन्देशवाहन के इस एक यन्त्र में रेडियो और चलचित्र के सभी गुण मिश्रित हैं।" प्रशिक्षित शिक्षकों तथा सुसज्जित प्रयोगशालाओं का अभाव टेलीविजन द्वारा पर्याप्त रूप से कम किया जा सकता है। आजकल अनेकानेक प्रसारणों के माध्यम से दूरदर्शन विभिन्न विषयों सम्बन्धी जानकारियाँ प्रदान कर रहा है जिनके माध्यम से छात्र अपने ज्ञान में वृद्धि सकर सकते हैं।

लाभ (Uses) — टेलीविजन के प्रमुख लाभ इस प्रकार हैं-

1. इसके प्रयोग से सन्तोषजनक सौन्दर्यात्मक अनुभति होती है।
2. यह कम खर्चीला साधन है तथा इसके माध्यम से छात्रों की एक बड़ी संख्या का शिक्षण एक साथ हो सकता है।
3. यह एक दृश्य-श्रव्य सामग्री है जिसमें छात्र किसी कार्यक्रम को भी देख सकते हैं और सुन भी सकते हैं।
4. ऐसे प्रयोग जिनका कक्षा में दिखाना बहुत कठिन, खर्चीला तथा खतरे से भरा होता है, टेलीविजन के माध्यम से बहुत आसानी से दिखाये व समझाये जा सकते हैं।
5. इसके द्वारा वस्तुओं के वास्तविक आकार को आवश्यकतानुसार छोटा या बड़ा किया जा सकता है।

6. टेलीविजन के कार्यक्रम की रिकॉर्ड किया जा सकता है तथा आवश्यकता पड़ने पर कक्षा में दिखाया जा सकता है।
7. इसके प्रयोग से शिक्षण में गतिमय सार्थकता आ जाती है।
8. टेलीविजन के माध्यम से अतीत और दूरी की नजदीक लाया जा सकता है।
9. इसमें किसी भी क्रिया का कार्य में लगने वाला समय नष्ट हो जाता है।
10. विद्यार्थियों का ध्यान आकर्षित करने के लिए ये एक बहुत ही उपयोगी साधन है।

चलचित्र (Films)—चलचित्र के द्वारा प्राप्त ज्ञान स्थायी होता है। छात्रों के ध्यान को विषय-वस्तु पर केन्द्रित करने में विशेष मदद मिलती है। ज्ञान के समस्त क्षेत्रों में चलचित्रों का निर्माण होता है और उन्हें शिक्षण के सफल अभिकरण के रूप में प्रस्तुत किया जा सकता है। कुछ प्रगतिशील देशों में चलचित्रों को स्कूली वातावरण में अधिकांश रूप में प्रयोग किया जाता है।

लाभ (Uses) — चलचित्र के प्रमुख लाभ इस प्रकार हैं–

1. चलचित्र का उपयोग भाषा की सीमाओं के परे भी सफलता से किया जा सकता है।
2. चलचित्र में ध्वनि और रंग के समावेश में इसके उपयोग और प्रभाव उत्पादकता को बढ़ाया है।
3. यह महंगी सहायक सामग्री है, इसलिए इसका प्रयोग तभी उपयुक्त है जब पाठ्य-वस्तु के सही ज्ञान के लिए–
   (i) प्रक्रिया दिखाना आवश्यक है।
   (ii) ऐसे अनुभव देने हों जो दूसरे किसी माध्यम से सम्भव न हों।
   (iii) किसी प्रत्यय को श्रव्य-दृश्य सामग्री के रूप में प्रस्तुत करना हो।
4. चलचित्र की एकमात्र ऐसा माध्यम है जिसकी सहायता से क्रिया और व्यवहार की बहुत ही वास्तविक और जीवन्त रूप में प्रस्तुत किया जा सकता है।
5. शोधकर्त्ताओं के लिये चलचित्र विशेष महत्व रखते हैं क्योंकि इसके माध्यम से प्रक्रिया, गति और विकास की पुनरावृत्ति की जा सकती है।
6. प्रकृति में कुछ बहुत तेज प्रक्रियाएं हैं, जैसे–गुरुत्वाकर्षण के प्रभाव से किसी वस्तु का पृथ्वी पर गिरना अथवा कुछ बहुत-सी मन्द प्रक्रियाएं हैं, जैसे–दही जमना, पौधे का बड़ना आदि। इनको भी दृश्य रूप में प्रस्तुत किया जा सकता है।

7. फिल्मों का उपयोग किसी भी विषय का ज्ञान जन-सामान्य तक पहुँचाने के लिए बड़ी सफलता से किया गया है। इस उपयोग को अधिक विस्तृत भी किया जा सकता है।
8. साथ-साथ होने वाली बहुत सारी घटनाओं का सारांश फिल्मों द्वारा प्रस्तुत किया जा सकता है।
9. फिल्म, प्रचार का एक बड़ा ही प्रभावकारी माध्यम है। किसी भी अभियान या आन्दोलन की विशेष लोकप्रिय बनाने के लिए चलचित्रों का उपयोग किया जा सकता है।
10. फिल्म, एक सर्वोत्तम दृश्य-श्रव्य सामग्री है जो किसी गति व प्रक्रिया को बार-बार भी प्रदर्शित कर सकती है।

रेडियो (Radio)—रेडियो सुनकर शिक्षक एवं छात्र विषय की नवीनतम प्रगति से परिचित हो सकते हैं। आकाशवाणी तथा बी० बी० सी० लन्दन आने यहां से वैज्ञानिक महत्त्व के व्याख्यान, वाद-विवाद तथा नाटकों के बारे में अग्रिम सूचना प्रसारित करते रहते हैं। छात्रों की रुचि तथा आवश्यकता को ध्यान में रखते हुए पाठ्यक्रम से सम्बन्धित कार्यक्रमों का चयन किया जा सकता है। वस्तुत: रेडियो का शैक्षणिक महत्व होते हुए भी हमारे देश में इसका व्यापक उपयोग नहीं हो पा रहा है और न ही विद्यालय की समय-सारणी में इसके लिए कोई विशेष प्रावधान है।

लाभ (Uses)—रेडियो के प्रमुख लाभ इस प्रकार हैं–

1. भाषण और संगीत का रिकॉर्ड करना कई दृष्टियों से महत्त्वपूर्ण है। उन्हें दोबारा दोहराना, आवश्यकतानुसार शैक्षिक क्रम में प्रस्तुत करना आदि उसके कुछ प्रयोजन हो सकते हैं।
2. महान्तम कलाकारों का संगीत भी सामान्य छात्र सुनने का अवसर पा सकते हैं।
3. उच्च स्तर के नाटक छात्रों के लिए प्रस्तुत किये जा सकते हैं।
4. विश्व की महान् विभूतियों को आवाज, भाषण और वक्तव्य जो आज की जीवित सच्चाइयाँ हैं, जीवित वास्तविकताएँ हैं, उन्हें सुन पाते हैं।
5. रेडियो के माध्यम से छात्र आजकल की क्षेत्रीय, राष्ट्रीय और अन्तर्राष्ट्रीय घटनाओं की जानकारी पाते हैं। एक प्रकार से बनते इतिहास को छात्र सुनते हैं और देखते हैं।

टेप-रिकॉर्डर (Tape-Recorder)—टेप-रिकॉर्डर एक आधुनिक विद्युत उपकरण है। इसमें एक चुम्बकीय टेप होता है जो आवाज को रिकॉर्ड करने के लिए प्रयोग किया जाता है। यह आवाज गाने के रूप में हो सकती है, भाषण

के रूप में, विचार-विमर्श के रूप में, व्याख्यान के रूप में या किसी अन्य रूप में। एक बार रिकॉर्ड की गई आवाज को भविष्य में कभी भी सुना जा सकता है, कितनी ही बार सुना जा सकता है तथा कोई भी सुन सकता है जो इस उपकरण के बारे में थोड़ी-सी भी जानकारी रखता है। रिकॉर्ड की गई आवाज को मिटाया भी जा सकता है। व्याख्यान, वार्ताएँ, विचार-विमर्श आदि को रिकॉर्ड भी किया जा सकता है तथा भविष्य के लिए संजोकर भी रखा जा सकता है। विद्वान् अध्यापकों, प्रोफेसरों आदि के द्वारा कक्षाओं में दिये गये पूर्व रिकॉर्डिड व्याख्यान एवं वार्ताएँ छात्रों के लिए पर्याप्त उत्साहवर्द्धक एवं प्रेरणादायक होते हैं। टेपरिकॉर्डर का प्रयोग Sleep learning, आँकड़ों को एकत्रित करके रखने, संगीत तैयार करने, ऐतिहासिक घटनाओं को रिकार्ड करने आदि में किया जाता है। भाषा प्रयोगशाला (Language laboratory) ने शिक्षा के क्षेत्र में टेपरिकॉर्डर को सबसे पहले प्रयोग में लिया। इनका प्रयोग संगीत कक्षाओं, अंग्रेजी साहित्य कक्षाओं, व्याख्यान मालाओं तथा अन्य स्कूल एवं कॉलिज क्रियाओं में भी किया जाता है। टेपरिकॉर्डस को प्रभावशाली ढंग से उपचारात्मक शिक्षण, कौशल अधिगम, अभ्यास कार्य तथा पुनर्वलन के क्षेत्र में प्रयोग किया जा सकता है। विदेशों में टेप पुस्तकालयों की भीड़ बढ़ती जा रही है। जैसे-जैसे छात्र और अध्यापक इसकी उपयोगिता से परिचित होते जा रहे हैं श्रव्य टेपों को वर्क बुक तथा वर्क सीटों के साथ संयुक्त रूप से प्रयोग करके पढ़ाई तथा गणित के शिक्षण की व्यवस्था की जा सकती है। वातावरणीय शोर और व्यवधान से बचने के लिए छात्र ईयरफोन (Earphones) का भी प्रयोग कर सकते हैं। इस प्रकार की व्यवस्था सम्बन्धी लचीलापन बहुत उत्तेजनापूर्ण होता है। शिक्षण-अधिगम के क्षेत्रों में श्रव्य टेपों (Audio Tape) की उपयोगिता को नि:संदेह स्वीकार किया गया है। यह शिक्षण के दूसरे तरीकों की अपेक्षा कम खर्चीला तथा प्रभावी है।

उपरोक्त विशेषताओं के अतिरिक्त इन टेपरिकार्डस की सबसे बड़ी सीमा यह है कि ये केवल Sound-based होते हैं। साथ ही, दृश्य टेपों (Video Tapes) की तुलना में इनका प्रयोग अधिक रुचिकर एवं प्रभावी प्रतीत नहीं होता। इस उपकरण की एक प्रमुख सीमा यह भो है कि इनके अन्तर्गत पृष्ठपोषण (Feedback) तथा अन्त:क्रिया (Interaction) की व्यवस्था नहीं है। ये केवल एकमार्गी संचार प्रणाली (One way communication) के अन्तर्गत आते हैं। यहाँ छात्र को इस प्रकार की कोई सुविधा या अवसर प्रदान नहीं किया जाता कि वह प्रश्न पूछ सके तथा उनका स्पष्टीकरण प्राप्त कर सके।

टेप रिकॉर्डर के माध्यम से शिक्षक उपयोगी सामग्री किसी भी समय सुविधानुसार संग्रहित कर सकता है। किसी विद्वान् का व्याख्यान या रेडियो पर प्रसारित कोई

महत्त्वपूर्ण वार्ता आदि रिकॉर्ड करके उन्हें पुनः छात्रों को सुविधानुसार सुनवाया जा सकता है। टेप रिकॉर्डर ग्रामोफोन का दूसरा विकल्प है जो अपेक्षाकृत कम खर्चीला है।

लाभ (Uses)—टेपरिकॉर्ड्स के प्रमुख लाभ इस प्रकार हैं–

1. इनके प्रयोग से समय की बचत होती है।
2. इनका प्रयोग प्राथमिक कक्षाओं के लिए अधिक उपयुक्त रहता है। बच्चे पक्षियों के गीत, उनके चहचहाते शब्द कभी भी सुन सकते हैं।
3. महान् विभूतियों के भाषण एवं प्रेरणादायक विचार सुरक्षित रहते हैं।
4. एक बार रिकॉर्ड किया गया टेप यदि प्रयोग में नहीं आ रहा है तो उसे साफ करके पुनः उपयोगी जानकारी से भरवाया जा सकता है।
5. इसके प्रयोग से शिक्षण में गतिमय सार्थकता आती है।
6. इसका प्रयोग करना बहुत आसान है।
7. इनके माध्यम से विचित्र तथ्यों, विचारों, घटनाओं, आदि के पारस्परिक सम्बन्ध का ज्ञान होता है।
8. एक बार रिकॉर्ड की गई बातें बार-बार सुनी जा सकती हैं।
9. इसके प्रयोग से छात्रों की अनुशासनहीनता को किसी सीमा तक कम किया जा सकता है।
10. अध्यापक टेप-रिकॉर्डर को आवश्यकतानुसार कहीं भी रोक कर छात्रों को विषय-वस्तु के बारे में समझा सकता है।

टेप-रिकॉर्डर के प्रयोग में बाधाएँ (Obstacles in the use of tape-Recorder)—टेप-रिकॉर्डर के प्रयोग में निम्नलिखित बाधाओं का सामना करना पड़ता है–

1. अध्यापक टेप-रिकॉर्डर के प्रयोग को अतिरिक्त कार्य भार के रूप में लेता है तथा इसके प्रयोग से बचने का प्रयास करता है।
2. कैसेट, मन्दबुद्धि बालकों एवं मेधावी बालकों के लिये एक समान उपयोगी नहीं होते।
3. बाजार में शिक्षाप्रद कैसेटों का सर्वथा अभाव रहता है। जो कुछ उपलब्ध होते हैं वे अत्यन्त महँगे होते हैं।
4. धन की कमी के कारण प्रत्येक विद्यालय इसे नहीं खरीद सकता। अतः सरकार को इस दृष्टि से विद्यालय की आर्थिक सहायता करनी चाहिये।
5. कैसेट, शिक्षकों एवं छात्रों की रुचियों को ध्यान में रखकर नहीं बनाये जाते।

वी० सी० आर० (वीडियो कैसेट रिकॉर्डर-VCR)–पूर्व-रिकॉर्ड किये गये वीडियो टेप्स कक्षाओं में TV के माध्यम से आसानी से दिखाये जा सकते हैं। वीडियो फिल्म्स ऑडियो फिल्म्स की ही तरह होती हैं। अन्तर केवल इतना होता है कि वीडियो फिल्म्स में पिक्चर्स तथा गति को एक साथ दर्शाया जा सकता है। बहुत-सी व्यावसायिक कम्पनियों द्वारा शुरू से शैक्षिक विषयों पर वीडिया फिल्म्स तैयार की गई हैं। ये वीडियो फिल्म्स छात्रों को टेलीविजन के माध्यम से कक्षाओं में दिखाई जा सकती हैं। इस प्रकार की फिल्मस कुछ विशिष्ट विषयों पर अध्यापकों द्वारा भी निर्मित की जा सकती हैं। वशर्ते इन्हें विशेष सुविधायें उपलब्ध करायी जायें। वीडियो फिल्मस साधारण सिनेमा फिल्मस की तरहही होती हैं। ये शिक्षण-अधिगम के उद्देश्य से बहुत-ही सुविधाजनक तथा उपयोगी होती हैं। ये संचार का एक सशक्त माध्यम हैं। इनसे छात्रों को शिक्षा भी मिलती है तथा उनका मनोरंजन भी होता है। पूर्व में हमारे देश में मुम्बई, मद्रास, कोलकाता फिल्म केन्द्रों के द्वारा हजारों वीडियो फिल्म्स का निर्माण किया गया है। भारत सरकार की फिल्म्स डिवीजन द्वारा भी काफी संख्या में Documentory Films का निर्माण किया गया है। ये राष्ट्रीय हित के लगभग सभी विषयों जैसे–Documentaries, Cartoons, TV Films पर विभिन्न भाषाओं में बनायी गयी हैं। ये शिक्षा के आसान रुचिकर माध्यम हैं।

वीडियो कैसेट्स का एक सबसे बड़ा गुण यह है कि इस मशीन पर अध्यापक का पूर्ण नियंत्रण रहता है। इसे छात्र भी कहीं भी और किसी भी समय प्रयोग में ला सकता है। इस प्रकार इसके माध्यम से स्व-अधिगम (Self-learning) को आसान तथा सम्भव बनाया जा सकता है। दूरस्थ शिक्षा के सन्दर्भ में शैक्षिक कार्यक्रमों पर आधारित वीडियो कैसेट्स बहुत उपयोगी होते हैं। कौशल से सम्बन्धित प्रशिक्षण कार्यक्रमों जैसे अध्यापक प्रशिक्षण प्रबन्धन प्रशिक्षण आदि में इनका विशेष महत्व है। वास्तव में, ज्ञान के क्षेत्र में ऐसा कोई क्षेत्र नहीं है जहाँ वीडियो कैसेट्स, वीडियो फिल्म्स, वीडियो टेप्स का शैक्षिक कार्यक्रमों को समृद्ध करने में प्रयोग न होता हो।

जब VCR को TV के साथ प्रयोग में लाया जाता है तब इसका सबसे बड़ा लाभ यह होता है कि इससे सूचनाओं को एकत्र आसानी से किया जा सकता है। टेलीविजन के साथ VCR का प्रयोग अत्यन्त प्रभावी एवं महत्वूपर्ण है। साथ ही, वीडियोटेप, वीडियो फिल्मस से कहीं अधिक उपयोगी है। यह उपयोगिता इस तथ्य में निहित है कि टेपरिकॉर्ड्स पर रिकॉर्ड की गई सूचना तथा शैक्षिक कार्यक्रम देखने के लिये अविलम्ब उपलब्ध हो जाते हैं। इस सन्दर्भ में यदि कोई टेलीविजन यूनिट संलग्न है तो वह विभिन्न अवसरों पर वीडियो रिकॉर्डिंग करके इसके महत्त्व को और अधिक बढ़ा सकती है और यदि वह टेप को पुन: प्रयोग में लाना चाहे तो वह इस टेप को साफ करके पुन: प्रयोग में ला सकती है।

वीडियो रिकार्डिंग प्रक्रिया में Developing तथा Printing Stages को सम्मिलित नहीं किया जाता तथा रिकार्मर्डिंग, देखने तथा उसकी जाँच करने के लिये तुरन्त उपलब्ध हो जाती है । किसी भी फिल्म की रील (Reel) को सुरक्षित रखा जाना चाहिये क्योंकि किसी भी महत्वपूर्ण रील को तैयार करने में पर्याप्त समय, धन एवं शक्ति का व्यय होता है। संक्षेप में हम कह सकते हैं कि आधुनिक युग में VCR एक ऐसा विद्युत उपकरण है जो श्रेष्ठ दृश्य-श्रव्य सामग्री के अन्तर्गत आता है तथा जिसके उपयोग पर कोई प्रश्नचिन्ह नहीं लगाया जा सकता। कहना चाहिये कि यह आज की शिक्षण-अधिगम प्रक्रिया का एक सशक्त साधन है।

गणित संग्रहालय (Math Museum) — यदि सम्भव हो सके तो गणित का एक संग्रहालय भी स्थापित होना चाहिये । गणित शिक्षण में इसका महत्वपूर्ण स्थान है। इससे गणित का शिक्षण सजीव एवं रोचक बनाया जा सकता है। ठोस ज्यामिति की आकृतियों को बालकों को मॉडल आदि दिखाकर सहज में ही ज्ञान कराया जाता है। इसके अतिरिक्त बालकों में भी संग्रह (Collect) करने की प्रवृत्ति होती है। संग्रहालय के द्वारा बालकों की इस प्रवृत्ति का विकास तथा इसका सदुपयोग किया जा सकता है। इसमें गणित सम्बन्धी अनेक प्रकार के मॉडल होने चाहिये। इन मॉडलों में से कुछ खरीदे भी जा सकते हैं, जैसे शंकु (Cone) प्रिज्म (Prims), बेलन (Cylinder) आदि तथा कुछ मॉडल बालकों से भी बनवाये जा सकते हैं। इसमें गणित सम्बन्धी विभिन्न प्रकार की आकृतियाँ तथा गणितज्ञों जैसे–पाइथागोरस, आर्किमिडीज, रामानुज, महावीराचार्य, युक्लिड आदि के चित्र (Portraits) तथा मूर्तियों (Busts) का भी समावेश होना चाहिये। इसके अतिरिक्त गणित सम्बन्धी उपकरण–परकार, सेट-स्कवायर, फीता, स्केल आदि तथा गणित सम्बन्धी मशीनें, जैसे–गणना करने की मशीन (Calculating Machine), क्षेत्रफल ज्ञात करने की मशीन (Planimeter) आदि भी संग्रहालय में होनी चाहिये।

गणित परिषद् (Mathematics Association) — गणित शिक्षण में गणित परिषद् का विशेष महत्व है। बहुत-सी बातें जो कक्षा शिक्षण में सम्भव नहीं हो पती वे इनके माध्यम से सहज हो जाती हैं। गणित परिषद् में बालक अपने विचारों को एक-दूसरे के सम्बन्ध स्वतन्त्र यप से रखते हैं, समस्याओं पर विचार-विमर्श करते हैं तथा आवश्यकता पड़ने पर अपने अध्यापक से सम्पर्क स्थापित करने में संकोच नहीं करते। ऐसा होने से जहाँ एक और अध्यापक अपने छात्रों में निहित गुणों को परखता है वहीं दूसरी ओर छात्र में आत्मसन्तोष, आत्मविश्वास एवं अपने अध्यापक के प्रति निष्ठा भाव और भी बढ़ जाता है।

गणित परिषद् की स्थापना गणित अध्यापक के संरक्षण में बालकों द्वारा करायी जानी चाहिये। इसमें गणित अध्यापक संरक्षक (Parents) के रूप में कार्य करेगा। इसके अतिरिक्त बालकों में से अध्यक्ष, उपाध्यक्ष, कोषाध्यक्ष (Treasurer) तथा पुस्तकालयाध्यक्ष चुनने चाहिये। इसके प्रत्येक सदस्य से या तो वार्षिक चन्दा प्रारम्भ में ही ले लेना चाहिये या फिर हर महीने वसूल किया जा सकता हैं चूंकि गणित अनिवार्य (Compulsory) विषय है, अतः गणित परिषद् की सदस्यता प्रत्येक विद्यार्थी के लिये खुली होनी चाहिये। ऐसा करने से परिषद् का अर्थिक लाभ (Financial Gain) भी होगा और साथ ही अधिक से अधिक विद्यार्थी इसका लाभ उठा सकेंगे।

परिषद् की बैठक (Meeting) महीने में कम से कम एक या दो बार अवश्य होनी चाहिये। इसके लिये महीने का दूसरा सप्ताह या आखिरी सप्ताह उचित रहता है। प्रत्येक बैठक में गणित के किसी विषय पर, जैसे–किसी गणितज्ञ का जीवन इतिहास तथा कार्य, गणित सम्बन्धी खेल, पाइथागोरस प्रमेय की विभिन्न उपपत्तियाँ (Proofs), गणित का दैनिक जीवन में उपयोग, शून्य की कहानी आदि पर भाषण होने चाहिये। इस पर प्रायः छात्रों को बोलने का अवसर दिया जाये। विषय पहले ही तय कर लेने चाहिये, इससे बालकों को विषय की तैयारी करने का अवसर मिल जाता है। कभी बाहर से अन्य कालेजों के प्रोफेसर आदि विद्वानों को बुलाकर उनके भाषण भी कराने चाहिये। इस परिषद् के अन्तर्गत बालकों से उनकी रुचि के अनुसार गणित के चित्र, रेखाचित्र, चार्ट व मॉडल भी तैयार कराये जा सकते हैं। साल में एक बार गणित की प्रदर्शनी (Mathematical Exhibition) का आयोजन भी होना चाहिये। इस प्रदर्शनी में बालकों द्वारा तैयार किये गये चित्र, रेखाचित्र, चार्ट तथा मॉडल एवं उनके द्वारा एकत्रित किया गया गणित सम्बन्धी साहित्य, प्रश्नों को हल करने के नये तरीके, प्रमेयों को सिद्ध करने की विभिन्न उपपत्तियाँ आदि रखनी चाहियें। ऐसा करने से बालकों का उत्साह बढ़ता है। इसके अतिरिक्त प्रदर्शनी में वे सहायक उपकरण तथा मॉडल आदि भी रखने चाहिये जो अध्यापकों ने अपनी समझ से या कहीं अन्य स्थलों से देखकर अथवा किन्हीं पुस्तकों में पढ़कर बनाये हैं। इन उपकरणों को देखकर बाहर के बालक व गणित अध्यापक लाभ उठा सकेंगे।

गणित-कक्ष (Mathematics Room)— गणित कक्ष को व्यवस्था एवं सामग्री अध्यापन को प्रभावशाली एवं क्रियात्मक (Functional) बनाने में सहायक हो सकती है। वस्तुतः गणित प्रयोगात्मक विज्ञान नहीं हैं, फिर भी इसका अर्थशास्त्र, कॉमर्स, उद्योग, इन्जीनियरी आदि में महत्वपूर्ण उपयोग है। यह उपयोग इस प्रकार से चुने एवं बनाये जाने चाहिये, कि जिन सिद्धान्तों पर यह बने हैं उन पर जोर दिया जाये।

कक्षा भवन इस प्रकार सजे होने चाहिये कि उससे शिक्षण में आसानी से इसका ढक्कन विद्यार्थी की पाठ्य-पुस्तक, उसको लेखन एवं ड्राइंग सामग्री को सुगमता से रखने के लिये पर्याप्त होना चाहिये। श्यापट्ट काफी बड़ा होना चाहिये तथा कम से कम एक श्यामपट्ट निर्देशांक (Co-ordinate) होना चाहिये। सफेद और रंगीन चॉक, श्यामपट्ट पर काम करने के लिये बड़े चाँदे, परकार एवं पैमाने, धागा, निर्देशक (Pointer) इत्यादि होने चाहिये। ठोस ज्यामिति (Solid Geometry) के कार्य के लिये एक गोलाकार श्यामपट्ट (Spherical Black-Board) भी होना चाहिये।

प्रयोगात्मक उपकरण लगाने के लिये बड़ी मेज (Demonstration Table) तथा विद्यार्थियों द्वारा सामूहिक कार्य के लिये अलग मेज होनी चाहिये। बुलैटिन बोर्ड, पुस्तकों तथा पत्रिकाओं के लिये अलमारियाँ, चार्टों के लिये अलमारियाँ, चार्टो को टाँगने का स्थान, यन्त्रों तथा अन्य सामग्री संग्रह करने का स्थान, कागजों तथा परीक्षाओं के लिये फाइलें, मॉडल एवं अन्य यन्त्रों के लिये प्रदर्शन का स्थान आदि ये सब गणित कक्ष के वांछनीय अंग हैं

कमरे में एक गणितीय पुस्तकालय भी होना चाहिये जिसमें विभिन्न प्रकार की सहायक गणितीय पुस्तकें होनी चाहिये जिससे गणित में आनन्द एवं अभिरुचि को वृद्धि हो। गणित का इतिहास, प्रगति तथा उपयोगों से सम्बन्धित तस्वीरों से कमरे की शोभा बढ़ती है तथा यह विषय को अनुकूल वातावरण में अध्ययन करने का अवसर प्रदान करती है।

यात्रायें एत्रं भ्रमण (Visits and Excursions) — यात्राओं और भ्रमण का भी गणित शिक्षण में बहुत महत्व है। छात्रों को उत्साहित करने के लिये तथा उन्हें गणित की व्यावहारिक उपयोगिता से परिचित कराने के लिये भ्रमण और यात्राओं से पर्याप्त सहायता मिलती है। यह एक अत्यन्त ही स्थूल तथा वास्तविक साधन है। इससे छात्रों को प्राकृतिक वातावरण में गणित की समस्याओं को समझने का अवसर मिलता है। बालकों के लिये गणित का विषय केवल काल्पनिक ही नहीं रहता अपितु कक्षा में बताई गई नातों का जीवन की वास्तविक समस्याओं से सम्बन्ध स्थापित हो जाता है। इससे बालकों में सहयोग की भावना एवं वैज्ञानिक दृष्टिकोण का विकास होता है। वह स्वयं परीक्षण एवं निरक्षण करके निष्कर्ष पर पहँचने में समर्थ हो जाते हैं।

गणित के अध्यापक को चाहिये कि वह समय निकालकर विद्यार्थियों को भिन्न-भिन्न स्थानों पर, जैसे–कारखाने, मिल, बैंक, डाक और तार घर, स्टेशन, सिनेमा, बाजार, नदी के किनारे, बाग, मैदान, जंगल इत्यादि में ले जायें। अध्यापक को इन स्थानों की यात्रा के द्वारा विद्यार्थियों को समाज की भिन्न-भिन्न गणित की

समस्याओं का ज्ञान कराकर उन्हें हल करने के लिये प्रात्साहन देना चाहिये। यात्रा के दौरान प्रत्येक विद्यार्थी के पास अपनी एक डायरी हो जिसमें वह यात्रा की बातों को लिख सके। यात्रा के पश्चात् अध्यापक को चाहिये कि वह विद्यार्थियों से अपनी-अपनी कापियों पर उनका वर्णन लिखने को कहे तथा उनसे वाद-विवाद करके उनके भ्रम का निवारण करे।

निष्कर्ष रूप में हम कह सकते हैं कि गणित शिक्षण के विभिन्न साधनों का ज्ञान होने के साथ-साथ अध्यापक के लिये वह भी आवश्यक है कि वह भली प्रकार समझ लें कि उनका कब और कैसे प्रयोग करना चाहिये। कभी-कभी कुछ नये अध्यापक अपने उत्साह में इतनी सामग्री कक्षा में ले जाते हैं कि वह उन्हें ठीक प्रकार से क्रम में प्रस्तुत करने का समय निश्चित नहीं कर पाते। कक्षा में 'भानुमती का पिटारा' खोलकर सफलतापूर्वक नहीं पढ़ाया जा सकता। सामग्री के उपयोग को सफलता उनकी बहुलता पर नहीं बल्कि उसके उचित प्रयोग तथा प्रवाह पर निर्भर करती है। आवश्यकता पड़ने पर ही सहायक सामग्री का प्रयोग करना चाहिये और प्रयोग के बाद उसे सावधानी से उठाकर रख देना चाहिये जिससे भविष्य में उसे दुबारा प्रयोग किया जा सके। एक ही सामग्री को बार-बार दिखाने से कोई लाभ नहीं होता। सहायक सामग्री सदैव ही साधन के रूप में प्रयोग में लानी चाहिये, साध्य के रूप में नहीं।

(Material aids should be used as a means not as an end).

सहायक सामग्री जुटाने में अध्यापक राजकीय सूचना केन्द्र, छात्राध्यापक प्रशिक्षण केन्द्र तथा शिक्षा विस्तार सेवा केन्द्र (Extension Services Centres) से भी समय-समय पर सहायता प्राप्त कर सकते हैं।

आशुरचित (स्वनिर्मित) उपकरण (Improvised Apparatus)

गणित शिक्षण का प्रमुख उद्देश्य छात्रों में वैज्ञानिक एवं समस्या समाधान अभिरुचि जाग्रत करना है। इस उद्देश्य की पूर्ति प्रेक्षण (Observation) एवं प्रायोगिक कार्य (Experimental Work) द्वारा ही सम्भव है। जब तक विद्यार्थी प्रयोगात्मक रूप से जानकारी प्राप्त नहीं करते तब तक उन्हें तथ्यों, नियमों तथा सिद्धान्तों के व्यावहारिक ज्ञान की प्राप्ति करने में कठिनाई होगी। इसलिए आवश्यक है कि छात्र अपनी रुचि एवं योग्यता के आधार पर सैद्धान्तिक ज्ञान प्राप्त कर उपकरणं निर्माण, प्रयोग एवं सुधार द्वारा अपने ज्ञान को स्थायी रूप से प्रदान करे।

आज के वर्तमान समय में सरकार एवं विद्यालयों के प्रबन्धक धन के अभाव के कारण विद्यालयों की प्रयोगशालाओं को आधुनिक सामान एवं उपकरण अत्यधिक मात्रा में उपलब्ध नहीं करा सकते, आवश्यकता इस बात की है कि गणित अध्यापक

अधिक से अधिक उपकरणों का स्वयं निर्माण करें तथा अपने विषय को रोचक एवं प्रभावशाली बनवायें। शिक्षक को चाहिये कि उपलब्ध संसाधन एवं अनुपयोगी वस्तुओं द्वारा विद्यार्थियों को प्रोत्साहित कर स्वनिर्मित उपकरणा (Improved Apparatus) के निर्माण में सहयोग करें। उपकरणों के निर्माण में इस बात का ध्यान रहे कि समय व धन की बचत हो सके तथा उपकरण वैज्ञानिक सिद्धान्तों को परिलक्षित कर सकें।

इस प्रकार साधारण एवं सर्वसुलभ कम लागत वाली सामग्री से निर्मित उपकरणों द्वारा गणितीय क्रिया, सिद्धान्त एवं नियमों का प्रदर्शन, गणित अध्ययन-अध्यापन में किया जा सके। ऐसे उपकरण आशुरचित उपकरण कहलाते हैं।

यदि अध्यापक सक्रिय रहें तथा अपने विषय के प्रति रुचिशील हों तो अपने विषय के अध्यापन को सुगम एवं प्रभावी बनाने हेतु आस-पास उपलब्ध हो सकने वाली तथा कुछ पुरानी अनुपयोगी सामग्री एकत्रित कर प्रकरण (Topics) से सम्बन्धित समन्वयों का शिक्षण करने हेतु सरल उपकरणों का निर्माण कर सहायक सामग्री के रूप में उनका उपयोग कर सकते हैं। प्रायः छोटे स्कूलों में शिक्षण के सामान का अभाव रहता है, लेकिन बुद्धिमान अध्यापक इसकी कभी शिकायत नहीं करता। वह स्वयं अपनी कल्पना-शक्ति तथा हस्तकौशल द्वारा कई प्रकार के मूल्यवान एवं कार्यशील उपकरण बना सकता है, जैसे–त्रिभुज, बेलन, विभिन्न ज्यामितीय आकृतियाँ आदि।

प्रत्येक विद्यालाय में एक कार्य बैंच (Work Bench) और औजारों का वक्त (Kit of Tools) अवश्य होना चाहिये जिसे विद्यार्थी और अध्यापक हस्तनिर्मित उपकरणों के निर्माण के लिये प्रयोग कर सकें।

आशुरचित उपकरणों के निर्माण के सोपान

(Steps of Preparation of Improvised Aparatus)

आशुरचित उपकरणों का निर्माण किसी योजना के अन्तर्गत किया जाता है। आजकल ऐसी अनेकों पुस्तकें उपलब्ध हैं जिनमें उपकरणों के चित्र, नाप और डिजाइन दिये हुये हैं और उनके निर्माण में प्रयुक्त आवश्यक सामग्री और निर्माण की योजना सुझाई गयी हैं।

आशुरचित उपकरणों के निर्माण हेतु स्वयं की योजना निम्न प्रकार बनानी चाहिये–

1. उपकरणों के निर्माण से पूर्व योजना का भली प्राकर अध्ययन करें। प्रस्तावित उपकरण के लिये कौन-कौन-सी सामग्री किस प्रकार की आवश्यक होगी, नोट करें। यदि कोई सामग्री उपलब्ध नहीं हो सकती है ते उसके स्थान

पर उपलब्ध साधनों का प्रयोग किस प्रकार हो सकेगा, सही सोचें एवं योजना को अच्छी तरह समझ लें।

2. यदि उपकरण निर्माण में लकड़ी का प्रयोग करना है तो ऐसी लकड़ी लें जिसको काटना, चीरना, रंदा लगाना सरल पड़े। लकड़ी का प्रयोग करना है तो नाप कर निशान लगा लें और फिर टुकड़े काट लें, जहाँ छेद करने हों, कर लें। रेगसाल द्वारा इसे साफ करलें। हाईबोर्ड का प्रयोग कई उपकरणों में सुविधाजनक रहता है, अब इस पर वार्निश कर लें।
3. योजना के अनुसार इन्हें कीलों, पेंचों, वोल्ट या फेवीकोल से जोड़ लें।
4. उपकरण में प्रयुक्त होने वाले धातु के, प्लास्टिक के, रबड़ या काँच के भाग बनायें और उन्हें उपकरण में यथास्थान जोड़कर पूरा उपकरण तैयार करें।
5. उपकरण की जाँच करें कि वह काम कर रहा है या नहीं। यदि उसमें कोई कमी रह गयी हो तो उसे दूर करें।
6. कभी-कभी सम्पर्क ठीक नहीं होने पर विद्युत काम नहीं करती। घर्षण अधिक होने पर गति उत्पन्न नहीं होती। इन सामान्य कमियों को थोड़ा ध्यान देकर दूर किया जा सकता है।

स्वनिर्मित उपकरणों की उपयोगिता (Utility of Iprovised Apparatus)

छात्रों से उपकरण निर्माण कराने के अनेक लाभ हैं। इसको बनाने में उनकी सभी इन्द्रियाँ व मांसपेशियों का उपयोग होने से उनमें कौशल विकसित होता है। इससे सीखी हुई विषय-वस्तु स्थायी हो जाती है। इनसे निम्नलिखित लाभ हैं–

1. आर्थिक उपयोगिता (Economical Utility) — इनको बनाने में खर्च कम होता है। स्वयं निर्मित उपकरण बाजार से खरीदे गये उपकरणों की अपेक्षा बहुत सुस्त होते हैं। इस प्रकार जिन वस्तुओं को हाथ से बनाया जाता है, उनके लिए धन की व्यवस्था को अधिक आवश्यकता नहीं पड़ती अर्थात्, आशु रचित उपकरण निर्माण में आर्थिक भार नगण्य होता है।

2. मनोरंजनात्मक उपयोगिता (Recreational Utility) — इनका मनोरंजन सम्बन्धी मूल्य भी कुछ कम नहीं है। नये-नये उपकरणों को अपने आप तैयार करने में बालकों को बहुत ही अधिक प्रसन्नता होती है। विशेषकर जब अपना बनाया हुआ उपकरण प्रयोग में लाते हैं, तब वे उसको सफलता पर नाच उठते हैं। स्वयं कार्य करने में आनन्द का अनुभव होता हैं अतः सृजनात्मक एवं रचनात्मक कार्य में प्रसन्नतापूर्वक अपने खाली समय का उपयोग कर वे अपना मनोरंजन करते हैं।

3. मनोवैज्ञानिक उपयोगिता (Psychological Utility) — बालक सदैव करके सीखता है और स्वाभाविक रूप से क्रियाशील होता है। उपकरणों के निर्माण में बालकों को क्रियात्मक कार्य करने का अवसर प्राप्त होता हैं इस प्रकार से बालकों को स्वाभाविक रुचियों एवं मनोवृतियों का पूरा-पूरा विकास होता है तथा उनकी शक्तियों एवं सामर्थ्य को भी उचित मोड़ मिल जाता है। इस तरह छात्रों में कुछ नये निर्माण से सृजन को अनुभूति होती है। फलस्वरूप बालक की रुचि अध्ययन को और पूर्ण उत्साह से बढ़ती है।

4. शैक्षिक उपयोगिता (Educational Utility) — शिक्षा की दृष्टि से इसका बड़ा महत्व है। अनुसन्धानकर्त्ताओं ने यह सिद्ध कर दिया है कि ज्ञान हाथों से दिमाग की ओर जाता है। जब विद्यार्थी अपने हाथों से चीजें बनाते हैं तो वे उनके अन्तर्निहित नियमों का ज्ञन प्राप्त कर लेते हैं। हाथ और मस्तिष्क का समन्वय (Co-ordination) होने के काण गणित सम्बन्धी जटिल तथ्यों को आसानी से समझा जा सकता हैं

5. सामाजिक उपयोगिता (Social Utility) — स्वनिर्मित उपकरण सामाजिक दृष्टि से भी काफी उपयोगी हैं, क्योंकि इनके निर्माण से छात्र श्रम का महत्व समझने लगते हैं तथा श्रम के प्रति निष्ठा बढ़ती हैं बिना भेद-भाव के मिल-जुलकर कार्य करने से सामूहिकता व सहकारिता की भावना को बढ़ावा मिलता है।

6. वैज्ञानिक प्रतिभा की खोज (Science Talent Search) — स्व-निर्मित उपकरण का निर्माण अध्यापक के निर्देशन के अनुसार ही छात्र करते हैं, इससे अध्यापक विद्यार्थियों के अधिक समीप आ जाते हैं वह अच्छी तरह जान सकता है कि किस विद्यार्थी में विशेष वैज्ञानिक प्रतिभा तथा यान्त्रिक योग्यता है। ऐसे प्रतिभाशाली छात्रों को अपनी प्रतिभा की ठीक प्रकार से चमकाने का अवसर दिया जा सकता है। इससे अध्यापक छात्रों की प्रतिभा का अनुमान लगा सकता है कि बालक ने किस सीमा तक निर्देशों को समझा और उनमें कितनी वैज्ञानिक प्रतिभा है। ऐसे बालकों को उचित अवसर प्रदान कर उनकी प्रतिभा को पोषित किया जा सकता है।

प्रश्न (Questions)

1. गणित के किसी एक प्रकरण पर 36 मिनट की अवधि के लिए एक पाठ-योजना का निर्माण कीजिए जिसमें विशिष्ट उद्देश्यों का व्यवहारगत परिवर्तनों की दृष्टि से उल्लेख किया गया हो।

   Prepare a lesson plan on any topic of Mathematics for a period of 35 minutes duration giving specific objectives in terms of behavioural changes.

2. गणित शिक्षण में पाठ-योजना का क्या महत्व है? इसके विभिन्न उपागमों का वर्णन कीजिये।

   What is the importance of lesson-planning in Mathematics? Discuss its varios approaches.

3. इकाई योजना से आप क्या समझते हैं? इसके गुण-दोषों का वर्णन कीजिए।

   What do you mean by Unit Plan. Mentin its merits and de-merits.

4. गणित-शिक्षण में दृश्य-श्रव्य सामग्री की आवश्यकता एवं महत्व की विवेचना कीजिये।

   Discuss the need and importance of Audio-Visual Aids in the teaching of Mathematics.

5. संक्षिप्त टिप्पणियां लिखिये-

   (Write Short Notes on)

   (i) इकाई योजना तथा पाठ-योजना में अन्तर

   (Difference between Unit-plan and Lesson-plan)

   (ii) दृश्य-श्रव्य सामग्री के प्रकार

   (Types of Audio-Visual Aids)

   (iii) स्व-निर्मित उपकरण

   (Improvised Apparatus)

   (iv) टेपरिकार्डर

   (Tape Recorder)

   (*v*) वी० सी० आर०

   (V.C.R.)।

8

'गणित का पाठ्यक्रम'

(Curriculum of Matrometics)

परिभाषायें (Definitions)

पाठ्यक्रम की कुछ महत्वपूर्ण परिभाषायें निम्नलिखित हैं–

1. **फ्रॉवेल के शब्दों में,**
   "पाठ्यक्रम को मानवजाति के समूचे ज्ञान एवं अनुभव का केन्द्र बिन्दु समझा जाना चाहिये।"

2. **कनिघम के अनुसार,**
   "पाठ्यक्रम कलाकार (शिक्षक) के हाथ में वह साधन है जिससे वह अपनी चित्रशाला में अपनी सामग्री को अपने आदर्शों (उद्देश्य) के अनुसार ढालता है।"

3. **क्रो व क्रो के अनुसार,**
   "पाठ्यक्रम में सीखने वाले के अनुसार वे सभी अनुभव सम्मिलित हैं जिन्हें वह विलालम के अन्दर या बाहर प्राप्त करता है तथा जिन्हें उसके मानसिक, शारीरिक, सामाजिक, भावात्मक, आध्यात्मिक एवं नैतिक विकास के लिए बनाये गये कार्यक्रम में शामिल किया गया है।"

4. **सेलर एवं अलेक्जेंडर के शब्दों में,**
   "वांछित परिणामों को जाने के लिए विद्यालय में और विद्यालय के बाहर किये जाने वाले सभी प्रयासों का योग ही पाठ्यक्रम है।"

5. **शाने एवं मेकम्वेन के अनुसार,**
   "पाठ्यक्रम को विद्यालय द्वारा दिये गये पर्यावरण के फलस्वरूप ऐसे अनुभवों–अधिगम कुशलताओं, आदतों एवं व्यवहार का योग हैं जिनको

बालक अपना एक अंग बनाता है और वे उसके व्यवहार को नियंत्रित करते हैं।"

उपर्युक्त परिभाषाओं से स्पष्ट होता है कि पाठ्यक्रम एक ऐसा साधन है जिसके द्वारा अध्यापकों, छात्रों परीक्षकों और लेखकों को सही मार्ग का प्रदर्शन किया जाता है गणित का पाठ्यक्रम जिससे गणित से सम्बन्धित सभी विषय वस्तु तथा अनुभवों को सम्मिलित किया गया है शिक्षा के व्यापक पाठ्यक्रम का एक महत्वपूर्ण अंग है जो कि शिक्षा के उद्देश्य की प्राप्ति में सर्वाधिक सहायक है।

अध्यापक द्वारा छात्रों को कक्षा में सीखने के अनुभव प्रदान किये जाते हैं तथा उनका विकास करके शिक्षण उद्देश्यों को प्राप्त करते हैं अत: सीखने के अनुभवों को नियोजित क्रमबद्ध तथा श्रेणीबद्ध रखने के ढंग को ही पाठ्यक्रम कहते हैं।

विद्यालय का समाज से घनिष्ठ सम्पर्क है इसलिये अध्यापक को समाज के बदलते हुए स्वरूप को हमेशा समझने का प्रयास करते रहना चाहिये। अपने विषय को वह सामाजिक वास्तविकता के स्थान पर केवल विद्वता की नींव पर ही खड़ा करने का यत्न न करे। इस सम्बन्ध में यहाँ स्टीफन लीकॉक द्वारा दी गई इस चेतावनी को गणितज्ञों के सम्मुख दोहराना अनुचित न होगा–

"अध्यापक अपने हाथ में कुंजियाँ लिए हुए उस द्वार पर खड़ा है जो उसने खोला है। अन्दर अन्धेरा और शान्ति है। अन्धकार में विद्वता का मसाला लगे हुए मृतक शरीर रखे हैं, जो कभी जीवित थे, किन्तु विद्वता को मृत दुर्गन्ध युक्त हवा में एक-एक करके मर गये, उस विद्वता के, जो नियमबद्ध हो गई थी, जिसने रूप के लिये अपना अर्थ खो दिया तथा अपनी शक्ति का भी ह्रास कर लिया।"

(The teacher stands at the door that he has opened, his keys in his hand. It is dark within the silent. In the darkness lie the mummified bodies of learning that were alive once, but, perished one by one in the dead mephitic air of scholasticism, of learning that has turned to formalism and lost its meaning to body, its soul to formula and loast its living force.)

—*Stephen Leacock*

गणित विषय का शिक्षण सूक्ष्म एवं दुरुह है इसलिए इस बात की ओर ध्यान देने की बहुत आवश्यकता है कि अध्यापक विषय की दृढ़ता (Rigour) को आसान बनाये तथा दैनिक जीवन में इसके उपयोग पर प्रकाश डाले। कहा जाता है कि यूक्लिड ने एक बार बादशाह से कहा कि गणित के लिये कोई शाही रास्ता नहीं है, (This is no royal road to the learning of Mathematics) किन्तु उसके बाद से बहुत परिवर्तन हुए हैं तथा गणित को सरल एवं मनोरंजक बनाने का प्रयास किया गया है।

कुछ अन्य परिभाषाएँ इस प्रकार हैं–

According to Froebedl—"Curriculum should be conceived as an epitome of the rounded whole ofthe knowledge and experience fo the huamn race."

पाठयक्रम का विकास (Development of the Curriculum)

अमेरिका की गणित परिषद् तथा गणित अध्यापकों की राष्ट्रीय परिषद् ने सन् 1933 में 'गणित का शिक्षा में स्थान' का अध्ययन करने के लिये तथा गणित के पाठ्यक्रम का निर्माण करने के लिये एक आयोग का गठन किया। आयोग को गणित के प्रचलित पाठ्यक्रमों में लचीलापन तथा क्रमबद्धता के अभाव के कारण राष्ट्रीय स्तर पर गणित के पाठ्यक्रम के निर्माण में कठिनाइयाँ हुईं।

आयोग ने निर्धारित किया कि पूर्व माध्यमिक स्तर पर छात्रों को निम्न बातों का ज्ञान होना आवश्यक है–

1. प्रमुख मापन की इकाइयों का ज्ञान।
2. आयत, वर्ग, वृत्त, त्रिभुज, आयताकार, ठोस, गोला, घन आदि को पहचानना एवं इनकी आकृति खींचना।
3. आधारभूत प्रत्ययों, प्रक्रियाओं एवं शब्दावली की जानकारी।
4. जीवन से सम्बन्धित सामान्य समस्याओं को हल करने में मापन तथा गणनाओं का प्रयोग करने की क्षमता।
5. पूर्ण संख्याओं, साधारण भिन्नों तथा दशमलव भिन्नों को प्रक्रियाओं का ज्ञान।
6. किसी अंक का विभिन्न संख्याओं में स्थानीय मान तथा दशमलव प्रणाली का ज्ञान।
7. जोड़, बाकी, गुणा तथा भाग में संख्या के संचय की क्रियाओं पर अधिकार।

'गणित का सामान्य शिक्षा में स्थान' का अध्ययन करने के लिये सन् 1940 में एक कमेटी का गठन किया गया। इस कमेटी का मुख्य सुझाव यह था कि गणित के अध्ययन द्वारा छात्रों की आवश्यकताओं की संतुष्टि होनी चाहिये। ये मुख्य आवश्यकतायें निम्न हैं–

1. आर्थिक सम्बन्धी।
2. सामाजिक–नागरिक सम्बन्धी।
3. तात्कालीन वैयक्तिक–सामाजिक सम्बन्धी।
4. वैयक्तिक जीवन सम्बन्धी।

माध्यमिक शिक्षा आयोग (1952-53) ने सिफारिश की है कि "गणित को पूर्व माध्यमिक कक्षाओं तथा अनिवार्य विषय के रूप में पढ़ाया जाये। पूर्व माध्यमिक कक्षाओं के स्तर पर कार्यक्रम का विशिष्ट उद्देश्य छात्र को मानवीय ज्ञान तथा क्रिया-कलापों के मुख्य विभागों से साधारण रूप से परिचित कराना है। इसमें स्वयं ही तथा स्पष्ट रूप से यह विषय सम्मिलित होंगें–भाषा साहित्य, सामाजिक विषय, प्रकृति विज्ञान तथा गणित ...।"

(The special function of the curriculum at the middle stage is to introduce the pupil in a general way to the significant departments of human knowledge and activity. These will natureally and obviously include Language and literature, social studies. Natural sciences and Mathematics...)

— *Report of Secondary Education Commission (1952-53)*

इसी प्रकार "गणित शिक्षण की वृद्धि के लिये जर्मन सोसाइटी" (The German society for the advancement of instructions in Mathematics) ने गणित को अनिवार्य बनाने के पक्ष में अपनी सिफारिश इस प्रकार दी है–

"माध्यमिक कक्षाओं में गणित सामान्य संस्कृति की जाँच के लिये होना चाहिये न कि किसी प्रकार के तकनीकी प्रशिक्षण में योग देने के लिये। इसके द्वारा अवकाश सम्बन्धी सहज ज्ञान, तर्कपूर्ण विचार, उन विचारों को जो ठीक समझे जाते हैं स्पष्ट भाषा में दुबारा व्यक्त करने की शक्ति तथा नैतिक एवं सौन्दर्ययुक्त प्रभाव आदि बातों का विकास होना चाहिये।"

(In the Secondary school, Mathematics should be a test of general culture and not a contributor to technical training of any sort, it should cultivate space intution, logical thinking, the power to rephrase in clear language, thoughts recognized as correct and ethical and aesthetic effects...)

अमेरिका में सन् 1950 में राष्ट्रीय विज्ञान परिषद् ने 'School Mathematics Study Group' (S.M.S.G.) की स्थापना की तथा ग्रेड VII से ग्रेड XII तक के विद्यार्थियों के लिये अमेरिका के लगभग 100 विख्यात गणितज्ञों ने पाठ्यक्रम बनाया तथा पाठ्य-पुस्तकों एवं अध्यापकों के लिये मार्ग-दर्शकों का निर्माण किया।

इंग्लैंड में भी कालान्तर में स्कूलों तथा विश्वविद्यालयों के गणित के पाठ्यक्रमों में परिवर्तन किये गये हैं। यूरोप के आर्थिक सहयोग संगठन (The Organization for European Economic Cooperation) ने सन् 1961 में एक पुस्तक 'New Thinking in School Mathematics' प्रकाशित की तथा इसके पश्चात् 'Synopsis for Modern Secondary School Mathematics' प्रकाशित की। इसके पश्चात् सन्

1962 में इसी संगठन ने 'Mathematics for Physists and Engineers' प्रकाशित की। इंग्लैंड में गणित की राष्ट्रीय परिषद् ने गणित के पाठ्यक्रम में सुधार करने हेतु प्रशंसनीय प्रयास किये हैं।

भारत में भी गणित के पाठ्यक्रमों के बारे में गत वर्षों में चिन्तन प्रारम्भ हुआ है। NCERT ने नये पाठ्यक्रम तैयार कर इन पर पुस्तकें लिखवाई हैं तथा अनेक उपयोगी सामग्री प्राकशित की है। विश्वविद्यालय अनुदान आयोग (UGC) नई दिल्ली ने भी विभिन्न संस्थाओं को आर्थिक सहयोग देकर गणित के पाठ्यक्रमों में सुधार हेतु प्रयास किये हैं।

कोठारी आयोग ने भी गणित के पाठ्यक्रम के बारे में महत्वपूर्ण सुझाव दिये हैं जो पाठ्यक्रम निर्माण में अत्यधिक सहायक सिद्ध होंगे।

वर्तमान पाठ्यक्रम की आलोचना
(Criticism of the Existing Curriculum)

गणित पाठ्यक्रम का निर्माण भी अन्य विषयों की भाँति विश्वविद्यालय या शिक्षा विभाग के कुछ व्यक्तियों के द्वारा किया जाता है। गणित विशेषज्ञों तथा अनुभवी अध्यापकों से इस सम्बन्ध में कोई परामर्श नहीं लिया जाता। समय-समय पर पाठ्यक्रम में अनुसन्धान अथवा खोज कार्य पर आधारित संशोधन नहीं होता है। सबसे बड़े दुर्भाग्य की बात है कि पाठ्यक्रम का निर्माण प्रान्तीय स्तर पर किया जाता है अत: इससे स्थानीय आवश्यकताओं की पूर्ति सम्भव नहीं हो सकती।

According to Harold Spears — "The effective curriculum is the one that capitalises upon the everyday lives of the children being served by it."

हमारे पाठ्यक्रम की सबसे बड़ी कमी यह है कि यह छात्रों को जीवन के अनुभवों से परिचित नहीं करा पाता है। शिक्षा जीवन की तैयारी (Preparation for life) है। बालक के सामाजिक तथा राष्ट्रीय जीवन में उत्तरदायित्व ग्रहण करने के लिए अपेक्षित ज्ञान, कोशल तथा अभिवृत्ति का विकास पाठ्यक्रम के माध्यम से सम्पन्न होता है। हमारे पाठ्यक्रम में इसका अभाव है। प्रचलित पाठ्यक्रम केवल पुस्तकीय केवल ज्ञान (Bookish Knowledge) पर बल देता है। यह अत्यन्त दुर्भाग्यपूर्ण स्थिति है। शिक्षा और जीवन के मध्य जो यह खाई है वह कम होनी चाहिये। माध्यमिक शिक्षा आयोग ने कहा है–

"हमारी माध्यमिक शिक्षा को भाँति हमारे पाठ्यक्रम का भी जीवन से कोई सम्बन्ध नहीं है। यह छात्रों को जीवन के लिये तैयार करने में असफल रहा है। यह कक्षा से बाहर की दुनिया का, जिसमें वे शीर्घ प्रविष्ट होने वाले हैं, उन्हें कोई बोध या आभास नहीं करा पाता।"

(Like secondary education, seconndary school curriculum is, out of tune with life and fails to prepare students for life, it does not give them a real understanding or insight into the world outside the school into which they shall have to enter presently.)

आधुनिक पाठ्यक्रम में पाठ्य-वस्तु पर अधिक ध्यान दिया जाता है और बालक की अवहेलना की जाती है। उसकी आवश्यकताओं, क्षमताओं, रुचि, आदि का कोई ध्यान नहीं रखा जाता है। केवल गणित के सिद्धान्तों एवं तथ्यों को स्मरण कराने पर ही अधिक जोर दिया जाता है और बालक की चिन्तन, तर्क, कल्पना अत्यादि मानसिक शक्तियों के विकास की अवहेलना की जाती है। परिणामस्वरूप, उनमें आत्मविश्वास एवं आत्म-निर्भरता का भाव उत्पन्न नहीं होता है। बालक की अपेक्षा अध्यापक ही अधिक क्रियसाशील रहता है। पाठ्यक्रम में विविधता तथा प्रयोगों का बहुत कम स्थान है। इसमें दृढ़ता और कठोरता बहुत है, पग-पग पर परीक्षायें पाठ्यक्रम के ऊपर अपना गहरा प्रभाव रखती हैं। परीक्षा पास करने के लिये बालकों को गणित के विभिन्न तथ्यों को यान्त्रिक रूप से स्मरण करना पड़ता है। इससे उनकी स्मरण शक्ति पर बहुत जोर पड़ता हैं और वे वास्तविक आनन्द का अनुभव नहीं करते। पाठ्यक्रम में प्राय: समाज की आवश्यकताओं की भी अवहेलना की जाती है।

पाठ्यक्रम में विभिन्न प्रकरणों का समावेश तार्किक क्रम में नहीं किया जाता हैं साथ ही, यह भी स्पष्ट नहीं होता कि किस सीमा तक कौन-कौन से प्रकरणों को किस कक्षा में पढ़ाया जायेगा तथा उनको कौन-कौन से अनुभव दिये जायेंगे। हमारा पाठ्यक्रम एकपक्षीय है। इसके द्वारा ज्ञान प्रदान करने की क्रिया भी संतोषजनक नहीं हैं शिक्षा में नये-नये सिद्धान्तों तथा विधियों की खोज हो जाने के कारण पाठ्यक्रम में भी संशोधन अवश्य होने चाहिये। वर्तमान विश्व के समक्ष ज्ञान के विस्फोट (Explosion of Knowledge) की समस्या उग्र रूप धारण कर चुकी है। हमारा पाठ्यक्रम इस आधुनिकतम ज्ञान की दृष्टि से भी पिछड़ा हुआ है, हमारे पाठ्यक्रम उसके साथ परिवर्तित नहीं होते रहे हैं। पाठ्यक्रम की रूपरेखा एवं स्वरूप को निश्चित करने के लिये कुछ लक्ष्यों एवं उद्देश्यों को सामने रखना पड़ता है। जैसे–शिक्षा के उद्देश्य होते हैं उन्हीं के अनुकूल पाठ्यक्रम की रूपरेखा तैयार करनी पड़ती है, अन्यथा हम शिक्षा के उद्देश्यों की प्राप्ति नहीं कर सकते। किसी भी देश का पाठ्यक्रम उस देश की नीति अथवा विचारधारा के अनुसार निश्चित होता है। इतिहास इस बात का साक्षी है। भारत में वैदिक काल से लेकर आधुनिक काल तक परिस्थिति, काल, विचार तथा आदर्शों के अनुकूल पाठ्यक्रम की रूपरेखा में परिवर्तन हो रहा है। शिक्षा के उद्देश्य बदल जाने पर पाठ्यक्रम की रूपरेखा भी

बदल जाती हैं जो गणित का पाठ्यक्रम आज हमारे देश के स्कूलों में प्रचलित है, वह आज से दो हजार वर्ष पूर्व न था। इसका मुख्य कारण है कि आज हमारी जीवन शैली (Life style) तथा शिक्षा के उद्देश्य पुराने ऋषियों से पूर्णतया भिन्न हैं।

आज हमारे पाठ्यक्रम निर्जीव जर्जर यन्त्र के रूप में शिक्षा प्रक्रिया के साथ जुड़े हुए हैं। इनके द्वारा बालक में प्रजातान्त्रिक जीवन की शैली (Democratic Style) अपनाने के लिये अपेक्षित कुशलता, रुचि, अभिवृत्ति तथा मूल्यों का निर्माण करना असम्भव हो गया है। पाठ्यक्रम में दृढ़ता नहीं होनी चाहिए। आवश्यकतानुसार उसमें समय-समय पर संशोधन अवश्य करते रहना चाहिये। यह आवश्यक नहीं कि जो पाठ्यक्रम हमारे पूर्वजों के समय में प्रयोग में लाया जाता था वह आज के समाज तथा विद्यार्थियों की आवश्यकताओं की पूर्ति कर सकेगा। दिन प्रतिदिन हमारे जीवन में जटिलतायें (Complexities) बढ़ती जा रही है। अत: पाठ्यक्रम को समाज तथा राष्ट्र के जीवन के निकट ले जाने के लिये यह आवश्यक है कि इसका पुनर्गठन किया जाये तथा इसके परम्परात स्वरूप को पूर्णरूप से बदल दिया जाये।

कोठारी आयेग ने भी शिक्षा के सभी स्तरों पर पाठ्यक्रम में आमूल-चूल परिवर्तन लाने का सुझाव दिया है। उसके अनुसार हमारा वर्तमान पाठ्यक्रम बालक को सामाजिक, राजनैतिक एवं आर्थिक जीवन की समस्याओं से टक्कर लेने में समर्थ बनाने में सक्षम नहीं है।

यह पाठ्यक्रम जिसमें विविध विषयों की शिक्षा के साहित्यिक (academic) पक्ष को ही स्थान प्राप्त है, जिसमें बालकों के जीवन-अनुभवों को जागृत करने के प्रति उदासीनता का भाव निहित है, किसी भी राष्ट्र की शिक्षा प्रणाली का दोषपूर्ण रूप है। कोठारी आयोग ने हमारे पाठ्यक्रम में विद्यमान इस दोष को भली प्रकार पहचाना है और बड़े ही स्पष्ट शब्दों में लिखा है–

माध्यमिक शिक्षा आयोग (SecondaryEducational Commission)—अध्यापक द्वारा बताई गई बातों को बिना सोचे समझे ग्रहण नहीं कर लेता, वरन् वह अपनी तर्क, विवेचना एवं कल्पना शक्ति को भी प्रयोग करता है। अत: गणित के पाठ्यक्रम में कुछ ऐसी समस्यायें रखनी चाहिये जिनसे विद्यार्थियों को क्रियाशील रहने का अवसर मिले तथा वे स्वयं के अनुभवों आधार पर इन विषय का समलता से अध्ययन कर सकें।

1. मनोवैज्ञानिक एवं तार्किक क्रम का सिद्धान्त (Principle of Psychological and Logical Order)—बालक को शिक्षा देने के दो क्रम हैं, मनोवैज्ञानिक एवं तार्किक। मनोवैज्ञानिक क्रम में बालक अपनी रुचि, योग्यता,

जिज्ञासा, उत्साह आयु, क्षमता इत्यादि के अनुसार तथा तार्किक क्रम में तर्कपूर्ण ढंग से अध्ययन करते हैं। तार्किक क्रम में बालकों की रुचि, जिज्ञासा एवं क्षमता की अवहेलना की जाती है। प्राचीन काल में तार्किक क्रम को अधिक महत्व दिया जाता था, परन्तु आजकल मनोविज्ञान के महत्व के आधार पर मनोवैज्ञानिक क्रम द्वारा बालक गणित के तथ्यों का ज्ञान बड़ी सुगमता से कर लेते हें, पाठ्य-वस्तु में उनकी रुचि, उत्साह एवं कौतूहल बढ़ जाता है और वे अपनी मानसिक अवस्था के अनुसार ज्ञान ग्रहण करते हैं। अत: छोटे बालकों की शिक्षा के लिये हमें 'मनोवैज्ञानिक क्रम' का प्रयोग करना चाहिये और जैसे-जैसे बालक ऊँची कक्षाओं में पहुचते जायें वैसे-वैसे हमें तार्किक क्रम का प्रयोग करते जाना चाहिये। एक प्रकार से तार्किक विधि अमनोवैज्ञानकि नहीं है, क्योंकि कभी-कभी तार्किक विधि का प्रयोग ही अधिक उपयुक्त एवं उत्तम होता है।

2. उपयोगिता का सिद्धान्त (Principle of Utility)—गणित हमारे जीवन के लिये एक बहुत-ही उपयोगी विषय है। अत: गणित के पाठ्यक्रम में हामरे उपयोग में आने वाले प्रकरणों को महत्वपूर्ण स्थान देना चाहिये। इसके साथ-साथ यह भी ध्यान रखना चाहिये कि गणित विद्यार्थियों की मानसिक शक्तियों को विकसित करने में सहायता प्रदान करे। जीवन में परिस्थितियों और चुनौतियों का सफलता के साथ सामना करने में गणित हमें सक्षम बनाता है। इसलिये, गणित के पा्ठ्यक्रम में उपयोगिता का सिद्धान्त एक महत्वपूर्ण दिशा प्रदान करता है। पाठ्यक्रम की पाठ्य-वस्तु व्यक्तिगत एवं सामजिक दृष्टि से जीवनोपयोगी होनी चाहिये। वह वर्तमान एवं भविष्य दोनों के लिये उपयोगी होनी चाहिये। उपयोगिता के अन्तर्गत जीवकोपार्जन भी सम्मिलित है।

"Generally men liked that their children should learn something which is not useful only for guidance but should learn more only those things which wer emost useful for his propserous life."

3. विविधता एवं लचीलेपन का सिद्धान्त (Principal of Variety and Flasticity)— बालक अपनी विकास की अवस्था के अनुसार भिन्न-भिन्न रुचियाँ प्रदर्शित करता है। पाठ्यक्रम में उसकी आयु (age) तथा स्तर (stage) के अनुकूल रुचियों को सन्तुष्ट करने की गुंजाइस रहनी चाहिये अर्थात्, पाठ्यक्रम विषय केन्द्रित (subject centred) न होकर बालक केन्द्रित (child centred) होना चाहिये। बालक को बालक ही समझना चाहिये। हमें अपना ज्ञान उस पर थोपना नहीं चाहिये। बालक का अपना अलग ही व्यक्तित्व होता है। उसको केन्द्र मानकर जो पाठ्यक्रम बनाया जायेगा वह कभी भी कठिन नहीं होगा वरन् उसके लिये उपयोगी ही सिद्ध होगा। बालक केन्द्रित पाठ्यक्रम में उसके जीवन से सम्बन्धित वास्तविक समस्याओं

को प्रमुख स्थान मिलता है। अत: अध्यापक को अपने कार्य में सफलता प्राप्त करने के लिये बालक को विशिष्ट मानसिक सामर्थ्यों, शक्तियों एवं क्रियाओं को जानना आवश्यक है। इसके अतिरिक्त पाठ्यक्रम में दृढ़ता न होकर लचीलापन (Flexibility) होना चाहिये। परिस्थिति, काल, समय के अनुसार उसमें समय-समय पर परिवर्तन करते रहना चाहिये। लचीला पाठ्यक्रम ही बालक तथा समाज की आवश्यकताओं को पूरा कर सकता है। पाठ्यक्रम में लचीलापन नहीं होगा और परिस्थितियों के बदलने पर इसमें परिवर्तन नहीं किये जायेंगे तो शिक्षा में नीरसता तथा अरुचि उत्पन्न हो जायेगी जिससे बालक तो गणित का स्थायी ज्ञान सुगमता से प्राप्तकर सकेगा और न अध्ययन में आनन्द का ही अनुभव कर सकेगा।

4. प्रजातांत्रिक मूल्यों को समाहित करने का सिद्धान्त (Principle Based on Democratic Values)—हमारे देश में शासन का स्वरूप प्रजातांत्रिक है। अत: शिक्षा द्वारा नागरिकों को केवल ज्ञान तथा अनुभव प्रदान करना ही पर्याप्त नहीं होता, वरन् उसमें अपेक्षित दृष्टिकोण तथा कुशलता विकसित करना भी आवश्यक होता है। पाठ्यक्रम तैयार करते समय हमें निम्नलिखित प्रजातान्त्रिक मूल्यों (Democratic Values) को विशेष महत्व देना चाहिये–

1. समस्याओं का निदान (Eradication of Problems)
2. विस्तृत विचारधारा (Open mindedness)
3. एक दूसरे के सम्मान की भावना (Respect of an Individual)
4. सामाजिक चेतना का ज्ञान (Social Sensitivity)
5. समूह स्तर पर कार्य का सम्पादन (Work on group basis)
6. कार्य एवं दायित्व में संतुलन (Balance between Work and Duties)
7. उत्तरदायित्व एवं सहयोग की भावना (Sense of Responsibility and Cooperation)
8. नवीन विचारों का स्वागत (Respectivity of New Ideas)।

5. सामाजिक आदर्शों का सिद्धान्त (Principle of Social Orientation) —पाठ्यक्रम का निर्माण समाज के स्वीकृत आदर्शों एवं लक्ष्यों को ध्यान में रखकर किया जाना आवश्यक है। समाज की आवश्यकताओं एवं परिस्थितियों के अनुकूल सामाजिक भावना उत्पन्न करने के लिये पाठ्यक्रम बड़ा महत्वपूर्ण होता है। गणित के पाठ्यक्रम में ऐसे प्रकरण रखने चाहिये। जिनके द्वारा बालकों को विभिन्न प्रकार की गणित सम्बन्धी सामाजिक समस्याओं को हल करने का अवसर मिल सके। गणित शिक्षण से बालकों में सामाजिकता की भावना का विकास अवश्य होना चाहिये। उनको ऐसी शिक्षा मिलनी चाहिये जिससे वे समाज की समस्याओं को

हल कर सकें तथा समाज के साथ ही साथ उन्नति भी कर सकें।

"No conflict between Society centredness and child centredness."

— *Alberty*

"System of value that it preaches and the goal steup by society between its curricula and the modernity of science, like education to life associated with concrete goals establish a close relationship between society and economuy innate or re-discovered an educatinal system that fills its surroundings, surely, this is where the solution must be sought."

— *International Commissin*

6. दूरदर्शिता का सिद्धान्त (Principle of Forward Looking)—अधिकांश विद्यार्थी आगे चलकर विश्वविद्यालय अथवा टैक्नीकल शिक्षा प्राप्त करना चाहें, अतः पाठ्यक्रम निर्धारित करते समय उनकी आवश्यकताओं को भी ध्यान में रखना चाहिये। पाठ्यक्रम में हमें केवल उन्हीं प्रकरणों को सम्मिलित नहीं करना चाहिये जो विद्यार्थियों को दैनिक एवं वर्तमान आवश्यकताओं की पूर्ति करते हों, वरन् अन्य प्रकरणों जिनके द्वारा विद्यार्थियों की दैनिक एवं वर्तमान आवश्यकताओं की पूर्ति करते हों, वरन् अन्य प्रकरणों जिनके द्वारा विद्यार्थी का भविष्य भी अग्रसर हो एवं अभिष्ट लक्ष्य को प्राप्त कराने में सहायक सिद्ध हो सकें, को भी पाठ्यक्रम में सम्मिलित करना चाहिये। पाठ्यक्रम द्वारा बालक की रचनात्मक शक्ति का भी विकास होना चाहिये।

टी॰ रेमाण्ट के अनुसार, "पाठ्यक्रम, जो बालक की वर्तमान तथा भविष्य की आवश्यकतओं के अनुसार निर्मित किया गया हो, उसे निश्चित रूप से उसकी रचनात्मक शक्तियों के विकास का प्रयत्न करना चाहिये।" **पैस्टालॉजी** (Pestalozy) ने भी शिक्षा को एक प्रतिवादी दृष्टिकोण (Progressive attitude) के रूप में परिभाषित किया है।

According to Ryburn — "If we are to adopt a conservative attitude, it must be selective attitude also."

हम भारतीय मस्तिष्क की तुलना विदेशी मस्तिष्क से नहीं कर सकते। वास्तव में रचनात्मकता ही हमारा एकमात्र उद्देश्य होना चाहिये। इस दृष्टिकोण से हमें दूरदर्शिता को अपने पाठ्यक्रम का अंग अवश्य बनाना चाहिये।

There must be a combination between traditionalism and modernism."

—*Tagore*

7. स्थानीय परिस्थितियों से सम्बन्धित करने का सिद्धान्त (Principle of Local Determination)—पाठ्यक्रम में ऐसी वस्तुओं, क्रियाओं तथा विषयों को स्थान देना चाहिये जो बालकों को मानव जाति के विभिन्न अनुभवों से अवगत

करा सकें। इन अनुभवों को प्राप्त कर लेने से वह विभिन्न जातियों के जीवन में भाग लेने के लिये स्वयं को भली प्रकार तैयार कर लेता है। पाठ्यक्रम व्यक्तिगत भिन्नताओं (Individual Differences) व स्थानीय परिस्थितियों (Local Conditions) से विशेषरूप से नियंत्रित रहता है। पाठ्यक्रम का निर्माण करते समय हमें सम्पूर्ण राष्ट्र की विभिन्न सामाजिक, आर्थिक, भौगोलिक एवं राजनैतिक परिस्थितियों को ध्यान में रखना चाहिये। एक ही प्रकार के पाठ्यक्रम को पूरे देश में लागू नहीं किया जा सकता, क्योकि एक स्थान दूसरे स्थान से संस्कृति एवं दूसरे अन्य सन्दर्भों में भिन्न होता है।

"Every community should have individuality. Rural, urban or hills community point should be taken as the principle of linking with life situations or experiences. Rural based educatin should be given in rural institutions."

"Education suffers basically from the gap between its contents and the living experiences of its people."

—*International Education Commission*

गणित पाठ्यक्रम की आवंश्कता एवं महत्व

प्रत्येक राष्ट्र एवं समाज की अनेकों मान्यताएं, आवश्यकतायें तथा मूल्य होते हैं जिनकी प्राप्ति होते शिक्षा का आयोजन किया जाता है तथा उसके उद्देश्य निर्धारित किये जाते हैं गणित की शिक्षा की उन सभी उद्देश्यों एवं आवश्यकताओं की पूर्ति में प्रभावी भूमिका है जिसके कारण उसका ज्ञान सभी के लिये आवश्यक एवं महत्वपूर्ण है। के॰ जी॰ सैय्यदन ने गणित के पाठ्यक्रम की आवश्यकता एवं महत्व पर प्रकाश डालते हुए स्पष्ट किया है कि–"गणित का पाठ्यक्रम एक सहायक सामग्री है जिसके द्वारा बालक अपने आपको उस वातावरण के अनुकूल बनाता है जिसमें वह अपनी दैनिक क्रियाएं करता है जिमें उसकी भावी योजनाएं और क्रियाशीलता निहित है।" गणित पाठ्यक्रम के महत्व एवं आवश्यकता को निम्न-लिखित बिन्दुओं की सहायता से अधिक स्पष्ट किया जा सकता है?

1. शिक्षा के उथ्येश्य की प्राप्ति में सहायक है–पाठ्यक्रम के अभाव में गणित के अध्यापकों, लेखकों, पढ़ने वालों आदि सभी को यह जानकारी नहीं रहेगी कि क्या? तथा कितना? पढ़ाना, पढ़ना अथवा लिखना है। जब तक हमारा पाठ्यक्रम निश्चित नहीं होगा तब तक हमें सही मार्ग निर्देशन नहीं मिलेगा अत: गणित शिक्षा के उद्देश्यों की प्राप्ति में पाठ्यक्रम की महत्वपूर्ण भूमिका है?

2. शिक्षा की प्रक्रिया व्यवस्थित करने में सहायक है–पाठ्यक्रम द्वारा ही गणित की शिक्षण सामग्री का निर्धारण किया जाता है इसके आधार पर यह स्पष्ट

किया जाता है कि गणित शिक्षा के विभिन्न स्तरों पर विद्यालय में गणित का कितना ज्ञान दिया जाए तथा इन क्रियाओं में कितनी कुशलता विकसित की जाए। शिक्षा की प्रक्रिया प्रभावशाली ढंग से संचालित करने के लिए यह आवश्यक है कि पाठ्यक्रम का निर्माण भी उचित ढंग से किया जाता है इस प्रकार निश्चित पाठ्यक्रम शिक्षा की सम्पूर्ण प्रक्रिया को व्यवस्थित करने में सहायक होता है।

3. समय एवं परिश्रम का सदुपयोग करने में सहायक है–गणित के पाठ्यक्रम का निर्धारण तथा सीमा निश्चित हो जाने पर अध्यापक को यह ज्ञान हो जाता है कि उसे क्या पढ़ाना है? और छात्रों को भी यह पता चल जाता है कि उन्हें क्या? और कितना पढ़ना है अध्यापक व छात्र दोनों उनके पाठ्यक्रम के अनुसार अपना-अपना कार्य करते रहते हैं। जिससे वे अपने मार्ग से विचलित नहीं होते हें इस प्रकार पाठ्यक्रम की सहायता से समय शक्ति व परिश्रम का सदुपयोग करने में सहायता मिलती है।

4. मनोवैज्ञानिक आवश्यकताओं की पूर्ति में सहायक है–मनुष्य एक प्राणी है जो संयोजन क्रियाओं में रुचि लेता है वह ऐसे कार्य करना चाहता है जिनसे उसकी वर्तमान आवश्यकता की पूर्ति हो तथा भावी आवश्यकताओं की पूर्ति की सम्भावना प्रबल होती है। इसके साथ ही छात्रों में क्रमबद्ध नियमित तथा रुचिपूर्ण कार्य करने की भावना का विकास होता है। अत: बच्चों की मनोवैज्ञानिक आवश्यकताओं के संदर्भ में भी पाठ्यक्रम की आवश्यकता रहती है।

5. पाठ्य पुस्तकों के लेखन में मार्गदर्शक का कार्य करता है–गणित का निर्धारित तथा निश्चित पाठ्यक्रम विभिन्न लेखकों को पाठ्य-पुस्तकों के लेखन में प्रभावी मार्गदर्शक का कार्य करता है निश्चित पाठ्यक्रम होने के कारण लेखक उसी विषय वस्तु तथा प्रकरणों को स्थान देते हैं जो उस स्तर पर पाठ्यक्रम में सम्मलित किये जाते हैं इस प्रकार लिखी हुई पुस्तक अध्यापक तथा क्षेत्र दोनों के दृष्टिकोण से उपयोगी हो जाती है तथा शिक्षण अधिगम प्रक्रिया अधिक प्रभावशाली हो सकती है।

6. अवकाश के क्षणों के सदुपयोग का सिद्धान्त (Principle of Training for Leisure) — विद्यार्थी के समक्ष अवकाश के क्षणों के सदुपयोग करने की एक बड़ी समस्या रहती है। वे प्राय: अपने खाली समय को बेकार की बातों में नष्ट कर देते हैं। अवकाश के समय का सदुपयोग न होने के कारण वे कभी-कभी अनुशासनहीनता के शिकार हो जाते हैं। अत: गणित के पाठ्यक्रम में कुछ ऐसे प्रकरण रखने चाहियें जिससे बालकों की इस विषय में रुचि उत्पन्न हो और वे अवकाश के समय में इसका अध्ययन करके आनन्द प्राप्त कर सकें। बालकों को गणित की कुछ ऐसी पहेलियाँ तथा समस्याएँ हल करने को दी जा सकती हैं

जिनके द्वारा काफी मनोरंजन हो जाता है और साथ ही वे गणित की क्रियाओं का ज्ञान भी सरलता से प्राप्त कर लेते हैं। कहा भी गया है कि–

'An empty mind is a devil's workshop.'

गणित का पाठ्यक्रम संगठन
(Organisatin of Curriculum in Mathematics)

पाठ्यक्रम का संगठन मुख्यतया दो पद्धतियों के आधार पर किया जाता है –

1. उप-विषय एवं सकेन्द्रिय पद्धति (Topical Vs Spiral Method)
2. आयोजित एवं प्रासंगिक पद्धति (Incidental Vs Organised Method)

उप-विषय पद्धति (Topical Method)

इस पद्धति के अन्तर्गत विभिन्न कक्षाओं के लिये बालकों के मानसिक स्तर और आयु के अनुसार उप-विषय निर्धारित किये जाते हैं और यह उप-विषय पूर्णतया उसी कक्षा अथवा कक्षाओं में समापत कर दिये जाते हैं जैसे–जोड़ना, घटाना, गुणा, भाग इत्यादि प्राइमरी कक्षाओं में, समीकरण, ब्याज, समानुपात इत्यादि को जूनियर हाईस्कूल की कक्षाओं में पूर्णतया पढ़ा दिया जाता है और बाद की कक्षाओं में इन्हें फिर बिल्कुल नहीं पढ़ाया जाता । उन विषयों के प्रश्नों को हल करने का पर्याप्त अभ्यास उसी स्तर पर करा दिया जाता है।

गुण (Merits)

इस पद्धति के प्रमुख गुण इस प्रकार हैं–

1. काफी समय तक एक ही उप-विषय पढ़ते रहने से बालकों का ध्यान उप-विषय पर केन्द्रित रहता है।
2. इस पद्धति द्वारा पर्याप्त मात्रा में काफी समय तक उस विषय के प्रश्न निकालने का अभ्यास हो जाता है जो आगे चल कर बालकों को बड़ा लाभदायक सिद्ध होता है।
3. काफी समय तक पढ़ने और अभ्यास करने के कारण बालक उस विषय का पूर्ण ज्ञात हो जाता है और उसे भली प्रकार समझ जाता है।

दोष (De-merits)

इस पद्धति में उपर्युक्त गुण होते हुए भी निम्नलिखित दोष पाये जाते हैं–

1. इस पद्धति के अन्तर्गत विषय 'सरल से कठिन की ओर' के आधार पर संगठित नहीं किया जा सकता क्योंकि प्रत्येक उप-विषय के सरल तथा कठिन सभी प्रकार के प्रश्न उसी कक्षा में समाप्त कर दिये जाते हैं।
2. उस उप-विषय के प्रश्नों में विभिन्नता न होने के कारण बालक एक

ही प्रकार के प्रश्नों को केवल मशीन की तरह ही निकालते रहते हैं।

3. बहुत समय तक एक ही विषय के प्रश्न निकालते-निकालते बालक उस उप-विषय के प्रति अपनी रुचि खो बैठता है और विषय अरुचिपूर्ण हो जाता है।
4. यह पद्धति विशेषकर छोटी कक्षाओं के लिये उपयोगी सिद्ध नहीं होती, क्योंकि बालकों का मानसिक स्तर इतना ऊँचा नहीं होता कि वे प्रत्येक उप-विषय के कठिन प्रश्नों को भी उसी कक्षा में हल कर सकें।
5. इस पद्धति में सह-सम्बन्ध से प्राप्त होने वाले लाभ विद्यार्थियों को नहीं मिल पाते, क्योंकि इस पद्धति के अनुसार एक समय में केवल एक ही उप-विषय पढ़ाया जाता है।

सकेन्द्रित पद्धति (Spiral Method)

इस पद्धति के अन्तर्गत किसी भी उप-विषय को किसी कक्षा विशेष में पढ़ाकर पूर्णतया समाप्त नहीं कर दिया जाता बल्कि बालकों की आयु और मानसिक स्तर के अनुसार उस उप-विषय के केवल उतने ही कठिन प्रश्न हल कराये जाते हैं जिन्हें बालक आसानी से समझ सकें। उनकी आयु और मानसिक स्तर बढ़ जाने पर उस उप-विषय को फिर पढ़ाया जाता है और तब पहले की अपेक्षा अधिक कठिन प्रश्न हल कराये जाते हैं। इस प्रकार बालक के मानसिक स्तर के साथ-साथ उप-विषय का कठिनाई स्तर (Difficulty level) बढ़ाया जाता है। उदाहरण के लिये, ब्याज सम्बन्धी प्रश्न कक्षा 6 से लेकर कक्षा 10 तक भिन्न-भिन्न कक्षाओं और समय पर हल कराये जाते हैं। इसी प्राकर, समानुपात का साधारण ज्ञान कक्षा 7 में दिया जाता है और उस पर आधारित कठिन प्रश्नों का अभ्यास कक्षा 9 व 10 में कराया जाता है। प्रत्यय (Concept) की पूरी जानकारी प्रारम्भ में ही दे दी जाती है, फिर भी हमारे नवीन ज्ञान के प्रस्तुतीकरण का आधार पूर्व ज्ञान (Previous knowledge) ही होता है।

गुण (Merits)

इस पद्धति के प्रमुख गुण इस प्रकार हैं–

1. यह पद्धति 'सरल से कठिन की ओर' (From Simple to Complex) तथा 'पूर्ण से अंश की ओर' (From Whole to Parts) दो प्रमुख शिक्षण सूत्रों पर आधारित है।
2. प्रश्नों का कठिनाई स्तर (Difficulty level) बालकों के मानसिक स्तर के अनुकूल होने के कारण बालक उनको हल करने में रुचि लेते हैं और विषय अरुचिपूर्ण नहीं बन पाता।

3. बालक को प्राप्त किये हुये ज्ञान को कई बार दोहराने का अवसर मिलता है।
4. एक ही कक्षा में कई उप-विषय साथ-साथ पढ़ने के कारण सह-सम्बन्ध का अवसर प्राप्त होता है और विषय अर्थपूर्ण बन जाता है।
5. यदि बालक को किसी कारण अपनी पढ़ाई बीच में ही छोड़ देनी पड़े तो उप-विषय थोड़े-थोड़े पढ़ लेने के कारण उसे गणित की सभी बातों की जानकारी प्राप्त हो जाती है।

दोष *(De-Merits)*

उपर्युक्त गुणों के होते हुए भी इस पद्धति में निम्नलिखित दोष पाये जाते हैं –

1. प्रत्येक कक्षा अथवा स्तर पर उन्हीं उप-विषयों को पढ़ते रहने के कारण बालक किसी भी प्रकार की नीवनता का अनुभव नहीं करता।
2. किसी कक्षा में किसी उप-विषय को ठीक प्रकार न समझ सकने के कारण उस उप-विषय के प्रति बालक की अरुचि हो जाती है और बाद में फिर वह उस विषय को पूर्णतया समझने में असमर्थ ही रहता है।
3. बालकों को किसी भी विषय या उप-विषय को भली-भाँति एवं पूर्णरूप से समझने के लिये पर्याप्त समय नहीं मिल पाता है।
4. इस पद्धति के अनुसार जो अध्यापक किसी कक्षा विशेष को प्रथम वर्ष में पढ़ा रहा है वही अध्यापक उस कक्षा को अन्तिम वर्ष तक पढ़ाये।

विषय-वस्तु विश्लेषण तथा पेडागोजिकल विश्लेषण
(Content Analysis and Pedagogical Analysis)

किसी भी विषय के पढ़ाने का एक मात्र उद्देश्य विषय की प्रकृति (Nature) के अनुकूल छात्रों के व्यवहार में अपेक्षित व्यावहारिक परिवर्तन (Desired behavioural Changes) लाना होता है। उद्देश्यों के अनुसार ही पाठ्यक्रम या पाठ्य-वस्तु की व्यववस्था की जाती है, अर्थात् प्रत्येक पाठ्य-वस्तु के उद्देश्य अलग-अलग होते हैं।

"पाठ्य-वस्तु में से शिक्षक को किन महत्वपूर्ण बातों पर अधिक बल देना चाहिये, इन्हीं को शिक्षण बिन्दु (Teaching Points) या परीक्षण बिन्दु (Testing Points) कहते हैं।"

उद्देश्यों के आधार पर बालक के व्यवहार में अभिष्ट व्यावहारिक परिवर्तन लाने के लिये शिक्षण क्रिया आयोजित की जाती हैं लेकिन, व्यावहारिक परिवर्तन का प्रारूप निश्चित करने के लिये शिक्षक को चाहिये कि वह अपने विषय से सम्बन्धित पाठ्य-सामग्री का विश्लेषण भली-भाँति कर लें, क्योंकि विषय-वस्तु ही एक ऐसा साधन है जिसके माध्यम से विशिष्ट उद्देश्यों की प्राप्ति सम्भव

होती है। इसके लिये यह आवश्यक है कि अध्यापक अपने अनुभवों एवं अन्तर्दृष्टि के आधार पर प्रमुख शिक्षण बिन्दुओं (Testing or Teaching Points) का निर्धारण कर ले। इससे अध्यापक को अपनी शिक्षण प्रक्रिया हेतु एक ठोस आधार प्राप्त हो जाता है जिसके आधार पर वह अपने लक्ष्य को प्राप्त करने में सक्षम हो सकता है। उसे अपने शिक्षण से सम्बन्धित कार्यक्रम काी योजना बनाने में सहायता मिलती है और वह विद्यार्थी के व्यावहारिक परिवर्तन की ओर अपनी समस्त क्रियाओं को केन्द्रित करने का प्रयास करता हैं शिक्षण प्रक्रिया के दौरान किन स्थलों पर, किन बातों पर विशेष बल देना चाहिये जिससे शिक्षण के उद्देश्य की प्राप्ति हो सके, यह भी इसी द्वारा सम्भव है। छात्रों के व्यवहार परिवर्तन का मूल्यांकन करने के लिये किन पक्षों पर विशेष ध्यान देना चाहिये, यह भी शिक्षण बिन्दुओं से सम्बन्धित होता हैं परीक्षायें लेते समय भी इसकी आवश्यकता पड़ती है। इसीलिये, इन्हें परीक्षण बिन्दुओं (Testing Points) के नाम से भी जाना जाता है। कहने का अभिप्राय यह है कि शिक्षण तथा परीक्षण की प्रभावशीलता एवं वैधता (Validity) को बढ़ाने के लिये शिक्षण तथा परीक्षण बिन्दओं (Teaching and Testing Points) का पूर्व निर्धारण कर लेना चाहिये।

शिक्षण-बिन्दुओं के निर्धारण की आवश्यकता
(Need for Determining the Teaching-Points)

शिक्षण तथा परीक्षण दोनों में परस्पर सामन्जस्य बनाये रखना मूल्यांकन प्रक्रिया की विशेषता है। अध्यापक को चाहिये कि वह शिक्षण उद्देश्यों को स्पष्ट एवं सरल ढंग से प्रतिपादित कर ले तथा उससे सम्बन्धित पाठ्यक्रम का विश्लेषण बालकों के व्यवहार में अपेक्षित परिवर्तन (Desired change) लाने की दृष्टि से करे तभी वह शिक्षण बिन्दुओं (Teaching Points) को यर्थार्थ रूप में निश्चत कर सकेगा। शिक्षण बिन्दुओं के निर्धारण की आवश्यकता निम्न दृष्टियों से महत्वपूर्ण है–

1. शिक्षण के उद्देश्यों को सुगमतापूर्वक प्राप्त करने की दृष्टि से।
2. शिक्षण प्रक्रिया में महत्वपूर्ण स्थलों का चुनाव करने की दृष्टि से।
3. शिक्षण की योजनाबद्धता को महत्व प्रदान करने की दृष्टि से।
4. परीक्षा में अंकों का वितरण (Distribution of Marks) करने तथा वेटंज (Weightage) देने के लिये।
5. शिक्षण प्रक्रिया को स्पष्ट एवं निश्चित स्वरूप देने के लिये।
6. परीक्षा की विषय-वस्तु सम्बन्धी वैधता (Cirricular or Content Validity) को बनाये रखने की दृष्टि से।

शिक्षण-बिन्दुओं को निर्धारण करने की विधि

(Method of Determining Teaching-Points)

शिक्षण बिन्दुओं के निर्धारण का आधार उद्देश्य होते हैं। इसलिये, उद्देश्यों के अनुरूप ही पाठ्य-वस्तु का विश्लेषण (Content Analysis) करना चाहिये। इसके लिये सर्वप्रथम सम्पूर्ण पाठ्य-वस्तु को उद्देश्यों के अनुरूप विभक्त कर लेना चाहिये, फिर प्रतिदिन के दृष्टिकोण से कालांशों में विभाजित कर लेना चाहिये। यह इस बात पर निर्भर करता है कि अध्यापक के पास उन उद्देश्यों की प्राप्ति के लिये कितना समय है। किन्तु, दैनिक शिक्षण (Routine work) में इस प्रकार समस्त पाठ्यक्रम को एक साथ एकत्र करके विश्लेषित करना सम्भव नहीं होता है। प्राय: सभी पाठ्य-पुस्तकों में पाठ्य-वस्तु कुछ प्रकरणों (Topics) के आधार पर विभाजित होती है। अध्यापक के लिये यह अधिक सुविधाजनक होगा कि वह उद्देश्यों को ध्यान में रखते हुये प्रत्येक प्रकरण को विश्लेषित कर ले। उसके पश्चात् प्रत्येक उद्देश्य की प्राप्त हेतु आवश्यक कालांशों (Required periods) की संख्या निर्धारित कर ले। वैसे तो विचार विमर्श अथवा व्यक्तिगत सम्मतियों के आधार पर भी शिक्षण-बिन्दुओं को निर्धारित किया जा सकता है, किन्तु शिक्षण प्रक्रिया के वैज्ञानिक के मनोवैज्ञानिक पहलुओं को ध्यान में रखते हुए यह आवश्यक है कि विषय के शिक्षण-बिन्दुओं का निश्चय अध्यापक स्वयं अपने अनुभव एवं अन्तर्दृष्टि के आधार पर करे, तब वह इन्हें अपनी सुविधानुसार संशोधित या परिवर्तित कर सकता है।

विषय-वस्तु विश्लेषण: द्वि-भुजी चार्ट का प्रयोग

(Content Analysis : Using Two Dimensional Chart)

शिक्षण बिन्दुओं के निर्धारण के लिये एक द्वि-भुजी चार्ट (Two-dimensional chart) का प्रयोग किया जाता है। इस चार्ट में सम्पूर्ण सत्र में पढ़ाये जाने वाले पाठ्यक्रम को मासिक, पाक्षिक, साप्ताहिक तथा दैनिक कालांशों की आवश्यकता के अनुरूप विश्लेषित किया जाता है। द्वि-भुजी चार्ट में एक ओर विषय-वस्तु (Content) तथा दूसरी ओर शिक्षण-उद्देश्य (Teaching Objectives) अंकित किये जाते हैं और यह ज्ञात किया जाता है कि अमुक प्रकरण को पढ़ाने के लिये किन शिक्षण उद्देश्यों की आवश्यकता है तथा उनके लिये कितने कालांशों की आवश्यकता पड़ेगी।

"The two-dimensional chart ismerely an illustration to make an objective more meaningful in terms of content." — *NCERT Pumphlet*

द्वि-भुजी चार्ट (Two-dimensional chart) का एक प्रारूप गणित के पाठ्यक्रम के एक अंश को लेकर उदाहरणार्थ अगले पृष्ठ पर प्रस्तुत किया है–

इस चार्ट के अनुसार गणित के पाठ्यक्रम के निर्धारित भाग को पढ़ाने के लिये कुल 100 कालाँशों की आवश्यकता होगी। इसमें जिन शिक्षण उद्देश्यों को प्राप्त करने का प्रयास किया जायेगा उनके भीतर अपेक्षित कालांशों की संख्या लिख दी गई है। यह प्रारूप अपनी सुविधानुसार संशोधित एवं परिवर्तित किया जा सकता हैं अग्रलिखित प्रारूप मात्र एक उदाहरण के रूप में प्रस्तुत किया गया है। प्रत्येक अध्यापक अपनी सूझ-बूझ तथा शिक्षण के अनुभव के आधार पर अनुमानित कालांशों (Estimated periods) की संख्या कालांशों के आधार पर की गई है। अध्यापक इस चार्ट की सहायता से यह निश्चित कर सकता है कि शिक्षण तथा परीक्षण की दृष्टि से किस शिक्षण उद्देश्य पर अधिक बल देना होगा, अर्थात् किस बिन्दुओं को कम समय देना है, किन बिन्दुओं पर अधिक समय देना है अथवा किस बिन्दु को प्रारम्भ में पढ़ाना है, किसको मध्य में, किसको सबसे अन्त में या कितनी गहराई के साथ पढ़ाना है आदि-आदि। प्रारम्भ में यह विधि कठिन तथा अधिक समय नष्ट करने वाली लगती है, लेकिन बाद में अभ्यास एवं आदत बन जाने पर पर्याप्त लाभदायक, कम समय लेने वाली तथा सरल लगने लगती है।

अग्रांकित चार्ट से यह भी भली-भाँति स्पष्ट है कि अध्यापक गणित शिक्षण के लिये निर्धारित 100 कालांशों में से 29 ज्ञान उद्देश्य की दृष्टि से, 33 अवबोध उद्देश्य की दृष्टि से, 31 कौशल उद्देश्य की दृष्टि से तथा 7 रुचि उद्देश्य की दृष्टि से बढ़ायेगा। परीक्षा लेते समय भी इन उद्देश्यों की जाँच पर इसी रूप में बल दिया जाना आवश्यक है।

कक्षा : 9 *विषय : गणित* *कालांश : 40 मिनट*

शिक्षण उद्देश्य *विषय-वस्तु*	*ज्ञान (K)*	*अवबोध (U)*	*कौशल (S)*	*रुचि (I)*	*अपेक्षित कालांश*
1. वृत्त का क्षेत्रफल	5	8	5	2	20
2. चक्रवृद्धि ब्याज	6	4	5	x	15
3. साझा	4	2	3	1	10
4. अनुपात-समानुपात	4	8	7	1	20
5. लाभ और हानि	5	8	5	2	20
6. प्रतिशत	5	3	6	1	15
योग	29	33	31	7	100
प्रतिशत में	29%	33%	31%	7%	100%

शिक्षण-बिन्दुओं का और अधिक स्पष्ट रूप निम्न प्रकार है–

प्राप्त उद्देश्य (Objective)	शिक्षण-बिन्दु Teaching points	प्रकरण : ब्याज, लाभ-हानि Topic : Interest, Profit & Loss
पद (Terms	ब्याज, मूलधन, मिश्रधन, दर, समय	क्रय मूल्य, विक्रय मूल्य, लाभ, हानि, नकद, उधार
प्रत्यय (Concepts)	धन का किराया, ब्याज	व्यापार में व्यक्ति एक दूसरे सहयोग लेते हैं।
प्रक्रियायें (Processes)	ऐकिक नियम या सूत्र द्वारा	क्रय मूल्य, विक्रय मूल्य या सूत्र द्वारा
सिद्धान्त (Principles)	ब्याज $= \frac{P \times R \times N}{100}$	लाभ = विक्रय मूल्य - क्रय मूल्य
संकेत (Symbols)	मूलधन $= p$ ब्याज $= R$	क्रय मूल्य = C.P. विक्रय मूल्य = S.P. S.P.
सम्बन्ध (Relationship)	मिश्रधन = मूलधन ÷ ब्याज	क्रय मूल्य – विक्रय मूल्य = हानि

सावधानियाँ (Precautions)

द्वि-भुजी चार्ट (Two-dimensional chart) का निर्माण करते समय निम्नलिखित बातों पर ध्यान रखना चाहिए।

1. शिक्षण उद्देश्यों को अपेक्षित व्यावहारिक परिवर्तनों (Excepted Behavioural Changes) के रूप में परिभाषित किया जाये।
2. विषय-वस्तु को सूक्ष्म प्रकरणों एवं उप-शीर्षकों में विभक्त करके पढ़ाना चाहिये।
3. चार्ट बालक की विकास अवस्था, रुचि एवं मानसिक योग्यता के आधार पर निर्मित किया जाना चाहिये।
4. कालांशों का अनुमान लगाते समय सतर्कता बरतनी चाहिए।
5. चार्ट इतना स्पष्ट होना चाहियें कि उसे देखते ही वह सहज अनुमान हो जाये कि हमें अपने शिक्षण में किन बिन्दुओं पर बल देना होगा।
6. शिक्षण उद्देश्यों का चयन कक्षा के स्तर के अनुकूल करना चाहिये।

प्रत्येक अध्यापक को इस प्रकार के चार्ट निर्मित करने में दक्ष होना चाहिये जिससे कि वह अपने शिक्षण कार्य को और अधिक प्रभावशाली ढंग से अपने छात्रों के सम्मुख प्रस्तुत कर सके। इसके लिये उसे उचित मानसिक प्रशिक्षण प्राप्त करना आवश्यक समझा जाता है।

पाठ्य-वस्तु विश्लेषण (Content Analysis)

प्रत्यय : सेट थ्योरी (Concept : Set Theory)

प्रकरण प्रस्तुतीकरण (Introducing the Topic)— जैसा कि हम अपने दैनिक जीवन में देखते हैं कि जब कोई नेता या अभिनेता या और कोई प्रतिष्ठित व्यक्ति किसी शहर में आता है तो वहाँ मनुष्यों की भीड़ लग जाती है। या आप जब पशु पैंठ जाते हो, तो वहाँ अपने पशुओं (जानवरों) के झुण्ड तो देखे होंगे अथवा और यदि नजदीकी उदाहरण लें तो छात्रों आप लगभग सभी लोगों ने पुस्तकालय तो जरूर देखा होगा। तो बताइये कि पुस्तकालय में किसका संग्रह होता है? पुस्तकों का ना। इसी प्रकार यदि हम कहें कि प्रश्नों के समूह को क्या कहते हैं? फूलों के समूह को क्या कहते हैं? तो आपके उत्तर क्रमश: पुस्तक, प्रश्नावली एवम् फूलमाला ही आयेंगे। अत: ये समूह, झुण्ड, संग्रह और सेट आदि किसका बोध कराते हैं?

अत: गणित में संग्रह का बोध करने हेतु समुच्चय (Set) शब्द का प्रयोग करते हैं।

समुच्चय की परभिाषा (Definition of Set)—सुस्पष्ट वस्तुओं के सुपरि-भाषित संग्रह को समुच्चय कहते हैं। सुपरिभाषित संग्रह से अभिप्राय है कि यह सुनिश्चित होना चाहिये कि कौन-सी वस्तु समुच्चय में सम्मिलित है, कौन-सी वस्तु नहीं।

A well defined collection of object is known as set.

उदाहरण : "किसी कक्षा के विद्यार्थियों का समुच्चय, किसी शहर में स्कूलों का समुच्चय आदि।"

क्या प्रत्येक समूह या संग्रह को समुच्चय कहा जा सकता है?

उदाहरणर्थ, यदि हम पुस्तकालय को उन पुस्तकों के समूह पर विचार करें जो सभी को पढ़ने में अच्छी लगती हैं तो क्या यह समूह समुच्चय है?

ऐसी पुस्तकों के समूह का निर्णय करना सरल नहीं है। जो पढ़ने में सभी को अच्छी लगें क्योंकि कोई पुस्तक किसी को अच्छी लगती है तो वही पुस्तक दूसरे को अच्छी लगे यह आवश्यक नहीं है। अत: हम कह सकते हैं कि समूह के सदस्य सुपरिभाषित नहीं कि कौन पुस्तक समूह में शामिल है, कौन नहीं अत: यह समूह समुच्चय नहीं कहा जा सकता।

समुच्चय के सदस्य या अवयव (Elements of Set) — "उन वस्तुओं को जिनका समुच्चय बनता है, उन्हें समुच्चय के अवयव (Element) या सदस्य (Member) कहते हैं।"

उदाहरणार्थ, समुच्चय B में आम, केला, अमरूद, तथा सेव हैं। आम, केला, अमरूद, सेव ये सभी समुच्चय B के सदस्य हैं।

"समुच्चय का सदस्य है" इसे ग्रीक भाषा के अक्षर $\in$ (एप्साइलन) से प्रदर्शित करते हैं। अतः हम उपरोक्त उदाहरण में कहेंगे आम $\in$B आदि।

"किसी समुच्चय को लिखने में समुच्चय के सदस्यों को अर्द्धविराम (,) पृथक् करके मंझले कोष्ठक {} में लिखते हैं।"

समुच्चय की सदस्य संख्या (Cordinal Number)

(*i*) A = {आम, केला, अमरूद}

(*ii*) B = (a, b, c, d)

(*iii*) C = {0}

समुच्चय A में 3 सदस्य हैं। संक्षेप में n(A) = 3,

इसी प्रकार n(B) = 4 तथा n(C) = 1।

"अतः यदि समुच्चय (S) में m सदस्य हो, तो संकेत रूप में इस समुच्चय की सदस्य संख्या को n(S) = m" से प्रदर्शित करेंगें।

Note: समुच्चय को अंग्रेजी वर्णमाला के Capital Letter से प्रदर्शित करते हैं तथा उसके सदस्यों को Small letter से।

समुच्चय निरूपण की विधियाँ (Methods)

समुच्चय निरूपण की प्रमुख विधियाँ इस प्रकार हैं–

1. सारणीयन विधि या सूची विधि (Tabular or Listing Method) — इस विधि द्वारा समुच्चय के समस्त अवयवों की सूची बनाकर मंझने कोष्ठक के अन्दर लिख दिया जाता है और अवयवों को पृथक् दर्शाने के लिये उनके बीच अल्प विराम (,) लगा दिया जाता है।

उदाहरणार्थ (For Examples) — A = एक से आठ तक की प्राकृतिक संख्याओं का समुच्चय

A = {1, 2, 3, 4, 5, 6, 7, 8}

2. नियम विधि या समुच्चय निर्माण विधि (Rule Method or Set Builder Method) — इस विधि में मंझले कोष्ठक के अन्दर कोई चर x या y लिखकर समस्त अवयवों के उभयनिष्ठ गुण के आधार पर उसकी व्याख्या कर दी जाती है। जैसे–

उदाहरण–A = भारत के प्रथम पाँच प्रधानमन्त्रियों के नामों के समुच्चय

A = {x : x भारत के प्रथम पाँच प्रधानमन्त्रियों में से एक हैं}

:, —, । ये चिन्ह "x इस प्रकार है कि" "x is such that" प्रदर्शित करता है।

A प्रथम चार प्राकृतिक संख्याओं का समुच्चय को Listing Method में इस प्रकार लिखेंगे -

Set : A = प्रथम चार Natural Numbers का Set है।

Natural Numbers 1, 2, 3, 4, 5, 6, ... होते हैं। तब हम प्रथम चार संख्याओं को सारणीयन विधि से लिखेंगे–

A = {1, 2, 3, 4}

1. 20 से छोटी अभाज्य प्राकृतिक संख्याओं के समुच्चय को Listing Method में लिखो।
2. अंग्रेजी वर्णमाला में स्वरों के समुच्चय को Listing Method में लिखो।
3. एक से दस तक की प्राकृतिक संख्याओं के समुच्चय को Listing Method में लिखो।
4. 20 से छोटी सभी विशम प्राकृतिक संख्याओं के समुच्चय को Listing Method में लिखो।
5. 12 के सभी अपवर्तकों के समुच्चय को Listing Method में लिखो।

उदाहरण– निम्न समुच्चय को Rule Method से लिखो–

B = {2, 3, 5, 7, 11, 13, 17, 19, 23}

हम समुच्चय B को Rule Method में इस प्रकार लिखेंगे–

B = {x : x एक अभाज्य संख्या है तथा x < 24}

1. P = {– 4, – 3, – 2, – 1, 0, 1, 2, 3, 4} को Rule Method से लिखिये।
2. T = {1, 8, 27, 64, 125} को Rule Method से लिखिये।
3. N = {3, 5, 7, 9, 11, 13, 15, 17, 19} को Rule Method से लिखिये।
4. D = {जनवरी, मार्च, मई, जुलाई, अगस्त, अक्टूबर, दिसम्बर} को Rule Method से लिखिये।

समुच्चय के प्रकार (Types of Set)

Equivalent Sets — जब दोनों समुच्चयों की सदस्य संख्या समान हो, परन्तु सदस्य अलग-अलग हों, ऐसे समुच्चयों को समतुल्य समुच्चय कहते हैं।

जैसे– (*i*) A = {a, b, c} (*ii*) B = {1, 2, 3}

n(A) = 3 = n(B)

2. Finite Set — जिन समुच्चयों के अवयवों की गणना की जा सकती है वे सीमित समुच्चय कहलाते हैं। जैसे– A = {6, 7, 8, 9, 10}

3. Infinite Set — जिन समुच्चयों के अवयवों की गणना नहीं की जा सकती है समुच्चय असीमित (Infinite set) कहलाते हैं। जैसे– A = {12, 14, 16, 18 ...}

4. Singleton Set — जिन समुच्चयों के अवयवों की संख्या केवल एक होती है वे समुच्चय एकल समुच्चय कहलाते हैं। जैसे– {0}

5. Empty Set — जिन समुच्चयों के एक भी अवयव नहीं होते उन्हें रिक्त समुच्चय कहते हैं। ऐसे समुच्चय को "{ }" से या "(ϕ)" चिन्ह से प्रदर्शित करते हैं।

6. Universal Set — यदि किसी संदर्श में दिये गये सभी समुच्चयों का प्रत्येक अवयव किसी निश्चित समुच्चय का भी अवयव है तो वह समुच्चय समष्टीय समुच्चय या Universal Set कहलाता है। इसे चिन्ह 'U' से प्रदर्शित करते हैं।

7. Superset and Subset—If A = {1, 2, 3}, B = {1}

अब यदि समुच्चय B के सभी अवयव समुच्चय A के अवयव हैं तो समुच्चय B समुच्चय A का उप-समुच्चय कहलाता है। इसे $B \subset A$ द्वारा लिखते हैं तथा 'B उप-समुच्चय A' पढ़ते हैं।

2. यदि समुच्चय B का प्रत्येक अवयव समुच्चय A का अवयव है तो समुच्चय A, समुच्चय B का अधिसमुच्चय कहलाता है। इसे $A \supset B$ द्वारा व्यक्त करते हैं और 'A अधिसमुच्चय B' पढ़तें हैं।

किसी समुच्चय के उप-समुच्चयों की संख्या

यदि n(S) = m तो समुच्चय S के कुल उप-समुच्चयों की संख्या = 2^m

Example S = {1, 2, 3} के सभी उप-समुच्यों की संख्या बताओ।

ϕ, {1}, {2}, {3}, {1, 2}, {2, 3}, {1, 3}

संघ समुच्चय–दो समुच्चयों A और B के संघ समुच्चय से अभिप्राय एक ऐसे समुच्चय से है, जो इन दोनों के सभी अवयवों से बनता है। इसको $A \cup B$ द्वारा प्रदर्शित किया जाता है और इसे A संघ B (A Union B) पढ़ते हैं।

For Example A = {4, 5, 6} तथर B = {7, 8}

$\therefore A \cup B = \{4, 5, 6\} \cup \{7, 8\}$

$A \cup B = \{4, 5, 6, 7, 8\}$

Intersection of Two Sets — दो समुच्चयों A और B का सर्वनिष्ठ समुच्चय वह समुच्चय जिसमें समुच्चय A and B के Common अवयव होते हैं। इसे '$A \cap B$' = ?

$A \cap B = \{6, 7\}$

Venn Diagrams—

$A \cap B$

$A = \{1, 2, 3, 4\}$

$B = \{2, 3, 4, 5\}$

पेडागोजिकल विश्लेषण (PedagogicalAnalysis)

1. उद्देश्य निर्धारण (Objective Formulation)

1. छात्रों को विभिन्न प्रकार के समूहों एवं संग्रहों का ज्ञान कराना।
2. छात्रों को इस योग्य बनाना कि वे विभिन्न प्रकार के संग्रहों अथवा समूहों को गणितीय भाषा में लिख सकें।
3. छात्रों को इस योग्य बनाना कि वस्तुओं के समूहों को समुच्चय के रूप में व्यक्त करने का कौशल प्राप्त कर सकें।
4. छात्रों को समुच्चय के संप्रत्यय का अर्थ स्पष्ट हो सके।
5. छात्रों को इस योग्य बनाना कि वे समुच्चय का निरूपण कर सकें।
6. छात्रों को समुच्चय के अवयवों या सदस्यों का ज्ञान कराना।
7. छात्रों को इस योग्य बनाना कि वे विभिन्न प्रकार के समुच्चयों को परिभाषित कर सकें।
8. छात्र समान समुच्चय एवं उप-समुच्चय में अंतर स्पष्ट कर सकें।
9. छात्रों को इस योग्य बनाना कि वे समुच्चय सम्बन्धी विधियों (Listing method and Rule method) में समुच्चय कथन को लिख सकें।
10. छात्रों को इस योग्य बनाना कि वे बड़े समुच्चय सम्बन्धी समस्यात्मक प्रश्नों को हल कर सकें।
11. छात्रों को इस योग्य बनाना कि वे एक बड़े समुच्चय के सभी उप-समुच्चय लिख सकें।
12. छात्रों को इस योग्य बनाना कि वे समुच्चय पर आधारित विभिन्न संक्रियाओं का अनुप्रयोग कर सकें।
13. छात्र समुच्चय का व्यावहारिक प्रयोग कर सकें।
14. छात्रों को इस योग्य बनाना कि वे समुच्चयों से सम्बन्धित समस्यात्मक प्रश्नों को शुद्धता एवं शीघ्रता से हल करने का कौशल प्राप्त कर सकें।

2. अधिगम-अनुभव (Learning Eperiences)

1. छात्र विभिन्न प्रकार के समूहों एवं संग्रहों के बारे में ज्ञान रखते हैं।
2. छात्र विभिन्न प्रकार के समूहों अथवा संग्रहों को समुच्चय के रूप में लिख सकते हैं।

3. छात्र समुच्चय के प्रत्यय को भली भाँति स्पष्ट कर सकते हैं।
4. छात्र विभिन्न प्रकार के समुच्चयों को परिभाषित कर सकते हैं
5. छात्र समुच्चय को निरूपण करने की दोनों विधियों Listing Method and Rule Method का प्रयोग भली भाँति कर सकते हैं।
6. छात्र एक बड़े समुच्चय से उसके विभिन्न उप-समुच्चयों को लिख सकते हैं।
7. छात्र समुच्चय के प्रत्यय (concept) का प्रयोग दैनिक जीवन से सम्बन्धित समस्याओं में कर सकते हैं।
8. छात्रों की तार्किक एवं चिन्तन शक्ति विकसित हुई है।

विधि एवं सामग्री (Method and Material)

समुच्चयों के संप्रत्यय एवं इस पर आधारित समस्याओं को हल करने के लिये निम्नलिखित सहायक सामग्री, विधि/प्रविधि प्रयोग में लायी जायेगी।

1. मौखिक उदाहरणों से समुच्चय शब्द का अर्थ स्पष्ट किया जायेगा।
2. कुछ समूहों तथा संग्रहों को समुच्चय के रूप में अध्यापक स्वयं व्यक्त करेगा और फिर कुछ समूहों तथा संग्रहों को समुच्चय के रूप में छात्रों से व्यक्त करायेगा।
3. रिक्त समुच्चय, एकल समुच्चय, विसंधीत समुच्चय आदि को अध्यापक मौखिक रूप से स्पष्ट करेगा।
4. अध्यापक, छात्रों से कुछ रिक्त समुच्चय, सकल समुच्चय, विसंधीत समुच्य आदि के उदाहरण देने को कहेगा।
5. Inductive-deductive method का प्रयोग करेगा।
6. Questioning Technique का प्रयोग किया जायेगा।
7. Illustration Technique का प्रयोग किया जायेगा।
8. शिक्षक समुच्चयों का संघ (Union of sets) और सर्वनिष्ठ समुच्चय को हल करने का तरीका समझायेगा।
9. खेलों से सम्बन्धित प्रश्नों को समुच्चय द्वारा हल करके प्रस्तुत करने पर शिक्षण में जीवन्तता लायेगा।

4. मूल्यांकन (Evaluation)

अधिगम-अनुभव के मूल्यांकन के लिए शिक्षक विविध प्रकार के प्रश्न कक्षा में पूछेगा। साथ ही ज्ञान को स्थायी बनाने के लिये कक्षा-कार्य तथा गृह-कार्य देगा। मूल्यांकन सम्बन्धी कुछ प्रश्नों के नमूने इस प्रकार हो सकते हैं–

1. समुच्चय किसे कहते हैं।

2. दो समतुल्य समुच्चयों के उदाहरण दो।

3. समुच्चय A = (1, 2, 3) के विभिन्न उप-समुच्चय बताओ।

4. दैनिक जीवन से सम्बन्धित किसी समुच्चय का उदाहरण दो।

5. यदि A = भारत के प्रथम पाँच प्रधानमंत्रियों के नामों का समुच्चय, तो असके सारणी विधि एवं नियम विधि में लिखिये।

प्रकरण : अनुपात एवं समानुपात

(Topic : Ratio and Proportion)

1. उद्देश्य निर्धारण (Objective Formulation)

1. छात्रों को सजातीय एवं विजातीय राशियों के बारे में ज्ञान कराना।
2. छात्रों को अनुपात के संप्रत्यय का ज्ञान कराना।
3. छात्रों को इस योग्य बनाना कि वे अनुपात को चिन्हित कर सकें।
4. छात्रों को अनुपात के पदों का ज्ञान कराना।
5. छात्रों को अनुपात के गुणों (Properties of Ratio) का ज्ञान कराना।
6. छात्रों को इस योग्य बनाना कि वे अनुपात सम्बन्धी कथनात्मक एवं आंकिक प्रश्नों को हल कर सकें।
7. छात्रों को समानुपात के संप्रत्यय का ज्ञान करना।
8. छात्रों को इस योग्य बनाना कि वे समानुपात के चिन्ह से परिचित हो जायें।
9. छात्रों को समानुपात के पदों का ज्ञान कराना।
10. छात्रों को इस योग्य बनाना कि वे मिश्र-समानुपात सम्बन्धी प्रश्नों को हल कर सकें एवं इस प्रत्यय को परिभाषित कर सकें।
11. छात्रों को इस योग्य बनाना कि वे विततसमानुपात, मध्यानुपाती, तृतीयानुपाती एवं चतुर्थानुपाती के प्रत्यय को समझ सकें और इन पर आधारित प्रश्नों को हल कर सकें।
12. छात्रों को इस योग्य बनाना कि वे अनुपात एवं समानुपात का व्यावहारिक प्रयोग कर सकें।
13. छात्रों को इस योग्य बनाना कि वे कथनात्मक प्रश्नों में अनुलोम तथा विलोम सम्बन्धों को समझ सकें।
14. छात्रों को अनुलोम तथा विलोम सम्बन्धों के चिन्हों से परिचित कराना।
15. छात्रों को इस योग्य बनाना कि वे अनुपात एवं समानुपात से सम्बन्धित

समस्यात्मक प्रश्नों को शुद्धता एवं शीघ्रता से हल करने का कौशल प्राप्त कर सकें।

2. **अधिगम-अनुभव (Learning Experiences)**

1. छात्र सजातीय एवं विजातीय राशियों के बारे में ज्ञान रखते हैं।
2. छात्रों को अनुपात के संप्रत्यय का ज्ञान है।
3. छात्र अनुपात को चिन्हित कर सकते हैं।
4. छात्र अनुपात सम्बन्धी कथनात्मक एवं आंकिक प्रश्नों को हल कर सकते हैं।
5. छात्रों को समानुपात के संप्रत्यय (Concept) का ज्ञान है।
6. छात्र समानुपात के चिन्ह से परिचित हैं।
7. छात्र विततसमानुपात, मध्यानुपाती, तृतीयानुपाती एवं चतुर्थानुपाती के प्रत्यय को समझ गये हैं और उन पर आधारित आंकिक प्रश्न हल कर सकते हैं।
8. छात्र कथनात्मक प्रश्नों में अनुलोम एवं विलोम सम्बन्ध को समझकर उनका अनुप्रयोग कर सकते हैं।
9. छात्र समानुपात के प्रत्यय का प्रयोग अपने दैनिक जीवन से सम्बन्धित समस्याओं में कर सकते हैं
10. छात्रों की तार्किक एवं चिन्तन शक्ति विकसित हुई है।

अनुपात एवं समानुपात के संप्रत्यय एवं इस पर आधारित समस्याओं को हल करने के लिये निम्नलिखित सहायक सामग्री, विधि/प्रविधि प्रयोग में लायी जायेगी–

1. मौखिक उदाहरणों से अनुपात एवं समानुपात का अर्थ स्पष्ट किया जायेगा।
2. कुछ अनुपात एवं समानुपात के संप्रत्यय के व्यावहारिक उदाहरण शिक्षक स्वयं व्यक्त करेगा तथा कुछ को छात्रों से व्यक्त करने को कहेगा।
3. Inductive-deductive method का प्रयोग करेगा।
4. Questioning Technique का प्रयोग किया जायेगा।
5. Illustration Technique का प्रयोग किया जायेगा।
6. दैनिक जीवन से सम्बन्धित प्रश्नों को हल करके शिक्षण में जीवन्तता लायेगा।

4. **मूल्यांकन (Evaluation)**

अधिगम-अनुभव के मूल्यांकन के लिए शिक्षक विविध प्रकार के प्रश्न कक्षा में पूछेगा। साथ ही ज्ञान को स्थायी बनाने के लिए कक्षा तथा गृह-कार्य देगा। मूल्यांकन सम्बन्धी कुछ प्रश्नों के नमूने इस प्रकार हो सकते हैं–

1. सजातीय एवं विजातीय राशियाँ किन्हें कहते हैं?
2. अनुपात किसे कहते हैं?
3. समानुपात किसे कहते हैं?
4. Extreme Terms and Middle Terms क्या होते हैं?
5. यदि a, b, c वितत समानुपात में हैं तो मध्यानुपाती, तृतीयानुपाती व चतुर्थानुपाती के प्रत्यय को समझाओ।
6. यदि 14 आदमी 8 घंटे प्रतिदिन काम करके किसी काम को 15 दिन में पूरा करते हैं तो 20 आदमी 12 दिन में काम पूरा करने के लिए कितने घंटे प्रतिदिन काम करेंगे?

प्रकरण : समीकरण (Topic : Equations)

1. उद्देश्य निर्धारण (Objective Formulation)

1. छात्रों को सरल समीकरण का अर्थ स्पष्ट कराना।
2. छात्रों को इस योग्य बनाना कि वे दिये गथन को समीकरण के रूप में लिख सकें।
3. छात्रों को चर तथा अचर राशियों का ज्ञान करना।
4. छात्रों को पक्षान्तर प्रक्रिया का स्पष्ट ज्ञान कराना।
5. छात्रों को इस योग्य बनाना कि वे सरल समीकरण सम्बन्धी विभिन्न प्रकारों पर आधारित प्रश्नों को हल कर सकें।
6. छात्रों को इस योग्य बनाना कि वे अज्ञात राशि का मान ज्ञात कर सकें।
7. छात्रों को इस योग्य बनाना कि वे अपने उत्तर का सत्यापन कर सकें।
8. छात्रों को सरल समीकरण तथा युगपत समीकरण में अन्तर स्पष्ट कराना।
9. छात्रों को युगपत समीकरण सम्बन्धी विभिन्न प्रकार के प्रश्नों को हल कराना।
10. छात्रों को युगपत समीकरण का व्यावहारिक उपयोग सिखाना।
11. छात्र समीकरण सम्बन्धी प्रश्नों को शोधता एवं शुद्धता से हल कर सकें। उन्हें इस योग्य बनाना।

2. अधिगम-अनुभव (Learning Experiences)

1. छात्र सरल समीकरण का अर्थ समझते हैं।
2. छात्र दिये गये कथनों को समीकरण के रूप में लिख सकते हैं
3. छात्र चर तथा अचर राशि में विभेद कर सकते हैं
4. छात्र पक्षान्तर प्रक्रिया ठीक प्रकार से कर लेते हैं।

5. छात्र सरल तथा युगपत समीकरण में विभेद कर सकते हैं
6. छात्र अज्ञात राशि का मान ज्ञान कर सकते हैं
7. छात्र अपने उत्तर की जाँच कर सकते हैं।
8. छात्र युगपत समीकरण सम्बन्धी विभिन्न प्रकार के प्रश्न जैसे–इबारती प्रश्न, भिन्न सम्बन्धी प्रश्न आसानी से हल कर सकते हैं।
9. छात्र युगपतसमीकरण का प्रयोग अपने दैनिक जीवन से सम्बन्धित समस्याओं में कर सकते हैं।
10. छात्रों की तार्किक एवं चिन्तन शक्ति विकसित हुई है।

3. विधि एवं सामग्री (Method and Material)

युगपत समीकरण के संप्रत्यय एवं इस पर आधारित समस्याओं को हल करने के लिये निम्नलिखित सहायक सामग्री, विधि प्रविष्टि प्रयोग में लायी जायेगी–

1. मौखिक उदाहरणों से समीकरण शब्द का आर्थ स्पष्ट किया जायेगा।
2. कुछ कथनों को समीकरण के रूप में अध्यापक स्वयं व्यक्त करेगा और फिर कुछ कथनों को समीकरण के रूप में व्यक्त करायेगा।
3. चर तथा अचर राशि के सम्बन्ध को अध्यापक मौखिक रूप से स्पष्ट करेगा।
4. अध्यापक, छात्रों से कुछ चर तथा अचर राशियों के उदाहरण देने को कहेगा।
5. Inductive-deductive method का प्रयोग करेगा।
6. Questioning Technique का प्रयोग किया जायेगा।
7. Illustration Technique का प्रयोग किया जायेगा।
8. अध्यापक उत्तर की जाँच का Shortcut method भी बतायेगा।
9. शिक्षक दो समीकरणों को समान बनाने का सरल तरीका समझायेगा।
10. विषय में रोचकता की दृष्टि से शिक्षक कुछ पहेली पूर्ण समस्यायें भी छात्रों के समक्ष रखेगा।

4. मूल्यांकन (Evaluation)

अधिगम-अनुभव के मूल्यांकन के लिए शिक्षक विविध प्रकार के प्रश्न कक्षा में पूछेगा। साथ ही ज्ञान को स्थायी बनाने के लिए कक्षा कार्य तथा गृह कार्य देगा। मूल्यांकन सम्बन्धी कुछ प्रश्नों के नमूने इस प्रकार हो सकते हैं–

1. समीकरण किसे कहते हैं?
2. किसी चर राशि का उदाहरण दो?

3. किसी अचर राशि का उदाहरण दो?
4. उत्तर का सत्यापन कैसे करते हैं?
5. दैनिक जीवन से सम्बन्धित किसी समीकरण का उदाहरण दो।
6. एक आम के पेड़ पर 4 चिड़ियाँ हैं। लेकिन कुछ देर बाद 2 चिड़ियाँ उड़कर दूसरे पेड़ पर बैठ गयीं। लेकिन कुछ देर बाद किसी अन्य स्थान से आकर कुछ चिड़ियाँ और मिल गयी। यदि कुल चिड़ियाँ 10 हों, तो इसे समीकरण के रूप में कैसे व्यक्त करेंगे।

प्रकरण: त्रिभुजों की सर्वांगसमता (Topic: Congruency of Triangles)

1. उद्देश्य निर्धारण (Obkectoves Formulation)

1. छात्रों को सर्वांगसमता के अर्थ के बारे में जानकारी देना।
2. छात्रों को इस योग्य बनाना कि वे विभिन्न आकृतियों में सर्वांगसमता पहचान सकें।
3. छात्रों में रेखाखण्डों में सर्वांगसमता को पहचानने की योग्यता का विकास करना।
4. त्रिभुज की सर्वंगसमता की शर्तों के बारे में छात्रों को जानकारी देना।
5. छात्रों को इस योग्य बनाना कि वे त्रिभुज की सर्वांगसमता पर आधारित सिद्धान्त को समझ सके।
6. छात्रों को इस योग्य बनाना कि वे सर्वांगसमता पर आधारित प्रश्नों को हल कर सकें।
7. छात्रों को सृजनात्मक शक्ति का विकास करना।
8. छात्रों को इस योग्य बनाना कि वे सर्वांगसमता की शर्तों को स्वयं सिद्ध कर सकें।
9. छात्रों में चिन्तन एवं तर्कशक्ति का विकास करना।
10. छात्रों को इस योग्य बनाना कि वे सर्वांगसमता सम्बन्धी विभिन्न अभिगृहीतों (Postulates) का उपयोग अपने दैनिक जीवन से सम्बन्धित समस्याओं को हल करने में कर सकें।

2. अधिगम-अनुभव (Learning Experiences)

1. छात्र विभिन्न आकृतियों के बारे में जानते हैं
2. छात्र सर्वांगसमता के अर्थ से भली-भाँति परिचित हैं।
3. छात्र रेखा-खण्ड तथा कोणों की सर्वांगसमता के बारे में जानते हैं
4. छात्र त्रिभुजों की सर्वांगसमता की शर्तों से भली-भाँति परिचित हैं।

5. छात्र-सर्वांगसमता पर आधारित सिद्धान्त को समझ सकते हैं।
6. छात्र सर्वांगसमता पर आधारित प्रश्नों को हल कर सकते हैं।
7. छात्रों में चिन्तन एवं तर्क शक्ति का विकास हुआ है।
8. छात्र सर्वांगसमता के संप्रत्यय (Concept) को अपने दैनिक जीवन से सम्बन्धित समस्याओं को हल करने में प्रयोग कर सकते हैं।

3. विधि एवं सामग्री (Method and Material)

सर्वांगसमता के प्रत्यय एवं इस पर आधारित समस्याओं को हल करने के लिये निम्नलिखित सहायक सामग्री, विधि, प्रविधि प्रयोग में लायी जायेगी।

1. शिक्षक मौखिक उदाहरण देकर सर्वांगसमता के संप्रत्यय को समझायेगा।
2. सशिक्षक चार्ट मॉडल द्वारा सर्वांगसमता को और अधिक स्पष्ट करेगा।
3. शिक्षक सर्वांगसमता की शर्तों को व्याख्यान विधि द्वारा स्पष्ट करेगा।
4. शिक्षक सर्वंगसमता की शर्तों को सिद्ध करने के लिए आगमन-निगमन विधि का उपयोग करेगा।
5. Questioning Technique का प्रयोग करेगा।
6. Illustration Technique का प्रयोग करेगा।
7. शिक्षक अपने शिक्षण में छात्रों को यथा सम्भव चार्ट, मॉडल आदि दिखाकर अपने शिक्षण में जीवन्तता लायेगा।

मूल्यांकन (Evaluation)

अधिगम-अनुभव के मूल्यांकन के लिए शिक्षक विधि प्रकार के प्रश्न कक्षा में पूछेगा। साथ ही ज्ञान को स्थायी बनाने के लिए कक्षा कार्य (C.W.) तथा गृह-कार्य (H.W.) करेगा। मूल्यांकन सम्बन्धी कुछ प्रश्नों के नमूने इस प्रकार हो सकते हैं–

1. सर्वागसमता किसे कहते हैं?
2. त्रिभुजों की सर्वांगसमता की शर्तें क्या-क्या होती हैं?
3. त्रिभुजों की सर्वांगसमता की शर्तों को सिद्ध करो।

अग्रांकित चित्र में समझाइये कि कोई व्यक्ति बिना नदी पार किये किस प्रकार नदी की चौड़ाई ज्ञात कर सकता है।

प्रकरण : वृत्त का क्षेत्रफल (Topic : Area of Circle)

1. उद्देश्य निर्धारण (Objectives Formulation)

1. छात्रों को वृत्त की आकृति, परिधि, व्यास तथा त्रिज्या का ज्ञान कराना।
2. छात्रों को इस योग्य बनाना कि वे आयत का क्षेत्रफल निकालने सम्बन्धी सूत्र का ज्ञान प्राप्त कर सकें।

3. छात्रों को इस योग्य बनाना कि वे आकृति की सहायता से वृत्त का क्षेत्रफल निकालने की विधि को सीख सकें।
4. छात्रों को इस योग्य बनाना कि वे वृत्त के क्षेत्रफल को परिभाषित कर सकें।
5. छात्रों को इस योग्य बनाना कि वे वृत्त की परिधि, व्यास तथा त्रिज्या में सम्बन्ध स्थापित कर सकें।
6. छात्रों को इस योग्य बनाना कि वे वृत्त के क्षत्रफल को निकालने के सूत्र की स्थापना कर सकें।
8. छात्रों को इस योग्य बनाना कि वे वृत्त की त्रिज्या एवं व्यास में अंतर स्पष्ट कर सकें।
9. छात्रों को इस योग्य बनाना कि वे विभिन्न वृत्तकार आकृतियों के उदाहरण दे सकें।
10. छात्रों को इस योग्य बनाना कि वे वृत्त का क्षेत्रफल ज्ञात करने के सूत्र का सामान्यीकरण कर सकें।
11. छात्रों को इस योग्य बनाना कि वे वृत्त का क्षेत्रफल ज्ञात करने के सूत्र का, उपायों को, अपने दैनिक जीवन की समस्याओं को हल करने में कर सकें।
12. छात्रों को इस योग्य बनाना कि वे आयत तथा वृत्त की आकृति बनाने का कौशल प्राप्त कर सकें।
13. छात्रों को इस योग्य बनाना कि वे वृत्त का क्षेत्रफल ज्ञात करने में रुचि ले सकें।
14. छात्रों को इस योग्य बनाना कि वे वृत्त के क्षेत्रफल से सम्बन्धित समस्यात्मक प्रश्नों को शुद्धता एवं शीघ्रता से हल करने का कौशल प्राप्त कर सकें।

3. अधिगम-अनुभव (Learning Experiences)

1. छात्र वृत्त की आकृति, परिधि, व्यास तथा त्रिज्या का प्रत्यास्मरण कर सकते हैं।
2. छात्र आयत का क्षेत्रफल निकालने के सूत्र का प्रत्यास्मरण कर सकते हैं।
3. छात्र आकृति की सहायता से वृत्त का त्रफल निकालने की विधि को भली-भाँति स्पष्ट कर सकते हैं।
4. छात्र वृत्त के क्षेत्रफल को परिभाषित कर सकते हैं।

5. छात्र वृत्त का क्षेत्रफल निकालने की विधि एवं सूत्र की व्याख्या कर सकते हैं।
6. छात्र वृत्त की परिधि, व्यास एवं त्रिज्या में सम्बन्ध स्थापित कर सकते हैं।
7. छात्र विभिन्न वृत्ताकार आकृतियों के चित्र बना सकते हैं।
8. छात्र वृत्त का क्षेत्रफल ज्ञात करने के सूत्र का सामान्यीकरण कर सकते हैं।
9. छात्र वृत्त का क्षेत्रफल सम्बन्धी आंकिक प्रश्नों का बड़ी शुद्धता एवं शीघ्रता से हल कर सकते हैं।
10. छात्रों की तार्किक एवं चिन्तन शक्ति विकसित हुई है।

3. विधि एवं सामग्री (Method and Material)

वृत्त का संप्रत्यय तथा वृत्त के क्षेत्रफल पर आधारित समस्याओं को हल करने के लिए निम्नलिखित सहायक सामग्री, विधि, प्रविधि प्रयोग में लायी जायेगी–

1. मौखिक उदाहरणों से वृत्त शब्द का अर्थ स्पष्ट किया जायेगा।
2. कुछ वृत्त की आकृतियों के चित्र अध्यापक स्वयं बनायेगा तथा और कुछ वृत्ताकार आकृतियों के चित्र छात्रों से बनाने को कहेगा।
3. वृत्त की त्रिज्या, व्यास एवं परिधि में सम्बन्ध व्यक्त करने के लिए अध्यापक Demonstration method का प्रयोग करेगा।
4. Inductive-deductive method का प्रयोग करेगा।
5. Questioning Technique का प्रयोग किया जायेगा।
6. शिक्षक आयत के क्षेत्रफल से वृत्त का क्षेत्रफल ज्ञात करने का सरल तरीका बतायेगा।
7. दैनिक जीवन में प्रयोग आने वाली वृत्ताकार आकृतियों का क्षेत्रफल निकालकर प्रस्तुत करने पर शिक्षक, शिक्षण में जीवन्तता लायेगा।

5. मूल्यांकन (Evaluation)

अधिगम-अनुभव के मूल्यांकन के लिए शिक्षक विविध प्रकार के प्रश्न कक्षा में पूछेगा। साथ ही ज्ञान को स्थायी बनाने के लिए कक्षा-कार्य तथा गृह-कार्य देगा। मूल्यांकन सम्बन्धी कुछ प्रश्नों के नमूने इस प्रकार हो सकते हैं–

1. वृत्त किसे कहते हैं?
2. क्षेत्रफल से आप क्या समझते हो?
3. वृत की परिधि और व्यास में क्या सम्बन्ध होता है?
5. एक गाय एक खूँटी से बँधी है। जिस रस्सी से गाय बँधी है उसकी लम्बाई 10 मीटर है तो बताओ कि वह कितने वर्गमीटर भाग को चर सकती है? जबकि दिया है $x =$ ।

प्रकरण : आयतन (Topic : Volume)

1. उद्देश्य-निर्धारण (Objectives Formulation)

1. छात्रों को विभिन्न प्रकार की आकृतियों, जैसे–आयताकार ठोस, गुटका, घन, घनाभ आदि का ज्ञान कराना।
2. छात्रों को निश्चित नाप की लम्बाईयाँ, जैसे–मीटर, सेमी॰, किमी॰ आदि का ज्ञान कराना।
3. छात्रों को आयतन के प्रत्यय (Concept) का ज्ञान कराना।
4. छात्रों को इस योग्य बनाना कि वे किसी निश्चित नाप के आयतन को ही इकाई के रूप में प्रयोग कर सकें।
5. छात्रों को से योग्य बनाना कि वे क्षेत्रफल और आयतन में अन्तर स्पष्ट कर सकें।
6. छात्रों को इस योग्य बनाना कि वे घन तथा घनाभ में अन्तर स्पष्ट कर सकें।
7. छात्रों को बर्तनों की धारिता के बारे में स्पष्ट ज्ञान कराना।
8. छात्रों को इस योग्य बनाना कि वे इस प्रत्यय का प्रयोग अपने दैनिक जीवन से सम्बन्धित समस्याओं को हल करने में कर सकें।
9. छात्रों में कल्पना शक्ति, चिन्तन शक्ति का विकास करना।

2. अधिकम-अनुभव (Learning Experiences)

1. छात्रों को आयतन का अर्थ मालूम है।
2. छात्र क्षेत्रफल तथा आयतन में अन्तर स्पष्ट कर सकते हैं।
3. छात्रों को निश्चित नाप की लम्बाइयों के बारे में ज्ञान हो चुका है।
4. छात्र निश्चित नाप की लम्बाई का उपयोग आयतन में कर सकते हें।
5. छात्र घन तथा घनाभ में अन्तर स्पष्ट कर सकते हैं।
6. छात्रों को घन तथा घनाभ के सूत्रों की जानकारी है।
7. छात्र आयतन सम्बन्धी प्रश्नों का हल दक्षता से कर सकते हैं।
8. छात्र बर्तनों की धारिता के बारे में ज्ञान रखते हैं।
9. छात्र आयतन सम्बन्धी कथनात्मक प्रश्नों को शीघ्रता एवं शुद्धता से हल कर सकते हें।

3. विधि एवं सामग्री (Method and Material)

आयतन के संप्रत्यय एवं इस पर आधारित समस्याओं को हल कने के लिए निम्नलिखित सहायक सामग्री, विधि/प्रविधि प्रयोग में लायी जायेगी–

1. अध्यापक प्रकरण को रोचक बनाने के लिए मॉडल प्रस्तुत करेगा।
2. शिक्षक मॉडल द्वारा घन व घनाभ में अन्तर स्पष्ट करेगा।
3. शिक्षक questioning technique का प्रयोग करेगा।
4. Lecture-demonstration method का प्रयोग करेगा।
5. शिक्षक धारिता सम्बन्धी प्रश्नों को हल करने का सरल तरीका बतायेगा।
7. शिक्षक, छात्रों में आयतन के संप्रत्यय के प्रति रुचि जाग्रत करने के लिए कुछ दैनिक जीवन से सम्बन्धित प्रश्नों को हल करायेगा।

4. मूल्यांकन (Evaluation)

अधिगम-अनुभव के मूल्यांकन के लिए शिक्षक विविध प्रकार के प्रश्न कक्षा में पूछेगा। साथ ही ज्ञान को स्थायी बनाने के लिए कक्षा कार्य (C.W.) तथा गृह कार्य (H.W.) देगा। मूल्यांकन सम्बन्धी कुछ प्रश्नों के नमूने इस प्रकार हो सकते हैं–

1. आयतन के बारे में आप क्या जानते हो?
2. घन तथा घनाभ में क्या अंतर है?
3. घन तथा घनाभ के आयतन का क्या सूत्र है?
4. एक दीवार की लम्बाई 9 मी॰, चौ॰ 3 मी॰ और ऊँचाई 3 मी॰ है। दीवार में कुल कितनी ईंटें लगेंगी, यदि प्रत्येक ईंट गारे सहित 24 सेमी॰ लम्बी, 12 सेमी॰ चौड़ी और 9 सेमी॰ ऊँची जगह घेरती हैं।

स्वयंसिद्ध (Axioms), अभिगृहीत (Postulates) एवं अवधारणा (Assumption)

रेखागणित में जिस तर्क की आवश्यकता पड़ती है वह कतिपय सिद्धान्तों एवं परिभाषाओं पर आधारित है। ये सिद्धान्त तथा परिभाशाएँ इतनी सरल, स्पष्ट एवं प्रत्यक्ष है कि इन्हें सिद्ध करने की काई आवश्यकता नहीं प्रतीत होती । इन सिद्धान्तों को स्वयंसिद्ध (Axioms) कहते हैं। इनकी सत्यता बिना किसी प्रमाण के मानी जाती है तथा इनमें निहित तर्क का गणित की सब शाखाओं में प्रयोग किया जाता है।

साधारण स्वयंसिद्ध (General Axioms)

कुछ सामान्य स्वंयसिद्ध इस प्रकार हैं–

1. जो राशियाँ एक ही राशि के समान होती है, वे आपस में भी समान होती हैं।
2. यदि समान राशियों में समान राशियाँ जोड़े तो उनके योगफल समान होते हैं।
3. यदि समान राशियों में समान राशियाँ घटायें तो उनके शेषफल समान होते हैं।

4. यदि असमान राशियों में समान राशियाँ जोड़े तो उनके योगफल असमान होते हैं।
5. यदि असमान राशियों में समान राशियाँ घटायें तो उनके शेषफल आसमान होते हैं।
6. यदि समान राशियों में से असमान राशियाँ निकाल दें तो उनके शेषफल असमान होते हैं।
7. यदि समान राशियों को समान संख्याओं से गुणा करें तो उनके गुणफल समान होते हैं।
8. समान राशियों के समान भाग आपस में समान होते हैं।
9. कोई भी राशि अपने अंकों के योग के समान होती है।
10. कोई भी राशि अपने किसी भाग से अधिक होती है।

ज्यामिति के स्वयंसिद्ध (Axioms)

ज्यामिति के स्वयंसिद्ध इस प्रकार हैं–

1. जो वस्तुएँ एक-दूसरे को पूरा ढक लेती हैं, वे आपस में हर प्रकार से समान होती हैं।
2. ज्यामिति की किसी आकृति को बिना रूप तथा आकार बदले एक स्थान से उठाकर दूसरे स्थान पर रख सकते हैं।
3. दो सीधी रेखायें स्थान नहीं घेर सकती। यदि सीधी रेखा के दो बिन्दु दूसरी रेखा पर हों तो वे रेखाएँ सब जगह एक-दूसरे के ऊपर पड़ेंगी।

अध्यापक विद्यार्थियों को ध्यान उपरोक्त स्वयंसिद्धों की ओर आकृष्ट करें तथा प्रमेयों को सिद्ध करते समय इनका प्रयोग करने की उपादेयता स्थापित करें।

वैज्ञानिक क्रियायें तथा गणित स्वयंसिद्धियों पर आधारित होता है। यह क्रियात्मक विश्वास भी कहे जा सकते हैं। कुछ बातों को स्वयंसिद्ध मान लिया गया है, इनकी कोई पुष्टि नहीं की गयी है और न ही पुष्टि की जाती है। गणित में स्वंयसिद्धियों के क्रम को प्रयुक्त किया जाता है जो 0 से 9 तक के अंकों के मिश्रण पर गणित की पाठ्य-वस्तु आधारित है। हल के पुर्नबल के सिद्धान्त भी। स्वंयसिद्धियों के आधार पर अन्य नये तथ्यों, सिद्धान्तों की खोज में सहायता मिलती है। स्वयंसिद्ध को सत्य स्वीकार कर लिया गया है, परन्तु उसकी सत्यता की परख नहीं की जाती है।

अभिगृहीत (Postulates)

यदि कोई ज्यामितीय रचना इतनी सरल हो कि उसके प्रमाण की आवश्यकता न हो और उसे सम्भव मान सकें तो उसे अभिगृहीत कहते हैं। अभिगृहीत में निहित

तर्क को ज्यामितीय रचनाओं को करते समय प्रयोग में लाया जाता है। कुछ प्रमुख अभिगृहीत इस प्रकार हैं–

1. दो बिन्दुओं से केवल एक ही रेखा खींची जा सकती है।
2. दो सरल रेखायें केवल एक ही बिन्दु पर काट सकती हैं।
3. रेखा का भाग (Segment) द्विभाजित किया जा सकता है और इसका मध्य बिन्दु एक ही होगा।
4. एक सरल रेखा का केवल एक ही मध्य बिन्दु होता है।
5. कोई भी कोण एक सरल रेखा द्वारा द्विभाजित किया जा सकता है।
6. सब समकोण बराबर होते हैं।
7. एक बिन्दु से किसी एक त्रिज्या का केवल एक ही वृत्त खींचा जा सकता है।

इन अभिगृहीतों को परिकल्पित रचनाएँ (Hypothetical Constructions) भी मान सकते हैं तथा ज्यामितीय आकृतियों की रचना करते समय हम उपरोक्त अभिगृहीतों को सम्य मान कर इनका प्रयोग करते हैं। अध्यापक कक्ष में इन अभिगृहीतों की सत्यता की ओर विद्यार्थियों का ध्यान आकर्षित करे। लोबास्केवस्की (Lobaschewsky) ने यह सिद्ध किया था कि यूक्लिड की कल्पना को सिद्ध नहीं जा सकता। उसने एक नई ज्यामितीय की खोज की तथा नवीन स्वयंसिद्ध निर्धारित किये। लोबास्केवस्की ने यूक्लिड के प्रमेयों से भिन्न कल्पना की तथा निम्न प्रमेयों को सिद्ध किया–

(*i*) त्रिभुज के तीनों कोणों का योग सदैव 180° से कम होता है।
(*ii*) समरूप आकृतियाँ नहीं होती हैं।
(*iii*) किसी सीधी रेखा के दो बिन्दुओं से खींचे ये लम्ब एक-दूसरे से अलग (Diverge) होते हैं।
(*iv*) त्रिभुज का क्षेत्रफल इसके तीनों कोणों के योग तथा 180° के अन्तर के समानुपाती होता है।

रीमान (Reimann) ने भी एक नई ज्यामितीय की रचना की जिसके कुछ स्वयंसिद्ध इस प्रकार हैं–

1. त्रिभुजों के तीनों कोणों का योग सदैव 180° से अधिक होता है।
2. किसी सीधी रेखा के दो बिन्दुओं से खींचे गये लम्ब एक-दूसरे से मिलते हैं।
3. समरूप आकृतियाँ नहीं होती हैं।

इन सभी प्रकार की रेखागणितों में विरोधाभास होते हुए भी तर्कसंगतता है। यहाँ पर यह बात विद्यार्थियों को समझा देनी चाहिए कि नवीन स्वयंसिद्ध (Axioms)

के आधार पर नवीन ज्यामिति की रचना की जा सकती है। यह बात आवश्यक है कि स्वयंसिद्ध उपयुक्त तथा स्पष्ट हों। वर्तमान समय में अनेक प्रकार को ज्यामितियों का निर्माण इसी सिद्धान्त के आधार पर हो रहा है।

अवधारणा (Assumption)—तार्किक प्रक्रिया के लिए कुछ बातों को मान लिया होता है। जिससे परिस्थिति का सरलीकरण हो जाता है। इन अवधारणाओं के लिए कोई आधार नहीं होता है परन्तु देखने में सही प्रतीत होती हैं। इन अवधारणाओं को सहायता से प्रमुख समस्या के समाधान में सुगमता होती है। शोध प्रक्रिया प्रगति में अवधारणा, सुविधा प्रदान करती है जिससे कुछ परिस्थितियों को नियंत्रित कर दिया जाता है। अवधारणाओं को तार्किक सूझ से प्रतिपादित किया जाता है। इनकी सत्यता निरीक्षण द्वारा स्थापित की जाती है। शोध में ये अवधारणा अक्सर प्रतिपादित होती है कि न्यादर्श जनसंख्या का प्रतिनिधित्व करता है। सांख्यिकी तथा मापन में भी कई प्रकार की अवधारणाएं निहित होती हैं। शोध के निष्कर्षों की शुद्धता अवधारणाओं की पूर्णता पर आधारित होती है।

आयोजित एवं प्रासंगिक पद्धति
(Organised Vs Incidental Method)

प्रोजेक्ट विधि द्वारा प्राप्त ज्ञान प्रासंगिक (Incidental) होता है। प्रोजेक्ट प्रणाली हरबर्ट के विषय संगठन (Concentration of Studies) का परिणाम है। इसमें एक विषय को केन्द्र मानकर पढ़ाया जाता है। उसे पढ़ाते समय जो अन्य विषय पढ़ाये जाते हैं वे अकस्मात् (By chance) ही पढ़ाये जाते हैं, यद्यपि पढ़ाने वाले ने इनको पढ़ाने की कोई विशेष योजना नहीं बनायी होती। उदाहरण के रूप में, मान लीजिए, हमारा केन्द्रीय विषय है 'भाखड़ा डैम का भ्रमण'। इस विषय का अध्ययन करते समय पिछले अनुभवों का ज्ञान (इतिहास) स्थान कहाँ है, किधर है, ऊँचा है, नीचा है (भूगोल) जलवायु, वहाँ के पेड़-पौधे, बिजली कैसे बनेगी, मशीनें किस प्रकार चलती हैं (विज्ञान एवं इन्जीनियरिंग) भ्रमण का व्यय, भाखड़ा डैम का व्यय, सम्पूर्ण योजना का व्यय, रुपया कहाँ से आया (गणित) आदि का ज्ञान आवश्यक है। पढ़ाने का विषय केवल भाखड़ा डैम का भ्रमण है। इतिहास, भूगोल, विज्ञान, इन्जीनियरिंग तथा गणित का ज्ञान मार्ग में जाते हुए स्वयं (Incidental) ही हो गया है। इस प्रकार गणित पढ़ाने की विधि को प्रासंगिक विधि कहा जाता है। इस विधि का सिद्धान्त यह है कि ज्ञान एक इकाई है, इसके भिन्न-भिन्न अंग नहीं हैं। ज्ञान इकाई के रूप में ही देना चाहिये। इस विधि द्वारा यह आशा की जाती है कि विद्यार्थी ज्ञान के सभी अंगों से परिचित हो सकेगा। इस विधि का खेल-विधि (Play-way-method) के साथ बहुत सम्बन्ध है। विद्यार्थी, डाकिया,

दुकानदार, बैंक बाबू, रेलवे बाबू, सम्बन्धित गणित खेल-खेल में ही सीख जाता हैं स्कूल में यदि ऐसे प्रोजेक्ट चलाये जायें तो विद्यार्थी कितने ही विषयों का ज्ञान प्राप्त कर सकते हैं।

प्रश्न उठता है कि क्या सचमुच ही विद्यार्थी इस विधि द्वारा गणित सीख जाते हैं? श्री कुप्पुस्वामी (Kuppuswamy) ने लिखा है कि, "प्रोजेक्ट में विद्यार्थी गणित की नवीन बातें नहीं सीखते, बल्कि सीखी गई बातों को प्रयोग में लाते हैं।" प्रोजेक्ट प्रणाली पढ़ाने की विधि नहीं अपितु अभ्यास की विधि है। इसके अतिरिक्त, इस विधि में समय तथा धन दोनों का अपव्यय होता है। इस विधि द्वारा विद्यार्थी उच्च कोटि का ज्ञान तो प्राप्त कर सकते हैं पर गणित नहीं सीख सकते। गणित पढ़ाने के लिये विशेष योजना अनिवार्य है। गणित को गणित रूप में ही पढ़ाया जाना चाहिये जो कि आयोजित विधि (Organised method) द्वारा ही सम्भव है।

पाठ्यक्रम बनाते समय इस बात का भी ध्यान रखना चाहिये कि कोई विषय न्यून न रह जाये। प्रोजेक्ट विधि द्वारा पढ़ाते समय ज्ञान के कई अंग अधूरे रह जाते हैं। यह ध्यान रखना चाहिये कि पाठ्यक्रम में ऐसी व्यवस्था का प्रबन्ध भी कर दिया गया है अथवा नहीं।

विभिन्न स्तरों पर गणित पाठ्यक्रम
(Maths Curriculum at Different Stages)

प्राथमिक स्तर पर (At Primary Stage)—प्राथमिक स्तर पर गणित का पाठ्यक्रम बालक के स्वयं के अनुभवों के आधार पर निर्मित होना चाहिये। इस स्तर पर बालकों में भिन्न-भिन्न बातों के बारे में जानने की जिज्ञासा काफी बढ़ जाती है तथा वह अपने से बड़ों से अनेक शंकाओं का समाधान करता रहता है। अत: अध्यापक को बालकों की इस जिज्ञासा को ध्यान में रखते हुए ही पाठ्यक्रम का निर्माण करना चाहिये। इसके अतिरिक्त, हमें इस बात का भी ध्यान में रखना चाहिये कि भारत जैसे निर्धन देश में इस स्तर पर 'अपव्यय एवं अवरोधन' (Wastage and Stagnation) की समस्या होने के कारण अधिकांश छात्र पढ़ना छोड़ देते हैं और किसी व्यवसाय में लग जाते हैं, अत: गणित के पाठ्यक्रम में इस प्रकार के कोर्स की व्यवस्था की जाये जो उनके दैनिक जीवन एवं व्यवसाय में उपयोगी सिद्ध हो सके।

उपर्युक्त बातों को ध्यान में रखते हुए प्राथमिक कक्षाओं के पाठ्यक्रम में अंकगणित के अन्तर्गत संख्याओं, साधारण जोड़, घटाना, गुणा, भाग, लघुत्तम, महत्तम, भिन्न, दशमलव, क्षेत्रफल, काम और समय सम्बन्धी प्रश्न तथा साधारण-ब्याज,

लाभ–हानि सम्बन्धी प्रश्न होने चाहिये। रेखागणित में त्रिभुज, चतुर्भुज आदि विभिन्न आकृतियों का ज्ञान कराना चाहिये।

मिडिल स्तर पर (At Middle Stage) — इस स्तर पर बालकों की रुचियाँ एवं योग्यता बढ़ जाती है तथा उनकी योग्यताओं में भी अन्तर आ जाता है। अत: इनका पाठ्यक्रम इस प्रकार का होना चाहिये कि उसमें बालकों को अपनी रुचि एवं योग्यता हे अनुसार चयन करने की गुंजाइश रहे। इस स्तर पर बालकों की योग्यता इतनी बढ़ जाती है कि वे सूक्ष्म (Abstract) बातों को भी समझने लगते हैं। अत: रेखागणित की साध्यों (Theorems) को इस अवस्था के बालकों को पढ़ाया जा सकता है। बीजगणित का भी प्रारम्भिक ज्ञान दिया जा सकता है।

उपर्युक्त बातों को ध्यान में रखते हुए मिडिल कक्षाओं के बालकों को अंकगणित के एकिक नियम, वर्गमूल, अनुपात और समानुपात, प्रतिशत, क्षेत्रफल और ग्राफ इत्यादि पढ़ाया जा सकता है। बीजगणित के चारों नियम–जोड़, घटाना, गुणा, भाग, कोष्ठक तोड़ना तथा समीकरण का ज्ञान कराया जा सकता है। रेखागणित में विभिन्न, नामों के त्रिभुजों और चतुर्भुजों की रचना तथा इन पर आधारित साध्य व अभ्यास पढ़ाये जा सकते हैं।

हाईस्कूल स्तर पर (At High School Stge) — हाईस्कूल स्तर तक आते-आते बालकों में व्यक्तिगत भिन्नतायें बहुत हो जाती है।। कुछ बालक हाईस्कूल करने के पश्चात् पढ़ाई छोड़ देते हैं और किसी व्यवसाय को अपना लेते हैं। कुछ बालक हाई स्कूल पास करने के पश्चात् उच्च शिक्षा ग्रहण करके किसी अच्छे व्यवसाय, जैसे–प्रोफेसर, डॉक्टर, वकील, इन्जीनियर आदि को अपनाना चाहते हैं। अत: इन सभी दृष्टिकोणों को ध्यान में रखते हुए पाठ्यक्रम की रचना करनी चाहिये। गणित के पाठ्यक्रम में ऐसे भी प्रकरण रखने चाहिये। जो व्यवसाय में उपयोगी हों, रुचिकर हों, ज्यादा कठिन न हों तथा ऐसे प्रकरण भी होने चाहिये जो गणित की उच्च शिक्षा की तैयारी में सहायक हों।

विश्वविद्यालय प्रश्न
(University Questions)

1. पाठ्यक्रम को परिभाषित कीजिए। विद्यालय स्तर पर पाठ्यक्रम निर्माण के आधारभूत सिद्धान्तों की विवेचना कीजिए।

   Define the term "Curriculum". Explaiin the basic principles of curriculum constructin at school level.

2. पाठ्यक्रम का अर्थ, आवश्यकता, महत्व एवं प्रकार की विवेचना कीजिए।
   Discuss meaning, need, importance and types of Curriculum.
3. पाठ्यक्रम तथा पाठ्यचर्या में क्या अन्तर है? हाई स्कूल स्तर पर गणित पाठ्यचर्या को सूचीबद्ध कीजिये।
   What is the difference between curriculum and syllabus? Enlist the syllabus of Mathematics at High School Stage.
4. अपने राज्य के माध्यमिक स्तर पर प्रचलित गणित पाठ्यक्रम की समालोचनात्मक व्याख्या कीजिये तथा सुधार हेतु अपने सुझाव दीजिए।
   Give a critical appraisal of existing curriculum of Mathematics at secondary level in your state. Give your suggestions to improve it.
5. पाठ्यक्रम संगठन से आप क्या समझते हैं? पाठ्यक्रम संगठन की विभिन्न विधियों का उल्लेख कीजिये।
   What do you mean by organization of curriculum? Discuss various methods of curriculum organization.
6. विषय-वस्तु विश्लेषण से आप क्या समझते हैं? द्वि-भुजी चार्ट का प्रयोग करते हुए विषय-वस्तु विश्लेषण तालिका का प्रारूप प्रस्तुत कीजिए।
   What do you understand by Content-Analysis? Making use of a two dimensional chart present the format of a content-analysis table.
7. अपनी रुचि के किसी गणितीय प्रकरण को लेकर उसका विस्तृत पेडागोजिकल विश्लेषण प्रस्तुत कीजिये।
   Give a detailed Pedagogical Analysis of any Mathematical topic of your own choice.

9

'गणित की पाठ्य-पुस्तक'
(Text-Book of Mathematics)

पाठ्य-पुस्तक के महत्व के सम्बन्ध में ए॰ सुजेलो का निम्न कथन अक्षरंशः सत्य है--

"शिक्षक के अस्त्रों में पाठ्य-पुस्तक सबसे अधिक महत्वपूर्ण है। यह तथ्य कि पाठ्य-पुस्तकें शिक्षक को पाठन-सामग्री तथा निर्देशन दोनों ही देती हैं, खतरनाक हैं।"

"The Text-Book is the most important of the teacher's tool. The vent fact, that the Text-Books are meant to provide both teaching material are guidance for the teacher is dangerous." — *A. Suzzalo*

पाठ्य-पुस्तक के लाभ (Merits of Text-Book)

पाठ्य-पुस्तक के प्रमुख कार्य इस प्रकार हैं–

1. 'अभ्यास सफलता की जननी है।' (Practice makes a man perfect) इस कथन के अनुरूप गणित में पर्याप्त अभ्यास की आवश्यकता को पाठ्य-पुस्तक के प्रयोग से ही पूरा किया जा सकता है।
2. पाठ्य-पुस्तक के प्रयोग से छात्र में स्व-शिक्षा का दृष्टिकोण जाग्रत किया जा सकता है। इसके साथ ही विद्यार्थी में आत्म-विश्वास एवं पढ़ने के प्रति उचित दृष्टिकोण (Right Study Attitude) का भी विकास होता है।
3. पाठ्य-पुस्तक अध्यापक के समक्ष सम्पूर्ण पाठ्यक्रम का ढाँचा रखकर उसे उसके उद्देश्यों से परिचित कराती है।
4. इसनके प्रयोग से छात्र अपने पाठ की पुनरावृत्ति कर सकते हैं तथा कक्षा कार्य एवं गृह-कार्य कर सकते हैं।
5. पाठ्य-पुस्तक अध्यापक एवं विद्यार्थी के प्रश्न लिखने-लिखाने की प्रक्रिया व्यर्थ जाने वाले समय को बचाती है।

6. पाठ्य-पुस्तक में विषय सामग्री को बच्चों के मानसिक विकास तथा विषय के महत्त्व को ध्यान में रखते हुए क्रम दिया जाता है जो बच्चों के लिये मनोरंजन का कारण बन जाता है।
7. पाठ्य-पुस्तक के प्रयोग से अध्यापक का कार्य बहुत सरल हो जाता है क्योंकि उसे प्रश्नों के तैयार अभ्यास (Ready-made Exercises) आसानी से उपलब्ध हो जाते हैं।
8. पाठ्य-पुस्तक में तार्किक (Logical) एवं मनोवैज्ञानिक (Psychological) क्रम में उपलब्ध व्यवस्थित सामग्री से अध्यापक को अपने शिक्षण को प्रभावशाली बनाने में बहुत सहायता मिलती है।

पाठ्य-पुस्तकों का उचित प्रयोग
(How to make Effective Use of Text-Books)

पाठ्य-पुस्तकों को तार्किक (Logical), वैज्ञानिक (Scientific) एवं मनोवैज्ञानिक (Psychological) आधारों पर तैयार कर लेना तथा उनका वस्तुनिष्ठ (Objective) सिद्धान्तों के आधार पर चुना जाना ही पर्याप्त नहीं है, अपितु, उनके प्रभावी प्रयोग के तरीकों में सुधार लाना भी अत्यन्त आवश्यक है। पाठ्य-पुस्तक का प्रयोग स्वतन्त्र शिक्षण विधि एवं सहायक उपकरण दोनों ही रूपों में किया जाता है। गणित के अलावा कुछ अन्य विषय जैसे, भाषा या सामाजिक अध्ययन पाठ्य-पुस्तक के बिना पढ़ाये ही नहीं जा सकते।

पाठ्य-पुस्तक उद्देश्य पूर्ति का केवल साधन मात्र है, उद्देश्य नहीं। (A Text-Book is a means and not an end in itself) यह अध्यापक की सहायक (Assistant) है, अफसर नहीं। अध्यापक को पुस्तक का दास नहीं बनना चाहिये। (Text-Book is not a master to be feared, but rather a servant to assit.) उसमें दी गई पाठ्य-विधि ईश्वर की आज्ञा नहीं है, केवल सुझाव है। यदि आपके अनुभव से उपस्थित सामग्री उपर्युक्त दिखाई पड़ती है तभी उसको अपनाना चाहिये, अन्यथा नहीं। यदि आप समझते हैं कि सुझायी गई विधियों से विद्यार्थी किसी प्रत्यय (Concept) या प्रक्रिया (Process) को ठीक से नहीं समझ पा रहे हैं तो उन विधियों को तुरन्त छोड़ा जा सकता है। पुस्तकों को बार-बार नहीं बदलना चाहिये। अध्यापक को चाहिये, कि वह अपनी व्यक्तिगत पुस्तक में कुछ अतिरिक्त खाली पृष्ठ लगा लें, तथा कक्षा सम्बन्धी अपने अनुभव से पुस्तक में सुधार सम्बन्धी बातें लिखते रहें।

इसके अतिरिक्त पाठ्य-पुस्तकों का प्रयोग निम्न प्रकार है –

1. शिक्षा के उद्देश्यों की प्राप्ति में सहायक (Contribution to Aims of Education)— शैक्षिक उद्देश्यों की प्राप्ति में पाठ्य-पुस्तक का महत्वपूर्ण योगदान रहता है। लेकिन यहाँ हमें यह बात ध्यान में रखनी चाहिये कि पुस्तक उन उद्देश्यों को प्राप्त करने के लिये एक साधन मात्र ही है न कि साध्य।

2. विभिन्न विषयों की पाठ्य-पुस्तकें (Text Books of Different Subjects)— पाठ्य-पुस्तक का प्रयोग विषय की प्रकृति के अनुरूप करना चाहिये। उदाहरण के तौर पर हिन्दी भाषा का शिक्षण पाठ्य-पुस्तक के अभावा में प्रभावशाली नहीं हो सकता, जबकि दूसरे विषयों, जैसे–इतिहास, भूगोल, विज्ञान, अर्थशास्त्र इत्यादि में मौखिक (Oral) शिक्षण से भी कार्य चल सकता है।

3. सहायक सामग्री के रूप में (As a Teaching Aids)— शिक्षण प्रक्रिया में पाठ्य-पुस्तकों का प्रयोग उतना ही महत्त्वपूर्ण है जितना कि हम अपने शिक्षण को प्रभावशाली बनाने के लिये सहायक सामग्री का प्रयोग करते हैं। पाठ्य-पुस्तक स्वयं में ही एक श्रेष्ठ सहायक सामग्री है।

4. उच्च स्तर (Higher Stage)— उच्च स्तर पर प्रयोग में लाई जाने वाली पाठ्य-पुस्तक छात्रों के मानसिक स्तर, उनकी रुचियों एवं क्षमताओं के अनुरूप होनी चाहिये।

5. प्राथमिक एवं जूनियर स्तर (Primary and Middle Stage)— प्राथमिक एवं जूनियर स्तर पर पाठ्य-पुस्तकों का प्रयोग किया जा सकता है।

6. पूर्व प्राथमिक स्तर (Lower Primary Classes)— पूर्व प्राथमिक स्तर पर पाठ्य-पुस्तकों का प्रयोग तब तक नहीं करना चाहिये, जब तक कि अबोध शिशु (Johny) उनको ठीक प्रकार से सम्भालना न सीख जाये।

पाठ्य-पुस्तकों का प्रयोग करते समय निम्न बातों पर विशेष ध्यान देना चाहिये –

1. बालक पाठ्य-पुस्तक में वर्णित विचारों एवं तथ्यों को समझने का प्रयास करें।
2. पाठ्य-पुस्तक को पढ़कर बालक के नवीन ज्ञान एवं अनुभवों को पुर्बलन (Reinforcement) मिलना चाहिये।
3. पाठ्य-पुस्तक को उचित स्थल पर ही प्रयुक्त किया जाये।
4. पाठ्य-पुस्तक को पढ़ाते समय विद्यार्थी के आसन, उसकी मुद्रा तथा आँखों की गति आदि पर भी ध्यान देना चाहिये।
5. पाठ्य-पुस्तक को पढ़कर बालक में आलोचनात्मक एवं वस्तुनिष्ठ (Critical and Objective) दृष्टिकोण विकसित होना आवश्यक है।

शिक्षा में पाठ्य-पुस्तक के महत्व के सम्बन्ध में क्रो एण्ड क्रो ने लिखा है कि "न तो मात्र पुस्तक और न ही अध्यापक, शिक्षा का सर्वोत्तम साधन बन सकते हैं। अगर हम चाहते हैं कि हमारे भावी युवक अपनी जिम्मेदारियों का ठीक से निर्वाह करने में दक्षता प्राप्त कर लें तो हमें एक उत्कृष्ट पाठ्य-पुस्तक एवं एक सुप्रशिक्षित अध्यापक दोनों को अपनाना होगा।"

(Neither the books nor the teacher alone constitutes the best medium for education. A combination of well choosen Text-Book and a well trained teacher is needed, if young people are to be trained to meet their responsibilities.

— *CrosμCros*

प्रचलित पाठ्य-पुस्तकों के दोष
(Defects in the Existing Text-Books)

भारत में पाठ्य-पुस्तकों की सामान्य स्थिति दूसरे देशों की तुलना में अत्यन्त सोचनीय है। लगभग सभी विषयों की पुस्तकें अपेक्षित स्तर से बहुत नीचे हैं। इनमें विषय-वस्तु को व्यवस्थित करने का ढंग परम्परागत होता है तथा विषय-वस्तु भी प्राय: छात्रों के बौद्धिक स्तर, उनकी रुचियों, आकांक्षाओं एवं स्थानीय परिस्थितियों के अनुरूप नहीं होती, जिसका प्रभाव केवल शिक्षक की शिक्षण कला पर ही नहीं अपितु छात्रों के मानसिक स्तर एवं विकास पर भी दिखायी पड़ रहा है। वर्तमान पाठ्य-पुस्तकों के कुछ दोष निम्नलिखित हैं–

1. पाठ्य-पुस्तकों की निष्पक्ष एवं वस्तुनिष्ठ समीक्षा का अभाव (Lack of Objective Criticism)—यद्यपि सरकार ने माध्यमिक स्तर पर पाठ्य-पुस्तकों की निष्पक्ष एवं वस्तुनिष्ठ ढंग से समीक्षा कराने की व्यवस्था की है, किन्तु तरह-तरह की सिफारिशें तथा बाजारू तरीके इस व्यवव्स्था पर इतने हावी हो चके हैं कि सरकार के सभी प्रयास पंगु होकर रह गये हैं। इसी आधार पर हमें इस आलोचना को सहन करना पड़ता है कि किसी राज्य विशेष में ही नहीं, वरन् मेरे देश में ही उपयोगी एवं उचित पाठ्य-पुस्तकों का सुलभ होना कठिन है।

2. प्रकाशकों की मनमानी एवं उनका निरुत्साह (Irregularities and Discouragement on the part of Publishers)—अधिकांश प्रकाशक धन की लालसा को पूरा करने के उद्देश्य से ही पाठ्य-पुस्तकों को छापते हैं। पाठ्य-पुस्तक को उत्तम बनाने में उनकी कोई रुचि नहीं होती। वे केवल ऐसे लेखकों को प्रात्साहित करते हैं जो सस्ती एवं प्रश्नोत्तर रूप में पुस्तकें लिख सकें तथा धन अर्जित कराने में उनका सहयोग दे सकें। किसी अच्छे लेखक की पुस्तक या उच्च कोटि की पाठ्य-पुस्तक छापने को वे सहज रूप में तैयार नहीं होते। दुर्भाग्यवश आज का विद्यार्थी भी कम से कम अध्ययन में अधिक से अधिक अंग प्राप्त करना चाहता

है और इन्हीं पाठ्य-पुस्तकों को अपने अध्ययन का आधार (Study base) बनाकर चलता है। यह अत्यन्त निन्दनीय स्थिति है। विश्वविद्यालय स्तर पर ऐसी पुस्तकों एवं उनके लेखकों के प्रति कठोर रुख अपनाने से ही अच्छी पुस्तकों की रचना में सजगता आ सकती है।

3. अशिक्षक लेखक (Non-Teacher Authors)—हमारे देश में ऐसे लेखक भी विद्यमान है जिनका उस विषय या शिक्षण से कोई सम्बन्ध नहीं होता लेकिन वे पुस्तकें हर विषय पर लिखने को तैयार रहते हैं। इस श्रेणी में विद्वान् तथा अपने विषय के अच्छे प्रसिद्ध लेखक भी हैं, किन्तु दुर्भाग्यपूर्ण बात यह है कि अधिकांश लेखक जो शिक्षक नहीं हैं, वे पेशे के रूप में पाठ्य-पुस्तकें लिखते हैं। उनकी विद्वता का कोई प्रश्न ही नहीं उठता। ऐसे लेखकों द्वारा लिखी गई पाठ्य-पुस्तकें विद्यार्थी के सीखने की वास्तविक प्रक्रियाओं की अवहेलना करती है।। उनकी विषय सामग्री की शुद्धता एवं यथार्थता हमेशा सन्देहजनक बनी रहती है।

4. वैज्ञानिक पुट का अभाव (Lack of Scientific Touch) — हमारे देश में पाठ्य-पुस्तकें बिना प्रारम्भिक प्रयोग (Preliminary try-out) के लिखी जाती हैं और प्रकाशित हो जाती हैं। एक अच्छी पाठ्य-पुस्तक वह है जिसमें अनुभव जन्य (Empirical) प्रमाणों के आधार पर अपेक्षित सुधार एवं परिवर्तन हुए हों जिस प्रकार एक स्वर्णकार सोने को शुद्ध करता है, उसी प्रकार पाठ्य-पुस्तकों के लेखकों को भी चाहिये कि वे विषय से सम्बन्धित ज्ञान को कक्षा में प्रयोग करके उसके प्रस्तुतीकरण के तरीकों, विषय के क्रमों तथा पारस्परिक सम्बन्धों को एक वांछित रूप दें।

5. पुस्तकों का बाह्य रूप (Get up of Text-Books) — हमारे यहाँ अधिकांश पाठ्य-पुस्तकों में प्रयुक्त होने वाला कागज, छपाई, फारमेट तथा गैट-अप नितान्त असन्तोषजनक होता है। विदेशी पाठ्य-पुस्तकों की तुलना में छपाई, कागज, तथा मुद्रण का स्तर पर्याप्त निम्नकोटि का होता है। यदि बालक को एक वर्ष भी पाठ्य-पुस्तक का प्रयोग करना पड़ जाये तो पुस्तक का आवरण तथा उसके पृष्ठ आदि जीर्ण-शीर्ण हालत में पहुँच जाते हैं। बालकों के लिये फटी हुई पस्तकों को प्रयोग करना अमनोवैज्ञानिक है। हमारे यहाँ पुस्तकों के आवरण तथा मुख–पृष्ठ आकर्षक एवं विचारोत्तेजक नहीं होते हैं।

पाठ्य-पुस्तकों का चयन (Selection on Text-Books)

पाठ्य-पुस्तकों का चयन एक जटिल समस्या है। पाठ्य-पुस्तकों को निर्धारित करने से पूर्व उनका मूल्यांकन अच्छी तरह कर लेना चाहिये। एक सुनिश्चित मापदण्ड (Rating) के अभाव में मूल्यांकन करना कठिन है। नेशनल कॉउन्सिल ऑफ

एजूकेशनल रिसर्च एण्ड ट्रेनिंग (NCERT) दिल्ली की एक शाखा पाठ्यक्रम, पाठ्य-पुस्तकों तथा मूल्यांकन के सम्बन्ध में वैज्ञानिक ढंग से कार्य कर रही है। पाठ्य-पुस्तकों के चुनाव के लिये अपेक्षित मापदण्ड निश्चित किये जा रहे हैं। और यह आशा की जाती है कि प्रत्येक राज्य सरकार प्राथमिक एवं माध्यमिक स्तरों पर निर्धारित होने वाली पाठ्य-पुस्तकों का मूल्यांकन इन मापदण्डों के आधार पर कर सकेगी।

पाठ्य-पुस्तकों के चुनाव में हमें निम्नलिखित बातों पर विशेषरूप से ध्यान देना चाहिये।

(अ) पाठ्य-पुस्तक का मनोवैज्ञानिक पहलू (Psychological aspect of Text-Book)।

(ब) पाठ्य-पुस्तक का तार्किक पहलू (Logical aspect of Text-Book)।

मनोवैज्ञानिक पहलू (Psychological Aspect)

छोटी कक्षाओं के लिये पाठ्य-पुस्तक तैयार करते समय एवं विषय सामग्री को व्यवस्थित करते समय मनोवैज्ञानिक पहलू (Psychological Aspect) को ध्यान में रखना चाहिये। मनोवैज्ञानकि पहलू के अन्तर्गत निम्नलिखित बातें आती हैं–

1. प्रयुक्त चित्र, रेखाचित्र तथा अन्य प्रदर्शनात्मक सामग्री बालकों के अनुभवों एवं स्थानीय (Local) जीवन के निकट होनी चाहिये।
2. विषय वस्तु बालकों की मानसिक योग्यता, रुचि एवं विकास की अवस्था के अनुकूल होनी चाहिये।
3. भाषा सरल, शुद्ध, प्रवाहमयी एवं बोधगम्य हो।
4. पाठ्य-पुस्तक का मूल्य बहुत अधिक नहीं होना चाहिये।
5. पाठ्य-पुस्तक आधुनिक गणित (Modern Mathematics) को ध्यान में रखकर लिखी गई हो।
6. पाठ्य-पुस्तक का मुख-पृष्ठ आवरण तथा गेट-अप आदि आकर्षक होने चाहिये।
7. विभिन्न उप-विषयों को 'सरल से कठिन' (From Simple to Complex) की ओर वाले शिक्षण सूत्र के अनुसार क्रमबद्ध किया जाना चाहिये।

तार्किक पहलू (Logical Aspect)

ऊँची कक्षाओं के लिये पाठ्य-पुस्तक तैयार करते समय एवं विषय सामग्री को व्यवस्थित करते समय तार्किक पहलू (Logical Aspect) को ध्यान में रखना चाहिये। तार्किक पहलू के अन्तर्गत निम्नलिखित बातें आती हैं–

1. पाठ्य-पुस्तक का चुनाव किसी पक्षपात या सिफारिश के आधार पर न करके उसकी व्यावहारिक उपयोगिता के अनुसार करना चाहिये।
2. पाठ्य-पुस्तक परीक्षा की माँगों को भी पूरा करने में समर्थ होनी चाहिये।
3. पाठ्य-पुस्तक आसानी से प्रत्येक विद्यार्थी का उपलब्ध होनी चाहिये।
4. पाठ्य-पुस्तक के द्वारा क्षेत्रीय एवं सामाजिक आवश्यकताओं की पूर्ति होनी चाहिये।
5. पाठ्य-पुस्तक लिखते समय विभिन्न कमैटियों के सुझावों को भी महत्व देना चाहिये।
6. पाठ्य-पुस्तक में विषय-वस्तु का तार्किक ढंग से व्यवस्थित होना आवश्यक है।
7. लेखक की योग्यता तथा अनुभव उच्च स्तर का होना चाहिये।
8. विभिन्न परिभाषायें स्पष्ट तथ निश्चित शब्दों में होनी चाहिये।
9. विभिन्न अध्यायों (Chapters) का क्रमिक रूप से आयोजन होना चाहिये।
10. पाठ्य-पुस्तक में वर्णित विचारों की पुष्टि विश्वसनीय सन्दर्भों (Reliable references) द्वारा करनी चाहिये।
11. प्रतिभाषाली छात्रों के लिये कुछ कठिन प्रश्नों का समावेश एक अच्छी पाठ्य-पुस्तक की विशेषता है।
12. चित्रों, आँकड़ों, तालिकाओं तथा ग्राफों को यथास्थान रखा जाये तथा इनका समुचित वर्णन भी प्रस्तुत किया जाये।
13. पाठ्य-वस्तु (Content) की दृष्टि से पाठ्य-पुस्तक आधुनिक (up-to-date) होनी चाहिये।
14. विषय का प्रतिपादन (Treatment of the subject) ठोस, निश्चित तथा सुसंगत हो।
15. स्पून-फीडिंग (Spoon-feeding) से बचनेके लिये पाठ्य-पुस्तक में बहुत अधिक सोल्वड उदाहरणों (Examples) का समावेश नहीं करना चाहिये।
16. प्रत्येक अध्याय के साथ सम्बन्धित साहित्य (Related literature) के प्रति उचित निर्देशन देना चाहिये।
17. अभ्यासार्थ प्रश्नों की सूची प्रत्येक पाठ के अन्त में होनी चाहिये।

पाठ्य्-पुस्तकों के मूल्यांकन के लिये मानदण्ड
(Criteria for Evaluation of Text-Book)

पाठ्य-पुस्तकों का प्रयोग अध्यापक तथा शिक्षक दोनों ही करते हैं। अत: मूल्यांकन के लिये इनकी राय जानना बहुत आवश्यक हो जाता है। कभी-कभी अध्यापक

या विद्यार्थी कुछ पक्षपातों या अन्य व्यक्तिगत कारणों के वशीभूत होकर किसी पाठ्य-पुस्तक की कटु आलेचना या निन्दा करने लग जाते हैं, यह उचित नहीं है। इस दृष्टि से यह अत्यन्त आवश्य है कि पाठ्य-पुस्तकों का मूल्यांकन करने के लिये अध्यापकतथा छात्र दोनों ही वसतुनिष्ठ एवं पक्षपात रहित मानदझडों का प्रयोग करें। पाठ्य-पुस्तकों का मूल्यांकन करने के लिये निम्न व्यक्तियों की सम्मतियाँ प्राप्त करना आवश्यक है–

1. विषय से सम्बन्धित किसी विद्वान् की सम्मति।
2. विषय के अनुभवी एवं योग्य शिक्षकों की सम्मति।
3. विषय विशेषज्ञ (Suject Expert) की सम्मति।
4. विषय के विद्यार्थियों की सम्मति।

पाठ्य-पुस्तक के बारे में विषय के विद्वानों, शिक्षकों, छात्रों तथा शिक्षण के विषेषज्ञों की सम्मतियों को वस्तुनिष्ठ बाने की दृष्टि से दो बातें आवश्यक हैं। प्रथम, जिन आधार पर सम्मति प्राप्त करनी हो उसके मानदण्ड (Criteria) निश्चित हों, दूसरे, सम्मति प्रकट कने के लिये वर्गक्रमों (Ratings) का प्रयोग किया जाये जिससे सापेक्ष (Relative) ढंग से सम्मतियों का उल्लेख किया जा सके।

पाठ्य-पुस्तकों का मूल्यांकन अधिकतर सम्मतियों पर ही निर्भर करता है। किन्तु, कक्षा के अन्दर छात्रों पर प्रयोग करके भी पाठ्य-पुस्तक का मूल्यांकन सम्भव है। मूल्यांकन का यह तरीका अधिक वैज्ञानिक है और इसके लिये प्रयोगात्मक तरीकों (Experimental techniques) के बारे में जानकारी प्राप्त करना आवश्यक है।

पाठ्य-पुस्तक का मूल्यांकन करने के लिये निम्न मानदण्ड (Criteria) स्थापित किये जा सकते हैं–

1. पुस्तक का यान्त्रिक पहलू (Mechanical Aspect)—इसके अन्तर्गत पाठ्य-पुस्तक का बाह्य स्वरूप (Appearance of Getup), आकार, पृष्ठ संख्या, जिल्द, कागज की किस्म छपाई की स्पष्टता, सज-धज तथा हाशिया आदि सम्मिलित हैं।

2. पाठ्य-पुस्तक की व्यवस्था (Organization)—इस मानदण्ड के अनुसार पाठ्य-पुसतक के भीतर विषय का विभाजन, उसकी श्रृंखला-बद्धता, तार्किकता, सारांश तथा अभ्यासार्थ प्रश्नों की व्यवस्था पर ध्यान दिया जाता है।

3. प्रस्तुतीकरण (Presentation) — इसके अर्न्तगत पाठ्य-पुस्तक की भाषा-शैली, उसमें प्रयुक्त शब्दावली, प्रतिपादन पद्धति, विषय की स्पष्टता एवं बोधग्राह्यता आदि निहित है।

4. उदाहरण (Illustrations) — इसके अन्तर्गत चलचित्रों, चार्ट, रेखाचित्र, ग्राफ आदि की शुद्धता, वस्तुनिष्ठता, स्पष्टता, उपयोगिता यथास्थापता, वास्तविकता,

उपयुक्तता, रोचकता तथा आकार आदि पर विचार किया जाता है। पाठ्य-पुस्तक के लिये ये अत्यन्त महत्वपूर्ण है।

5. अभ्यासार्थ प्रश्न (Exercise)—प्रत्येक पाठ के अन्त में दिये गये अभ्यासार्थ प्रश्नों का विषय-वस्तु से सम्बन्ध, उनकी व्यापकता (Comprehensiveness), प्रेरणात्मक शक्ति, स्पष्टता, शुद्धता, विश्वसनीयता तथ कठिनाई स्तर निर्धारित करना आवश्यक है। इस मानदण्ड के अनुसार अभ्यासार्थ प्रश्नों का मूल्यांकन इनकी दृष्टियों से किया जाता है।

6. सहायक ग्रन्थों की सूची (references or Bibliography)— पाठ्य-पुस्तक में प्रस्तुत सहायक ग्रन्थों की सूची तथा निर्देशन की छात्रों तथा शिक्षकों की दृष्टि से उपयोगिता, उसकी व्यावहारिकता, निश्चितता, उपलब्धता, विश्वसनीयता एवं वैधता पर विचार करना परमावश्यक है। इस मानदण्ड के अर्न्तगत मूल्यांकनकर्त्ता इन सभी बातों पर विचार करता है।

7. अनुक्रमणिका एवं विषय-सूची (Index and Table of Contents)— इसके अनुसार पाठ्य-पुस्तक के अन्दर दी हुई विषय-सूची की पूर्णता, स्पष्टता, व्यवस्था, व्यावहारिक उपयोगिता तथा संगठन आदि पर ध्यान दिया जाता है।

8. लेखक (Author)— इसके अर्न्तगत लेखक की योग्यता, लेखक की योग्यता, लेखन तथा शिक्षण-अनुभव, व्यसावसायिक प्रशिक्षण तथा वर्तमान व्यवसाय आदि पर विचार करना होता है। यह पाठ्य-पुस्तक के मूल्यांकन का महत्वपूर्ण पक्ष है।

इन मानदण्डों पर ध्यान देते हुये एक पंच पद रेटिंग स्केल (Five Point Rating Scale) के रूप में पाठ्य-पुस्तकों का मूल्यांकन सम्भव है और प्रत्येक पाठ्य-पुस्तक के सम्बन्ध में अंक निर्धारित किए जा सकते हैं। पंच पद रेटिंग स्केल का स्वरूप निम्न हो सकता है–

वर्गक्रम (Classification)	*अंक (Marks)*
सर्वोत्कृष्ट (Excellent)	5
अच्छा (Good)	4
साधारण (Average)	3
निकृष्ट (Poor)	2
निकृष्टतम (Poorest)	1

उपरोक्त मानदण्ड के अनुसार पाठ्य-पुस्तक की रेटिंग इन पाँच पदों में की जायेगी। रेटिंग के बाद उन्हें आंकिक रूप में (Numerical) परिवर्तित कर दिया जायेगा। सर्वोत्कृष्ट के लिये 5 अंक, अच्छा के लिये 4 अंक, साधारण के लिये 3 अंक, निकृष्ट के लिये 2 अंक तथ निकृष्टतम के लिये 1 अंक प्रदान किया जायेगा। उदाहरणार्थ, रेटिंग स्केल का नमूना प्रस्तुत है–

पाठ्य-पुस्तक के मूल्यांकन हेतु पंच पद रेटिंग स्केल
(Five Point Rating Scale for Evaluation of Text-Book)

निर्देश (Instructions) — इस रेटिंग स्केल में आठ मानदण्ड दिये गये हैं। इन मानदण्डों के अनुसार आगे के खानों में रेटिंग करना है। रेटिंग प्रदर्शित करने के लिये (√) चिन्ह का प्रयोग करें। प्रत्येक मानदण्ड पर बहुत सोच-विचारकर पाठ्य-पुस्तक का मूल्यांकन करना है। अपनी रेटिंग को निष्पक्ष (Unbiased) तथा वस्तुनिष्ठ (Objective) बनाने का प्रयास करें। रेटिंग करते समय निम्न स्केल की सहायता ली जा सकती है।

5	4	3	2	1
सर्वोत्कृष्ट (Exellent)	अच्छा (Good)	साधारण (Average)	निकृष्ट (Poor)	निकृष्टतम (Poorest)

उदाहरण (Example) :

पाठ्य-पुस्तक का शीर्षक 'A' (Title of the Text-Book)

क्र०सं० *S.No.*	*मानदण्ड* *(Classification)*	*सर्वोत्कृष्ट* *Excellent*	*अच्छा* *Good*	*साधारण* *Average*	*निकृष्ट* *Poor*	*निकृष्टतम* *Poorest*
1.	पाठ्य-पुस्तक का यांत्रिक पहलू (Mechanical Aspect)		√			
2.	पाठ्य-पुस्तक की व्यवस्था (Organization)			√		
3.	प्रस्तुतीकरण (Presentaton)				√	
4.	उदाहरण (Illustrations)			√		
5.	अभ्यासार्थ प्रश्न (Exercises)			√		
6.	सहायक ग्रन्थों की सूची (Reference or Bibliography)			√		
7.	विषय-सूची (Index or Content)			√		
8.	लेखक (Author)		√			

हस्ताक्षर रेटिंग कर्ता (Signature of the Rator)

अंकों का कुल योग = 8 + 15 + 2 = 25

(Total marks)

रेटिंग प्रतिशत = 25 out of 40

(% of Rating)

$$= \frac{25}{40} \times 100 = 62.5\% \text{ अच्छा (Good)}$$

इस प्रकार रेटिंग करने के बाद इन्हें अंकों में परिवर्तित किया जाता है। उपरोक्त उदाहरण में पाठ्य-पुस्तक 'A' के लिये कुल अंग 25 होंगे। इस रेटिंग स्केल में आठ मानदण्डों के लिये अधिकतम रेटिंग अंक 40 तथा न्यूनतम रेटिंग अंक 8 होंगे। इस प्रकार पाठ्य-पुस्तक 'A' को साधारण (Average) से कुछ अच्छा मानना चाहिये।

पाठ्य-पुस्तकों में सुधार हेतु कोठारी आयोग के सुझाव (Recommendations of Kothari Commission Regarding the Improvement in Existing Text-Books)

स्वतंत्रता प्राप्ति के बाद माध्यमिक शिक्षा आयोग (Secondary Education Commission) तथा कोठारी आयोग (Kothari Commission) ने पाठ्य-पुस्तक के निम्न स्तर को ऊँचा उठाने के लिये अनेक सुझाव प्रस्तुत किये हैं, जो इस प्रकार हैं–

राष्ट्रीय स्तर पर सुझाव (Recommendations at Natinal Level)

राष्ट्रीय स्तर पर दिये गये मुख्य सुझाव निम्न प्रकार है–

1. भारत सरकार प्रतिभाशाली व्यक्तियों को उदार पारिश्रमिक देकर पाठ्य-पुस्तक लिखने के लिये प्रोत्साहन दें।
2. पाठ्य-पुस्तक लिखने का कार्यक्रम राष्ट्रीय स्तर पर तैयार किया जाना चाहिये।
3. शिक्षा मन्त्रालय सार्वजनिक क्षेत्र में एक स्वायत संगठन (Autonomous Organization) की स्थापना करे। यह संगठन पाठ्य-पुस्तक के निर्माण कार्य को राष्ट्रीय स्तर पर सम्पन्न करे।

राज्य स्तर पर सुझाव (Recommendations at State Level)

राज्य स्तर पर दिये गये मुख्य सुझाव निम्न प्रकार हैं–

1. शिक्षकों को पाठ्य-पुस्तक लिखने के लिये विशेष प्रोत्साहन मिलना चाहिये।
2. पाठ्य-पुस्तक द्वारा बालकों में राष्ट्रीय प्रेम की भावना विकसित होनी चाहिये।

3. पाठ्य-पुस्तक का मूल्यांकन करना प्रदेशीय शिक्षा विभाग का उत्तरदायित्व होना चाहिये।
4. बिक्री का कार्य शिक्षा विभाग को नहीं बल्कि सहकारी स्टोर्स (Co-operative stores) को दे दिया जाना चाहिये।
5. प्रदेशीय सरकारों को पाठ्य-पुस्तक निर्माण का कार्य लाभ जुटाने की भावना से नहीं करना चाहिये। इस महान् कार्य का उद्देश्य सस्ते मूल्य पर अच्छी पाठ्य-पुस्तक उपलब्ध कराना होना चाहिये।
6. प्रत्येक प्रदेश में एक अलग संस्था की स्थापना होनी चाहिये। इस संस्था को पाठ्य-पुस्तक का निर्माण, पाठ्यक्रम की रचना, उसका समय-समय पर पुनरावलोकन एवं प्रकाशन आदि की व्यवस्था करके प्रत्येक पाँच वर्ष के पश्चात् उनका परिशोधन (Revision) भी कर देना चाहिए।
7. शिक्षा विभाग को कुछ अच्छे लेखकों का चयन करके उनसे पांडुलिपियाँ तथा प्रस्ताव आमन्त्रित करने चाहिये।
8. पाठ्य-पुस्तक में उन तथ्यों, घटनाओं की चर्चा नहीं की जानी चाहिये जिससे किसी वर्ग, जाति अथवा धर्म के लोगों की भावनाओं को ठेस पहुँचने का भय हो।
9. कालिजों में अच्छी पुस्तकों के लेखकों को नियुक्त किया जाना चाहिये।

10

गणित में मूल्यांकन
Evaluation in Mathematics

मूल्यांकन का अर्थ (Meaning of Evaluation)

मूल्यांकन (Evaluation) एक प्रक्रिया है जिसके द्वारा हम यह जानने का प्रयास करते हैं कि कक्षा अध्यापक द्वारा उद्देश्यों की प्राप्ति किस सीमा तक हुई है, अर्थात् अध्यापक यह देखना चाहता है कि उसके विद्यार्थियों ने प्राप्त ज्ञान को किस सीमा तक समझा है, उनकी रुचि तथा व्यवहार में कहाँ तक परिवर्तन हुआ है, उनकी गणित के प्रति अभिरुचि कितनी है, उनकी बुद्धि का स्तर क्या है आदि-आदि। यह सब मिलाकर ही मूल्यांकन की प्रक्रिया पूर्ण समझी जाती है।

("Evaluation may be defined as a systematic process of determining the extent to which educational objectives are achieved by pupils.")

— *Dandekar*

इस प्रकार शिक्षा में मूल्यांकन से तात्पर्य उस प्रक्रिया से है जिसमें अध्यापक एक छात्र की शैक्षिक उपलब्धि (Educational Achievement) का पता लगाता है।

(Measuring behavioural changes on the basis of pre-determined objectives is called Evaluation. Evaluation not only tells the teacher how much the child has achieved but also how good the achievement is.)

प्राय: मूल्यांकन और परीक्षा में अधिक अन्तर नहीं समझा जाता है परन्तु वास्तव में परीक्षा, मूल्यांकन का केवल एक अंग अथवा पक्ष ही है। मूल्यांकन करने के लिये अध्यापक को समय-समय पर विभिन्न प्रकार के मापन करने पडते हैं अथवा परीक्षा लेनी होती है। अंकन (Scoring) के बाद मापन का कार्य रुक जाता है। ये अंक सांख्यिकी (Statistics) के द्वारा विभिन्न रूपों में जोड़े-तोड़े (Manipulation) जाते हैं। किन्तु, मूल्यांकन इससे बहुत आगे तक जाता है, क्योंकि यह मापन द्वारा प्राप्त अंकों के आधार पर मूल्यात्मक निर्णय (Value Judgement) देना चाहता है।

(Evaluation is not limited to examinations or tests. It is a continuous excess and an integral part of teaching with a veiw to know area of difficulty and achieving objectives to the maximum level.)

इस प्रकार, मूल्यांकन में मापन और मूल्यात्मक निर्णय समाविष्ट हैं। मूल्यांकन एक गुणात्मक निर्णय करने की प्रक्रिया है, जबकि मापन का रूप आंकिक है। मापन के बिना मूल्यांकन सम्भव ही नहीं है। मापन की सीमायें होती हैं तथा किसी सीमा के बाहर हम तथ्यों या गुणों का मापन नहीं कर सकते। ई०एल० थॉर्नडाइक ने कहा है, "प्रत्येक वस्तु जो जरा भी सत्ता रखती है, किसी न किसी परिमाण में सत्ता रखती है और कोई भी वस्तु जिसकी किसी परिमाण में सत्ता है, मापन के योग्य है।"

("Anything that exists at all, exists at all, exists in some quantity, anything that exists in some quantity is capable of being measured.")

— E.L. Thorndike

मूल्यांकन प्रक्रिया के सोपान
(Steps in the Evaluation Process)

मूल्यांकन प्रक्रिया के निम्नलिखित तीन मुख्य सोपान है–

1. शिक्षण उद्देश्यों का निर्धारण एवं परिभाषीकरण (Formulation and Definition of Educational Objectives)—उद्देश्यों को निर्धारित करने से पूर्व बालक, समाज, विषय-वस्तु की प्रकृति तथा शैक्षिक स्तर पर पूर्ण ध्यान दिया जाना चाहिये। जिन उद्देश्यों की जाँच होनी है, उनकी परिभाषा दी जाये। मूल्यांकन में यह आवश्यक है कि जिनका मूल्यांकन होता है, उनको निश्चित करने तथा स्पष्ट करने को मूल्यांकन प्रक्रिया में सदैव प्रधानता दी जाये। जब तक मूल्यांकन का अभिप्राय सावधानीपूर्वक बताया जाये तब तक कोई भी मूल्यांकन की युक्ति न तो चुनी जाये और न ही विकसित की जाये। मूल्यांकनकर्त्ता के मस्तिष्क में यह बिल्कुल स्पष्ट होना चाहिये कि वह किस प्रकार के परिवर्तन किस सीमा तक लाना चाहता है।

अध्यापक को चाहिये कि वह कक्षा के अन्दर ऐसी परिस्थितियों का निर्माण करे जिससे कक्षा का वातावरण एक उद्दीपक (Stimulus) का कार्य करे। इस बात का ध्यान रखा जाये कि अध्यापक स्थिति तथा सीखने की स्थिति में सामंजस्य हो। कभी-कभी अध्यापक अपनी सुविधा के लिये ऐसी अध्यापन स्थिति का चयन कर लेता है जो विद्यार्थियों के दृष्टिकोण से उपयुक्त सीखने की स्थिति नहीं होती। शिक्षण अनुभवों को उत्पन्न करते समय अध्यापक को निम्न बातों को भी ध्यान में रखना चाहिये–

1. क्या ये अनुभव विद्यार्थी की परिपक्वता (Maturity) के अनुकूल हैं?
2. क्या ये अनुभव बालक के व्यवहार का अविच्छिन्न अंग (Intergal part) बन सकते हैं?
3. क्या अधिगम अनुभव (Learning Experiences) शैक्षणिक लक्ष्यों से प्रत्येक रूप में सम्बन्धित हैं?
4. क्या ये अनुभव शिक्षार्थी के लिये सार्थक (Meaningful) तथा सन्तोष-प्रद हैं?
5. क्या ये अनुभव पर्याप्त (Adequate) हैं?

2. व्यवहार परिवर्तन के आधार पर मूल्यांकन करना (Evaluating on the Basis of Behavioural Change) — बालक का व्यवहार उसके अस्तित्व के कई पक्षों से सम्बन्धित होता है। इसके अन्तर्गत बाह्य तथा आन्तरिक दोनों ही प्रकार के व्यवहार आते हैं। विद्यालय में पढ़ाये जाने वाले सभी विषय बालक के ज्ञानात्मक (Cognitive), भावात्मक (Affective) तथा क्रियात्मक (Conative) पक्षों का विकास करते हैं। उसके व्यवहार के ये तीन मुख्य अंग हैं जो बाह्य तथा आन्तरिक दोनों ही रूपों में पाये जाते हैं। मापन के परिणामों का प्रयोग मापन को साध्य न मानकर किसी साध्य के लिये साधन के रूप में लेना चाहिये। इससे अध्यापक तथा अन्य अधिकारियों के लिये यह आवश्यक हो जाता है कि वे छात्रों की शिक्षा में इसके परिणाम का उचित सदुपयोग करें। बालकों से सम्बन्धित आंकड़ों का आँख मूंदकर एकत्रीकरण करने तथा उनके इस आशा से संचित करने में, कि ये भविष्य में कभी उपयोगी सिद्ध होंगे, समय व प्रयास दोनों का दुरुपयोग होता है। केवल परिणामों के सही प्रयोग द्वारा ही उपलब्धियों में सुधार सम्भव है।

अच्छी परीक्षाओं के लक्षण (Criteria of a Good Test)

मूल्यांकन की दृष्टि से एक अच्छी परीक्षा में सामान्यत: निम्नलिखित गुण होने चाहिये–

1. विश्वसनीयता (Reliability)
2. वैधता (Validity)
3. वस्तुनिष्ठता (Objectivity)
4. विभेदीकरण (Discrimination)
5. कठिनाई स्तर (Defficulty Index)
6. व्यापकता (Comprehensiveness)
7. सहजता (Usability)

1. **विश्वसनीयता (Reliability)** — "It refers to the consistency of the measurement." "यदि किसी परिक्षा के परिणाम समान परिस्थितियों में एक समान बने रहते हें तो उस परीक्षा को विश्वसनीय (Reliable) माना जाता है। इस प्रकार किसी परीक्षा की विश्वसनीयता परीक्षा में न्यादर्श की मात्रा (Sample Size) तथा अंकों की वस्तुनिष्ठता (Objective in Scoring) पर निर्भर करती है।"

Reliability= Sample Size + Objective in Scoring

इसी प्रकार, कोई प्रश्न तभी विश्वसनीय कहा जायेगा जब उसके उत्तर विद्यार्थी की सही उपलब्धि अथवा स्तर का ज्ञान करायें अर्थात् परिणामी अंक त्रुटियों की सम्भावना से मुक्त हों। त्रुटियों की सम्भावना प्राय: निर्देशों की अस्पष्टता के कारण होती है। यह दो स्तरों पर हो सकती है–प्रथम, जब विद्यार्थी प्रश्न काउत्तर दे रहा है और दूसरा, जब परीक्षक उत्तर का मूल्यांकन कर रहा है।

रिजलैंड ने विश्वसनीयता को निम्न प्रकार परिभाषित किया है–

"विश्वसनीयता उस विश्वास (Faith) को प्रकट करती है जो कि एक परीक्षा में स्थापित की जा सकती है।"

(Reliability refers to the faith that may be placed into a test.)

शेक्सपीयर ने कहा है, "Consistency, thou art the jewel." प्रकृति में जहाँ कहीं भी एकरूपता है, वहाँ विश्वसनीयता अवश्य समाहित हो जाती है।

2. **वैधता (Validity)** — "Validity means truthfulness of the test a purposiveness of a test."

इसका आशय यह है कि यदि कोई परीक्षण वही मापन करता है जिसके मापन के लिये इसका निर्माण हुआ हैं तो वह परीक्षण वैध (Valid Text) कहलाता है। इस प्रकार वैधता गुणक (Validity Index) यह सूचित करता है कि किसी परीक्षण ने वस्तुत: उसी विशेषता (Trait) का मापन किस सीमा तक किया है जिसका मापन करने के लिये यह दावा करता है। उदाहरणार्थ, गणित की परीक्षा को वैधता कहें जबकि उसके द्वारा हम गणित की योग्यता का ही मापन करें, इसके अतिरिक्त भाषा की योग्यता, स्वच्छता अथवा सामान्य बुद्धि का नहीं।

Gulikson ने निश्चित शब्दों में वैधता को इस प्रकार व्यक्त किया है–

"It is the correlation of the test with some criterisa."

किसी परीक्षण की भाँति कोई प्रश्न अपनी वैधता उसी सीमा तक खो देता है जिस सीमा तक वह अपने उद्देश्य की पूर्ति में सफल नहीं होता । कोई आइटम (Iem) वैध नहीं कहलायेगा यदि वह पाठ्यक्रम से सम्बन्धित न हो, जैसे–हम आमतौर पर कहते हैं कि यह पाठ्यक्रम के बाहर है अथवा इसमें कुछ ऐसी अवांछित सामग्री है जिसके मापन का हमारा उद्देश्य नहीं है।

सी॰वी॰ गुड के अनुसार, "वैधता यह सीमा अथवा विस्तार है, जिस तक परीक्षा उसे मापती है, जिसे वह मापना चाहती है।"

(Validity is the extent to which a test measures what it purports of measure.)

रिजलैंड के अनुसार, "वैधता एक मापन-साधन का मापने वाला गुण होती है। जिसे वह मापना चाहती है।"

(Validity is often defined as the property of measruing insrument measure what it purpose to measure.)

ग्रीन महोदय ने वैधता को इस प्रकार परिभाषित किया है–"वैधता उस मात्रा की एक अभिव्यक्ति का नाम है जहाँ तक एक परीक्षा उन सभी योग्यताओं, कौशलों तथा सूचनाओं को मापती है, जिन्हें मापने के लिये वह वांछित होती है।"

(Validity may be defined more specifically as an expression of the degree to which a test measures the qualitites, abilities, skills and informations which it is designed and supposed to measure.)

3. वस्तुनिष्ठता (Objectives) — जिस परीक्षा पर परीक्षक का व्यक्तिगत प्रभाव नहीं पड़ता है, वह परीक्षा वस्तुनिष्ठ कहलाती है। किसी भी परीक्षण के लिये वस्तुनिष्ठ होना बहुत जरूरी है, क्योंकि इसका विश्वसनीयता व वैधता पर बहुत प्रभाव पड़ता है। एक बार स्कोरिंग कुंजी (Scoring key) बन जाने पर यह प्रश्न ही नहीं उठना चाहिये कि प्रश्न अस्पष्ट तो नहीं है या उसके उत्तर के बारे में ठीक से निर्णय नहीं लिया जा सकता। अब मूल्यांकन कोई भी करे छात्र के बारे में ठीक से निर्णय नहीं लिया जा सकता। अब मूल्यांकन कोइ भी करे छात्र को सदैव उतने ही अंक मिलने चाहिये, इसी की वस्तुनिष्ठता (Objectivity) कहते हैं। निबन्धात्मक परीक्षाओं (Essay Type) में यह बात नहीं होती । इसमें कापियों का मूल्यांकन करते समय परीक्षक का व्यक्तिगत निर्णय अधिक महत्व रखता है। यही कारण है कि इन परीक्षाओं के स्थान पर हम नवीन परीक्षा प्रणाली (Objective Type Test) को अधिक प्रयोग में लाते हैं।

4. विभेदीकरण (Discrimination) — विभेदीकरण से तात्पर्य परीक्षण के उस गुण से है जिसके द्वारा पढ़ने में तेज, सामान्य एवं पिछड़े छात्रों के मध्य काफी सीमा तक भी किया जा सके। इसके द्वारा यह जाना जा सकता है कि पूरे परीक्षण पर प्राप्तांकों के आधार पर अधिकतम अंक (Maximum Score) एवं न्यूनतम अंक (Minimum Score) पाने वाले छात्रों को अलग करने में प्रत्येक प्रश्न का क्या योगदान रहा। परीक्षण के आइटमों की विभेदीकरण क्षमता ज्ञात करने के लिये प्रत्येक प्रश्न का विश्लेषण किया जाता है, जिसे पद विश्लेषण प्रक्रिया (Item Analysis) कहते हैं। इससे प्रत्येक प्रश्न के कठिनाई स्तर का पता चल जाता है।

5. कठिनाई स्तर (Difficulty Index) — कठिनाई स्तर प्रश्न का बहुत महत्वपूर्ण सक्षम है। सम्पूर्ण प्रश्न पत्र में दिये गये अंकों के वितरण को इसी के आधार पर निर्धारित किया जा सकता है। उन प्रश्नों में जिनका अंकन 'शुद्ध अथवा अशुद्ध' रूप में किया जा सकता है, कठिनाई स्तर की परिभाषा सही प्रश्न हल करने वाले विद्यार्थियों की प्रतिशतता है। निबन्धात्मक तथा लघुउत्तरीय प्रश्नों में, जो आंशिक रूप से शुद्ध हा सकते हैं, कठिनाई स्तर का सूत्र निम्न है–

$$D = \frac{X}{A} \times 100$$

जहाँ, X = प्रश्न में उस वर्ग द्वारा प्राप्त अंकों का मध्यमान

A = निर्धारित पूर्णांक।

कठिनाई स्तर वास्तव में सुगमता सूचक होता है क्योंकि ज्यों-ज्यों प्रश्न सरलतम होता जाता है, *D.I.* बढ़ता जाता है। स्पष्टत: यह सूचक एक सामूहिक गुणक है जो शून्य से 100 तक जाता है।

6. व्यापकता (Comprehensiveness) — व्यापकता के अन्तर्गत परीक्षण का वह प्रारूप आ जाता है जिसके द्वारा परीक्षण उस योग्यता (Trait) के विभिन्न पक्षों का मापन करने में समर्थ हो सकता है जिसके मापन हेतु उसको निर्मित किया गया है। परीक्षण की व्यापकता के बारे में निर्णय करना स्वयं एक निर्माता की सूझ-बूझ एवं क्षमता पर निर्भर करता है। माइकेल्स ने व्यापकता की तुलना के (Cake) की पतों से की है। इस तरीके से हम पाठ्यक्रम में सम्मिलित सभी तथ्यों को न लेकर उनमें सक कुछ का न्यादर्श (Sample) ले सकते हैं। इस प्रकार, संक्षेप में व्यापकता का अर्थ दो प्रकार से लिया जाता है–

(अ) पाठ्य-वस्तु का समावेश (Coverage of Subject-Matter or Content)

(ब) उद्देश्यों का समावेश (Coverage of Objectives) ।

7. सहजता (Usability) — वह परीक्षण जो निर्माण करने, छात्रों द्वारा उसका उत्तर देने एवं अंक दान करने, तीनों पक्षों की दृष्टि से सरल हो, एक अच्छा परीक्षण कहलाता है। अर्थात्, वह परीक्षण जिसके निर्माण में कठिनाई न हो, छात्रों को भी उसके उत्तर देने में सहजता हो तथा अंकन की प्रक्रिया में भी किसी प्रकार की जटिलता न आये, सहजता के गुण वाला परीक्षण कहलाता है।

सी॰सी॰ रॉस के अनुसार, "सहजता वह मात्रा है, जिसको परीक्षा अथवा अन्य साधन को, अध्यापकों तथा पाठशाला प्रबन्धकों द्वारा बिना समय तथा शक्ति के अनावश्यक व्यय के सफलतापूर्वक प्रयुक्त किया जा सकता है। एक शब्द में सहजता का अर्थ व्यावहारिकता है।"

(By usability we mean the degree to which the test or other instrument can be successfully employed by teachers and school administrators without any undue expenditure of time and energy. In a word, usability mean practicability.)

मूल्यांकन प्रविधियाँ (Evaluation Techniques)

मूल्यांकन प्रविधियों की उपयुक्तता इस बात पर निर्भर करती है कि उसके द्वारा अध्यापक को बालक के व्यवहार में परिवर्तन के बारे में कितनी स्पष्ट जानकारी मिलती है। उद्देश्यों एवं विषय-वस्तु की प्रकृति को ध्यान में रखकर ही मूल्यांकन की विधि का चयन करना चाहिये। यदि हमने दोषणूर्ण प्रविधि का प्रयोग किया तो निकाले गये निष्कर्ष दोषपूर्ण होंगे तथा हमें छात्र के बारे में गलत जानकारी प्राप्त होगी। प्रत्येक उद्देश्य दूसरे उद्देश्यों से भिन्न होता है तथा उनसे सम्बन्धित व्यवहार भी भिन्न होते हैं। मूल्यांकन के किसी एक प्रविधि को हम सभी उद्देश्यों की प्राप्ति के लिये प्रयोग में नहीं ला सकते कुछ मुख्य मूल्यांकन प्रविधियाँ निम्नलिखित हैं–

1. लिखित परीक्षायें (Written Examinations) — इन परीक्षाओं में निबन्धात्मक प्रश्न (Essay type) तथा वस्तुनिष्ठ प्रश्न (Objective type) मुख्य हैं। निबन्धात्मक परीक्षाओं में छात्र को विस्तारपूर्वक उत्तर लिखने होते हैं जबकि वस्तुनिष्ठ परीक्षा में उत्तर लिखने को ढंग अत्यन्त सरल एवं संक्षिप्त होता है। वस्तुनिष्ठ परीक्षायें दो प्रकार की होती हैं। पहली, प्रमाणित (Standardized) जिनके सामान्य स्तर (Norms) पहले से ही स्थापित किये होते हैं, दूसरी, अध्यापक निर्मित (Teacher-made) जिनमें प्रश्नों का निर्माण शिक्षक स्वयं करता है।

2. मौखिक परीक्षायें (Oral Examinations) — इन परीक्षाओं द्वारा छात्रों की उपलब्धियों (Achievements) के उन पक्षों का मूल्यांकन किया जाता है जिन्हें हम लिखित परीक्षाओं द्वारा नहीं माप सकते। इन परीक्षाओं में मौखिक प्रश्न, वाद-विवाद, विचार-विमर्श एवं नाट्य-प्रदर्शन आदि सम्मिलित हैं। गणित के मूल्यांकन में मौखिक परीक्षाओं को स्थान दिया जाना चाहिये। लिखित परीक्षाओं की कमियों की पूर्ति किसी सीमा तक मौखिक परीक्षाओं द्वारा सम्भव है।

3. प्रयोगात्मक परीक्षायें (Practical Examinations) — गणित में ज्यामिति, त्रिकोणमिति आदि विषयों में अनेक ऐसे उप-विषय होते हैं, जिनमें प्रयोगात्मक कार्य द्वारा प्रतययों एवं संकल्पनाओं (Concepts and Hypotheses) का स्पष्टीकरण कराया जा सकता है। क्षेत्रफल, ऊँचाई एवं दूरी आदि उप-विषयों में प्रयोगात्मक कार्य बहुत उपयोगी हैं। गणित में इन परीक्षाओं को स्थान दिया जाना चाहिये।

4. निरीक्षण (Observation)— गणित में निरीक्षण द्वारा छात्रों की उपलब्धियों के विषय में साधारण जानकारी मिल सकती है। बालकों की संवेगात्मक स्थिरता, मानसिक परिपक्वता तथा सोचने के तरीकों में यथार्थता की जानकारी कक्षा में प्रतिदिन निरीक्षण द्वारा प्राप्त हो सकती है। विद्यार्थी के व्यवहार में परिवर्तन उसके प्रश्न हल करने की क्रिया के निरीक्षण से भी किया जा सकता हैं जब विद्यार्थी प्रश्न हल करता है तो अध्यापक उनका अवलोकन करके यह देख सकता है कि वह शीघ्रता, स्वच्छता एवं शुद्धता से प्रश्नों को हल कर सकता है या नहीं। अवलोकन द्वारा विद्यार्थियों के व्यक्तित्व के अन्य गुणों, जैसे–आत्मविश्वास, चिन्तन, विवेक, कल्पना, तर्क, सूझ, भावात्मक विकास इत्यादि का भी मूल्यांकन किया जा सकता है।

5. साक्षात्कार (Interview)— साक्षात्कार द्वारा विद्यार्थियों की गणित में रुचि का विकास, उपर्युक्त दृष्टिकोण, आत्मविश्वास, बौद्धिक स्तर, गणित के ज्ञान का प्रयोग इत्यादि का मूल्यांकन किया जा सकता है। मौखिक परीक्षा तथा साक्षात्कार के उद्देश्यों में अधिक अन्तर नहीं है।

6. प्रश्नावली (Questionnaire)— जब अध्यापक समय की कमी के कारण निरीक्षण तथा साक्षात्कार प्रणाली का प्रयोग नहीं कर पाता तो वह प्रश्नावली प्रविधि का प्रयोग करता है। इसमें विद्यार्थियों को छपी हुई एक प्रश्नों की सूची दे दी जाती है जिन पर वह अपने उत्तर लिखकर अध्यापक को वापस कर देते हैं। इस प्रविधि द्वारा विद्यार्थियों की गणित में रुचि, दृष्टिकोण, अनुभूति, व्यक्तित्व के गुण तथा अन्य व्यावहारिक परिवर्तनों का मूल्यांकन हो सकता है।

7. चैक-लिस्ट (Check-List)— इसका स्वरूप प्रश्नावली प्रविधि की तरह ही होता है। अन्तर केवल इतना है कि इसमें प्रश्नावली की अपेक्षा प्रश्न तथा कथन बहुत स्पष्ट होते हैं जिन्हें पढ़कर विद्यार्थी केवल उनसे सम्बन्धित उत्तर पर सही का निशान लगाते हैं। इसमें उन्हें कुछ भी लिखना नहीं पड़ता। चैक-लिस्ट का उद्देश्य प्रश्नावली प्रविधि के ही समान होता है। यह आत्म-मूल्यांकन (Self-evaluation) के लिये भी उपयोगी होती है।

8. अभिलेख (Records)— विद्यार्थियों की गणित की पुस्तिका, अभिलेख संचिका (Cumulative Records) इत्यादि के अवलोकन से उनकी रुचि, दृष्टिकोण, अनुभूति इत्यादि का मूल्यांकन किया जा सकता है। कक्षा में तथा घर पर किये गये कार्य की पुस्तिकाओं को भी अभिलेख का अंग माना जा सकता हैं

प्रचलित परीक्षा पद्धति के दोष (निबन्धात्मक प्रणाली)
(Detects in Existing Pattern of Examination)

वर्तमान परीक्षा पद्धति का स्वरूप निबन्धात्मक (Essay Type) है। इन परीक्षाओं में विद्यार्थी तथा शिक्षक दोनों का एक मात्र उद्देश्य परीक्षा पास करना होता है

जिससे उनकी प्रतिभा का पूर्ण विकास नहीं हो पाता है। यही कारण है कि इन परीक्षाओं की घोर निन्दा होने लगी है। सन् 1902 के विश्वविद्यालय आयोग ने अपनी रिपोर्ट में लिखा है–

The conclusion is irresistible that education in India dominated by external control and tutelage in the form of fragmentary and unscientific examinations has resulted mostly in the prepetuation of mediocrity and retardation of genus-facts which are necessary on comitants, if not, inevitable consequences of the prevailing system.

परीक्षायें हमारी वर्तमान शिक्षा प्रणाली को जर्जर तथा निष्क्रिय बनाने में सहायक हुई हैं। कुछ आलोचक तो यहाँ तक कहते हैं कि परीक्षायें एक अविश्वास के दर्शन (Philosophy of doubt) पर अवलम्बित हैं अत: इनका त्याग करना ही उचित है। श्री चक्रवर्ती राजगोपालाचारी ने सन् 1937 में मद्रास के बीसवें प्रान्तीय शिक्षा सम्मेलन में अध्यक्ष पद से बोलते हुये कहा था–

"Perople are anxious to know my views, there is no difficulty in my saying that examinations are no good at all. A test is a fundamental attack on truth, it is a sign of distrust. You are truthful enough to hand over numerous boys to a teacher and a headmaster. Every body will agree that the certificate of the headmaster and the staff who have personal touch with the boy is more reliable than the result of an examination. You are bound to trust them. If yoiu trust them for other things, you must trust trust them for this also."

एक अन्य स्थान पर भारतीय विश्वविद्यालय आयोग (1902) ने प्रचलित परीक्षा प्रणाली की तीव्र आलोचना करते हुये कहा है कि विश्वविद्यालय शिक्षा को परीक्षाओं से कम महत्व दिया जाता है और परीक्षाओं को शिक्षा से कहीं अधिक महत्व दिया जाता है।

("... the greatest evil from which the system of University education suffers in India is that teaching is subordinated to examination and examination to teaching.")

विश्वविद्यालय शिक्षा आयोग (The Univesity Education Commission 1948 - 49) ने कहा है कि "भारतीय शिक्षा व्यवस्था में परीक्षा प्रणाली ही सबसे दूषित तथ्य है।"

"... The whole system of education is examination ridden. The frequency of examination and the manner of conducting them exercise an adverse effect upon the aims and methods of education. They suffer from a failure to define with any degree of exactness of the purpose."

माध्यमिक शिक्षा आयोग (1952-53) ने भी प्रचलित परीक्षा प्रणाली को तीव्र आलोचना की। आयोग ने परीक्षा प्रणाली को पुस्तकीय, यांत्रिक, परम्परागत एकक तथा संकुचित बताया।

"... bookish and mechanical, stereo-typed and rigidly uniform and did not cater to the different aptitudes of the pupils."

डा० वी०एस० ब्लूम ने वर्तमान परक्षा प्रणाली पर बड़े तीखे प्रहार किये हैं उसके अनुसार मुख्य दोष निम्नलिखित हैं–

1. प्रश्नपत्रों में कुछ महत्वपूर्ण तथा प्रिय (Favourite) प्रश्नों को अनावश्यक रूप में दोहराया जाता है। इससे छात्र हर वर्ष अपना अध्ययन इन्हीं प्रश्नों तक केन्द्रित रखते हैं।
2. कक्षा में जो कुछ भी कार्य किया जाता है यह विषय के उद्देश्यों को ध्यान में रखकर नहीं किया जाता है।
3. पाठ्यक्रम दूषित है। इसमें केवल विषय के कुछ शीर्षकों का उल्लेख मात्र होता है। साथ ही, निर्दिष्ट उद्देश्यों का भी अभाव रहता है। फलतः परीक्षा उद्देश्य आधारित (Objective based) नहीं हो पाती।
4. बहुत से अनावश्यक तथ्य केवल परीक्षा में उत्तीर्ण हाने के लिये ही रट लिये जाते हैं।
5. विभिन्न विषयों के परिणामों के आधार पर निष्कर्ष निकालने की परम्परा अत्यन्त दूषित है। इससे असफल छात्रों का प्रतिशत बहुत ऊँचा हो जाता है।
6. बाह्य परीक्षायें छात्र उपलब्धि का असन्तोषप्रद एवं अपर्याप्त मापक हैं।
7. उत्तर पुस्तिकाओं का अंकन करने में शिक्षक की आत्मनिष्ठता (Subjectivity) का प्रभाव पड़ता है।
8. प्रश्नपत्रों में मौलिकता (Originality) का पूर्ण अभाव रहता है।

"Favourite questions are repeated, slight changes are made in the wordings of questions in successive years, there are great similarities in the questions used in different states, most of the questions appeared tobe a sort that might be thought about on the last day or a short time before the examination material was due. rarely, did I encounter questions which suggested that the paper-setter had given careful thought to the matter ofver an extended period of time. In short, the questions were routine and stereo-typed, as though, every one was quite weary with the system and was kmerely going through the formalities required by it."

—*Dr. B.s. Bloom, 'Evaluation in Secondary Schools'*

उपरोक्त दोषों के अतिरिक्त भी कुछ दोष हैं, जो इस प्रकार हैं–

1. मूल्यांकन की वर्तमान विधि बालक के पाठ्यक्रम के अतिरिक्त कार्यों एवं सफलताओं की पूर्ण रूप से उपेक्षा करती है।
2. वैकल्पिक प्रश्नों (Optional questions) की सुविधा के कारण छात्र को सम्पूर्ण पाठ्यक्रम को तैयार न करने की छूट मिल जाती है। गणित जैसे विषय में इस प्रवृत्ति को न अपनाया जाये।
3. प्राय: ऐसा अनुभव किया जाता है कि जो छात्र तीव्र गति एवं सुन्दर लेख में उत्तर देते हें, उन्हें अच्छे अंक प्राप्त होते हैं।
4. प्रश्नपत्रों में कठिनाई स्तर (Difficulty Index) का कोई प्रभाव नहीं होता।
5. गणित एक ऐसा विषय है जिसमें हम छात्रों की व्यक्तित्व सम्बन्धी उपलब्धियों का मूल्यांकन केवल लिखित परीक्षाओं के माध्यम से नहीं कर सकते।
6. गणित की परीक्षाओं में औपचारिकता का पुट नहीं होना चाहिये। गणित अध्यापक ही इन परीक्षाओं के लिये प्रश्नपत्रों का निर्माण करें।
7. गणित की उपलब्धियों का मूल्यांकन वर्ष में गिनी-चुनी परीक्षाओं से सम्भव नहीं है।
8. प्राय: गणित के प्रश्नपत्रों में सिद्धान्तों, प्रत्ययों, सम्बन्धों, संकल्पनाओं आदि पर प्रश्न नहीं पूछे जाते, जो कि अनुचित है। इसके लिये अवबोधन (Understanding) तथा अनुप्रयोग (Application) के अच्छे प्रश्नों का समावेश करना चाहिये।
9. प्रश्नपत्रों में प्रश्नों की संख्या सीमित होती है जिससे परीक्षा की व्यापकता (Comprehensiveness) का गुण समाप्त हो जाता है। साथ ही, किया गया मूल्यांकन वैध (Valid) तथा विश्वसनीय (Reliabile) नहीं होता।
10. परीक्षायें अवसर तत्व (Chance factor) से पूर्णरूपेण प्रभावित रहती हैं।

परन्तु परीक्षा प्रणाली दोष रहित होनी चाहिये। प्रश्नपत्र में प्रश्न अधिक संख्या में होने चाहिये, ऐसा करने से बालक के सम्पूर्ण पाठ्यक्रम की जाँच हो सकेगी। इसके अतिरिक्त, रटने को भी प्रोत्साहन नहीं मिलेगा और नकल करने की भी गुंजाइश न रहेगी। इन विशेषताओं से पूर्ण यह नवीन परीक्षा प्रणाली विदेशों में प्रयोग में लायी जाती है। अपने यहाँ भी इस प्रकार के प्रश्न अब प्रश्नपत्र में आने लगे हैं। इस प्रणाली के अनुसार प्रश्नपत्र में प्रश्न तो काफी आते हैं लेकिन उनका उत्तर एक या दो शब्दों में देना होता है या मात्र निशान लगाना होता है। इस प्रकार के प्रश्नों को वस्तुनिष्ठ रूप कहते हैं।

गणित में प्रश्नों को निम्न दो वर्गों में विभाजित किया जा सकता है–

1. वस्तुनिष्ठ प्रश्न (Objective Type Questions)
2. लघु उत्तरात्मक प्रश्न (Short Answer Type)।

वस्तुनिष्ठ प्रश्न (Objective Type Questions)

(A) प्रत्यास्मरण प्रश्न (Recall Type)

प्रत्यास्मरण प्रश्नों के द्वारा बालकों की स्मरण शक्ति की परीक्षा की जाती है। इसमें दो प्रकार के प्रश्न आते हैं–

(*a*) पुन: स्मृति (Simple Recall) — पुन: स्मृति प्रश्नों में साधारण प्रश्नसूचक वाक्य होते हैं जिनके उत्तर उनके सामने दिये गये रिक्त स्थान में भरने होते हैं। जैसे–

(*i*) किसी त्रिभुज के तीनों अन्त:कोणों का योगफल कितने अंश के बराबर होता है?

(*ii*) वृत्त का क्षेत्रफल निकालने का क्या सूत्र है?

(*b*) रिक्त स्थानों की पूर्ति (Completion Type) — इस प्रकार के प्रश्न कथन के रूप में होते हैं जिनमें कोई पद, सूत्र या चिन्ह छोड़ दिया जाता है। परीक्षार्थी (Testee) को उसे भरना होता है। जैसे–

(*i*) 12, 24, 36, ...

(*ii*) $a^2 - b^2 = (a - b)$ (............)

(*iii*) $\sin (A + B) =$ .... $+ \cos A \sin B$

(*iv*) Mode = 3 Median – ....

(*B*) पहचान प्रश्न (Recognition Type)

इस प्रकार के प्रश्नों में एक ही प्रश्न के कई सम्भावित उत्तर दिये रहते हैं। परीक्षार्थी इनमें से शुद्ध या सर्वोत्तम उत्तर को छांटकर उस पर निशान लगाता है। इनमें निम्न प्रकार के प्रश्न आते हैं–

(*a*) सत्यासत्य प्रश्न (True and False Type) — इस प्रकार के प्रश्नों में कुछ कथन दिये होते हैं जो सही भी हो सकते हैं और गलत भी। परीक्षार्थी यह देखकर बताता है कि दिया हुआ कथन सही है या गलत और T तथा F में से किसी एक पर कथन के सामने गोला बना देता है। जैसे–

(*i*) Δ की दो भुजाओं का योग तीसरी के बराबर होता है। T(F)

(*ii*) वृत की परिधि $= \pi r^2$ T(F)

(*iii*) $4A^2 - 9B^2 = (2A - 3B)(2A + 3B)$ T(F)

(*iv*) $1 + \tan^2 \theta = \sec^2 \theta$ (T)F

(*b*) बहु-निर्वचन रूप (Multiple-Choice Type)—ऐसे प्रश्नों में एक कथन के उत्तर के रूप से कई विकल्प (Alternatives) दिये रहते हैं लेकिन उनमें से केवल एक सही होता है। परीक्षार्थी को इस सही उत्तर को छांटकर दिये गये निर्देश के अनुसार लिखना होता है जैसे–

(*i*) 729 का वर्गमूल 27, 35, 25, 28 है।

(*ii*) जिस त्रिभुज की तीनों भुजायें बराबर होती हैं उसे समकोण, समबाहु, विषमबाहु, समद्विबाहु त्रिभुज कहते हैं।

(*iii*) $(A^2)^3$ का मान A^4, A^6, A^9, A^5 होता है।

(*iv*) 5 सेमी॰ भुजा वाले वर्ग का क्षेत्रफली = 36, 32, 20, 60 वर्ग सेमी॰ होगा।

इस प्रकार के प्रश्नों में विद्यार्थी अनुमान (Guess) के आधार पर भी सही उत्तर दे सकते हैं, अतः इन प्रश्नों में प्राप्तांकों के शुद्धकरण के लिये निम्न सूत्र प्रयोग में लाते हैं–

$$S = R - \frac{W}{N-1}$$

जहाँ, S = Final Score (शुद्ध प्राप्तांक)

R = No. of Correct Responses (सही उत्तरों की संख्या)

W = No. of In-correct Responses (गलत उत्तरों की संख्या)

N = No. of Choices Given (विकल्पों की संख्या)।

लघु-उत्तरात्मक प्रश्न (Short-Answer Type)

आजकल इस प्रकार के प्रश्नों का प्रयोग अधिक है। इनमें विशिष्ट तथा छोटे उत्तर देने होते हैं।

उदाहरण (Example)— किसी प्रश्न में मूलधन पर ब्याज (Interest) ज्ञात करने के लिये क्या-क्या ज्ञात होना चाहिये।

नवीन परीक्षा प्रणाली : गुण (New Type Tests : Merits)

वस्तुनिष्ठ परीक्षा प्रणाली की मुख्य विशेषतायें इस प्रकार हैं –

(1) वैधता (Validity)

(2) विश्वसनीयता (Reliability)

(3) वस्तुनिष्ठता (Objectivity)

(4) कन्टैंट कवरेज (Content coverage)

(5) श्रम एवं समय की दृष्टि से बचत (Economical in Time and Energy)

(6) रोचक (Interesting)
(7) प्रश्नों की उपयुक्तता (Suitability of Questsions)
(8) सीखने में प्रेरणा (Stimulation in Learning)
(9) ज्ञान का सही मूल्यांकन (True test of knowledge)
(10) उपयुक्त पाठ्यक्रम का निर्माण (Preparation of suitable curriculum)
(11) सरल मूल्यांकन (Easy to evaluate)

सीमाएँ (De-merits)

इस परीक्षा प्रणाली कुछ सीमाएँ भी हैं, जो इस प्रकार हैं –

1. इन परीक्षाओं के माध्यम से परीक्षार्थी को विषय के गहन अध्ययन की अपेक्षा उथला ज्ञान (Rought) प्राप्त करने को प्रोत्साहन मिलता है।
2. इस परीक्षा में नकल करने की प्रवृत्ति (Copying tendency) को बढ़ावा मिलता है।
3. इन परीक्षाओं ने छात्रों की मात्र स्मृति (Memory) या अनुमान (Guess) पर ही अधिक बल दिया है।
4. विद्यार्थी बहुत से प्रश्नों का उत्तर अनुमान से ही दे देते हैं।
5. इन परीक्षाओं में प्रश्नपत्र निर्माता (Paper Setter) को अपने विषय में पूर्ण दक्ष (expert) होना चाहिये।
6. यह परीक्षा पूर्णतया वस्तुनिष्ठ नहीं है, क्योंकि जब दो परीक्षकों द्वारा एक ही विषय-वस्तु पर प्रश्नपत्र बनाकर छात्रों की योग्यता की परख की जाती है तब उनके प्राप्तांकों में सह-सम्बन्ध गुणक (Coefficient of Correlation) की मात्रा निम्नस्तर की आती है।
7. इस परीक्षा द्वारा जब अध्यापक अपने अध्यापन की त्रुटियों का ही पता नही कर पाता तो उससे इस बात की अपेक्षा करना कि वह छात्रों की कठिनाइयों का पता लगा सके, न्याय संगत नहीं है।
8. यह परीक्षा छपाई की दृष्टि से बहुत महंगी है।
9. छात्रों को एक ही प्रश्न के कई गलत उत्तर देकर भ्रम (Confusion) में डालना अमनोवैज्ञानिक (Unpsychological) है।
10. इस परीक्षा में परीक्षार्थी को अपने मौलिक भाव प्रस्तुत करने का अवसर ही नहीं मिलता।

कसौटी संदर्भित एवं मानक संदर्भित परीक्षण (Criterion Referenced and Norm Referenced Test)

सन् 1960 में स्ट्रांग ने एक भिन्न प्रकार से शैक्षिक परीक्षाओं का विकास किया। जो परम्परागत परीक्षणों से भिन्न था तथा जिसे मानक संदर्भित परीक्षण के नाम

से जाना गया। इन परीक्षणों की रचना एवं उपयोग वैज्ञानिक तथा मनोवैज्ञानिक सिद्धान्तों पर आधारित है और यही कारण है कि इन परीक्षणों के महत्व को स्वीकारते हुए विद्वानों ने कहा है कि जितनी जल्दी हो सके इन परम्परागत परीक्षणों को शैक्षिक मापन के क्षत्र से विलुप्त कर देना चाहिये तथा इनके स्थान पर नवीन प्रकार के परीक्षणों का समावेश किया जाना चाहिये। यद्यपि नवीन प्रकार के परीक्षणों को हर दृष्टि से परम्परागत परीक्षणों से बेहतर नहीं माना जा सकता फिर भी, यह सर्वमान्य सत्य है कि नवीन प्रकार के परीक्षण कहीं अधिक उपयोगी एवं विशिष्टताओं से पूर्ण होते हैं जिनका उपयोग विशिष्ट एवं जटिल परिस्थितियों में कहीं अधिक सफलतापूर्वक किया जा सकता है। सन् 1960 के ही आसपास मान के क्षेत्र में एक क्रान्ति-सी आई तथा इसी के परिणामस्वरूप, नवीन शब्दावली का विकास हुआ जिसके अन्तर्गत 'कसौटी संदर्भित परीक्षण' (Criterion Refernece Test) तथा 'मानक संदर्भित परीक्षण' (Norm Referenced Test) का विकास प्रमुख है। इन दोनों प्रकार के परीक्षणों को शैक्षिक मापन के क्षेत्र में एक नये विचार के रूप में देखा गया तथा यह विश्वास व्यक्त किया गया कि निःसंदेह इस प्रकार के परीक्षणों का विकास समसामयिक है जो परम्परागत परीक्षणों की तुलना में एक सुधार सिद्ध होगा।

कसौटी संदर्भित मापन की आवश्यकता सबसे पहले 1963 में रॉबर्ट ग्लेसर (Robert Glaser) ने महसूस की। सातवें दश में अभिक्रमित अनुदेशन (Programme Instruction) ही प्रभावशलीता का मापन करते समय यह महसूस किया गया कि परम्परागत उपलब्ध लक्षणें के अत्यधिक सामान्य प्रकृति का होने के कारण उनका प्रयोग अधिक तर्कसंगत महसून नहीं होता। इस आशय का विचार ग्लेसर ने 'American Psychologist' नामक पत्रिका में 'International Technology and the Measurement of Learning Outcomes : Some Questions' नामक लेख के अन्तर्गत लोगों के सम्मुख रखा जिससे शिक्षा-शास्त्रियों तथा मनोवैज्ञानिकों को एक नवीन दिशा में सोचने के लिये विवश किया अपने लेख में ग्लेसर ने मानक संदर्भित परीक्षण तथा कसौटी संदर्भित परीक्षण के स्पष्ट विभेद किया। उसने कहा कि मानक संदर्भित परीक्षण की सहायता से किसी छात्र की अन्य छात्रों की तुलना में सापेक्षिक स्थिति (Relative Position) का अध्ययन किया जाता है जबकि कसौटी संदर्भित परीक्षण में छात्र की निरपेक्ष स्थिति (Absolute Position) का अध्ययन किया जाता है। यद्यपि ग्लेसर से पूर्व भी इस तरह की चर्चा अन्य विद्वान कर चुके थे, जैसे–इबेल (Ebel) ने सन् 1962 में 'Eduational and Psychological Measurement' नामक पत्रिका में अपने लेख 'Content Standard Test Scores' का इस तरह की चर्चा की थी लेकिन ग्लेसर के लेख ने ही सबसे पहले शैक्षिक मापनकर्त्ताओं का ध्यान

अपनी ओर आकर्षित किया। इसीलिए कसौटी संदर्भित परीक्षण के प्रत्यय का श्रेय ग्लेसर को ही दिया जाता है। कसौटी संदर्भित परीक्षण को कई अन्य नामों से भी पुकारा जाता है, जैसे–पाठ्य-वस्तु संदर्भित मापन (Content Referenced Test), उद्देश्य संदर्भित मापन (Objective Referenced Test) तथा क्षेत्र संदर्भित मापन (Domastic Referenced Test) आदि। कसौटी संदर्भित परीक्षण में कसौटी शब्द के तीन अर्थ लग जाते हैं–(*i*) शैक्षिक उद्देश्य (Instructional Objectives), (*ii*) छात्रों की योग्यता का वांछित स्तर (Desired Level of Learner's Ability) (*iii*) सुपरिभाषित व्यवहार समूह (We Defined behaviourDomain)। कुछ लोग Desired Level of learner's Ability या Ability Referenced Measurement (योग्यता संदर्भित मापन) भी कहते हैं।

शिक्षा और मनोविज्ञान के क्षेत्र में प्रयुक्त परीक्षणों द्वारा प्राप्त सूचनाओं का मूल्यांकन प्राय: मानक संदर्भित मापन के द्वारा ही होता है। मनोवैज्ञानिक परीक्षणों की मुख्य विशेषताओं में एक विशेषता मानक (Norm) भी है। कोई भी परीक्षण बिना मानक विकसित कि एक अच्छा परीक्षण नहीं माना जा सकता। परीक्षणों पर प्राप्त अंकों के आधार पर व्यक्ति के सम्बन्ध में यह जानकारी प्राप्त की जाती है कि वह व्यक्ति उस समूह विशेष में योग्यता के सन्दर्भ में सामान्य से उच्च है, निम्न है या सामान्य स्तर का है।

मानक संदर्भित तथा कसौटी संदर्भित परीक्षणों में अन्तर उनके उद्देश्यों के आधार पर किया जाता है। जब छात्रों की उपलब्धि की व्याख्या किसी समूह विशेष के सन्दर्भ करनी हो तो परीक्षण मानक संदर्भित होता है जबकि कसौटी संदर्भित परीक्षण में योग्यता का मूल्यांकन किसी निष्कर्ष या कसौटी के सर्न्दभ में किया जाता है; जैसे–किसी विद्यालय में प्रवेश हेतु कोई कट-प्वॉइंट (Cut-point) निश्चित कर लिया जाये और उस विद्यालय में प्रवेश के लिये केवल उन्हीं छात्रों को योग्य समझा जाये जिसके प्राप्तांक इस कट-प्वॉइंट से अधिक हों।

किस प्रकार का परीक्षण किन परिस्थितियों में अधिक उपयोगी है, यह एक महत्वपूर्ण प्रश्न है। सामान्यत: कसौटी संदर्भित परीक्षण किन्हीं विशिष्ट कार्यों अथवा योग्यताओं के सम्बन्ध में सफल अथवा असफल जैसे निर्णय लेने में अधिक सहायक सिद्ध हो सकते हैं। जैसे–क्या छात्र किसी वाक्य में संज्ञा, सर्वनाम, विशेषण क्रिया को इंगित कर सकता है? क्या छात्र घनमूल ज्ञात कर सकता है? क्या छात्र विद्युत घंटी की कार्य विधि को स्पष्ट कर सकता है? जैसे प्रश्नों का उत्तर कसौटी संदर्भित मापन से ही किया जा संकता है। इसके विपरीत मानक संदर्भित परीक्षण किसी छात्र के द्वारा किसी विषय में अर्जित हुए ज्ञान का मापन करने में अधिक उपयोगी

होते हैं। यद्यपि मानक संदर्भित परीक्षणों के आधार पर भी कभी-कभी उत्तीर्ण एवं अनुत्तीर्ण जैसे निर्णय लिये जाते हैं, फिर भी इन परीक्षणों का उद्देश्य छात्रों की सापेक्षिक उपलब्धि का मापन करना ही होता है।

कसौटी संदर्भित परीक्षण की व्याख्या करते हुए ग्लेसर ने कहा है कि-"इस परीक्षण के निर्माण उन विशिष्ट उपलब्धियों के मानकों के मूल्यांकन हेतु किया जाता है जिनको प्रत्यक्ष रूप से अर्थपूर्ण बनाया जाता है।"

(It is delibnerately contstructed to yield measurements that are directly interpretable in terms of specific performance standards)

इसी प्रकार, विलियम जेम्स पोफम ने कहा है-"एक कसौटी परीक्षण द्वारा किसी छात्र की शैक्षिक स्थिति को को पूर्णरूपसे परिभाषित व्यावहारिक क्षेत्र के सन्दर्भ में निश्चित किया जाता है।"

"A criterion referenced test is used to ascertain an individual's status with respect to a well defined behaviour doman."— W. James Popham

समानताएँ (Similarities)

इन दोनों प्रकार के परीक्षणों का तुलनात्मक अध्ययन निम्न प्रकार है-

1. कोई भी प्रश्न कसौटी संदर्भित अथवा मानक संदर्भित परीक्षण में सम्मिलित किया जा सकता है। किसी प्रश्न के लिये यह कहना असम्भव-सा कार्य है कि वह कसौटी संदिर्भित प्रश्न है अथवा मानक संदर्भित प्रश्न है।
2. शैक्षिक मापन में दोनों परीक्षण समान सार्थकता रखते हैं।
3. दोनों प्रकार के मापन एक ही प्रकार के कार्य को करते हैं, अर्थात् दोनों ही मापन छात्रों को शैक्षिक उपलब्धि का ज्ञान कराते हैं।
4. दोनों में प्राप्तांकों का विश्लेषण समान तरीके से किया जाता है एवं दोनों ही शैक्षिक पाठ्यक्रम की सफलता के मूल्यांकन में सहायक सिद्ध हो सकते हैं।
5. दोनों ही प्रकार के मापन में प्रयुक्त प्रश्न उद्देश्य आधारित होते हैं।
6. दोनों ही परीक्षण शक्ति परीक्षण (Power Test) हैं जिनका उपयोग शैक्षिक उपलब्धि के मूल्यांकन हेतु किया जा सकता है।
7. दोनों ही प्रकार के परीक्षणों की रचना विधि समान होती है, अर्थात् दोनों ही प्रकार के परीक्षणों में परीक्षण निर्माण के सभी आवश्यक सोपानों का अनुसरण किया जाता है।
8. दोनों ही प्रकार के परीक्षणों की गुणवत्ता लगभग एक जैसी ही होती है अर्थात् दोनों ही प्रकार के पीरक्षणों के लिये वस्तुनिष्ठता, विश्वसनीयता एवं वैधता का होना आवश्यक समझा जाता है।

विभिन्नताएँ (Dis-Similarities)

कसौटी समबिन्धत परीक्षण (Criterion Referenced Test)	मानक सम्बन्धित परीक्षण (Norms Referenced Test)
1. अंकन प्रक्रिया मात्र यह संकेत करती है कि हमने अपने उद्देश्यों को प्राप्त करने में किस सीमा तक सफलता प्राप्त की है।	1. अंकन प्रक्रिया के आधार पर हम यह अनुमान लगाते हैं कि छात्र ने कितना पाठ्य-वस्तु का अध्ययन किया है।
2. कसौटी सम्बन्धित परीक्षण यह सूचना देते हैं कि हमें अपने विशिष्ट उद्देश्यों की प्राप्ति में कहाँ तक सफलता प्रांप्त हुई है।	2. मानक सम्बन्धित परीक्षण यह सूचना देते हैं कि छात्रों ने पाठ्य-वस्तु का कब तक अध्ययन किया है।
3. इन परीक्षणों के निर्माण के लिये शिक्षण-अधिगम उद्देश्यों को प्रमुख आधार बनाया जाता है।	3. इन परीक्षणों का निर्माण परम्परागत तरीके से किया जाता है।
4. ये परीक्षण उद्देश्य प्राप्ति अथवा अपेक्षित व्यवहारिक परिवर्तनों का उल्लेख करते हैं।	4. ये परीक्षण छात्र के बोध स्तर का मूल्यांकन करते हैं।
5. इन परीक्षणों में मानकों का विकास करना सम्भव नहीं होता।	5. इन परीक्षणों को मानकीकृत करने के लिये मानकों का विकास करना आवश्यक है।
6. इन परीक्षणों में शिक्षण के विभिन्न उद्देश्यों को यथासम्भव प्राप्त करने का प्रयास किया जाता है ताकि परीक्षण उद्देश्यों की दृष्टि से वैध सिद्ध हो सके।	6. इन परीक्षणों में व्यापक पाठ्य-वस्तु जो प्रश्नों की रचना के लिये मुख्य आधार बनाया जाता है ताकि विभिन्न उद्देश्यों की प्राप्ति आसानी से हो सके।
7. ये परीक्षण अधिक उपयोगी माने जाते हैं क्योंकि ये छात्र के सम्बन्ध में विशिष्ट जानकारी प्रदान करने में सक्षम समझे जाते हैं।	7. ये परीक्षण कम उपयोगी माने जाते हैं क्योंकि वे छात्र के सम्बन्ध में समान जानकारी ही प्रदान करते हैं।
8. ये परीक्षण यह संकेत देते हैं कि हमने कितने उद्देश्य प्राप्त किये हैं और जिन्हें प्राप्त नहीं कर सके हैं, उसका क्या कारण है। अनुदेशनातमक उद्देश्यों की प्राप्ति व्यावहारिक पदों के रूप में की जाती है।	8. यहाँ परीक्षण परिणामों की व्याख्या कक्षा समूह के स्तर के रूप में की जाती है। अर्थात्, छात्र विशेष का अपने समूह में क्या स्थान है? यहाँ शतांशीय मानों को महत्व दिया जाता है।
9. इन परीक्षणों पर प्राप्त परिणाम छात्र की अपेक्षा अध्यापक के लिये अधिक कारगर सिद्ध होते हैं। ताकि वह अपनी शिक्षण प्रक्रिया में अपेक्षित सुधार कर सकें।	9. इन परीक्षणों पर प्राप्त परिणाम अध्यापक को कोई पुनर्बलन प्रदान नहीं करते ताकि वह अपनी शिक्षण-प्रक्रिया में सुधार हेतु कोई नवीन दिशा दे सके।

रूपदेय परीक्षण तथा योगदेय परीक्षण (Formative and Summative Tests) — आधुनिक युग मूल्यांकन का युग है। शैक्षिक मापन के क्षेत्र में 20वीं शताब्दी के प्रारम्भ में तीन प्रमुख प्रगतियाँ दृष्टिगोचर हुई हैं–परीक्षण, मापन तथा मूल्यांकन। कुछ शास्त्रियों का ध्यान सर्वप्रथम बुद्धि तथा उपब्धि के परीक्षण की ओर गया। 19वीं शताब्दि की परीक्षाएँ प्राय: आत्मनिष्ठ होती थीं, जो दोषपूर्ण थीं। इन्हीं दोषों को दूर करने के लिये वस्तुन्ष्ठि परीक्षओं का निर्माण प्रारम्भ हुआ। यह विचारधार प्रतिक्रियावादी है तथा प्रयास भी। जब वस्तुनिष्ठ परीक्षाओं का प्रचलन यूरोप तथा अमरीका में अधिकतम सीमा तक पहुँच गया तब उनका ध्यान शिक्षा सम्बन्धी कुछ ऐसे परिणामों के मापन की ओर गया जिन्हें वस्तुनिश्ठ साधनों से मापना कठिन और असम्भव हो रहा था। कक्षा में यह प्रगति मापन की प्रगति के नाम से जानी गई। फलत: नवीन प्रकार के साधनों का विकास तथा उपयोग उत्तरोत्तर बढ़ता ही चला गया तथा यही कारण है कि सारी सम्बन्धित परीक्षणों को शिक्षण-अधिगम के मापन की दृष्टि से विशिष्ट रूपों में विकसित किया गया है–

1. रूपदेय परीक्षण (Formative Test)
2. योगदेय परीक्षण (Summative Test)

रूपदेय परीक्षण (Formative Test)—रूपदेय परीक्षण का संप्रत्यय पाठ्य-वस्तु विशेषण (Content analysis) अथवा, शिक्षण बिन्दु निर्धारण (Determining teaching test) पर आधारित है। जिस प्रकार पाठ्य-वस्तु विश्लेषण के अन्तर्गत हम सम्पूर्ण विषय-वस्तु को छोटी-छोटी इकाइयों में समय चक्र के अनुसार (दैनिक, साप्ताहिक, अर्द्धमासिक, मासिक, अर्द्ध-वार्षिक एवं वार्षिक) विभक्त कर लेते हैं और हमारा सम्पूर्ण ध्यान इकाई विशेष का संतोषजनक रूप से शिक्षण कराने में केन्द्रित हो जाता है ताकि विषय-वस्तु को ठीक प्रकार से आत्मसात कर सकें तथा हमारी शिक्षण-अधिगम भी प्रभावी बन सके, ठीक उसी प्रकार रूपदेय परीक्ष्ण के अनर्तगत हम पाठय-वस्तु को विभिन्न इकाइयों में बाँटकर तथा शिक्षण कराने के बाद प्रत्येक इकाई के अन्त में परीक्षण देते हैं और यह देखते हैं कि छात्र ने अपेक्षित प्रगति की है अथवा नहीं। यदि वे महसूस करते हैं कि छात्र किसी प्रकरण विशेष को भली-भाँति नहीं समझ पा रहा है हम उस समस्या के कठिनाई स्थलों को जानने के लिये समस्या का निदान करते हैं तथा समस्या के समाधान हेतु उपचरात्मक शिक्षण की व्यवस्था करते हैं। फिर छात्र को परीक्षण या रूपदेय परीक्षण दिया जाता है। रूपदेय परीक्षण का प्रारूप कसौटी के समान ही होता है लेकिन इनकी रचना प्रत्येक इकाई के मापन के लिये की जाती है ताकि छात्रों

को विषय-वस्तु का गहन अध्ययन कराया जा सके। संक्षेप में, इन परीक्षण के माध्यम से निम्न तीन बिन्दुओं पर विशेष ध्यान दिया जाता है–

(*a*) शिक्षण-अधिगम प्रक्रिया को प्रभावशाली बनाना।

(*b*) संयुक्त इकाई को विभिन्न इकाइयों में विभक्त कर छात्र को इकाई विशेष का अध्ययन कराकर पाठ्य-वस्तु की व्यापकता के स्वामित्व का अवसर प्रदान करना।

(*c*) विशिष्ट उद्देश्यों की प्राप्ति करना अथवा छात्र के व्यवहार में अपेक्षित व्यवहारिकपन लाना।

योगदेय परीक्षण (Summative Test)—अध्यापक जब अपनी विशिष्टीकरण तालिका के माध्यम से विषय-वस्तु विश्लेषण की प्रक्रिया को पूरा कर लेता है अथवा B!ue-print of the Test के माध्यम से यह सुनिश्चित कर लेता है कि उसने निर्धारित पाठ्य-वस्तु छोटी-छोटी इकाइयों में विभक्त कर एक निश्चित समयावधि में समाप्त कर ली है तो वह अपने छात्रों को पृथक्-पृथक् इकाइयों पर आधारित प्रश्नपत्र देता है। कार्य वह रूपदेय परीक्षणों (Formative Test) के माध्यम से करता है। जब छात्र इस परीक्षण पर सफल हो जाता है तब अध्यापक शिक्षण-अधिगम प्रक्रिया प्रभावशलीता का अनुमान लगाता है और यदि वह छात्रों की उपलब्धि अथवा शिक्षण से सन्तुष्ट नहीं है तो वह समस्या पर गम्भीरतापूर्वक विचार करके प्रकरण पर Diagnostic Test बनाता है तथा समस्या के समाधान हेतु उपचारात्मक शिक्षण व्यवस्था करता है। छात्रों की उपलब्धि का संतोषजनक स्तर उसे पुनर्बलन (Reinforcement) प्रदान करता है जिससे उसे अपने आगे के शिक्षण के नियोजन ताकि व्यवस्था में सफलता मिलती है। वस्तुत: शिक्षण-अधिगम की सम्पूर्ण प्रक्रिया छात्रों के सफल स्तर पर आधारित होती है जो शिक्षण की भावी दिशा निर्धारित करने के साथ-साथ अध्यापक का मनोबल को भी बनाये रखती है। तुलनात्मक दृष्टि से रूप देय परीक्षण में जहाँ छात्रों को अधिगम कठिनाइयों पर ध्यान केन्द्रित किया जाता है वहीं दूसरी ओर योग देय परीक्षण में शिक्षण-अधिगम प्रक्रिया की प्रभावशीलता को अधिक महत्व दिया जाता है। संक्षेप ये दोनों प्रकार के परीक्षण एक-दूसरे के पूरक हैं तथा मूल्यांकन की आधुनिक संकट की दृष्टि से अत्यन्त उपयोगी हैं।

प्राप्य उद्देश्यों पर आधारित प्रश्नों का निर्माण (Framing of Objective Based Questions)

उद्देश्य 1. ज्ञान (Knowledge)

छात्र को इस योग्य बनाना कि वह गणितीय तथ्यों, पदों, सम्बन्धों, प्रश्नों, प्रविधियों एवं सिद्धान्तों का ज्ञान प्राप्त कर सके।

व्यवहार *(Behaviours or Specifications)*

(A) वह पदों, तथ्यों आदि की पहचान कर सकता है।

(B) वह पदों, तथ्यों आदि का पुनः स्मरण कर सकता है।

(C) वह पदों, सिद्धान्तों आदि के उदाहरण दे सकता है।

(D) वह पदों, प्रत्ययों, सिद्धान्तों आदि की परिभाषा अपने शब्दों में दे सकता है।

(E) वह परिभाषाओं अथवा व्याख्याओं में त्रुटियों को ढूँढ़कर उनको दूर भी कर सकता है।

(F) वह दो वस्तुओं के अन्तर (Discrimination) को स्पष्ट कर सकता है।

(G) वह संकेतों (Symbols) की व्याख्या तथा निरूपण (Representation) कर सकता है।

(H) वह संकेतों को मौखिक रूप (Verbalise) में भी प्रस्तुत कर सकता है।

(I) वह तथ्यों, सिद्धान्तों के आधार पर साधारण निष्कर्ष भी निकाल सकता है।

परीक्षा में सुधार की योजना
(Planning for Improvement in Examination)

डॉ० हिल ने माध्यमिक प्रशिक्षण विभागों के प्राध्यापकों के लिये आयोजित कार्यशाला (July 22 to 31, 1964) में मूल्यांकन प्रक्रिया में सुधार हेतु अपने विचार इस प्रकार रखे हैं-

"In the old system, examination dictated all curriculum and methodology shiwl in the new system, both examinatin and instruction would be determined by specific insturctional objectives. Objectives shoiuld form the basis of the whole scheme \of education and evaluation. The emphasis on information in teaching and testing shoiuld shift to the application of knowledge, acquisition of skills, inculcation of attitudes and values and development of appreciations."

परीक्षा के दो पक्ष होते हैं। मापन पक्ष तथा शैक्षणिक पक्ष। परीक्षा में सुधार की दृष्टि से दोनों ही पक्षों पर ध्यान देना आवश्यक है। जहाँ तक मापन पक्ष का सम्बन्ध है, इसमें प्रयुक्त विभिन्न उपकरणों (Tools) तथा प्रविधियों (Techniques) में ऐसा सुधार लाना चाहिये जिससे यह अत्यधिक विश्वसनीय, वैध तथा वस्तुनिष्ठ हो सके। यदि हम परीक्षा में सुधार की ऐतिहासिक पृष्ठभूमि पर दृष्टि डालें तो हम देखेंगे कि परीक्षा के माध्यम से सम्पूर्ण शिक्षा पद्धति में सुधार लाने का प्रयास किया गया है। कैम्ब्रिज तथा ऑक्सफोर्ड विश्वविद्यालयों द्वारा परीक्षा प्रणाली का समावेश शैक्षिक सुधार तथा शिक्षा में उच्च स्तर को बनाने के लिये प्रयास 1830 के पूर्व ही किया गया था। इसके पश्चात् इन विश्वविद्यालयों ने 1858 में प्रवेश

में प्रतिबन्ध हेतु 'स्थानीय परीक्षाओं' (Home Examinations) का प्रारम्भ किया। आगे चलकर विद्यालयों में इसने 'सार्वजनिक परीक्षा' (Public Examination) का रूप धारणकर लिया। 1858 में कलकत्ता, बम्बई, मद्रास विश्वविद्यालयों के स्थापित हो जाने से यही प्रणाली भारत में भी प्रचलित हो गई। तभी से परीक्षा का शिक्षा में महत्वपूर्ण स्थान बना हुआ है। यहाँ तक कि राधाकृष्णन आयोग ने बाध्य होकर इसे इस रूप में व्यक्त किया कि हम पूर्णरूप से सहमत हैं कि यदि हमें विश्वविद्यालय शिक्षा में केवल एक ही सुधार का सुझाव देना पड़े तो हम उसे परीक्षा में सुधार कहेंगे। यह अतिश्योक्तिपूर्ण निष्कर्ष होगा कि परीक्षा में सुधार से अपने आप शिक्षा में सुधार हो जायेगा। परीक्षा की एक व्यापक योजना में निम्न उद्देश्यों को लक्ष्य बनाना चाहिये–

(*a*) बाह्य परीक्षा में सुधार (Improvement in External Examination)

(*b*) आन्तरिक जाँच का समावेश (Introduction of Internal Assessment)

(*c*) परिणामी परिवर्तन (Resultant Change)।

(*a*) बाह्य परीक्षा में सुधार (Improvement in External Examination): बाह्य परीक्षा के विरुद्ध शोरगुल होते हुए भी शिक्षा से सम्बन्धित बहुत से लोग हमारे विद्यालयों में इसे रखने के पक्ष में हैं। वे मान रहे हैं कि इसका हल उसकी समाप्ति में नहीं वरन् उसके सुधार में हैं। यह सत्य है कि परीक्षायें हमारे शिक्षण तथा पाठ्यक्रम दोनों पर ही हावी रहती हैं, पर यह भी सत्य है कि वह हमारी शैक्षिक पद्धति पर एक प्रकार का प्रभाव डालती हैं और उनका एकाएक हटा लेना अशान्ति उत्पन्न कर देगा। यह सभी प्रकार की बाह्य परीक्षाओं के लिये लागू होते हैं वे प्रयोगात्मक तथा मौखिक परीक्षाओं के लिये भी उतने ही उपयुक्त है। लिखित परीक्षा में सुधार के अन्तर्गत प्रश्नों का सुधार, प्रश्नपत्र का सुधार, अंकदान को विधि में सुधार, पूर्व परीक्षा प्रबन्ध का सुधार तथा परीक्षोपरान्त परीक्षाफल बनाने में सुधार आदि बातों पर विशेष रूप से ध्यान देना चाहिये।

(*b*) आंतरिक जाँच का समावेश (Introduction of Internal Assessment): आन्तरिक जांच के समावेश के पक्ष में सार्वभौमिक प्रवृत्ति देखी जा रही है। स्वीडन ने पहले से ही बाह्य परीक्षा को समाप्त कर रखा है। भारत में पूर्णतया परिवर्तन के लिये अभी जनमत उत्पन्न करना है, परन्तु इसका प्रारम्भ किया जा सकता है। प्रारम्भ में बाह्य परीक्षायें तथा आन्तरिक जाँच दोनों साथ ही साथ चलायी जा सकती हैं और दोनों परीक्षाओं को प्रमाण-पत्र में अलग-अलग बिना मिलाये दिखाया जा सकता है। सिद्धान्त: आन्तरिक जाँच के विरुद्ध कोई भी व्यक्ति नहीं है, किन्तु सावधानी केवल यह बरतनी है कि परिवर्तन एकाएक न किया जाये और इसके लिये उपयुक्त तैयारी की जाये।

प्रारम्भ में हमें बाह्य परीक्षा तथा आन्तरिक मूल्यांकन के विवेकपूर्ण संयोजन से ही सन्तुष्ट होना चाहिये । आन्तरिक मूल्यांकन का समावेश किये बिना परीक्षा में सुधार के किसी कार्यक्रम की कल्पना नहीं की जा सकती है। समस्या केवल आन्तरिक मूल्यांकन के अंक के निर्धारणर, कार्यविधि, बाह्य परीक्षा से सम्बन्धित करने की विधि तथा इसे प्रत्येक विद्यालय से तुलना की विधि से निर्णय की है। इसके अतिरिक्त, विद्यार्थियों के व्यक्तित्व के सभी पक्षों के मूल्यांकन की आवश्यकता है। चूँकि लिखित, प्रयोगात्मक तथा मौखिक परीक्षायें इसे पूरा करने में असफल है।, इसलिये अन्य उपकरण (Tools) एवं प्रविधियों, जैसे–प्रेक्षण, पूर्व घटनाओं से सम्बन्धित अभिलेख (Anecdotal Record), रेटिंग स्केल तथा चैक-लिस्ट आदि का प्रयोग करना होगा। यह आन्तरिक मूल्यांकन के स्तर पर सर्वोत्तम सिद्ध हो सकता है।

डा॰ आर॰एच॰दवे॰ के अनुसार, "यदि बाह्य परीक्षायें वे लक्ष्य हैं जिनकी ओर शैक्षणिक प्रयासों को जुटाया जाता है, तो आन्तरिक परीक्षायें उस लक्ष्य की प्राप्ति के साधन हैं। विद्यालयों को चाहिये कि वे मूल्यांकन के सम्पूर्ण कार्यक्रम में आन्तरिक परीक्षाओं को उचित स्थान देकर उस लक्ष्य को और निकट लाने की कोशिश करें।"

(If external examination was the goal towards which all educational effort was to be directed, internal assessment was the means to reach the goald. And, the school should try to bring that goal nearer by incorporating the scheme of internal assessment in its total evaluation programmes.) — Report of Evaluation Workship for Lecturers for Secondary Teachers' Colleges, July 22 to 31, 1964.

(*c*) परिणामी परिवर्तन लाना (Resultant Change): यह अतिशयोक्ति पूर्ण न होगा कि परीक्षा में सुधार से पाठ्य-पुस्तकों तथा पाठ्यक्रमों के अतिरिक्त शिक्षण की प्रक्रिया तथा अधिगम में सुधार साथ-साथ होगा। मूल्यांकन की योजना केवल छात्रों की प्रगति के मापन के साधन हेतु ही नहीं वरन् पाठ्यक्रम के निर्माण तथा शिक्षण पद्धति में अपेक्षित परिवर्तनों की जांच के लिये भी आवश्यक होगी। मूल्यांकन योजना को पाठ्यक्रम के उद्देश्य की व्याख्या में भी योग देना चाहिये। इसलिये परीक्षा सुधार की कोई भी योजना तब तक सफल नहीं हो सकती जब तक कि इससे हमारे शैक्षिक उद्देश्यों को स्पष्टता का आभास नहीं होता। इसके अतिरिक्त यह एक सिद्धान्त है कि परीक्षा द्वारा पाठ्यक्रम का आभास होना चाहिये। इसी प्रकार, परम्परागत शिक्षण विधियों में भी सुधार होना चाहिये। पाठ्य-पुस्तक तथा अन्य सहायक सामग्रियों को भी उसी के अनुसार नये ढंग से तैयार करने तथा उत्पादन करने की आवश्यकता होगी।

मूल्यांकन सुधार हेतु विभिन्न आयोगों के सुझाव
(Recommendations of Various Commissions Regarding Improvement in Evaluation)

मूल्यांकन प्रक्रिया को अधिक प्रभावशाली बनाने के लिये विभिन्न आयोगों द्वारा दिये गये सुझाव इस प्रकार हैं –

(A) विश्वविद्यालय शिक्षा आयोग
(University Education Commission) (1948-49)

आयोग ने परीक्षा सुधार सम्बन्धी निम्नलिखित सुझाव दिये हैं–

1. वार्षिक परीक्षा के परिणामों में छात्र द्वारा वर्ष भर में किये गये कक्षा कार्य का भी ध्यान रखा जाये। सम्पूर्ण अंकों के एक-तिहाई अंक वर्ष भर के कार्य के लिये निर्धारित कर देने चाहिये।
2. अध्यापकों को दिन प्रतिदिन छात्रों की जांच करने हेतु उपयुक्त वस्तुनिष्ठ प्रश्नों का विकास करना चाहिये।
3. उच्चतर माध्यमिक परीक्षाओं के लिये उपयुक्त मनोवैज्ञानिक तथा निष्पत्ति परीक्षणों का विकास करना चाहिये।
4. प्रत्येक विश्वविद्यालय में पूर्ण कालीन परीक्षक मण्डल की व्यवस्था की जाये।
5. शिक्षा मन्त्रालय में एक या दो ऐसे व्यक्तियों की नियुक्ति की जाये जो परीक्षा की वस्तुनिष्ठ प्रणाली का अनुभव रखते हों।
6. शैक्षिक मापन तथा मूल्यांकन को वैज्ञानिक विधियों का विकास विश्व-विद्यालय तथा शिक्षा मन्त्रालय को करना चाहिए।

(B) माध्यमिक शिक्षा आयोग
(Secondary Education Commission) (1952-53)

परीक्षा सुधार के सम्बन्ध में आयोग के प्रमुख सुझाव इस प्रकार हैं–

1. पूरक परीक्षाओं की व्यवस्था की जाये।
2. माध्यमिक पाठ्यक्रम के उपरानत केवल एक ही अन्तिम बाह्य वार्षिक परीक्षा ली जाये।
3. मूल्यांकन में संख्यात्मक प्रणाली के स्थान पर श्रेणी प्रणाली (grade system) अपनानी चाहिये।
4. कक्षोन्नति में आन्तरिक परीक्षाओं को महत्त्वपूर्ण स्थान दिया जाये।
5. विद्यालयों में छात्रों की सम्पूर्ण प्रगति का लेखा-जोखा रखा जाये। इसके लिये उपयुक्त संचयी आलेख-पत्र रखे जायें।

6. बाह्य परीक्षाओं तथा निबन्धात्मक प्रश्नों की संख्या यथासम्भव कम कर देनी चाहिये।

1953 में माध्यमिक शिक्षा-पुनर्गठन समिति ने रिपोर्ट में परीक्षा सुधार हेतु निम्न सुझाव दिये–

1. बाह्य परीक्षा प्रणाली समाप्त करके उसके स्थान पर शिक्षक-मूल्यांकन प्रणाली प्रारम्भ की जाये।
2. वार्षिक मूल्यांकन छात्रों के वर्ष-भर के कार्यों के मूल्यांकन पर आधारित होना चाहिए।

1954 में इन्टरनेशनल टीम (International Team) ने अपनी रिपोर्ट में परीक्षा सुधार हेतु निम्न सुझाव दिये–

1. आन्तरिक मूल्यांकन का प्रमाण-पत्र भी दिया जाना चाहिये। आन्तरिक मूल्यांकन हेतु आयोग ने निम्न सुझाव दिये–
   (*a*) आन्तरिक मूल्यांकन उन तथ्यों का भी मापन करे जिनका मापन बाह्य परीक्षाओं द्वारा सम्भव नहीं है।
   (*b*) आन्तरिक मूल्यांकन हेतु अध्यापकों को उचित प्रशिक्षण प्रदान करना चाहिये।
   (*c*) प्रमाण-पत्र में आन्तरिक मूल्यांकन के परिणाम बाह्य परीक्षाओं के परिणामों से अलग दिखाने चाहिये।
   (*d*) आन्तरिक मूल्यांकन संख्यात्मक तथा वर्णनात्मक दोनों ही रूप में होना चाहिये।
2. छात्र को अपनी श्रेणी (Division) सुधारने का अवसर प्रदान करना चाहिये।
3. परीक्षोपरान्त प्रमाण-पत्र देने की व्यवस्था हो। प्रमाण-पत्र में बाह्य परीक्षा के विषयों का उल्लेख होना चाहिये।
4. बाह्य परीक्षाओं को सुधारा जाये। इसके लिये आयोग ने निम्न सुझाव दिये हैं–
   (*a*) वस्तुनिष्ठ परीक्षाओं की व्यवस्था की जाये।
   (*b*) परीक्षायें पूर्व निर्धारित उद्देश्यों के अनुसार हों।
   (*c*) अंक प्रदान विधि को वैज्ञानिक बनाया जाये।
   (*d*) परिणामों को यांत्रिक बनाया जाये।
5. प्राथमिक परीक्षा के पश्चात् एक प्रमाण-पत्र दिये जाने की व्यवस्था हो।
6. प्राथमिक स्तर के अन्त में जिला स्तर पर एक सामान्य परीक्षा की व्यवस्था की जाये। इसमें प्रमाणीकृत (Standardized) परीक्षा की सहायता ली जाये।

7. संचयी आलेख-पत्र (Cumulative Record Cards) की व्यवस्था की जाये। मूल्यांकन के समय इन पत्रों को उचित स्थान दिया जाना चाहिये।।
8. उच्च प्राथमिक स्तर पर लिखित परीक्षा के साथ ही साथ एक मौखिक परीक्षा भी होनी चाहिये। इस स्तर पर आन्तरिक मूल्यांकन की भी व्यवस्था होनी चाहिये।
9. निम्न प्राथमिक स्तर पर मूल्यांकन का उद्देश्य छात्रों में आधारभूत दक्षताओं तथा वांछनीय आदतों एवं अभिरुचियों का विकास करना होना चाहिये।
10. लिखित परीक्षाओं के सुधार हेतु मूल्यांकन को नवीन विधियाँ अपनायी जायें जिससे परीक्षाओं में विश्वसनीयता तथा वैधता आ सके।
11. समय-समय पर आकस्मिक परीक्षण की व्यवस्था विद्यालयों को करनी चाहिये।
12. कुछ विद्यालयों को बाह्य परीक्षा से मुक्त कर देना चाहिये। तथा उन्हें अधिकार दे देना चाहिये कि वे अपने छात्रों का मूल्यांकन स्वयं करें।

आयोग को सिफारिशों का अध्ययन करने हेतु कुछ संसद सदस्यों की एक समिति बनाई गई। इस समिति के सुझावों के आधार पर सरकार ने अपनी शिक्षा नीति की घोषणा की। इस घोषणा में कहा गया कि परीक्षा सुधार कार्यक्रमों का उद्देश्य परीक्षाओं की वैधता तथा विश्वास को बढ़ाना होना चाहिये।

"A major goal of examination reform should be to improve reliability and validity of examinations and to make evaluaion a continuous process aimed at helping the student to improve his level of achievement rather than certifying the quality of his performance at a given moment of time."

प्रश्न (Questions)

1. "गणित को पाठ्य-पुस्तक को एक साधन के रूप में प्रयोग करना चाहिये न कि साध्य के रूप में।" इस कथन की विवेचना कीजिए।

   "Text-book of Mathematics should be used as a means, but not as an end." Discuss this statement.
2. गणित शिक्षण में पाठ्य-पुस्तक का क्या महत्व है? एक अच्छी पाठ्य-पुस्तक की विशेषताओं का वर्णन कीजिए।

   What is the impotance of text-book in Mathematics Teaching? Discuss the characteristics of a good text-book.
3. निबन्धात्मक एवं वस्तुनिष्ठ परीक्षाओं का तुलनात्मक अध्ययन प्रस्तुत कीजिये।

   Give a comparative account of Eassay type and Objective type examinations.

4. मूल्यांकन का शैक्षिक उद्देश्यों तथा अधिगम-अनुभवों से क्या सम्बन्ध है? मूल्यांकन की प्रक्रिया को संक्षेप में समझाइये।

   What is the relationship of evaluation with educational objectives and learning experiences? Discuss in brief the process of evaluation.

5. मूल्यांकन से आप क्या समझते हैं? एक अच्छे मूल्यांकन उपकरण की विशेषताओं का वर्णन कीजिये।

   What do you understand by Evaluation? Discuss the characteristics of a good evaluation tool.

6. अपने राज्य की माध्यमिक कक्षाओं की गणित की पाठ्य-पुस्तकों में सुधार हेतु आप क्या सुझाव देगें।

   What improvements would you suggest in Mathematics text-book of secondary classes of your state?

7. हाईस्कूल स्तर के लिए गणित की उपयुक्त पाठ्य-पुस्तक का चयन करते समय आप किन सिद्धान्तों को ध्यान में रखेंगे?

   What principles would you keep in mind while selecting a suitable text-book of Mathematics for High School level?

11

'गणित शिक्षक'

(Mathematics Teacher)

किसी भी राष्ट्र की शिक्षा के वहाँ की संस्कृति के परिप्रेक्ष्य में ही समझा जा सकता है। शिक्षा की प्रक्रिया में शिक्षक (The Teacher) एक महत्वपूर्ण कड़ी होता है। तथा वह हमारी संतति (generatious) के भविष्य का संरक्षक होता है। अध्यापक ही विद्यालय तथा शिक्षा-प्रक्रिया की वास्तविक रूप से शल्यात्मक या गतिशील (Dynamic) शक्ति है। डा० सर्वपल्ली राधाकृष्णन ने कहा है कि "समाज के अध्यापक का स्थान बहुत महत्वपूर्ण है वह एक पीढ़ी से दूसरी पीढ़ी को बौद्धिक एवं तकनीकी कुशलताओं का हस्तान्तरण करने का केन्द्र है। और सभ्यता के प्रकाश को प्रज्ज्वलित रखने में सहायता देता है। एक अध्यापक की कल्पना एक आदर्श चरित्र एवं प्रभावशाली व्यक्तित्व की कल्पना है। वर्तमान युग में अध्यापक उतनी प्रशंसा का पात्र नहीं है जितना कि पहले था। यह एक खेद का विषय है। इसके लिये केवल अध्यापक ही व्यक्तिगत रूप से दोषी नहीं है, वरन् हमारा भौतिकवादी संसार (Physical world) तथा सामाजिक मान्यतायें भी उतनी ही दोषी हैं। अत: आवश्यकता इस बात की है कि जहाँ अध्यापक में कुछ विशेषतायें निहित होना अनिवार्य है वहाँ हमें वर्तमान सामाजिक परिप्रेक्ष्य के स्वरूप को भी बदलना होगा तथा इस व्यवसाय के लिये केवल उन्हीं व्यक्तियों का चयन करना होगा जो इस व्यवसाय को अपनाने के लिये स्वस्थ दृष्टिकोण रखते हों तथा अन्तर्आत्मा से प्रेरित हों।"

गणित विषय की प्रकृति दूसरे विषयों से भिन्न है। अत: गणित शिक्षक का कार्य दूसरे विषयों के अध्यापकों की तुलना में अपेक्षाकृत कठिन होता है। गणित एक ऐसा विषय है जो असंख्य सूक्ष्म तथ्यों (Abstract) से भरा पड़ा है तथा जिसका अध्यापन गणित शिक्षक की स्वयं की सूझ-बूझ तथा क्षमता से ही रुचिकर बन सकता है। विषय की नीरसता को दूर करने के साथ-साथ उसे छात्रों की सोचने, समझने, तर्क करने, निरीक्षण, विश्लेषण, निर्णय करने आदि मानसिक शक्तियों का

भी विकास करना होता है। गणित अध्यापक की एक विशेषता यह भी है कि विद्यार्थियों के गणितीय ज्ञान में कमियाँ (Gaps) दूर करने के लिये उसे विशेष प्रयास करने पड़ते हैं। अत: उपरोक्त चुनौतियों (Challenges) को पूर्ण उतरने के लिये गणित शिक्षक में कुछ विशेष गुणों का होना अत्यन्त आवश्यक है।

कहा भी गया है कि, "जैसा अध्यापक होगा, वैसा ही शिक्षण होगा।"

(As is the teacher, so is the teaching)

शिक्षा आयोग (Education Commission) ने लिखा है–"शिक्षा के स्तर में सुधार तथा राष्ट्रीय विकास में इसके योगदान को जहाँ दूसरे बहुत से तत्व प्रभावित करते हैं, वहीं अध्यापकों की दक्षता, कार्य-कुशलता एवं चरित्र भी नि:सन्देह अत्यन्त महत्वपूर्ण है।"

अध्यापक का एकमात्र उद्देश्य बालक की क्षमताओं का पूर्ण विकास करना होता है न कि मात्र उसे सूचनायें प्रदान करना। अत: अध्यापक को बालक के साथ निर्देशक सहायक एवं मित्रवत् व्यवहार रखना चाहिये।

हेनरी वेन डाइक (Henry Van Dyke) ने अध्यापक की प्रशंसा बड़े ही सुन्दर ढंग से की है–"अध्यापन का क्या कहना? यहाँ आपको सबसे कम अदा करने पर सर्वाधिक लाभ प्राप्त होगा, जो अन्य दूसरे व्यवसायों में सम्भव नहीं। व्यवसाय से प्यार करो, तभी इसे अपनाओ। क्योंकि यह व्यवसाय मात्र मानवता की भलाई के लिये है। इसके अतिरिक्त, यह व्यक्तियों अथवा महिलाओं के विस्तृत समूह को ज्ञान प्राप्ति या प्रसिद्धि का आश्वासन नहीं देता। मानवता के इस गुण को समाहित करने के परिणामस्वरूप में अध्यापक की प्रशंसा के गीत गाता हूँ। प्रसिद्ध शिक्षा शास्त्री नवीन शैक्षिक योजनाओं का प्रारूप तेयार करते हैं, लेकिन नवयुवकों का मार्ग-दर्शन केवल अध्यापक ही करता है। वह गरीबी में रहता है और संघर्षों से जूझता है, शान-शौकत उससे कोसों दूर रहती है। वह अन्धकार को उजाले में परिवर्तित करता है। अपने कार्य को धैर्यपूर्वक करते हुए वह लड़के-लड़कियों के मानसिक दृष्टिकोण को तीव्र करता है तथा अपने मस्तिष्क के अपार खजाने से उनकी राह में अनेक दीप जलाता है जिससे उनका भविष्य प्रकाशमान होता है। ऐसा करने में उसे आत्मिक सुख की प्राप्ति होती है तथा यही उसके लिये सबसे बड़ा पुरस्कार होता है। ज्ञान पुस्तकों से भी प्राप्त किया जा सकता है, लेकिन ज्ञान के प्रति प्रेम का भाव उसी के द्वारा भरा जाता है। अध्यापक के अतिरिक्त कोई अन्य इस सम्मान के लिये हकदार नहीं है। इतिहास साक्षी है कि हर युग में सभ्यता ने अध्यापक को गहन सम्मान से विभूषित किया है, उदाहरणार्थ–सुकरात (Socrates), प्लेटो (Plato). जेसीस (Jesus), सेनिका

(Senerca), आगस्टीन (St. Augustine), इलियट (Eliot), इरेसमस (Erasmus), कमेनियस (Comenius), पेस्टालौजी (Pestalozzi) तथा मन (Munn) आदि।"

अध्यापक के कार्य (His Job)

स्कूल की परिधि में अध्यापक से बहुत-सी आशायें की जाती हैं। उसका कार्य केवल कक्षा तक ही सीमित नहीं रहता, बल्कि उसके कंधों पर स्कूल तथा समुदाय के मध्य उच्च स्तर के मधुर सम्बन्ध स्थापित करने जैसे जटिल कार्य भी होते हैं। लेकिन हमें यह नहीं भूलना चाहिये कि उसका सर्वप्रथम एवं सबसे महत्वपूर्ण कार्य अपने शिक्षण को प्रभावशाली बनाना है। शिक्षण को प्रभावशाली बनाने के लिये उसे अपने छात्रों के बारे में विस्तृत जानकारी प्राप्त करनी चाहिये, जैसे–उनकी आवश्यकतायें, रुचियाँ, मानसिक स्तर, विशेष क्षमतायें, कौशल अनुभव, सामाजिक गुण एवं अन्य दूसरी बातें। इस प्रकार प्राप्त सूचनाओं के आधार पर वह अपने शैक्षिक कार्यक्रमों को ठीक प्रकार से व्यवस्थित एवं क्रियान्वित करके छात्रों की व्यक्तिगत क्षमताओं का उचित विकास कर सकेगा तथा व्यक्तिगत विभिन्नताओं के प्रभाव को कम कर सकेगा। जिस प्रकार एक किसान अपनी फसल को उगाने में गर्व अनुभव करता है, उद्योगपति अपने उत्पादन को बढ़ाता है, चित्रकार सुन्दर आकृतियों को बनाकर आनन्दित होता है, वैज्ञानिक प्रयोगशाला की खोज में सन्तुष्टि पाता है, ठीक उसी प्रकार अध्यापक मानव पदार्थों (Human material) के साथ कार्य करने में अपने आप पर गर्व महसूस करता है। उसके कार्य को महानता समुद्र की लहरों के समान गहन है। जिस प्रकार समुद्र की लहरों का अस्तित्व आसानी से नहीं मिटाया जा सकता उसी प्रकार छात्र पर अध्यापक के कार्यों एवं उसके व्यक्तित्व का प्रभाव जीवन के अन्तिम क्षणों तक बना रहता है।

अध्यापक के कार्य को सफलता का मूल्यांकन इस तथ्य से किया जाता है कि वह अपने छात्रों में वांछित व्यावहारिक परिवर्तन लाने में कहाँ तक सफल हो पाया है।

यदि आप तथ्यों को ग्रहण करके दूसरे व्यक्तियों तक आसानी से पहुँचा देते हैं, तभी आप एक अच्छे शिक्षक कहलायेंगे।

(If you can grasp the essentials and pass them on to the other people in such a way that they can grasp more easily than you didi, then you are a good teacher.)

निःसन्देह अध्यापक का कार्य दूसरे व्यवसाय के लोगों से बहुत जटिल है। उसकी तुलना हम किसी व्यवसायी, बढ़ई, पेन्टर या ट्रक ड्राइवर से नहीं कर सकते, क्योंकि उसे जीवित पदार्थों को विस्तृत रुचियों के अनुरूप अपने कार्य का संतुलन बनाये रखना होता है। जीवित पदार्थों का सतुष्टियों पर पूर्ण उतरना एक टेढ़ी खीर

है। निम्न युक्ति अध्यापक का उसके व्यवसाय के प्रति लगाव बढ़ाने में सहायक हो सकती है–

"There was a second hand car dealer on the high way who called himself the count of EI camino and who loved cars not money."

गणित शिक्षक की विशेषतायें (His Qualities)

आधुनिक भारत की स्वर्णिम कल्पनायें, आकाँक्षायें एवं आशायें उसके शिक्षकों के स्तर पर निर्भर करती हैं। इस सम्बन्ध में व्हाइट हैड (White head) ने बहुत-ही सुन्दर शब्दों में लिखा है–

"Dreams, aspirations and hopes of Modern India depends upon the quality of her teachers. The world whose teachers are unreformed, undeveloped is an unreformed world."

Teacher शब्द का विश्लेषण इस प्रकार है–

T. विश्वसनीय एवं धैर्यवान (Truthful and Tolerant)

E. कुशल (Efficient)

A. मिलनसार. (Affectionate)

C. प्रसन्नचित्त तथा विषय पर अधिकार (Cheerful and command over subject)

H. स्वास्थ्य-शारीरिक, मानसिक (Health-Physical, Mental)

E. कार्य करने की शक्ति एवं लगन (Energetic and Eager)

R. साधन सम्पन्नता एवं नियमित कार्य प्रणाली (Resourceful and Regular)

एक अच्छे गणित शिक्षक में निम्नलिखित गुणों का होना अनिवार्य है–

1. धैर्यवान एवं सहिष्णु (Patience and Tolerance) — गणित अध्यापक को छात्रों को कोई तथ्य, सिद्धान्त या सूत्र समझाते समय बहुत-ही धैर्यपूर्वक काम लेना चाहिये। प्राय: यह अनुभव किया गया है कि अध्यापक छात्र के जल्दी एवं सही न समझ पाने के कारण तुरनत खीज उठते हैं तथा छात्र को अनावश्यक रूप से डाँटते-फटकारते हैं। उनमें जिस प्रकार की भी क्षमता एवं गुण होने चाहिये कि वे सूक्ष्म प्रत्ययों (Abstract concepts) के बिना कठिनाई के साथ सरल उदाहरणों की सहायता से बिना उकताहट, झुंझलाहट शेष या क्रोध के स्पष्ट कर सकें। इसके अतिरिक्त, वे विद्यार्थियों द्वारा की गई छोटी-मोटी शरारतों को भी सहनशली होकर सहज भाव से लें।

("It is the teacher who sparks the efforts, clears the road and controls the speed. an inspiring, well trained sympathetic and understanding teacher ca n bring success to every child.") — *Young*

2. प्रभावी व्यक्तित्व (Pleasing Personality) — अध्यापक के व्यक्तित्व का बालकों पर प्रत्यक्ष तथा अप्रत्यक्ष दोनों प्रकार से गहरा प्रभाव पड़ता है। गणित शिक्षक का व्यक्तित्व प्रभावशाली होना चाहिये। व्यक्तित्व के अन्तर्गत शिक्षक को बाह्य आकृति, स्वास्थ्य, शारीरिक दोष, स्तर, विषय सम्बनी ज्ञान, शक्ति, लगन, उत्साह, सहयोग, मिलनसारिता, विनोदवृत्ति, न्याय भावना एवं सहिष्णुता आदि सम्मिलित हैं। शिक्षक को अपनी वेश-भूषा के प्रति भी सजग रहना चाहिये। Face is the index of a man के अनुसार उसके व्यक्तित्व में एक ऐसा आकर्षण होना चाहिये जिससे अपरिचित व्यक्ति पर प्रथम भेंट से ही उसके व्यक्तित्व की छाप पड़े तथा वह दूसरे लोगों से उसके दृष्टिकोण की प्रशंसा करे।

3. शिक्षण की प्रभावपूर्ण कलाओं का ज्ञान (Knowledge of Effective Teaching Techniques) — गणित शिक्षण एक कला है और इस कला में दक्षता मात्र शिक्षण विधियों के अध्ययन से ही प्राप्त नहीं हो सकती, चाहे इनका स्वरूप कितना ही वैज्ञानिक क्यों न हो। जिस प्रकार तैरने के लिये सैद्धान्तिक ज्ञान पर्याप्त नहीं अथवा मात्र रंगों के मेल से अच्छी चित्रकारी नहीं की जा सकती, उसी प्रकार प्रत्येक अध्यापक एक अच्छा अध्यापक नहीं हो सकता जब तक कि विषय के पाण्डित्य के साथ-साथ वह अध्यापन की प्रभावपूर्ण कलाओं में भी पारंगत नहीं हो जाता। कहा भी गया है कि–

(Every one can not be a good teacher because teaching is not everybody's cup of tea.)

"गणित अध्यापक को शिक्षा शास्त्र (Pedagogy) के ज्ञान की आवश्यकता होती है। वह गणित का व्यापारी है। उसे विद्यार्थी को विषय के महत्व का विश्वास दिलाना होता है। उसकी गणित में रुचि होनी चाहिये तथा वह स्वयं इसके मूल्य को समझे। अध्यापक के लिये यह समझना आवश्यक है कि गणित हमारी-सभ्यता के विकास में किस प्रकार उपयोगी है तथा आगे भी हो सकता है। विद्यार्थियों की समस्याओं का निदान करते समय उसे धैर्य से काम लेना चाहिये तथ अपने शिक्षण की व्यवस्था उसकी वैयक्तिक विभिन्नताओं के अनुकूल बनानी चाहिये। इसके अभाव में वे बहुत-से विद्यासार्थियों की रुचि नष्ट कर देते हैं, जिसका विकसित होना प्राय: अनुकूल परिस्थितियों में सम्भव प्रतीत होता था।"

("It is not too much to say that nine-tenths of those who dislike arithmetic or who at least feel that they have no aptitude for Mathematics, one this misfortune to wrong teaching at first, to a method which actually thwarts the natural movement of the midn and substitutes for its free and spontaneous activity a forced and mechanical action accompanied by no

vital interest and leading neither to acquired knowledge nor developed power.")
--- Mc lellen&Dewe

अध्यापक को कभी भी अपनी विद्वता अपरिपक्व विद्यार्थियों के मस्तिष्क पर नहीं थोपना चाहिये। उसे धैर्यपूर्वक उनका पथ-प्रदर्शन करके उनकी रुचि गणित के अनुसंधान कार्य की ओर बढ़ानी चाहिये। साथ ही, उसे मूल्यांकन की नवीनतम प्रविधियों से भी अवगत होना चाहिये।

4. विषय की पूर्ण एवं नवीनतम योग्यता (Full and Up-to-date Knowledge of the Subject) — गणित शिक्षक को अपने विषय का पूर्ण-ज्ञान होना चाहिये तथा उसे विषय की नवीनतम ज्ञान भी होना चाहिये। समय के परिवर्तन के अनुसार विषय की प्रकृति में विकास तथा परिवर्तन होते रहते हैं अत: अध्यापक को विषय सम्बन्धी नवीन अनुसन्धान की जानकारी रखनी चाहिये तथा विषय के गहन अध्ययन के लिये गणित सम्बन्धी साहित्य में रुचि लेनी चाहिये। इसके साथ ही अपने अध्यापन को प्रभावशाली बनाने एवं अपूर्ण तथा छिछला होने से बचाने के लिये कक्षा में पूर्ण तैयारी के साथ जाना चाहिये। यंग (Young) महोदय के अनुसार, "प्रत्येक अध्यापक के लिये प्रथम और आधारभूत आवश्यकता है कि उसे अपनी विषय-वस्तु पर जिसे वह पढ़ाता है, पूर्ण अधिकार हो। इस पर उसने इतनी अच्छी तरह अधिकार कर लिया हो कि उसके बोलने में उसके व्यक्तित्व की छाप हो।"

5. पक्षपात रहित होना (Objective in Veiw) — आज अध्यापकों के पक्षपातपूर्ण रवैये की सर्वत्र कटु आलोचना की जाती हैं पक्षपातपूर्ण व्यवहार करना सामाजिक दृष्टि से अनुचित है। छात्रों में से कुछ को प्रिय बनाना (Pat) बनाना तथा शेष विद्यार्थियों के साथ उपेक्षित व्यवहार करना उचित नहीं और न ही अमीर घरानो, परिचित तथा निर्धन परिवारों एवं अपरिचित अथवा प्रतिभाशाली एवं मन्दबुद्धि बालकों के साथ पक्षपातपूर्ण दृष्टि कोण अपनाया जाये। अध्यापक के लिये सभी छात्र एक समान हैं। इसके अतिरिक्त, यदि अध्यापक निर्धन एवं पिछड़े छात्रों के साथ आत्मीयता एवं प्रेम व स्नेह से उनकी व्यक्तिगत एवं घरेलू समस्याओं को सुलझाने में रुचि लेता है, तब ऐसा करने से वह अपने छात्रों के दिल में एक स्थायी आदर का पात्र बन जाता है।

6. ज्ञान संचय की इच्छा (Desire for Acquisition of Knowledge) — "गणित शिक्षक को यह अनुभव करना चाहिये कि गणित एक जीवित एवं विकासशील विषय है। प्रसिद्ध गणितज्ञों, वैज्ञानिकों एवं शिक्षा शास्त्रियों के लेख एवं आख्या (जिनमें वे अपने विषयों का सामान्य रूप से वर्णन करते हैं) भी

प्रोत्साहन एवं सीख देने वाले होते हैं। अध्यापक को उन सभी चीजों को पढ़ाना चाहिये जो उसे मिल सकें"–यंग)।

यंग महोदय के कथन के विरोध में यह कहा जा सकता है कि जो अध्यापक गणित के उच्च ज्ञान से परिचित होगा सम्भव है उसके पढ़ाने का स्तर विद्यार्थियों के स्तर से पर्याप्त उच्च हो। लेकिन इसका पक्ष अध्यापकों की अज्ञानता से नहीं है, वरन् बालक के मानसिक स्तर का सावधानीपूर्वक अध्ययन करना, छात्र की समझ के अनुकूल शिक्षण की व्यवस्था करना तथा विभिन्न उपकरणों (Tools) की सहायता से यह मालूम करना कि प्रस्तुत विषय सामग्री छात्रों को ग्राह्य है अथवा नहीं, से है। इसका सबसे उत्तम-बचाव (Dence) ह्यूरिस्टिक प्रणाली से शिक्षण का है न कि लैक्चर प्रणाली द्वारा। अध्यापक को ज्ञान संचय के लिये हमेशा सतत् प्रयास करते रहना चाहिये।

7. मनोविज्ञान का ज्ञाता (Master of Psychology) — गणित अध्यापक को विद्यार्थियों के मानसिक स्तर को ध्यान में रखते हुए शिक्षण की योजना बनानी चाहिये। वैयक्तिक विभिन्नताओं कारण प्रखर बुद्धि, मन्द बुद्धि एवं सामान्य बुद्धि बालकों की सीखने की गति एवं क्षमता समान नहीं होती। बालकों की विभिन्न समस्याओं के समाधान हेतु उसे मनोविज्ञान के आधारभूत सिद्धान्तों, जैसे–प्रेरणा (Motivation), प्रशिक्षण हस्तान्तरण (Transfer of Training), वैयक्तिक विभिन्नता (Individual Differences) आदि का ज्ञान होना चाहिये, ताकि वह बालकों में गणित के प्रति रुचि एवं धनात्मक (Positive) दृष्टिकोण का विकास कर सके। अध्यापक का कार्य एक माली अथवा विक्रेता के समान है तथा विद्यार्थी गणित के उपभोक्ता हैं। जिस प्रकार आज के विज्ञापन युग (Advertisement) में विक्रेता अपनी वस्तु को बेचने के लिये मनोविज्ञान का प्रयोग करके उपभोक्ताओं (Consumers) में वस्तु के प्रति रुचि उत्पन्न करता है, उसी प्रकार गणित शिक्षक के लिये आवश्यक है कि वह गणित को रुचिपूर्ण बनाकर छात्रों को विषय की ओर आकर्षित करे। साथ ही, विद्यार्थियों में अध्ययन की खराब आदतें किन कारणों से हो सकती हैं तथा उनको दूर करने के उपायों से भी अध्यापक को परिचित होना चाहिये और इसके लिये उपचारात्मक शिक्षण (Remedial Teaching) हेतु कक्षा का वातावरण एवं मानवीय सम्बन्धों का स्तर सौहार्द्रपूर्ण बनाना चाहिये।

("The teacher is more like a gardener who tends each plant, gives water and sees that plenty of plant food is available in the soi so that the plant may take is own nourishment.")
— *Young*

8. गणित के प्रति सकारात्मक दृष्टिकोण (Positive Attitude) — अध्यापक के स्वयं के दृष्टिकोण का विद्यार्थियों के सीखने की गति पर गहरा

प्रभाव पड़ता है। अत: गणित शिक्षक को गणित के प्रति सही एवं रचनात्मक दृष्टिकोण अपनाना चाहिये तथा अध्यापन के प्रति एक व्यवसायी की भाँति प्रेम रखना चाहिये। उसमें उत्तरदायित्व निभाने, उद्देश्य के प्रति ईमानदारी तथा कर्त्तव्य भावना होनी चाहिये। जो अध्यापक गणित का ऐतिहासिक एवं सामाजिक महत्व नहीं समझते तथा गणित को एक सामान्य विषय की तरह पढ़ाते हैं उनकी कक्षा में गणित एक नीरस विषय बनकर रह जाता है। बहुत-से मानवीय तत्वों, जैसे–गणित का इतिहास, आधुनिक इंजीनियरिंग की उत्साह भरी कहानियाँ, महान् गणितज्ञों के जीवन चरित्र सम्बन्धी घटनायें आदि ऐसे विषय हैं जिनसे कक्षा कार्य को सजीव बनाने तथा वाद-विवाद के लिये काफी सहायता मिल सकती है। उत्साह एक ऐसी वस्तु है जो पढ़ाई नहीं जा सकती, बल्कि प्राप्त की जा सकती है। बागले (Bagley) का कथन है–

"अपने कार्य के प्रति उत्साह तथा सीखने वाले की रुचि के प्रति प्रेम एक कलाकार अध्यापक के गण हैं, जिनकी पूर्ति कोई दूसरी वस्तु नहीं कर सकती। यह गुण नौसिखिये को नहीं सिखाये जा सकते, बल्कि निर्देशक से ग्रहण किये जा सकते हें, यदि उसमें यह बातें प्रभावपूर्ण एवं अनुकरणीय ढंग से मौजूद हैं। अत: अध्यापक की आदर्श तैयारी का एक भाग ऐसे निर्देशकों के साथ रहना भी है।"

(Enthusiasm for one's work and devotion to the interests of the learner and qualities of the artist teacher for which there are no substitutes and these qualities are not taught to the novice, they are rather caught from his instructers, ifd his instructors exemplify them in a striking way. The ideal preparation of the teahcer, then, would include working with such instructors.)

9. गणितीय अनुसंधान में रुचि (Interest in Mathematical Research)— प्रोफेसर बूलिन (Bullen) के आदर्श अध्यापक के निम्नलिखित गुण बताते हैं –

(*i*) एक गणितज्ञ के नाते उसे प्रश्नों को स्वच्छता एवं सुन्दरता से हल करना आना चाहिये।

(*ii*) एक दार्शनिक के रूप में उसे गणित तथा वैज्ञानिक खोजों का सम्बन्ध ज्ञात होना चाहिये।

(*iii*) एक गणितज्ञ के अलावा उसे इतना अवश्य पढ़ना चाहिये जिससे कि उसके गणित के प्रति उत्साह की झलक मिले।

(*iv*) अपने ज्ञान को दूसरों तक सफलता पूर्वक पहुँचाने के लिये उसे गणितज्ञों तथा दूसरे विद्वानों के पूर्व अनुभवों से लाभ उठाना चाहिये।

(*v*) उसे शिक्षा सम्बन्धी खोजों में रुचि लेनी चाहिये। शिक्षा एवं गणित जीवित विषय है। तथा उन्हें गतिहीन (Static) नहीं समझना चाहिये।

लाला हरदयाल (Lal Hardyal) के शब्दों में–"It is our duty to acquaint ourselves with the latest knowledge and develop our minds. Knowledge is like a deep well fed by perenial springs and your mind is like a bucket that you can drop into it."

प्रश्न (Questions)

1. गणित शिक्षक के नाते आप अपनी व्यावसायिक कुशलता की उन्नति के लिये क्या उपाय करेंगे? विभिन्न पदों का संक्षेप में वर्णन कीजिये।
   (What steps shall you take as a Mathematics Teacher for your professional growth? Discribe the steps briefly.)
2. "गणित विषय पर अधिकार होना गणित–शिक्षक के लिये एक आवश्यक गुण है, परन्तु पर्याप्त नहीं।" इस कथन की विवेचना करते हुए गणित–शिक्षक के गुणों पर प्रकाश डालिये।
3. (*a*) गणित शिक्षक के कार्यों की विवेचना कीजिये।
   (Enumerate the functions of a Mathematics Teacher.)
   (*b*) गणित शिक्षक के लिये गणितीय डायरी का क्या महत्व है? बताइये।
   (What is the importance of Maths Diary for the Mathematics Teacher?)

12

गणित में सह-सम्बन्ध
Correlation in Mathematics

"सह-सम्बन्ध, जैसा कि इसके नाम से विदित होता है यह पाठ्यक्रम के विभिन्न विषयों के मध्य पारिस्परिक सम्बन्ध है। अपने अनुभवों से सम्बन्धित विभिन्न बातों को सीखने से बालक अधिक खर्च लेते हैं।"

1. फरग्यूसन (Ferguson)–सह सम्बन्ध का उद्देश्य दो चरों में पायी जाने वाली मात्रा का पता लगाना है।

2. लैथरॉप–सह-सम्बन्ध से दो चरों में जाने वाले संयुक्त-सम्बन्ध का पता लगता है।

सम्पूर्ण ज्ञान एक इकाई है और वह मस्तिष्क में एकत्रित होता है। प्राचीन काल में यह समझा जाता था कि मनुष्य के मस्तिष्क में विभिन्न मानसिक शक्तियों, जैसे–तर्क शक्ति, विचार शक्ति, कल्पना शक्ति, स्मरण शक्ति आदि के अलग-अलग विभाग बने हुये हैं। इसीलिए भिन्न-भिन्न विषयों का चयन उन शक्तियों के विकास के लिये किया जाता था। लेकिन अब मनोवैज्ञानिक खोजों ने यह प्रमाणित कर दिया है कि अलग-अलग विभागों का यह सिद्धान्त सर्वथा निर्मूल है। अत: यह आवश्यक है कि बालक को प्रत्येक विषय का ज्ञान दूसरे विषयों के ज्ञान से सम्बन्धित करके दिया जाये ताकि वह एक इकाई के रूप में उसके लिये अर्थपूर्ण हो तथा व्यावहारिक रूप से वह उसका सदुपयोग कर सके। प्रत्येक विषय का स्वतन्त्र रूप से ज्ञान देना (बिना किसी दूसरे विषय के ज्ञान से स्मबन्धित किये) उतना ही अर्थहीन एवं अनुपयोगी सिद्ध होता है जितना किसी उपकरण को समझने के लिये उसके अंगों को पृथक्-पृथक् कर देना। मानेविज्ञान के नवीन अनुसन्धानों ने यह भी सिद्ध कर दिया है कि बच्चा जब स्कूल आता है तो केवल उसका मस्तिष्क ही स्कूल में नहीं आता वरन् उसका शरीर, हृदय एवं बुद्धि आदि सारे अंग भी स्कूल आते हैं। बच्चे के किसी भी अंग की उपेक्षा नहीं की जा सकती।

बच्चा सम्पूर्ण इकाई के रूप में स्कूल जाता है अत: वह ज्ञान को भी इकाई के रूप में ही ग्रहण करना चाहता है। उसके लिये गणित, वाणिज्य, अर्थशास्त्र, कला, संगीत आदि विषयों का पृथक् रूप में कोई मूल्य और महत्व नहीं है। शिक्षा शास्त्रियों ने इसी कारण वह निर्णय किया है कि सभी विषयों को आपस में सम्बन्धित करके ही संक्षिप्त रूप में पढ़ाना चाहिये। साथ ही, किसी विषय के ज्ञान को अर्थपूर्ण एवं उपयोगी बनाने के लिये यह आवश्यक है कि उसका ज्ञान बालक को दैनिक जीवन सम्बन्धी क्रियाओं, समस्याओं, आवश्यकताओं तथा दूसरे विषयों के ज्ञान से सम्बन्धित करके ही दिया जाये। आधुनिक गणित (Modern Mathematics) पढ़ाने के लिये तो यह और भी आवश्यक हो जाता है कि गणित के ज्ञान को एक पूर्ण इकाई के रूप में ही दिया जाना चाहिये। विभिन्न विषयों के इस पारस्परिक सम्बन्ध को हम शिक्षा में अन्तर्विषयी तकनीक (Inter-disciplinary approach) भी कहते है।

सह-सम्बन्ध के प्रकार *(Types of Correlation)*

सह-सम्बन्ध मुख्यत: तीन प्रकार का होता है–

1. **ऐकिक सह-सम्बन्ध (Uni-Lateral Correlation)**—गणित की विभिन्न शाखाओं का एक-दूसरे से सम्बन्ध ऐकिक सह-सम्बन्ध कहलाता है। इसे आड़ी सह-सम्बन्ध (Vertical Correlation) भी कहते हैं।

   (Here we correlate one incident with another).
2. **पारस्परिक सह-सम्बन्ध (Co-Lateral Corelation)**—एक ही विषय में एक ही शाखा के विभिन्न प्रकरणों को एक-दूसरे से सम्बन्धित करना पारस्परिक सह-सम्बन्ध कहलाता है।

   (Correlation among topics to the same branch of Mathematics)
3. **गुणाँक सह-सम्बन्ध (Multi-Lateral Correlation)**—एक विषय का दूसरे विषय से पारस्परिक सम्बन्ध गुणांक सह-सम्बन्ध कहलाता है। इसे रेखीय सह-सम्बन्ध (Horizontal Correlation) भी कहते हैं।

   (Correlation of Mathematics with other Subjects)

सह-सम्बन्ध के लाभ *(Its Advantages)*

गणित में सह-सम्बन्ध स्थापित करके पढ़ाने से निम्नलिखित लाभ हैं–

1. सह-सम्बन्ध सम्पूर्ण पाठ्यक्रम को एक इकाई के रूप में प्रस्तुत करता है।
2. स्कूल एवं समुदाय के बीच दूरी को कम करने में सहायता मिलती है।
3. छात्र विषय का बारीकी के साथ ज्ञान प्राप्त करते हैं।

4. बालकों के चहुँमुखी विकास के अवसर मिलते हैं।
5. सह-सम्बन्ध द्वारा पढ़ाया गया ज्ञान बालकों का स्थायी अंग बन जाता है।
6. विद्यार्थी विभिन्न समस्याओं को हल करने में प्रसन्नता का अनुभव करते हैं।
7. यह अध्यापकों को विषय सम्बन्धी आधुनिकतम जानकारी प्राप्त करने तथा ज्ञान संचय के लिये प्रेरित करता है।
8. अध्यापक के दृष्टिकोण को व्यापक बनाता है।
9. यह ज्ञान की संकीर्णता को कम करता है।
10. शिक्षा के स्वाभाविक रूप को संवारता है।
11. 'कार्य करके सीखो' शिक्षण-सूत्र का प्रयोग होता है।

सीमाएं (Limitations)

गणित को दूसरे विषयों सक सम्बन्धित करके पढ़ाने की कुछ सीमाएँ भी हैं, जो इस प्रकार हैं–

1. सांस्कृतिक विषयों को सह-सम्बन्ध के माध्यम से नहीं पढ़ाया जा सकता। प्रोफेसर नायडू ने पुनः कहा है–

   "It is impossible to establish any natural association between a craft and the subjects of cultural value which any one system of education shouid cover through its curriculum."
2. इसे बड़ी कक्षाओं में प्रयोग नहीं किया जा सकता।
3. सभी अध्यापक प्रत्येक स्थिति में से सफलतापूर्वक प्रयोग में नहीं ला सकते।
4. एक ही विधि का प्रयोग सभी शैक्षिक परिस्थितियों में नहीं किया जा सकता।
5. प्राफेसर नायडू (Naidu) ने कहा है–"It is absurd to hang all knowledge from the pegs of a single craft."
6. सह-सम्बन्ध के माध्यम से किसी विषय का गहन अध्ययन विशिष्ट पक्ष को दृष्टिगत रखते हुए करना कठिन होता है।

1. एकिक सह-सम्बन्ध (Uni-lateral Coorelation)

गणित की विभिन्न शाखाओं का आपस में सह-सम्बन्ध (Correlation of the Different branches of Mathematics among Themselves)

गणित की विभिन्न शाखाओं, अंकगणित, बीजगणित तथा रेखागणित आदि का आपस में घनिष्ठ सम्बन्ध है और इनमें से किसी एक शाखा का ज्ञान दूसरी शाखा

अथवा शाखाओं से सम्बन्धित कर दिये जाने पर वह और भी अर्थपूर्ण एवं व्यावहारिक बन जाता है। यदि हम गणित के इतिहास के कुछ पन्ने उलटें तो ज्ञात होता है कि 'कितना' (How much and How many) शब्द का उत्तर प्राप्त करने के लिये ही साधारण गणित का अविष्कार हुआ। कितना फासला, कितनी ऊँचाई अर्थात्, मापन के लिये रेखागणित की आवश्यकता अनुभव की गई। 'कितना' और इसका 'मापन' (How much and its measurement) एक दूसरे से अलग नहीं किये जा सकते। कहने का तात्पर्य यह है, कि साधारण गणित तथा रेखागणित दोनों परस्पर सम्बन्धित हैं। इन दोनों को और अच्छी प्रकार समझने के लिये मनुष्य ने एक काल्पनिक विषय का आविष्कार किया जिसे अलजैबरा अथवा बीजगणित कहा गया। क्योंकि बीजगणित का विकास केवल साधारण गणित को सरल बनाने के लिये हुआ है अत: यह साधारण गणित अर्थात्, अंकगणित से भिन्न नहीं है। अंकगणित की किसी भी समस्या को बीजगणित द्वारा सुगमता से हल किया जा सकता है। ऐसे प्रश्नों को पहले अंकगणित से और उसके बाद बीजगणित द्वारा हल करके समझना चाहिये। अंकगणित की बहुत-सी समस्याएँ ग्राफ द्वारा भी हल की जा सकती हैं। इसी प्रकार, बीजगणित की समस्याओं को रेखागणित की सहयता से समझाया जा सकता है और उसी ज्ञान का उपयोग अंकगणित में भी किया जा सकता है। उदाहरणार्थ, बीजगणित के सूत्र $(a + b)^2 = a^2 - 2ab + b^2$ तथा बीजगणित को वर्गात्मक सीमकरण (Quadratic Equation) को रेखागणित द्वारा भी हल किया जा सकता है। इसी प्रकार अंकगणित के लाभ-हानि, ब्याज, क्षेत्रफल सम्बन्धी कठिन समस्याओं को बीजगणित की सहायता से आसानी से हल किये जा सकता है। इसीलिये कहा गया है कि वास्तव में बीजगणित केवल सामान्य अंकगणित ही है। (Algebra is generalised form of Arithmetic) अंकगणित के क्षेत्रफल, आयतन, वर्गमूल, ऐकिक नियम आदि के प्रश्नों को हल करने में रेखागणित की सहायता ली जा सकती है। बीजगणित की युगपत समीकरण को ग्राफ (Graph) द्वारा भी हल किया जा सकता है।

पुरानी गणितीय समस्यायें, जैसे-एक वृक्ष के तोते दूसरे वृक्ष पर बैठे तोते से कहते हैं कि हम में से 5 तोते आप की ओर चले जायें तो हम बराबर हो जायेंगे, परन्तु यदि आप में से 5 तोते हमारे वृक्ष पर चले आयें तो हम आपसे तिगुने हो जायेंगे, बताओं दोनों वृक्षों पर कितने-कितने तोते हैं। आदि साधारण गणित के द्वारा हल करते समय बहुत कठिन प्रतीत होते है परन्तु यही सस्या बीजगणित के प्रयोग से आसानी से हल हो जाती है। अत: गणित पढ़ाते समय उसकी विभिन्न शाखाओं में सह-सम्बन्ध स्थापित करके एक समन्वित (Integrated) और सन्तुतिल रूप में ही गणित का ज्ञान बालकों के सम्मुख प्रस्तुत करना चाहिये।

पेरी (Perry) के अनुसार, "गणित का अध्ययन इसकी उपयोगिता के कारण ही आरम्भ हुआ था, यह उपयोगिता के कारण ही अब भी प्रचलित है और अपने निष्कर्षों की उपयोगिता के कारण ही संसार के लिये उपयोगी सिद्ध हो रहा है।"

(Mathematical stuty began because it was useful, it continues because it is useful and it is valuable to the world bcause of the usefulness of its results.)

2. पारस्परिक सह-सम्बन्ध (Co-lateral Correlation)

गणित की एक ही शाखा के विभिन्न प्रकरणों में सह-सम्बन्ध (Correlation of Different Topics in Same Branch of Mathematics)

गणित एक ऐसा विषय है जिसकी प्रत्येक शाखा में कोई भी नवीन प्रकरण तब तक आसानी से एवं सफलतापूर्वक छात्रों को नहीं समझाया अथवा पढ़ाया जा सकता, जब तक कि उस शाखा के पूर्व प्रकरणों का बालक को भली-भाँति ज्ञान न हो और साथ ही, नवीन ज्ञान को समझने में पूर्ण ज्ञान का प्रयोग न किया जाये। गणित की एक ही शाखा के विभिन्न प्रकरणों को आपस में सम्बन्धित करने के उद्देश्य से उन्हें मनोवैज्ञानिक (Psychological) तथा तार्किक (Logical) क्रम में रखा जाना चाहिये। इस उद्देश्य की पूर्ति के लिये प्रकरणों को व्यवस्थित करने में 'सरल से कठिन' की ओर (From Simple to Complex), 'ज्ञात से अज्ञात' की ओर (From known to unknown) तथा 'स्थूल से सूक्ष्म' की ओर (From conrete to abstract) नामक शिक्षण सूत्रों का प्रयोग किया जा सकता है। मनोवैज्ञानिक दृष्टि से 'तत्परता का नियम' (Law of Readiness) के अनुसार जब तक विद्यार्थी नवीन ज्ञान को सीखने के लिये स्वयं इच्छक न हो अथवा अन्दर से प्रेरित न हो उन्हें कोई ज्ञान प्रदान न किया जाये, अन्यथा वह ज्ञान उनके मस्तिष्क पर बोझ स्वरूप बना रहेगा तथा अध्यापक के सभी प्रयास विफल हो जायेंगे। छात्रों को बीच-बीच में प्रोत्साहन देना उत्प्रेरक (Catalyst) का काम करता है। परिणामस्वरूप, उनके सीखने की गति बनी रहती है। निम्न उदाहरणों से प्रकरणों के पारस्परिक सह-सम्बन्ध को स्पष्ट किया जा सकता है। अंकगणित के भिन्नों के जोड़-घटाने का सम्बन्ध प्रतिशत, L.C.M., G.C.M. से, सिलिण्डर के धरातल का क्षेत्रफल ज्ञात करने में आयत के क्षेत्रफल से, आयत के क्षत्रफल के लिये लम्बाई, पैमाना, गुणा की क्रिया से, साधारण भिन्न का अनुपात से, अनुपात का समानुपात से, समानुपात का ऐकिक नियम से, ब्याज एवं लाभ-हानि का प्रतिशत से सम्बन्ध स्थापित किया जा सकता है। बीजगणित में दो अज्ञात राशियों वाली समस्या को हल करने में युगपत समीकरण का कुल सरल समीकरण को हल करने में संक्षिप्तीकरण

(Simplification), भिन्नों को सरल करना, गुणनखण्ड करना, कोष्ठक खोलना आदि क्रियाओं के ज्ञान की आवश्यकता पड़ती है इसी प्रकार, रेखागणित में त्रिभुज की रचना में सरल रेखा, चतुर्भुज की रचना में त्रिभुज की रचना, बेलन के वक्रतल का क्षेत्रफल निकालने में आयत का क्षेत्रफल तथा उसके सिरों के क्षेत्रफल निकालने में वृत्त के क्षेत्रफल निकालने के ज्ञान की आवश्यकता होती है। रेखागणित की विभिन्न साध्यों में तो इतना गहरा सम्बन्ध है कि उनमें से किसी का भी ज्ञान अन्य साध्यों के ज्ञान के बिना दिया ही नहीं जा सकता। इस प्रकार विभिन्न प्रकरणों में सम्बन्ध स्थापित करते हुए पढ़ाने से बालकों को विषय सरल होने के साथ-साथ रोचक भी हो जाता है। शिक्षण को और अधिक सरल, रोचक एवं प्रभावशाली बनाने के लिये अध्यापक के प्राप्य उद्देश्यों (Objectives) के निर्धारण में दक्ष (Expert) होना चाहिये तथा प्रकरणों में उनकी कठिनाई स्तर एवं महत्व (Difficulty level and Order of performence) की दृष्टि से निश्चित क्रम में रखकर पढ़ाना चाहिये। बालकों को भी प्रकरण सम्बन्धी प्राप्य उद्देश्य प्रारम्भ में ही बता देने से उनका ध्यान विषय की ओर केन्द्रित करने में सहायता मिलती है। इन सभी कार्यों की सफलता अध्यापक की व्यक्तिगत सूझबूझ एवं बुद्धि के प्रयोग पर निर्भर करती है।

3. गुणांक सह-सम्बन्ध (Multi-Lateral Correlation)

गणित का अन्य विषयों से सह-सम्बन्ध

(Currelation of Mathematics with Other Subjects)

कोठारी आयोग (Kothari Commission 1964-66) के अनुसार–"हम इस बात पर बल देते हैं कि गणित को स्कूल पाठ्यचर्या में महत्वपूर्ण विषय बनाया जाये इसलिये हम सिफारिश करते हैं कि विज्ञान और गणित स्कूल शिक्षण पहले दस वर्षों में सभी छात्रों की सामान्य शिक्षा के एक भाग के रूप में अनिवार्य पढ़ाये जायें। इसके अतिरिक्त, औसत योग्यता से अधिक योग्यता वाले छात्रों के लिये माध्यमिक अवस्था में इन विषयों में विशेश पाठ्यक्रम की व्यवस्था की जाए। ये कार्यक्रम तभी उपयोगी हो सकते हैं जब विज्ञान पाठ्यक्रमों को पुन: संगठित कर आधुनिकतम बनाया जाये, शिक्षण पद्धति में पुन: शक्ति संचार किया जाए और विषय के शिक्षण के लिये उचित सुविधायें दी जायें।"

पाठ्यक्रम के सभी विषय सम्पूर्ण ज्ञान की इकाई के विभिन्न अंग हैं। गणित एक प्रमुख विषय के रूप में अन्य विषयों से घनिष्ठ सम्बन्ध रखता हैं गति को उन विषयों से समन्वित किये बिना ही पढ़ाने से बालकों का ज्ञान अधूरा रह जायेगा। परिणामस्वरूप, उन्हें अन्य विषयों का ज्ञान भी भली प्रकार प्राप्त न हो सकेगा।

गणित का पाठ्यक्रम के अन्य विषयों से सम्बन्ध निम्न प्रकार स्थापित किया जा सकता है।

गणित और विज्ञान (Maths and Science) — गणित को सभी विज्ञानों का विज्ञान माना जाता है वास्तविक रूप में देखा जये तो यह बात स्पष्ट है कि गणित के ज्ञान के अभाव में विज्ञान का अध्ययन करना एक कठिन कार्य है। गणित और विज्ञान का आपस में अटूट सम्बन्ध है। आज विज्ञान जिस ऊँचाई पर खड़ा है उसमें गणित का बहुत बड़ा हाथ रहा है। गणित को विज्ञान की आत्मा कहा गया है। गणित के बिना विज्ञान का कोई अस्तित्व नहीं है। आज के वैज्ञानिक युग की नींव गणित पर ही आधारित है। बेकन ने कहा है कि, "गणित विज्ञान के द्वार की कुन्जी है।" (Mathematics is a gate way and key to all sciences) कामटे (Kamte) के अनुसार, "उस विज्ञान की नींव जो गणित के साथ प्रारम्भ नहीं होती, अवश्य ही कच्ची तथा दोषपूर्ण है।" (The scientific education which does not commence with Mathematics is necessary defective, at its foundation) कैन्ट ने भी कहा है कि–"विज्ञान तब तक विज्ञान है जब तक कि वह गणित मिश्रित है।" (Science is a science only in, so far as it is Mathe-matical.) होगबेन ने तो यहाँ तक कहा है कि–"गणित सभ्यता का दर्पण है।" (Mathematics is the mission of civilization) इन विद्वानों के कथनों से यह स्पष्ट है कि विज्ञान और गणित का आपस में घनिष्ट सम्बन्ध है और विज्ञान का शिक्षण गणित की सहायता के बिना असम्भव है। भौतिक शास्त्र के सभी नियमों की खोज गणित की सहायता से ही की जाती है। पृथ्वी की आकर्षण शक्ति (Gravi-tational Force), गति का नियम (Laws of Motion), बेतार के तार (Wireless), गति (Speed), तथ्य (Acceleration), अश्व शक्ति (Horse Power), भाप इंजन (Steam Engine) आदि का आविष्कार गणित की सहायता से ही हुआ है।

कोठारी आयोग (Kothari Commission) ने विज्ञान में गणित के महत्व पर निम्न विचार प्रस्तुत किये हैं–

"वैज्ञानिक दृष्टि अपनाने का मुख्य लक्ष्य वस्तुओं को मात्रात्मक दृष्टि से अभिव्यक्ति देना है। इसलिये आधुनिक शिक्षा में गणित का स्थान अधिक महतवपूर्ण हो जाता है। भौतिक विज्ञान की प्रगति में इसका महत्वपूर्ण हाथ है। साथ ही, जैविक विज्ञानों के में भी अधिकाधिक रूप से इसका उपयोग किया जा रहा है। इस शताब्दी में स्पष्ट विज्ञान और साइबरनैटिक्स के आगमन से नई वैज्ञानिक औद्योगिक क्रान्ति का जन्म हुआ है। और गणित अध्ययन पर विशेष ध्यान देना और भी अनिवार्य हो गया है। "

रसायनशास्त्र (Chemistry) के प्राण तत्व (Elements) हैं। तत्वों का गणित के ज्ञान के बिना नहीं समझा जा सकता। गणित की सहायता से ही हमें पता चलता है कि किसी यौगिक में कितने तत्व हैं और वे किन-किन अनुपातों में हैं, अणु के विस्फोट से कितनी शक्ति उत्पन्न होती है, पानी में किस अनुपात में हाइड्रोजन और ऑक्सीजन मिली हुई है आदि-आदि। पीरियोडिक टेबिल के विकास में गणित का महत्वपूर्ण योगदान रहा है। इलेक्ट्रॉन, प्रोटॉन, न्यूट्रॉन, एबोगेड्रो संख्या आदि को समझाने में बीजगणित के छात्रों को indices का ज्ञान आवश्यक है। गैसों के नियम, भाप का दाब, घुलनशीलता आदि को समझने में ग्राफ की जानकारी सहायक सिद्ध होती है। रसायन शास्त्र के प्रमुख एवं आधारभूत पक्षों को समझने के लिये सामान्यीकरण, सूत्रीकरण, गणितीय प्रक्रियाओं एवं दूसरे कौशलों में पारंगत होना आवश्यक है। उदाहरणार्थ, बॉयल का नियम अथवा चार्ल्स के नियम को समझने के लिये गणितीय भाषा का ज्ञान आवश्यक है।

गणित का जन्तुविज्ञान तथा वनस्पति विज्ञान से भी गहरा सम्बन्ध है। गणित की सहायता से ही मेण्डल की 'The Mathematics of Peas' तथा वंशानुक्रम की खोज हुई। इसी की सहायता से शरीर की हड्डियों, नाड़ियों, शरीर का तापमान, कैल्शियम की मात्रा, तेजाब की मात्रा, खून का दबाव कितना है एवं क्यों? किसी तत्व के बढ़ने से शरीर पर क्या प्रभाव पड़ता है? आदि का ज्ञान होता है। गणित की सहायता से ही हमें पता चलता है कि सन्तुलित भोजन क्या है तथा किस वनस्पति में भोजन का कौन-सा तत्व कितनी मात्रा में है। वनस्पति शास्त्र में पुष्प, पत्ती, जड़ आदि कि अध्ययन में तथा मिट्टी, अंकुरण, बीज, पौधा, फल आदि में परस्पर सम्बन्ध स्थापित करने में गणित की आवश्यकता पड़ती है। साथ ही, वनस्पति शास्त्र में घनत्व, वितरण, आवृत्ति, क्षेत्रफल आदि प्रत्ययों का प्रयोग भी गणितीय ही है।

काम्टे (Comte) ने लिखा है–"The claim of any particular branch of natural philosophy to be considered as a science can be assessed only on the basis of the amount of Mathematics employed in it."

गणित तथा इन्जीनियरिंग (Maths and Engineering)—गणित इंजीनियरिंग की जान है। (Mathematics is the foundation of Engineering) एक प्रकार के इन्जीनियरिंग गणित का ही दूसरा नाम है। इसीलिये इन्जीनियरिंग में प्रवेश हेतु गणित का अच्छा ज्ञान होना अनिवार्य है। इन्जीनियरिंग की विविध क्रियाओं, जैसे–सर्वे करना, समतल करना, डिजाइन तैयार करना, बड़े-बड़े भवनों की योजना बनाना आदि सभी में गणित का प्रयोग किया जाता है। इन्जीनियरिंग की परिभाषा इस प्रकार की गई है–

"Engineering has been defined as an art of directing the great sources of power in nature for theuse and convenience of man."

यदि गणित का सहयोग हमें प्राप्त न हुआ होता तो इन्जीनियरों द्वारा पेंचदार पुल, आलीशन भवन, शिमला जैसे दुर्गम पर्वतीय स्थानों तक जाने वाली रेलवे लाइनें, बड़े-बड़े कंधा, पहाड़ उखाड़ कर बनाई गई सुरंग, प्रकृति को वश में लाने के लिये, नदियों के मुँह बाँधने के लिये, समुद्रों की छाती चीरने के लिये, पहाड़ों को धराशायी करने के लिये, हवा में तारियाँ लगाने के लिये, विभिन्न गणनायें, विविध प्रकार के यन्त्रों आदि, किसी का निर्माण सम्भव न होता। यदि आप इंजीनियरिंग की कोई भी पुस्तक उठाकर देखें आप देखेंगे कि इन्जीनियरिंग की पुस्तक तथा गणित की पुस्तक में बहुत समानता है। अभी तक इन्जीनियरिंग की प्रमुख शाखायें Electrical, Civil, Mechanics, Metallurgical, Sanitary तथा Environmental का भी विकास हुआ है। इस प्रकार, गणित वैज्ञानिक के प्रश्नों का उत्तर देकर उसकी जिज्ञासा को ही शान्त नहीं करता, बल्कि उसे यह भी सुझाता है कि उसे क्या तथा कैसे मापना चाहिये? उदाहरणार्थ, इन्जीनियर किसी झरने पर पुल का निर्माण करते समय झरने की चौड़ाई, खम्भों (Pillars) की संख्या, प्रयुक्त निर्माण सम्बन्धी सामग्री की गणना, गणितीय पदों (Mathematical form) के रूप में ही करेगा। संचार (Communicatioin) तथा परिवहन (Transportation) जो हमारी आधुनिक सभ्यता के स्तम्भ कहे जाते हें, गणित के सहयोग के बिना कुछ ही क्षणों में धराशायी हो सकते हैं। अत: इन्जीनियरिंग में गणित के सहयोग पर कोई प्रश्न चिन्ह नहीं लगाया जा सकता।

गणित तथा अर्थशास्त्र (Maths and Economics)—गणित तथा सामाजिक विज्ञान के आपसी सम्बन्धों पर कुछ विद्वानों के विचार इस प्रकार हैं।

1. **लार्ड केलविन** (Lord Kelvin) के शब्दों में–"All great scientific discoveries are, but the rewards of patience, pains taking shifting of numerical data."

2. **व्हाइट** (W.F. White) महोदय के अनुसार–"The social science mathematicaly developed are to be the controlling factors in civilisation."

उपरोक्त कथनों से स्पष्ट है कि सामाजिक विज्ञान ने गणित के प्रयोग से पर्याप्त उन्नति की है। विज्ञान की भाँति अर्थशास्त्र को समझने के लिये भी गणित का सहयोग लेना अत्यन्त आवश्यक है। आज का युग अर्थशास्त्र का युग है तथा प्रत्येक व्यक्ति के जीवन में अर्थ एक महत्वपूर्ण स्थान रखता है। अर्थशास्त्र के नियमों में गणित के प्रयोग द्वारा ही निश्चित्ता लाई जा सकती है। अर्थशास्त्र के कुछ नियम गणित की सहायता से आसानी से समझे जा सकते हैं–जैसे, मूल्य सूचकाँक

(Price Index), माँग एवं पूर्ति का नियम (Demand and Supply), राष्ट्रीय आय (national Income), पारिवारिक बजट (Family Budget), मुद्रा स्फीति (Money Inflation), मुद्रा अवमूल्यन (Money Devaluation), क्रमागत उत्पत्ति ह्रास नियम (Law of diminshing Returns), क्रमागत उत्पत्ति वृद्धि नियम (Law of Increasing Returns) आदि। अर्थशास्त्र केवल धन, उपज, मजदूरी, आय, व्यय का ही अध्ययन नहीं करता, अपितु, देखता है कि ये सारी वस्तुयें विशेष परिस्थितियों तथा शर्तों में कैसे बदलती हैं तथा इन्हें कैसे बदलना चाहिये।

प्रोफेसर मूरे (Moore) तथा प्रोफेसर स्मिथ (Smith) के अनुसार अर्थशास्त्र की घटनाओं के सम्बन्ध में भविष्यवाणी करने के लिये सांख्यिकीय विधियों का प्रयोग बहुत व्यापक सिद्ध होता है। प्रोफेसर मूरे ने रूई (Cotton) की उपज तथा उसके मूल्य के सम्बन्ध में भविष्यवाणी की तथा प्रोफेसर स्मिथ ने यह सिद्ध कर दिखाया कि प्रत्येक फसल की उपज में कुछ प्रतिकूल समय (Critical Periods) अवश्य आते हैं दोनों को अपनी भविष्यवाणी में काफी हद तक सफलता प्राप्त हुई। इसी प्रकार, व्यापार चक्र (Trade Cycles), आयात-निर्यात नीति (Trend of Exports and Imports), जनसंख्या सिद्धान्त (Population Trends), औद्योगिक नीतियाँ (Industrial Trends), पब्लिक धन का प्रयोग (Expenditure of Public Money) आदि महत्वपूर्ण सिद्धान्तों को समझने में सांख्यिकी का प्रयोग अनिवार्य है। जीवन बीमा (L.I.C.) जो आज हर व्यक्ति की महत्वपूर्ण योजनाओं में से एक हैं, उसका आधार भी गणितीय ही है, जिसे 'सम्भावना सिद्धान्त' (Theory of Probability) के नाम से जाना जाता है।

मार्शल (Marshall) ने गणित और अर्थशास्त्र के पारस्परिक सम्बन्ध को बहुत ही सुन्दर शब्दों में इस प्रकार व्यक्त किया है–

"The direct application of mathematical resoning to the discovery of economic truths has recently rendered great services in the hands of master mathematicians."

3. गणित एवं मनोविज्ञान (Maths and Psychology)—प्रसिद्ध शिक्षा शास्त्री हरबर्ट (Herbert) ने कहा है कि–"यह केवल सम्भव ही नहीं बल्कि आवश्यक भी है कि मनोविज्ञान में गणित का प्रयोग किया जाये।"

(It isnot only possible but nexessary also that Mathematics be applied psychology.)

जब तक गणितज्ञों ने मनोविज्ञान के क्षेत्र में पदार्पण नहीं किया था, मनोविज्ञान का ज्ञान कल्पना मात्र था। गणितज्ञों के सहयोग से इस विषय का महत्व बढ़ा तथा विषय का क्षेत्र और अधिक व्यापक हो गया। मनोविज्ञान में अनेक प्रकार

के प्रयोग किये जाते हैं। अनेक मनोवैज्ञानिक परीक्षणों, जैसे–बुद्धि परीक्षा, व्यक्तित्व परीक्षा, रुचि-परीक्षा, अभिरुचि परीक्षा, योग्यता परीक्षा आदि में गणित का ही प्रयोग मिलता हैं इसी प्रकार मनोविज्ञान से कई प्रकार के ग्राफ, जैसे–सीखने का ग्राफ, मानसिक आयु के विकास का ग्राफ, सीखने में पठार सम्बन्धी ग्राफ आदि गणित की सहायता से ही खींचे तथा समझे जाते हैं विभिन्न प्रकार की मनोवैज्ञानिक विशेषताओं (Constructs) में पारस्परिक सम्बन्ध निकालने में प्रयुक्त सह-सम्बन्ध गुणक (Coefficient of Correlation) का प्रयोग तथा अन्य अनुसन्धान कार्यों के निष्कर्षों की सत्यता की जाँच बिना गणित की सहायता लिये असम्भव है। गणित की सहायता से मनोविज्ञान के नियमों एवं निष्कर्षों का स्वरूप वर्तमान परिस्थितियों के सन्दर्भ में आसानी से आँका जा सकता है।

4. गणित एवं तर्कशास्त्र (Maths and Logic) — गणित का तर्कशास्त्र से गहरा सम्बन्ध है। गणित की समस्याओं को बिना तर्क शक्ति के हल नहीं किया जा सकता। गणित और तर्कशास्त्र में लगभग एक ही प्रकार के आगमन एवं निगमन विधियों का प्रयोग किया जाता है। रेखागणित और तर्कशास्त्र का तो और भी अधिक घन्ष्ठि सम्बन्ध है, क्योंकि दोनों में एक ही प्रकार के तर्क का प्रयोग होता है। इसीलिये D. Alembert ने कहा है कि–"रेखागणित एक व्यावहारिक तर्कशास्त्र है।" (Geometry is a practical logic) इसी प्रकार पास्कल (Pascal) ने लिखा है कि–"तर्कशास्त्र में रेखागणित के नियमों का प्रयोग किया जाता है।" (Logical has borrowed the rules of Geometry) रेखागणित, तर्कशास्त्र का वास्तविक स्वरूप है। (Geometry is a true demonstration of Logic) वैथम (W.C.D. Whetham) के अनुसार–"गणित सांकेतिक तर्कशास्त्र का उच्च विकसित रूप है।" (Mathematics is the higher development of Symbolic Logic) केसर (C.I. Keyser) ने दोनों को एक-दूसरे का पर्याय कहा है–("Symbolic Logic is Mathematics, Mathematics is Symbolic Logic.").

गणित और तर्कशास्त्र दोनों में अक्षरों तथा संकेतों का प्रयोग किया जाता हैं गणित के विभिन्न सूत्रों में भी संकेतों का प्रयोग किया जाता है। प्रमुख गणितज्ञ लिबनिट्ज (Libnitz) ही सम्भवतः प्रथम व्यक्ति था जिसने तर्कशास्त्र में संकेतों के प्रयोग की महत्ता को समझा। उदाहरणार्थ, गणित में $a < b$ का अर्थ है कि a, b से छोटा है, लेकिन तर्कशास्त्र में इसी संकेत का अर्थ व्यापक हो जाता है। अर्थात्, यदि a (गायों का समूह) तथा b (पशुओं का समूह) है, तब $a < b$ का अर्थ है कि a, b में सम्मिलित है अर्थात्, सभी गायें पशु हैं। इसी प्रकार यदि A = Group of Teachers तथा B = Group of Ladies तब A, B उन व्यक्तियों का समूह है जिसमें अध्यापक तथा महिलायें दोनों हैं इस प्रकार, गणितज्ञों तथा

तर्कशास्त्रियों का उद्देश्य प्रयोगात्मक रूप से समान ही है। गणितज्ञों का उद्देश्य होता है कि प्रत्येक तथ्य को पहले से सिद्ध किये हुए तथ्यों के आधार पर सिद्ध करें और वही बात तर्कशास्त्र में भी होती है अर्थात् कोई तथ्य या तो पूर्णतया सत्य होता है या पूर्णतया असत्य। गणित में जो विधियाँ या संकेत प्रयोग में लाये जाते हैं, वही तर्क शास्त्र में भी प्रयोग में लाये जा सकते हैं।

5. गणित एवं दर्शन (Maths and Philosophy) — दर्शन वह विषय है जो सत्य का खोज करता है, जैसे–सृष्टि के अन्त में क्या शेष रहेगा। सृष्टि की रचना कैसे हुई? इसका निर्माता कौन है? आदि प्रश्नों का उत्तर दर्शनशास्त्र ही देता है। गणित तथा दर्शन की प्रगति एक दूसरे पर निर्भर करती है। इतिहास साक्षी है कि गणित में हुई खोजों ने हमारी दार्शनिक विचारधारा को प्रत्यक्ष रूप में प्रभावित किया है। यह इस बात से स्पष्ट है कि महान् दार्शनिक साधारणत: गणितज्ञ भी हुए हैं, जैसे–पास्कल, डैकरटे, लिबनिट्ज, रसल, व्हाइटहैड तथा राधाकृष्णन आदि। गणित ही एक ऐसा विषय है जो दर्शन को पृथ्वी की ओर खींचता रहता है, अन्यथा दर्शन केवल फिजूल की दिमागखर्ची का विषय बना रहता। मूलत: गणित का जन्म एवं विकास एक ऐसे उपकरण के रूप में हुआ है जिसकी सहायता से भौतिक एवं सामाजिक विज्ञान के प्राकृतिक नियमों को समझने एवं उसके गुणों की व्याख्या करने में सहायता मिल सके। इसीलिए प्रसिद्ध शिक्षा शास्त्री हरबर्ट (Herbert) ने लिखा है कि–

"शिक्षा का अन्त दर्शन के हाथों होता है, लेकिन गणित हमें दर्शन के खतरों की चेतावनी देता है।" (The real finisher of ourEducation is Philosophy, but, it is the office of Mathematics to ward off the dangers of Philosophy) इसी प्रकार व्हाइटहैड (A.N. Whitehead) के अनुसार–"दार्शनिक गणित का भरपूर ज्ञान रखते हुए विज्ञान को अपने महान् विचारों से योगदान देते हैं।"

(Philosophers, when they have possessed a thorough knowlede mathematics have been among those who have enriched the Science with some best ideas.)

6. गणित तथा भूगोल (Maths and Geography)—गणित का भूगोल में सम्बन्ध है। दो स्थानों के बीच की दूरी निकालना, नदियों एवं नहरों की लम्बाई मापना, पहाड़ों एवं टीलों की ऊँचाई ज्ञात करना, चन्द्रग्रहण एवं सूर्यग्रहण क्यों और कैसे होते हैं? अक्षांश और देशान्तर (Lanitude and Longitudes) रेखाओं से दूरी, प्रमाणित तथा स्थानीय समय (Standard and Local times) आदि निकालने में गणित का ही प्रयोग किया जाता है। भूगोल में बहुत से प्रत्यय (Concepts) ऐसे भी होते हैं, जैसे 7 जनसंख्या का वितरण, आयात-निर्यात, कुल उपज सेन्टीमीटर

में वर्षा, अंशों में तापक्रम, पृथ्वी का आकार, पृथ्वी की गति आदि जिन्हें समझने के लिये ग्राफ की आवश्यकता पड़ती है। रेखागणित की सहायता से ही ग्राफ तथा मानचित्र आदि सुविधापूर्वक बनाये एवं समझे जा सकते हैं।

गणित तथा इतिहास (Maths and History) — गणित सभ्यता का दपर्ण है। प्राचीन शिक्षा पद्धति (Ancient system of Education) से पता चलता है कि प्राचीन समय में भी 3R's पद्धति के अन्तर्गत एक महत्त्वपूर्ण विषय के रूप में रहा है। मानव जाति के क्रमिक विकास का अध्ययन करने में गणित से पर्याप्त सहायता मिल सकती है। आदि काल में मानव असभ्य या तथा उसे अपने रहन-सहन, खान-पान का बिल्कुल भी ध्यान नहीं था। लेकिन, जैसे-जैसे सभ्यता का विकास होता चला गया, गणित का स्वरूप भी विकसित होता चला गया। गणित को रोचक बनाने के लिये विद्यार्थियों का पाइथागोरस, न्यूटन, रामानुज जैसे गणितज्ञों को जीवन गायनं सुनाकर तथा किसी प्रत्यय (Concept) के जन्म (Origin) का इतिहास बताकर उनका ध्यान पाठ की ओर रुन्द्रित किया जा सकता है। अत: गणित शिक्षक को गणित के इतिहास में भी भली-भाँति परिचित होना चाहिये।

8. गणित एवं कला (Maths and Five Arts)—गणित एवं कला के पारस्परिक सम्बन्ध पर कुछ विद्वानों के विचार इस प्रकार हैं-

1. **थोरयू (Thoreau)** - "The most distinct and beautiful statement of any truth must take at last the Mathematical form."
2. **पाइथागोरस** (Pythagorus) के शब्दों में-"Where harmony is, there are numbers."
3. **जॉन अर्बथनाट** (John Arbuthnot) के अनुसार-"Truth is the something to the understanding, as music to the ear and beauty to the eye."
4. **लिबनिट्ज (Leibnit) के अनुसार**-"Music is a hidden exercise in Arithmetic of a mind, unconscious of dealing with numbers."

उपरोक्त कथनों के आधार पर कहा जा सकता है कि मानव जीवन का कोई भी ऐसा क्षेत्र नहीं है जिसमें गणित का कम या अधिक प्रयोग न होता हो। गणित में रेखागणित एवं ठोस ज्यामिति की आकृतियों को सुन्दर ढंग से खींचना, कला की दक्षता पर ही निर्भर करता है। जिस प्रकार, संगीतज्ञ एवं शिल्पकार अच्छी कला की परख करते हैं, उसी प्रकार एक सभ्य व्यक्ति को भी सुन्दर वस्तु की प्रशंसा करनी चाहिये। इतिहास साक्षी है कि ग्रीक्स (Greeks) ज्यामिति में दक्ष होने के साथ-साथ अच्छे चित्रकार भी थे। वे जानते थे कि अपने ज्यामितीय साक्ष्यों

की सुन्दरता एवं समरूपता को कैसे बढ़ाया जाये। कविता की भाँति गणित भी किसी सार्वभौमिक सत्य को सुन्दर ढंग से प्रस्तुत करता हैं किसी ने सच ही कहा है कि–"Mathematics is not only the science of all sciences but also the art of all arts."

प्रश्न (Questions)

1. गणित का अन्य विषयों तथा दैनिक जीवन के साथ कैसे सह-सम्बन्ध स्थापित किया जा सकता है? अपने उत्तर की पुष्टि में उपर्युक्त उदाहरण दीजिये।
2. "गणित सब विज्ञानों का विज्ञान है तथा सब कलाओं की एक कला है।" इस कथन की व्याख्या कीजिए एवं अपने उत्तर की पुष्टि में उपर्युक्त उदाहरण दीजिये।
3. "आधुनिक विज्ञान की समृद्धि एवं विकास में गणित ने महान् योगदान दिया है।" इस कथन के बारे में आपकी क्या राय है।
4. "आधुनिक युग में सामाजिक विज्ञानों का स्वरूप गणितीय अधिक होता जा रहा है।" इस तथ्य से आप कहाँ तक सहमत हैं?
5. आधुनिक सभ्यता के वैज्ञानिक विकास में गणित के अमूल्य योगदान की विस्तृत विवेचना कीजिये।

13

गणित में विशिष्ट बालकों की शिक्षा

(Education of Exceptional Children in Mathematics)

सामान्यत: विशिष्ट बालक (Exceptional Children) वे होते हैं जो शारीरिक, मानसिक, संवेदनात्मक और सामाजिक दृष्टि से सामान्य गुणों (General qualities) या विशेषताओं (Characteristics) से एक सीमा तक विचलित (Deviated) या भिन्न होते हैं। उन्हें अपनी अधिकतम क्षमताओं (Maximum capacities) के अनुसार स्वयं का विकास करने के लिये विशिष्ट शिक्षा की आवश्यकता पड़ती है। इस प्रकार विशिष्ट बालकों से तात्पर्य–'ऐसे बालक जिनमें कुछ विशेषताएँ हों।' निम्न प्रकार के सभी बालक विशिष्ट बालकों की वर्ग/श्रेणी में आते हैं।

- **शारीरिक दृष्टि से विशिष्ट बालक (Physically Exceptional)**— इसके अन्तर्गत अन्धे, गूँगे, बहरे अथवा किसी अंग से हीन बालक आते हैं।
- **संवेगात्मक दृष्टि से विशिष्ट बालक (Emotionally Exceptional)**— संवेात्मक दृष्टि से दुस्साहसी जल्दबाजी में बिना सोचे-समझे आवेश में आने वाले, क्रोधी आदि बालक विशिष्ट बालक होते हैं।
- **शैक्षिक दृष्टि से विशिष्ट बालक (Educationally Exceptional)** —इसमें दूनी बुद्धि या कम बुद्धि वाले बालक या पिछड़े बालक, अति प्रतिभावान या प्रतिभाशाली तथा मानसिक अस्थिरता से ग्रसित बालक आते हैं।
- **सामाजिक दृष्टि से विशिष्ट बालक (Socially Exceptional)**— दृष्टि, दुराचारी, असामाजिक आदि प्रकार के बालक सामाजिक दृष्टि से विशिष्ट बालक होते हैं।
- **नैतिक दृष्टि से विशिष्ट बालक (Morally Exceptional)**—इसमें बेईमान,चोर, पलायनवादी तथा अन्य प्रकार के अनैतिक कार्य करने वाले बालक आते हैं।

विशिष्ट बालकों को परिभाषित करते हुए मिशन शिक्षा शस्त्री हेक (Heck) ने लिखा है कि–विशिष्ट बालक उन सभी बालकों के लिये प्रयोग किया जाता है, जो शारीरिक, मानसिक तथा सामाजिक दृष्टि से अक्षम होते हैं। तथा जो मानसिक मापन के अनुसार प्रतिभाशाली होते हैं। (The term exceptional children applies to all children who are handicapped physically, socially and mentally as well as those who are gifted according to some scale of mental measurement.) हेरी बेकर ने भी अपनी पुस्तक 'Introduction of Eceptional Children' में विशिष्ट बालकों को इसी प्रकार से परिभाषित किया तथा स्पष्ट किया है कि इन बालकों को स्वयं का विकास करने हेतु विशिष्ट शिक्षा की आवश्यकता होती है।

अतः यह निष्कर्ष निकाला जा सकता है कि बौद्धिक दृष्टि से प्रखर या भेद बुद्धि, बालकों को ही विशिष्ट बालक कहते हैं अथवा जब कोई बालक अपने समूह से सामान्य बालकों के लक्ष्णों से बिल्कुल अलग लक्ष्णों या गुणों वाला होता है, विशिष्ट बालक कहलाता है।

विशिष्ट बालकों की विशिष्ट समस्याएँ (Specific problems) होती है। उदाहरण के लिये–चोर, पलायनवादी, अंधा, गूँगा, बहरा आदि तो विशिष्ट बालक होगा परन्तु यदि यह प्रवृत्ति (Tendency) अनुशासनहीनता, तोड़-फोड़, कक्षा से भागना तथा बेईमानी के रूप में अधिकांश छात्रों में विकसित हो जाती हैं। तो यह विशिष्ट समस्याएं कहलायेंगी। इस प्रकार बेईमानी तथा चोरी करना एक विशिष्ट समस्या है तथा बेईमान और चोर एक विशिष्ट बालक। विशिष्ट बालक दो प्रकार के हो सकते हैं–

- **शिक्षण योग्य (Educable)**–ऐसे बालक जो शारीरिक, संवेगात्मक तथा नैतिक रूप से पिछड़े (Backward) हैं। परन्तु मानसिक तथा बौद्धिक रूप से प्रखर (Gifted) हों। जैसे–विकलांग बालक।
- **प्रशिक्षण योग्य (Trainable)**–वे बालक जो बौद्धिक रूप से पिछड़े हों परन्तु अन्य सभी दृष्टिकोणों से उत्तम हों। जैसे–मन्दबुद्धि तथा पिछड़े बालक।

विशिष्ट बालकों के प्रकार (Kinds of Exceptional Children):

- प्रतिभाशाली बालक (Gifted children)
- पिछड़े बालक (Backward children)
- मन्दबुद्धि बालक (Mentally Retarded Children)
- समस्यात्मक बालक (Problematic children)।

गणित, पाठ्यक्रम वर्ग की दृष्टि से यहाँ पर प्रतिभाशाली तथा पिछड़े बालकों के सम्बन्ध में विस्तृत वर्णन किया जा रहा है।

प्रतिभाशाली बालक (The Gifted Children)

प्रतिभाशाली बालक सामान्य वर्गों को सफलतापूर्वक सम्पन्न करते हैं और किसी एक क्षेत्र में सफलतापूर्वक कार्य करते हैं जिससे ये बालक किसी एक क्षेत्र (Field) में विशेषता या श्रेष्ठता प्राप्त कर लेते हैं। अर्थात् इनमें सामाजिक, यांत्रिक (Mechanical), शारीरिक, बौद्धिक, संवेगात्मक, कलात्मक आदि प्रतिभाओं में से बुद्धि-परीक्षणों में से कोई न कोई प्रतिभा, सम्पन्नता (Talent) होती है। ऐसे बालक बुद्धि परीक्षणों में अच्छे अंक प्राप्त करते हैं तथा इनकी बुद्धि-लब्धि (Intelligence-Quotient, I.B) बहुत उच्च होती है। स्किनर तथा हेरीमेन (Skinner&Hareman) के अनुसार एक समूह या कक्षा में ऐसे बालकों की संस्था लगभग 1% होती है। ये बालक सामान्य बालकों से प्रत्येक क्षेत्र में श्रेष्ठ होते हैं। क्रो एवं क्रो (CrowμCrow) के अनुसार प्रतिभाशाली बालक दो प्रकार के होते हैं–

- **सामान्य प्रतिभा वाले बालक**–ये असाधारण होते हैं तथा उनकी बुद्धिलब्धि (I.Q) 130 से अधिक होती है।
- **विशिष्ट प्रतिभा वाले बालक**–इन बालकों में कला, गणित, संगीत, अभिनय, विज्ञान आदि में से किसी एक या अधिक विषय अर्थात् क्षेत्र में विशेष योग्यता होती है। इसकी यह योग्यता बहुत ही उच्च श्रेणी की होती है। इनकी यह योग्यता बहुत ही उच्च श्रेणी की होती हैं

परिभाषायें (Definitions)

1. **कैरल एवं मारटिंस (Carrol and Martens)** –प्रतिभाशाली बालक वह होता है जो सृजनात्मक चिन्तन एवं अमूर्त तर्क में अधिक श्रेष्ठ होता है, इसकी रुचियों का क्षेत्र बहुत व्यापक होता है और जा उच्च कोटि का उत्पादन करता है।

   (The gifted child is one who cycels in creative thinking and abstract reasoning has a wide scope of interesting and produces work of supre quality).

2. **अर्मन एवं ओडन (Terman-Oden)**—प्रतिभाशाली बालक–शारीरिक गठन, सामाजिक समायोजन, व्यक्तित्व के लक्षणों, विद्यालयी उपलब्धियों, खेल वर्ग की सूचनाओं एवं रुचियों व रूपता में समान्य बालकों से बहुत श्रेष्ठ होते हैं।

   (The gifted children, rate far above the average in physique, social adjustment, personality traits, school achievements, play informations and versatility of interests)

3. टेलर (Tyler R.W.) –प्रतिभाशाली बालक वह है जो कि अपने उत्पादन वर्ग मात्रा दर तथागुणवत्ता में विशिष्ट होता है।

(The gifted child is he, who is exceptional in the amount of his production, rate and quality of his production).

टर्मन (Terman) ने प्रतिभाशाली बालकों की बुद्धि-लब्धि की निम्नतम सीमा (Lower limit of I.B) 140 बतलायी है।

प्रतिभाशाली बालकों की पहचान
(Identification of Gifted Children)

प्रतिभाशाली बालकों की पहचान निम्नलिखित विशेषताओं के आधार पर वर्ग की जा सकती है।

प्रतिभाशाली बालकों की विशेषताएँ
Characteristics of Gifted Children

1.	2.	3.	4.	5.
शारीरिक एवं व्यक्तिव सम्बन्धी विशेषताएँ (Physical and and personality)	बौद्धिक या मानसिक विशेषताएँ (Intellectual or mental)	शैक्षिक विशेषताएँ (Educational)	सामाजिक विशेषताएँ (Social)	नकारात्मक विशेषताएँ (Negative)

पिछड़े बालक (The Backward Children)—पिछड़े बालकों से तात्पर्य उन बालकों से है जो किसी कार्य में सामान्य स्तर के अपने अन्य साथियों से पीछे रह जाना अर्थात् ऐसे बालक जो किसी शारीरिक और मानसिक रोग के कारण मंदबुद्धि का परिचय देते हैं तथा अपने आयु और स्तर के कार्य करने में असमर्थ रहते हैं। पिछड़े बालक (Backward Children) कहलाते हैं। विद्यालय तथा परिवार के सदस्यों द्वारा उपेक्षा करने पर इनमें हीन भावनायें तथा ग्रन्थियाँ उत्पन्न हो जाती हैं, जिससे वे स्वयं को ठीक से समायोजित नहीं कर पाते हैं साधारणतः यह देखा गया है कि गणित की कक्षा में कुछ बालक ऐसे होते हैं जो किन्ही कारणों से इतनी गति या शीघ्रता से आगे नहीं बढ़ पाते हैं, जितनी शीघ्रता से उसके उसी कद या आयु–समूह (Age-group) के अन्य बालक आगे बढ़ जाते हैं। बालकों की यह समस्या मानसिक मन्दता के कारण उत्पन्न हो सकती है। यह स्थिति गणित में पिछड़ापन (Backwardness in Mathematics) कहलाती है।

पिछड़े बालक वर्ग परिभाषित करते हुए सिरिल बर्ट (Cyrit Burt) ने लिखा

है कि पिछड़ा बालक वह है जो अपनी पाठशाली जीवन के मध्य (10-11) वर्ष में अपनी आयु के अनुरूप सामान्य कक्षा से नीचे वर्ग कक्षा का कार्य ना कर सके (A backward child is one, who is the middle of his school carrier is anable to do the work of the class below that which is normal for his age.) अर्थात् यदि गणित का कोई छात्र कक्षा 8 में पढ़ रहा है तो वह अपने शिक्षा सत्र के मध्य में अपनी कक्षा से नीचे यानि कक्षा 7 की गणित की समस्याओं को हल करने में असमर्थ रहता है तो वह पिछड़ा बालक कहलायेगा।

पिछड़े बालकों का सम्बन्ध उनकी शैक्षणिक उपलब्धि से है। यदि कोई प्रतिभाशाली बालक की शैक्षणिक उपलब्धियां किन्हीं कारणों से निम्न या उसकी बुद्धि के अनुरूप नहीं है। तो वह भी पिछड़ा बालक हो सकता है। व्यावहारिक रूप से यह भी संभव है कि गणित वर्ग कक्षा में अधिकांश विद्यार्थी पिछड़े हों अर्थात् वह पूरी कक्षा ही पिछड़ी हो। सांख्यिकी रूप से वह बालक पिछड़ा होगा जिसकी निष्पत्ति-लब्धि (Achievement Quotent) 85 से कम हो। सिरिल बर्ट ने भी पिछड़े बालकों वर्ग निष्पत्ति-लब्धि (A.Q.) 85 से कम बतलायी है। सामान्य विद्यालयों में पिछड़ापन दो रूपों में पाया जाता है।

(*a*) सामान्य पिछड़ापन (General Backwardness)–जब विद्यालय में बालक अध्ययन के सभी विषयों में सामान्य रूप से पिछड़ जाता है।

(*b*) विशिष्ट पिछड़ापन (Specific Backwardness)–जब बालक अध्ययन के एक-दो विषयों में पिछड़ जाता है तथा अन्य विषयों में सामान्य रूप से प्रगति करता रहता है।

पिछड़े बालकों की विशेषतायें (Charateristics of the Backward Children)–पिछड़े बालकों की मुख्य विशेषताएँ इस प्रकार हैं-

1. इनमें साधारण सी बातों या नियमों को समझने की भी क्षमता नहीं होती।
2. पिछड़े बालकों की (I.Q.) 75 से 90 के बीच या इससे कम होती है।
3. अपनी आलोचना सहन नहीं कर पाते।
4. इस वर्ग के बालकों की शिक्षा के लिये विशेष कक्षायें (Special Classes) लगाने की आवश्यकता पड़ती है।
5. उपेक्षित महसूस करने पर हीन भावना से ग्रस्त हो जाते हैं।
6. इन बालकों का ध्यान एवं रुचि थोड़े समय तक ही बना रहता है।
7. ये बालक वातावरण के साथ सामंजस्य स्थापित नहीं कर पाते।
8. ये बालक अधिक समय तक अपनी एकाग्रता को कायम नहीं रख सकत।

9. ये बालक असामाजिक एवं अपराध क्रियाओं में लिप्त रहते हैं।
10. ये बालक शैक्षणिक (Academic) तथा सामाजिक कार्य कलापों में भाग लेने के लिये अपने आप को समर्थन नहीं मानते।
11. ये बालक निर्देशों (Directions) का खुशी से पालन करते हैं।
12. किसी भी समस्या में उलझ कर रह जाते हैं।
13. ये बालक स्वतन्त्र रूप से (Independently) कार्य करना अच्छा समझते हैं।
14. किसी समस्या पर सूक्ष्म रूप में (Abstractly) विचार नहीं कर सकते।
15. अध्यापक के स्नेह एवं सहानुभूति की लालसा रखते हैं।
16. ये अन्तर्मुखी (Introvert) होते हैं।
17. निराशावादी (Passimist) होते हैं।
18. इनकी तर्क एवं विवेक शक्ति निम्न स्तर की होती है।
19. शीघ्रता एवं शुद्धता से कार्य करने की क्षमता निम्न स्तर की होती है।
20. समाज तथा स्वयं के प्रति यथार्थ दृष्टिकोण नहीं अपनाते।
21. इनमें असन्तोष की भावना शीघ्र ही प्रबल हो जाती है।
22. ये शीघ्र निर्णय नहीं ले पाते हैं।
23. दूरदर्शिता की कमी (Lack of Foresightedness) होती है।

पिछड़े बालकों की कुछ विशिष्ट समस्याएँ
(Some Special Problems of Backward Children)

पिछड़े बालकों की कुछ विशिष्ट प्रकार की समस्याएँ भी होती हैं। जो निम्नवत हैं–

1. अपने सम-आयु बालकों के साथ उसके सम्बन्ध।

   (Relationship with members of his peer age group)
2. मन्द एवं अपर्याप्त शारीरिक विकास।

   (Slow and inadequate physical deelopment)
3. अपनी इच्छाओं को शान्त करने के उचित तरीके नहीं होते हैं। इसलिए सांवेगिक होकर उथल-पुथल का शिकार हो जाता है।

   (Unable to satisfy his felt needs, resulting emotional disturbancs)
4. सांवेगिक कठिनाइयाँ अथवा अस्थिरता।

   (Emotional instability or disturbances)
5. अपनी सीमाओं को ठीक से नहीं समझ पाता।

(Does not understand his own limitations)

6. पिछड़ेपन की मात्रा (Degree of retardation)
7. प्रदत्त शैक्षिक सुविधाओं की मात्रा एवं प्रकार।

   (Kind and amount of available educational opportunities)
8. उसके असामान्य व्यवहार के प्रति परिवार का दृष्टिकोण।

   (Family attitude towards his deviate stage)

पिछड़े बालकों के प्रकार (Types of Backward Children)

पिछड़े बालकों के विभिन्न प्रकार निम्न हो सकते हैं –

(अ) निष्क्रिय छात्र (Dull Pupils) — ऐसे छात्रों के पिछड़ेपन का कारण बुद्धि की कमी होती है।

(ब) सामान्य रूप से पिछड़े बालक (Generally Backward Pupils) — इस प्रकार के छात्र वास्तव में निष्क्रिय (Dull) नहीं होते, लेकिन विषम परिस्थितियों के कारण वह अपने कार्य में सामान्य बालकों की अपेक्षा पिछड़ जाते हैं।

(स) विशिष्टतया पिछड़े बालक (Specially Backward Pupils) — इस प्रकार के छात्र किसी विषय विशेष में पिछड़ जाते हैं जबकि उनकी बुद्धि का स्तर दूसरे छात्रों के समान सामान्य होता है। एक छात्र गणित में कमजोर हो सकता है जबकि वही छात्र दूसरे विषयों में प्रतिभाशाली समझा जाता है। इस प्रकार के पिछड़ेपन को दूर करना सामान्य पिछड़ेपन की अपेक्षा कहीं अधिक आसान है। छात्र को दूसरे विषयो में अच्छी उपलब्धि (Achievement) उसमें आत्मविश्वास एवं प्रेरणा को जन्म देती है। इस प्रकार के पिछड़ेपन का सम्बन्ध केवल गणित अध्यापक से ही है। विषम समस्याओं को अलग से कक्षाओं में हल किया जा सकता है।

पिछड़े बालकों की गणितीय समस्यायें (Mathematical Problems of Backward Children)

पिछड़े बालकों की गणितीय समस्याएँ निम्न हो सकती हैं–

1. घरेलू झगड़े उनकी पढ़ाई में बाधक सिद्ध होते हैं।
2. उच्च आर्थिक स्तर एवं निम्न आर्थिक स्तर के बालकों के बीच सीमा रेखा बनी रहती है। परिणामस्वरूप, कक्षा का वातावरण बोझिल हो जाता है।

3. वह स्मरण शक्ति कमजोर होने के कारण गणितीय ज्ञान को शीघ्रता से ग्रहण करने में कठिनाई महसूस करता है।
4. गणित के प्रति रुचि एवं उचित दृष्टिकोण के अभाव में उसकी उपलब्धि (Attainment) निम्न स्तर की होती है।
5. अध्यापक का अरुचिपूर्ण व्यवहार उनकी प्रगति में प्रेरणादायक नहीं न पाता।
6. कक्षा का उदासीन वातावरण उसे कक्षा छोड़ने के लिये बाध्य करता है जिससे उसकी आगे की पढ़ाई का क्रम टूट जाता है। परिणामस्वरूप, उसकी रही सही रुचि भी समाप्त हो जाती है।
7. अल्पसंख्यक समूह (Minority group) की भावना उन्हें पनपने नहीं देती।
8. परिवार का निम्न सामाजिक-आर्थिक (Socio-Economic) स्तर होने की वजह से वे सम्पूर्ण पाठ्य-सामग्री जुटाने में असमर्थ रहते हैं। परिणामस्वरूप कक्षा के अन्य छात्रों के साथ-साथ वे प्रगति नहीं कर पाते। दूसरे, उन्हें अपने माता-पिता के कार्यों में भी हाथ बँटाना पड़ता है।
9. शैक्षिक निर्देशन का अभाव रहता है।
10. माता-पिता के अशिक्षित होने की वजह से उन्हें सही दिशा-निर्देश नहीं मिल पाता।
11. स्कूल में पूरी सुविधायें न मिल पाने पर उनकी समस्यायें और जटिल हो जाती हैं।
12. हीन-भावना एवं आत्मविश्वास की कमी उन्हें किसी समस्या का स्वतन्त्र रूप से हल निकालने में बाधा पहुँचाती है।

पिछड़े बालकों को कैसे पहचाना जाये?
(How to Identify Backward Children)

यह पता लगाने के लिये कि बालक किस प्रकार तथा किस सीमा तक एक सामान्य मानसिक स्तर वाले बालक की उपलब्धि की तुलना में विचलित हो रहा है, निम्न उपाय प्रयोग में लाये जा सकते हैं–

1. अध्यापक द्वारा निरीक्षण।

   (Observation by the Teacher)
2. वैध एवं विश्वसनीय बुद्धि परीक्षण को प्रशासित करके।

   (Administering valid and reliable test of Intelligence)

3. व्यक्ति इतिहास का निर्माण।

   (Construction of Case History)

4. परामर्श साक्षात्कार।

   (Counselling Interview)

मन्द-बुद्धि बालकों का निदान

(Diagnosis of Mentally-Retarded Children)

मन्द-बुद्धि बालकों के लिये उचित शिक्षण व्यवस्था प्रभावपूर्ण सिद्ध हो सके, इसके लिये अध्यापक का सर्वप्रथम कर्त्तव्य यह हो जाता है कि वह अपने छात्रों को गणित सम्बन्धी सामान्य त्रुटियों का पता लगाये, जिनकी पुनरावृत्ति वह हमेशा करते हैं। इन त्रुटियों की जानकारी नैदानिक परीक्षाओं द्वारा की जाती है। इन परीक्षार्थी के माध्यम से गणित में विद्यार्थियों की कठिनाइयो का निदान किया जाता है, उसके पश्चात् इनके उपचार की व्यवस्था की जाती है। यदि अध्यापक सही समय पर विद्यार्थियों की कठिनाइयों एवे कमजोरियों का निदान कर लेता है तो वह उन्हें विषय को सीखने में सहायता दे सकता है। उचित निदान के पश्चात् ही वह अध्याय विधि को आवश्यकतानुसार समायोजित कर सकता है।

"A Diagnostic test is an instrument which makes eact and objective obeservations during the progamme of diagnosis. Diagnostic testing serves to diagnose weakness and to provide practice for the removal of weakness."

यहाँ पर सर्वप्रथम यह विचार करना आवश्यक है कि छात्रों के गणित में कमजोर रहने के क्या कारण हैं? हम जानते हैं कि विद्यार्थी अपनी वैयक्तिक विभिन्नताओं के अनुरूप विषय को ग्रहण करने का प्रयास करते हैं। ऐसे लक्षणों में वे उत्कृष्ट भी हो सकते हैं और निकृष्ट भी। गणित अध्यापक का यह कर्त्तव्य है कि प्रत्येक विद्यार्थी कक्षा शिक्षण से पूरा लाभ उठायें। कक्षा में बहुत से ऐसे भी विद्यार्थी होते हैं जो अपने सम-आयु सहपाठियों के साथ प्रगति नहीं कर पाते हैं तथा विषय में पिछड़ जाते हैं। कक्षा में पिछड़ने वाले छात्र अध्यापक के कार्य में बाधा पहुँचाते हैं तथा उसके सामने अनेक प्रकार की समस्यायें खड़ी कर देते हैं। इस दृष्टि से अध्यापक को चाहिये कि सर्वप्रथम वह अपने छात्रों की कुछ विशिष्ट कमजोरियों को जानने का प्रयास करे।

"Accurate diagnosis of class and individual pupil difficulties coupled with application of specific remedy is the heart of enlightened use of exact method of teaching. The success of the remedial or corrective teaching depends upon accuracy and etail with which the specific skills involved in successful achievement in the subject are identified and isolated in the test." —*Greene, Jorgensen and Gerberick*

(Meas. and Eva. in Sec. Schools, New York)

छात्रों के गणित में कमजोर होने के कुछ कारण निम्न हैं–

1. विषय अध्यापक का स्वयं विषय में तथा छात्रों में रुचि न लेना निःसंदेह छात्रों की उपलब्धि (Attainment) को प्रभावित करता है।
2. लम्बे समय तक कक्षा से अनुपस्थिति तथा शारीरिक दोष भी गणित सीखने में बाधायें उपस्थित करते हैं तथा छात्र विषय में कमजोर रह जाता है।
3. कभी-कभी पारिवारिक जटिलतायें एवं घर का कलहपूर्ण वातावरण बालक के अध्ययन में अनेक बाधायें उपस्थित कर देता है। असुरक्षा की भावना, माता-पिता में अनावश्यक द्वन्द्व, बीमारी, अशिक्षित परिवार की संकीर्णतायें, असहनीय गरीबी, हीन-भावना, अल्पसंख्यक भावना आदि ऐसे अनेक तत्व हैं जो बालक के मन को हर समय कचोटते रहते हैं, जिससे उसका ध्यान पढ़ाई में बिल्कुल नहीं लग पाता।
4. प्रखर बुद्धि बालकों को अध्यापक द्वारा उचित प्रोत्साहन नहीं मिल पाता। परिणामस्वरूप, उनका ध्यान कक्षा के बाहर की बातों में भटक जाता है। कक्षा का अध्ययन स्तर उन्हें अपने अनुकूल नहीं प्रतीत होता तथा वे सोचने लगते हैं कि जो कुछ उन्हें बताया जा रहा है, वह सब उन्हें आता है अथवा बाद में सीखा जा सकता है। जबकिं, दूसरी ओर यह शिक्षण मन्द-बुद्धि बालकों को अपनी समझ से परे लगता है तथा वे एक प्रकार से घुटन महसूस करते हैं। इस प्रकार, प्रतिभाशाली एवं मन्दबुद्धि दोनों प्रकार के छात्र पिछड़ जाते हैं और गणित उनको अत्यन्त कठिन विषय महसूस होने लगता है।
5. छात्र की पूर्व कक्षाओं की गणित सम्बन्धी पृष्ठभूमि का प्रभाव भी किसी सीमा तक उनकी प्रगति पर पड़ता है। पिछली कक्षाओं में गणित के सामान्य सिद्धान्तों, प्रत्ययों, प्रक्रियाओं को समझने में कठिनाई होती है। परिणाम-स्वरूप, उसकी रुचि विषय के प्रति कम हो जाती है। यहाँ तक देखा गया है कि छात्र गणित की मूलभूत प्रक्रियाओं गुणा, भाग, जोड़, घटना, गणित की शब्दावली, प्रश्न की भाषा, चिन्ह, सूत्र, विभिन्न इकाइयाँ, दशमलव प्रणाली आदि से सम्बन्धित सरल समस्याओं को भी ठीक से न तो समझ पाते हैं और न ही हल कर पाते हैं।

निदानात्मक परीक्षण (Diagnostics Test)

निदानात्मक परीक्षाओं का अर्थ (Meaning of Diagnostic Test) — निदानात्मक परीक्षाएँ उपलब्धि परीक्षण का ही एक रूप हैं जिनके अन्तर्गत विशिष्ट वस्तु अथवा अधिगम अनुभव के अर्जित ज्ञान की विशिष्टताओं एवं कमियों का मूल्यांकन किया जाता है। इन परीक्षाओं से विद्यार्थियों के स्तर का पता नहीं लगाया जाता, बल्कि विद्यार्थी किसी विषय को समझने में क्या कठिनाई अनुभव कर रहाहै? इस कठिनाई का क्या कारण हो सकता है? तथा यह कठिनाई किस प्रकार दूर की जा सकती है? आदि प्रश्नों का उत्तर पाने के लिए अध्यापक को निदान (Diagnosis) की आवश्यकता पड़ती है। शैक्षणिक निदान का सम्बन्ध विद्यार्थियों की व्यक्तिगत योग्यताओं एवं क्षमताओं की जाँच से ही नहीं वरन् उनकी क्षमताओं, कमजोरियों एवं कठिंनाईयों के उपचार से भी है। विशिष्ट बालक गत कमजोरी एवं कठिनाई को दूर करने हेतु अध्यापक को अपनी अध्यापन विधि में आवश्यक परिवर्तन लाना पड़ता है ताकि बालक अपनी योग्यतानुसार अधिकतम अधिगम अनुभव प्राप्त कर सके। इस प्रक्रिया को उपचारात्मक अध्यापक (Remedial Teaching) कहते हैं। जिस प्रकार एक सफल चिकित्सक किसी रोगी की चिकित्सा करने से पूर्व उसके रोग का निरीक्षण करता है, रोग का कारण जानने के लिये यन्त्रों का सहारा लेता है तथा रोगी का पूरा इतिहास तैयार करके रोगियों से उस रोग के लक्षणों की तुलना करके चिकित्सा प्रारम्भ करता है, ठीक उसी प्रकार एक सफल अध्यापक भी सर्वप्रथम यह ज्ञात करता है कि बालक किन कारणों से विषय को समझने में कठिनाई अनुभव कर रहा है? उसके कठिनाई के स्थल कौन-कौन से हैं। तथा ऐसे और कितने विद्यार्थी हैं जो उस छात्र की श्रेणी में आते हैं? इन कठिनाइयों तथा अयोग्यताओं के स्वभाव को समझने के बाद वह उन कारणों को जानने के लिए उन बालकों का अध्ययन करता है जो ऐसी कठिनाइयाँ अनुभव कर रहे हैं। वह इन कठिनाइयों के कारण शारीरिक दोषों में, हीन भावनाओं में, संवेगों में, बुरी आदतों में, रुचि की न्यूनता में, दोषपूर्ण अध्यापक विधि में तथा घरेलू दूषित वातावरण में ढूँढने का प्रयास करता है। नि:सन्देह अध्यापक का यह कार्य चिकित्सक के कार्य से अत्यन्त जटिल है, क्योंकि किसी रोग का कारण जीवाणु (Virus) हो सकता है लेकिन शिक्षा सम्बन्धी कारण इतने जटिल होते हैं कि उनका विश्लेषण करना कठिन हो जाता है, जिसके लिए अध्यापक विभिन्न प्रकार की विधियों. परीक्षणों एवं उपकरणों का सहारा लेता है। बालक की कमजोरी का इस प्रकार निदान कर चुकने के पश्चात् वह फिर विविध उपचारिक विधियों (Remedial methods) की सहायता से उपचार करता है और बालक की कमजोरी को दूर करने का प्रयास करता है। इस पूरी प्रक्रिया को शैक्षणिक निदान कहते हैं। कुछ परिभाषाएँ इस प्रकार हैं--

1. "Prevention is the highest level of diagnosis." — *Ross*
2. "निदानात्मक परीक्षण व्यक्ति की जाँच करने के पश्चात् किसी एक या अधिक क्षेत्रों में उसकी विशेषताओं एवं कमियों को व्यक्त करता है।"

   (A diagnostic test is one designed to reveal a person's strengths and weaknesses in one or more areas of the field being tested.)
3. "The diagnostic value of a test depends more upon the teacher who uses rather than upon the test used." — *Ross*
4. "A diagnostic test undertakes to provide a detailed picture of the strengths and weaknesses in an area. This detailed analysis suggests causes for general deficiencies and provide a guidance for remedial procedures."

निदानात्मक परीक्षाओं के उद्देश्य (Purposes of Diagnostic Tests)— निदानात्मक परीक्षाओं के प्रमुख उद्देश्य इस प्रकार हैं –

1. समस्याओं के निदान सम्बन्धी कारणों की जानकारी प्राप्त करने हेतु विभिन्न प्रकार के परीक्षणों, प्रविधियों एवं उपकरणों के चयन में सहायता प्रदान करना।
2. उपचारात्मक शिक्षण (Remedial Teaching) की व्यवस्था करना।
3. सफल परीक्षा (Achievement Test) के निर्माण हेतु विभिन्न प्रकार के प्रश्नों के चयन में सहायता करना।
4. मूल्यांकन प्रक्रिया को और अधिक सार्थक एवं प्रभावशाली बनाने में सहायता करना।
5. छात्र की विषय सम्बन्धी कमियों (Weaknesses), हीनताओं (Deficiencies) तथा कठिनाइयों (Difficulties) की जानकारी प्राप्त करना।
6. विशिष्ट विषय-वस्तु अधिगम इकाई में प्राप्त गुणों के आधार पर विद्यार्थियों एवं अभिभावक को शैक्षिक एवं व्यावसायिक निर्देशन प्रदान करना।
7. अध्यापक को अपनी अध्यापन प्रक्रिया में समुचित सुधार लाने हेतु परामर्श प्रदान कराना।
8. शिक्षण-अधिकम (Teaching-learning) की परिस्थितियों को प्रभावशाली बनाना।

9. विभिन्न विषय सम्बन्धी विशिष्टताओं एवं कमियों के आधार पर पाठ्य-पुस्तकों अथवा पाठ्यक्रम में परिवर्तन लाना तथा उन्हें छात्रों की दृष्टि से अधिग उपयोगी बनाना।

निदानात्मक परीक्षाओं की विशेषताएँ (Characteristics of Diagnostic Tests)— किसी निदानात्मक परीक्षा को अध्यापक एवं छात्रों की दृष्टि से उपयोगी होने के लिये उसमें निम्न गुणों का होना अपेक्षित है–

1. ये परीक्षाएं बालक की योग्यता.का मापन नहीं करती बल्कि विषय सम्बन्धी कमजोरी का निदान करके उसके उपचार की व्यवस्था करती हैं।
2. ये परीक्षाएँ बालकों की प्रगति का वस्तुनष्ठि रूप से परीक्षण करती हैं।
3. ये परीक्षाएँ पाठ्यक्रम का अभिन्न अंग होती हैं।
4. ये परीक्षाएँ सीखने वाले (Learner) की मानसिक प्रक्रिया के स्वरूप को बिल्कुल स्पष्ट कर देती हैं।
5. इन परीक्षाओं में विद्यार्थी द्वारा प्राप्त अंकों को कोई महत्त्व नहीं दिया जाता। इसमें तो केवल यह देखा जाता है कि विद्यार्थी किस स्तर की कठिनाई वाले प्रश्नों को हल कर लेता है।
6. इन परीक्षाओं का आधार ऐसे तथ्य या मानक होते हैं जिन्हें प्रयोगों के आधार पर स्थापित किया जाता है।
7. ये परीक्षाएँ विश्लेषणात्मक होती हैं तथा किसी भी प्रक्रिया के अंशों का पूर्ण विश्लेषण करती हैं।
8. इन परीक्षाओं में समय सीमा निर्धारित नहीं की जाती।
9. ये परीक्षाएँ विशिष्ट उद्देश्यों (Specific objectives) के अनुरूप होती हैं।
10. ये परीक्षाएँ प्रमाणीकृत होती हैं परन्तु कुछ विशेषज्ञों का विचार है कि निदानात्मक परीक्षाओं को प्रमाणीकृत नहीं किया जाता है।

यदि शैक्षणिक निदान को उपचार से सम्बन्धित कर दिया जाये तो निश्चित ही इससे विद्यार्थियों के बहुत लाभ होगा। प्रयोगों के आधार पर यह सिद्ध किया जा चुका है कि शैक्षणिक निदान एवं उपचारात्मक शिक्षण सभी विषयों में उपयोगी सिद्ध हुए हैं। स्टोन ने गणित में तर्क-शक्ति की योग्यता में सुधार करने के लिये प्रयोगों के आधार पर बताया कि निदानात्मक परीक्षाएँ छोटी कक्षाओं के लिये अत्यन्त लाभप्रद हैं। निदानात्मक परीक्षाओं एवं उपचारात्मक शिक्षण में चोली-दामन का सम्बन्ध है। बुकनर तथा मूलबी ने इन परीक्षाओं के महत्व पर प्रकाश डालते हुए लिखा है कि–"निदानात्मक परीक्षाओं का प्रमुख उद्देश्य किसी विषय-वस्तु में बालक

की विशिष्ट कमजोरी को प्रकाश में लाना है ताकि कमजोरी के कारणों की छानबीन कर सुधार हेतु उपचारात्मक कदम उठाये जा सके।"

निदानात्मक परीक्षाओं का निर्माण एवं मानकीकरण (Construction and Standardization of Diagnostic Tests) — जिस विषय को नैदानिक परीक्षा का निर्माण करना होता है सर्वप्रथम उसे विषय का सूक्ष्म विश्लेषण किया जाता है तथा यह निश्चय किया जाता है कि उस विषय में योग्यता मापने के लिये हमें उस विषय के किन मूल प्रत्ययों, सिद्धान्तों, नियमों, तथ्यों, सूत्रों अथवा मूल प्रक्रियाओं पर विशेष महत्व (weightage) देना है। इसके अतिरिक्त विद्यार्थी की उन मानसिक योग्यताओं, जैसे–तर्कशक्ति, विचार शक्ति, निरीक्षण शक्ति आदि का भी विश्लेषण करना है जो उपरोक्त ज्ञान से सीधी जुड़ी हैं। उदाहरणार्थ–गणित में योग्यता प्राप्त करने के लिये बहुत से मूलभूत सिद्धान्तों, नियमों, सूत्रों, जैसे–गुणा, भाग, जोड़, घटाना आदि बहुत-सी मूलभूत क्रियाओं का ज्ञान होना आवश्यक है। साथ ही विषय सम्बन्धी विभिन्न मानसिक योग्यताओं, जैसे–तर्क, विचार एवं निरीक्षण आदि शक्तियों का उपयोग भी महत्त्वपूर्ण है। इसके पश्चात् जब उस विषय तथा उस विषय में प्रयोग होने वाली विभिन्न मानसिक प्रक्रियाओं का विश्लेषण कर लिया जाता है फिर प्रत्येक मूल प्रत्यय, सिद्धान्त, नियम, सूत्र, प्रक्रियाओं तथा मानसिक क्रियाओं पर आधारित बहुत से प्रश्न बनाये जाते हैं। ये प्रश्न अत्यन्त ही सरल होते हैं तथा 'सरल से कठिन की ओर' क्रम में लिख लिये जाते हैं। विद्यार्थी के कठिनाई स्थलों का ज्ञान प्राप्त करने के लिये किसी क्रिया या सिद्धान्त विशेष पर आधारित जिन प्रश्नों से आगे परीक्षार्थी प्रश्न हल नहीं कर पाता उससे ये अनुमान लगा लिया जाता है कि विद्यार्थी इससे अधिक कठिनता स्तर के प्रश्न करने में असमर्थ है। उदाहरणार्थ–बीजगणित की निदानात्मक परीक्षा में सरल समीकरण पर आधारित प्रश्न कुछ इस प्रकार हैं–

(a) क + 4 = 27

(b) क + 7 = 25

(c) 5क + .6 = 5.8

(d) .27क – .19य = 42

(e) 4क + 2 = .9क + 1

अब मान लीजिए, परीक्षार्थी इन प्रश्नों को हल करते समय प्रथम दो प्रश्न तो सही हल कर लेता है लेकिन उससे आगे के दशमलव सम्बन्धी या अन्य प्रकार के प्रश्न हल नहीं कर पाता तो हम यह निष्कर्ष निकाल लेते हैं कि विद्यार्थी सरल समीकरण सम्बन्धी सरल प्रश्नों को तो हल कर सकता है लेकिन दशमलव सम्बन्धी

प्रश्नों को हल नहीं कर सकता। अत: विषय अध्यापक अपना ध्यान इस ओर केन्द्रित कर देता है तथा उन कारणों का निदान करता है जिनकी वजह से विद्यार्थी दशमलव सम्बन्धी सरल समीकरण पर आधारित प्रश्नों को हल नहीं कर पाता। यूँ तो निदानात्मक परीक्षणों का निर्माण एवं मानकीकरण प्रक्रिया उपलथ्ब्ध परीक्षणों के ही समान है, फिर भी, ये दोनों परीक्षण कुछ सीमा में भिन्न हैं। निदानात्मक परीक्षण मौलिक कौशल परीक्षण है जबकि उपलब्धि परीक्षण का निर्माण विशिष्ट कौशल की प्राप्ति में उसकी योग्यता या अयोग्यता से सम्बन्धित नहीं होता वरन् वह सामान्य उपलब्धि का परिचायक होता है। निदानात्मक परीक्षण व्यक्ति केन्द्रित तथा समूह केन्द्रित दो प्रकार का होता है। व्यक्ति केन्द्रित में विद्यार्थी विशेष की कमजोरियों तथा योग्यताओं को ध्यान में रखकर परीक्षण पदों का निर्माण किया जाता है जबकि समूह केन्द्रित में समूह की सामूहिक विशिष्ट त्रुटियों (Specific group errors) अथवा कमजोरियों को ध्यान में रखकर परीक्षण पदों का निर्माण किया जाता है। परीक्षण पदों के निर्माण हेतु छात्रों द्वारा की जाने वाली सामान्य एवं विशिष्ट त्रुटियों को एकत्रित किया जाता है। इन त्रुटियों के प्रकार एवं दिशा के आधार पर परीक्षण पदों के Stems तथा Distractors निर्धारित किये जाते हैं। Distractors जितनी सूक्ष्मता से एकत्रित किये जायेंगे कौशल की कसौटी में उतनी ही विविधता आयेगी। अत: छात्रों को व्यक्तिगत एवं सामूहिक त्रुटियों का बारीकी से अध्ययन करने के पश्चात् ही उन्हें पद रूप में प्रस्तुत करना चाहिये। इन परीक्षाओं में अंकों का विश्लेषण भी 'व्यक्तिगत' एवं 'सामूहिक' त्रुटियों के शीर्षक के अन्तर्गत किया जाता है तथा दोनों प्रकार की त्रुटियों के निवारण हेतु भी अलग-अलग उपचारात्मक अध्यापन प्रणाली (Remedial Teaching Method) प्रयोग में लायी जाती हैं।

निदान प्रक्रिया (Process of Diagnosis)

शैक्षणिक निदान की प्रक्रिया के महत्वपूर्ण पद निम्न पाँच हैं–

(*a*) निदान के लिए उपयुक्त छात्रों का चयन (Selection of Students Who need Diagnosis)—सर्वप्रथम उन छात्रों की खोज की जाती है जो विद्यालय में समायोजन कर पाने में कठिनाई का अनुभव कर रहे होते हैं। ये वे छात्र हैं जो किसी एक अथवा अधिक विषयों में कमजोर होते हैं तथा स्कूल की कुछ अन्य क्रियाओं में ठीक से समायोजन नहीं कर पाते हैं ऐसे बालकों का पता लगाने के लिए निम्न विधियों का प्रयोग किया जा सकता है–

1. विद्यालय में हुई विभिन्न परीक्षाओं के परीक्षाफलों के आधार पर भी ऐसे छात्रों का चयन किया जा सकता है।

2. ऐसे छात्र भी होते हैं जिनकी बुद्धि–लब्धि (I.Q.) काफी ऊँची होने पर भी निष्पादन (Achievement) बहुत–ही निम्न स्तर का होता है तथा ऐसे छात्र भी मिलते हैं जो कक्षा में तो प्रथम आते हैं लेकिन समाज में समायोजन स्थापित नहीं कर पाते। अत: ऐसे Low achievers तथा Misfits का बड़ा सावधानी से चयन करना चाहिये।
3. प्रत्येक छात्र को अपनी कमजोरी एवं प्राय: उसके कारण भी ज्ञात होते हैं अत: ऐसे बालकों को जिन्हें निदान की आवश्यकता हो, स्वयं ही अध्यापक के सम्मुख आना चाहिये।
4. ऐसे छात्रों के चयन में साक्षात्कार (Interview) प्रविधि काफी हद तक सहायक सिद्ध हो सकती है।
5. जिन बालकों को निदान की आवश्यकता है उनका चयन अध्यापक वर्ग अपने अनुभव के आधार पर भी कर सकता है।
6. जिन छात्रों की उपलब्धि (Achievement) असन्तोषजनक हो उन्हें साफल्य परीक्षा (Ahievement Test) तथा बुधि परीक्षाएँ (Intelligence) देकर छाँट लिया जाये।

(*b*) छात्रों की कठिनाई स्थलों की खोज करना (Identifying Difficulty Points) — इस तथ्य की जानकारी प्राप्त करने के लिए कि किसी विषय को सीखने में बालक किस प्रकार की कठिनाइयों का अनुभव कर रहा है, नैदानिक (Diagnostic) तथा निष्पादन (Achievement) (अध्यापक निर्मित अथवा प्रमाणीकृत) परीक्षाओं से सहायता ली जा सकती हैं लेकिन इस कार्य के लिए सबसे उत्तम यन्त्र नैदानिक परीक्षाएँ ही हैं जो बालक की कमजोरियों एवं क्षमताओं का सही चित्र हमारे सम्मुख प्रस्तुत करती हैं यद्यपि प्रत्येक नैदानिक परीक्षा का क्षेत्र संकुचित और सीमित होता है, फिर भी, जिस ढंग के सीमित तथा संकुचित क्षेत्र का परीक्षण ये परीक्षाएँ करती हैं, वह ढंग विलक्षण हैं। परीक्षा का नैदानिक महत्व उसको प्रयोग करने वाले अध्यापक पर अधिक निर्भर करता है, परीक्षा के स्वरूप पर कम। कभी–कभी तो अनौपचारिक परीक्षाएँ भी इस क्षेत्र में अधिक सहायक सिद्ध होती हैं।

("Such informal and observation charts usually indicate the correct level on which to start remedial instruction.") — *Durrel*

(*c*) कठिनाई कारणों का विश्लेषण (Analysis of Difficult Points) — कोई बालक एक विशेष प्रकार की गलती क्यों लगातार कर रहा है यह जानना बड़ा कठिन है, क्योंकि प्रत्येक बच्चे का मस्तिष्क विलक्षण ढंग से कार्य करता

है। बालक की विषयगत कमजोरी एवं कठिनाई की प्रकृति या कठिनाई की प्रकृति या कठिनाई स्थलों का पता चल जाने पर उस कमजोरी तथा कठिनाई के कारणों का पता लगाया जाता है। अध्यापक इन कारणों को शारीरिक दोषों, संवेगों की अस्थिरता, अरुचि, बुरी आदतों, सामान्य एवं विशिष्ट बुद्धि का अभाव, विद्यालयी कारणों (उचित शिक्षण का अभाव, अध्यापक एवं सहपाठियों का दुर्व्यवहार, परीक्षा में बार-बार विफलता, अध्यापक द्वारा छात्र में व्यक्तिगत रुचि न लेना, पक्षपातपूर्ण रवैया, कठोर अनुशासन आदि), घरेलू कारणों (माँ, बाप एवं सम्बन्धियों का दुर्व्यहार, पढ़ाई के लिए उचित साधनों एवं वातावरण का अभाव, निर्धनता, घरेलू कार्यों में व्यस्तता आदि) आदि में ढूढ़ने का प्रयास करता है। कभी-कभी वह इन कारणों का अन्दाजा अपने अनुमान या अनुभव के आधार पर या समक्ष भेंट (Interview) के आधार पर भी लगाता है।

(d) उपचारात्मक प्रक्रियाएँ (Remedial Procedures)—बालक की कमजोरी का निदान हो चुकने पर उन कमजोरियों को दूर करने के उपाय किये जाते हैं। बालक की कमजोरियों एवं त्रुटियों को दूर करने के लिये उपयुक्त कार्यक्रम की योजना बनाई जाती है जिसमें उसकी कमजोरियों एवं कारणों का ब्यौरा रहता है तथा उन कारणों को दूर करने के उपायों का भी विवरण रहता है। यदि कई बालकों ने एक सी गलती की है तो समूह में उनका उपचार किया जा सकता है और यदि गलती व्यक्तिगत है तो उसका उपचार भी व्यक्तिगत रूप से ही किया जाना चाहिये। उपचारात्मक विधियों का प्रयोग करते समय अध्यापक को निम्न बातें ध्यान में रखनी चाहिये–

1. जो बालक प्रगति कर रहे हों उनकी प्रशंसा करके उन्हें प्रोत्साहन देना चाहिये।
2. बुद्धिहीन छात्रों (Idiots) की त्रुटियों को दूर करने में हमें इन विधियों के प्रयोग में पूर्ण सफलता नहीं मिल पाती।
3. कार्य में सजीवता लाने की दृष्टि से आकर्षक सहायक सामग्री एवं प्रभावी शिक्षण विधि का प्रयोग करना चाहिए।
4. अधिक प्रतिभाशाली छात्र के साथ ये परीक्षाएँ इतनी सफल नहीं हो पाती जितनी कि मन्द बुद्धि बालकों के साथ होती हैं।
5. छात्र जिस विषय में कमजोर हैं उससे सम्बन्धित साहित्य, पत्र-पत्रिकाएँ आदि उन्हें पढ़ने के लिए दी जानी चाहिये।
6. प्रत्येक छात्र की प्रगति का भिन्न ग्राफ एवं चार्ट होना चाहिये।

7. यदि उपचारात्मक कार्य में सफलता प्राप्त न हो तो कार्यक्रम का स्वरूप ही बदल देना चाहिये।
8. बुद्धिमान बालकों की गलत आदतों को छुड़ाने में समय लग सकता है अतः अध्यापक धैर्य से काम लें।

(*e*) त्रुटियों की रोकथाम के उपाय (Preentive Measures)—यदि हम यह चाहते हैं कि छात्र विषय को सीखने में भविष्य में बिल्कुल ही गलती न करे तो हमें उसके स्कूली तथा घरेलू वातावरण में ऐसे परिवर्तन करने हैं ताकि उसकी समायोजन (Adjustment) की समस्या का स्थायी हल निकल सके। इसके लिए हमें अतिरिक्त बहुमुखी योजना भी तैयार करनी पड़ती है जिससे बालक को अपेक्षित अच्छा वातावरण मिल सके, जैसे–विद्यालय परिस्थितियों में सुधार, पाठ्यक्रम संशोधन, परीक्षा पद्धति में सुधार, अभियोग्यता परीक्षाओं का उचित निर्माण, व्यवहार परिवेश (Treatment Environment) में सुधार आदि। Prognostic Tests प्रशासित करके यह देखना होता है कि बालक अधिक सूक्ष्म (Abstract) विषयों को सीखने के लिए तैयार है अथवा नहीं। Prognostic निदान का अन्त है। जब कोई बालक अंकगणित सीखने में कमजोर होने के साथ-साथ बुद्धि में भी क्षीण हो, तो क्या उसे अधिक सामान्यीकृत गणित का अध्ययन करना उचित रहेगा? इस प्रश्न का उत्तर देने के लिए Prognostic Test का निर्माण किया जाता है। ये परीक्षाएँ बालक की सीखने में Standing की भविष्यवाणी करती हैं। बीजगणित में Lee तथा Orleans के 'Prognostic Test of Algebraic Ability' उपलब्ध हैं।

उदाहरण–*बीजगणित में निदानात्मक परीक्षा का निर्माण (Construction of Diagnostic Test in Algebra)* —

विद्यार्थी का नाम : कृतिका शर्मा **कक्षा व वर्ग :** 7 'अ'

विद्यालय का नाम : मार्डन पब्लिक स्कूल गाजियाबाद **दिनांक :** 6 अक्टूबर 2005

निर्देश :

1. नीचे कुछ सरल समीकरण पर आधारित प्रश्न दिये गये हैं, इनमें अज्ञात राशि 'क' का मान ज्ञात कीजिए।
2. प्रश्न का उत्तर प्रश्नपत्र में दिये गये निर्धारित स्थान पर ही लिखिए।
3. स्वच्छता का विशेष ध्यान रखें। यदि गणना करने के लिए निर्धारित स्थान कम लगे तो रफ कार्य के लिए अलग से पत्र लें।
4. प्रश्नपत्र की कोई समय सीमा नहीं है, फिर भी समस्त प्रश्नों को शीघ्रता से हल कीजिए।

प्रश्न	उत्तर	गणना के लिए स्थान
(1) क/4 – 3क/5 = 6 क =	(1)	
(2) 5क – 2 = -9क + 1 क =	(2)	
(3) 14क – 6 = 4 – 5क क =	(3)	
(4) .023क – 7 = 9क – 3 क =	(4)	
(5) 7क – .13क = 42 क =	(5)	
(6) .5क + 7 = 4.3 क =	(6)	
(7) 7क – 12 = 9 क =	(7)	
(8) .05क + .6 = 5.8 क =	(8)	
(9) 3क + 23/5 = 74/9 क =	(9)	
(10) क + 7 = 25 क =	(10)	
(11) क + 4 = 27 क =	(11)	
(12) 4(क + 3) = 16 क =	(12)	
(13) क/2 + 1/2 = 5/2 क =	(13)	
(14) 5क + 6क = 3 क =	(14)	

(15) 2क + 7 = क + 7 (15)

क =

(16) 4क = 1/9 (16)

क =

(17) 5क = 20 (17)

क =

(18) क + 7 = 12 (18)

क =

(19) क = 2क/3 = 15 (19)

क =

(20) 2क = 3/9क = 8 (20)

क =

उपरोक्त प्रश्नों में सरल समीकरण पर आधारित प्रश्नों के विभिन्न रूपों को सम्मिलित किया गया है। सभी प्रश्न 'सरल से कठिन की ओर' सूत्र के अनुसार क्रम में लिखे गये हैं। इस परीक्षा का एक मात्र उद्देश्य यह ज्ञात करने से है कि कक्षा सात के विद्यार्थी सरल समीकरण सम्बन्धी कितनी कठिनाई स्तर तक के प्रश्नों को आसानी से हल कर सकते हैं और अगर वे हल नहीं कर सकते तो उनकी कठिनाइयाँ कहाँ और किस प्रकार की हैं। परीक्षा का उपरोक्त प्रारूप केवल सरल समीकरण में बालकों को जो कठिनाइयाँ हो सकती हैं उनकी खोज में सहायक सिद्ध हो सकता हैं निम्न तालिका में केवल सात विद्यार्थियों की त्रुटियों का ब्यौरा दिया गया है जिसके आधार पर हम उनकी कठिनाइयों एवं कमजोरियों का पता लगा सकते हैं।

इस तालिका में बायीं ओर उन विद्यार्थियों के नाम लिख लिये जाते हैं जिन्हें हम नैदानिक परीक्षा दे रहे होते हैं, दायीं ओर विभिन्न स्तम्भों में प्रश्नों कें विभिन्न प्रकार लिख लिये जाते हैं। अब प्रत्येक बालक की कठिनाइयाँ उसके सामने भिन्न-भिन्न स्तम्भों में अंकित कर दी जाती हैं, साथ ही, यह भी विवरण दे दिया जाता है कि विद्यार्थियों ने किस प्रकार की गलतियाँ कितनी बार की हैं। कुल प्रश्नों की संख्या 20 है तथा प्रश्नों के विभिन्न प्रकारों के कितने-कितने प्रश्न सम्मिलित किये गये हैं, इसका संकेत कोष्ठकों में दिया गया है।

नैदानिक चार्ट (Diagnostic Chart)

S.No.	विद्यार्थी का नाम	1 समीकरण में घटाना (2)	2 गुणक (1)	3 समीकरण और साधारण भिन्न की बाकी (4)	4 समीकरण और दशमलव भिन्न (3)	5 समीकरण और साधारण जोड़ (4)	6 पक्षान्तर (6)	7 प्राप्तांक	8 कक्षा में अनुपस्थिति	9 विशेष विवरण
		(2)	(1)	(4)	(3)	(4)	(6)			
1.	युनाशी शर्मा	ख	ख	ख	ख	ख	ख	20	1	I
2.	कृतिका शर्मा	ख	ख	ख	2	1	ख	17	5	III
3.	मृत्युज्यं	ख	ख	ख	ख	ख	1	19	3	II
4.	मधु	1	ख	4	2	ख	1	12	7	V.
5.	अनीता	1	ख	ख	1	2	6	10	12	VI
6.	महक	ख	2	ख	ख	1	ख	17	4	III
7.	शोभित	3	ख	ख	ख	ख	1	16	6	IV
8.	सम्पूर्ण कक्षा के छात्रों की कुल त्रुटियाँ	ण9	ख	ख	12	14	17			
9.	कक्षा के 40 विद्यार्थियों द्वारा किये गये सही प्रश्नों की संख्या	46	32	58	43	86	74			
10.	प्रश्नों का कुल योग	60	35	60	70	100	90			
11.	सही प्रश्नों का प्रतिशत	76	91	96	62	86	82			

व्याख्या (Interpretation)—उपरोक्त चार्ट में सात विद्यार्थियों की कमजोरियों का विश्लेषण किया गया है। तालिका से स्पष्ट है। कि अनुभा रायजादा कक्षा की सबसे कमजोर छात्र है। उसे कुल 20 अंकों में से 10 अंक प्राप्त हैं। दूसरे उसकी कक्षा अनुपस्थिति भी सबसे अधिक रही है। उसकी कमजोरी का एक कारण यह भी हो सकता है। उसने पक्षान्तर सम्बन्धी छः प्रश्नों में सभी छः प्रश्न गलत किये हैं ऐसा मालूम पड़ता है कि विषय में अरुचि, लापरवाही, समझ में न आना अथवा कक्षा से अनुपस्थित रहने के कारण ही उसकी कक्षा में यह स्थिति है। अनुराग माथुर कक्षा का सबसे होनहार छात्र है उसे 20 में 20 अंक प्राप्त हुए हैं जो इस बात का प्रतीक है कि उसे विषय भली-भाँति समझ में आ गया है। चारु मोदी भी कक्षा की प्रतिभाशाली छात्र है उसने केवल एक ही प्रश्न गलत किया है। हो सकता है कि उसकी यह त्रुटि संयोग से अथवा दुर्भायवश हो गई हो। इसी प्रकार, अन्य छात्रों के सम्बन्ध में भी इस चार्ट की सहायता से जानकारी प्राप्त की जा सकती है। प्रश्नों की कठिनाई स्तर की दृष्टि से दशमलव भिन्न सम्बन्धी प्रश्नों को सही हल करने वालों की प्रतिशत संख्या बहुत कम है जो 62% है। इस दृष्टि से अध्यापक को ऐसे प्रश्नों का अधिक अभ्यास कराना चाहिये तथा सावधानीपूर्वक समझाना चाहिये। उपचारात्मक शिक्षण की दृष्टि से अनुभा रायजादा को सबसे अधिक उपचार की आवश्यकता है, नहीं तो वह कक्षा में पिछड़ जायेगी। इस प्रकार, उपरोक्त नैदानिक चार्ट किसी भी छात्र की कठिनाइयों एवं कमजोरियों का ब्लू प्रिंट (Blue Print) है। इससे इस बात का सहज अनुमान हो जाता है कि छात्र विशेष ने कहाँ और किस प्रकार की गलतियाँ कितनी बार की हैं तथा उनके उपचार के लिए क्या व्यवस्था की जा सकती है।

पिछड़े बालकों के लिये उपचारात्मक शिक्षण

(Remedial Teaching for Backward Children)

"Remedial teaching is, but the constructive aspect of the entire process of teaching. Through diagnostic testing we can have the idea of common errors which are most frequently committed by the pupils. Our work does not end here. In fact, it is here that the real work begins. The topics in which pupils commit mistakes should be paid more attention and be taught and re-taught in different ways so that we can avoid the diffficulties of the pupils.

Remedial teaching, therefore, is nothing but the action side of the programme of educational diagnosis. —*Blair Glen Myres*

"Remedial teaching is concerned with two types of deficiencies, the presence of bad habits and the absence of good habits."

— Diagnostic—Remedial Teaching,
New York, The Mac Millian Co. 1956

उपचारात्मक शिक्षण के अन्तर्गत कक्षा के वर्ग बनाते समय कमजोर बालकों को एक ही वर्ग में रखा जाये तो अध्यापक उनकी प्रगति में सहायक हो सकता है। कक्षा में ऐसे बालकों की संख्या 20-25 से अधिक नहीं होनी चाहिये। कमजोर छात्रों में व्यक्तिगत परामर्श द्वारा अध्यापक सम्बन्धी वाँछनीय आदतों का विकास किया जा सकता है। गणित में सफलता के लिये नियमित अभ्यास का कार्यक्रम आवश्यक है। कमजोर बालकों के सत्यापन को प्रभावी बनाने के लिये निम्न उपाय करने चाहिये–

1. अंकगणित तथा बीजगणित के आधारभूत उप-विषयों को पढ़ाते समय पूरी सावधानी बरती जाये। दशमलव, प्रतिशत, अनुपात, एकिक नियम, समीकरण, लेखाचित्र आदि गणित के आधारभूत उप-विषय हैं जिनका व्यापक प्रयोग समस्याओं को हल करने में किया जाता हैं इन उप-विषयों को अत्यन्त सावधानी से पढ़ाया जाये।
2. ऐसे छात्रों को हतोत्साहित नहीं करना चाहिये।
3. कक्षा में गणित की समस्याओं को हल करते समय छात्रों का ध्यान विशेष रूप में उन प्रत्ययों, सिद्धान्तों, प्रक्रियाओं आदि की ओर खींचा जाये जिनमें छात्र त्रुटियाँ करते हैं।
4. कमजोर छात्रों को मौक्षिक तथा मानसिक गणित करने का पर्याप्त अभ्यास कक्षा में देना चाहिये।
5. कमजोर छात्रों के लिये मॉडल, चार्ट आदि का प्रयोग कर प्रत्ययों को स्पष्ट किया जाये।
6. प्रत्येक उप-विषय के अभ्यास प्रश्न छात्र स्वयं करें तथा विभिन्न प्रत्ययों, प्रक्रियाओं, सिद्धान्तों आदि का विवेचन कर याद करें, जिससे उनमें आत्म-विश्वास की भावना का विकास हो।
7. छात्रों को कक्षा में तथा कक्षा के बाद आवश्यकतानुसार व्यक्तिगत परामर्श देकर गणित के सीखने में सहायता की जानी चाहिये।
8. छात्रों को कक्षा में सोचने तथा तर्क करने के पर्याप्त अवसर मिलने चाहिये।
9. छात्रों के लिखित कार्य में सुधार यथासम्भव उनके समक्ष ही हो तथा सुधरी हुई त्रुटियों को छात्र फिर से न दोहरायें।

10. समस्याओं को हल करने से पहले छात्रों को यह स्पष्ट कर दिया जाये कि 'क्या ज्ञात करना है' तथा 'अभीष्ट उत्तर' कैसे ज्ञात किया जाना चाहिये? समस्याओं की भाषा सरल एवं स्पष्ट हो।
11. कमजोर छात्रों को कक्षा में आगे बैठाना चाहिये।
12. कक्षा में छात्रों को जागरूक कराने के लिये प्रभावी प्रश्नोत्तर प्रविधि का प्रयोग किया जाये।
13. छात्रों में शुद्ध तथा बड़ा लिखने की आदत डाली जाये जिसमें उन्हें गणना करते समय सुविधा रहे।
14. श्यामपट्ट पर लिखी हुई सामग्री व्यवस्थित, स्पष्ट एवं उपयोगी होनी चाहिये। श्यामपट्ट कार्य का विकास छात्रों के सक्रिय सहयोग से किया जाये।
15. कक्षा में उदाहरणों का चयन विषय-वस्तु के विस्तार एवं कठिनाई के स्तर को ध्यान में रखकर किया जाये।

उपचारात्मक शिक्षण के सिद्धान्त
(Principles Underlying Remedial Teaching)

उपचारात्मक शिक्षण को सफल बनाने के लिये अध्यापक को निम्न सिद्धान्तों पर ध्यान देना चाहिये–

1. उपचारात्मक शिक्षण के दौरान बालकों की रुचि को बनाये रखने के लिये उन्हें पर्याप्त प्रोत्साहन देते रहना चाहिये।
2. उपचारात्मक शिक्षण का प्रत्येक पहलू बालकों की आयु,. रुचि, योग्यता एवं अनुभवों के अनुकूल हो।
3. अध्यापक एवं छात्र में निकट सम्बन्ध (Rapport) स्थापित किया जाये।
4. कार्यानुभव (Work-Experience) हमारे उपचारात्मक शिक्षण का एक अनिवार्य अंग होना चाहिये।
5. अध्यापक अपने अनुभवों के आधार पर विस्तृत दृष्टिकोण अपनाये।
6. प्रक्रिया के दौरान विद्यार्थी को अधिक से अधिक सक्रिय (Active) रखा जाये।
7. उपचारात्मक शिक्षण का प्रत्येक पहलू बालकों की आयु, रुचि, योग्यता एवं अनुभवों के अनुकूल हो।
8. उपचार विधि की यह विशेषता होनी चाहिये कि उससे विद्यार्थी को अपनी सफलता के सम्बन्ध में शीघ्र परिणाम मिल सकें।

9. उपचार की सम्पूर्ण व्यवस्था की योजना स्पष्ट रूप से बना लेनी चाहिये एवं उसके कार्यान्वयन (Execution) में सावधानी से काम लिया जाये।

निदानात्मक परीक्षणों के निर्माण में सावधानियाँ
(Precautions Regarding Construction of Diagnostic Tests)

निदानात्मक परीक्षणों का निर्माण करते समय अध्यापक को निम्न सावधानियाँ बरतनी चाहिये–

1. इस बात के लिये प्रयास किये जायें कि छात्र सुधारी गयी त्रुटियों को भविष्य में न दोहरायें।
2. जहाँ तक हो सके निदानात्मक परीक्षाओं का निर्माण अध्यापक स्वयं ही करें।
3. नवीन उप-विषय पढ़ाने के पूर्व भी निदानात्मक परीक्षा का प्रयोग किया जा सकता है।
4. अध्यापक को छात्र से निकटता का सम्पर्क स्थापित करके उसके बारे में सम्पूर्ण जानकारी प्राप्त कर लेनी चाहिये।
5. उपचारात्मक शिक्षण के पश्चात् यदि उचित लगे तो उसी निदानात्मक परीक्षा का फिर से प्रयोग किया जाये।
6. शिक्षण प्रक्रिया के दौरान कठिन स्थलों पर विशेष ध्यान देना चाहिये।
7. अध्यापक को प्रत्येक उप-विषय की कठिन सामग्री पर निदानात्मक परीक्षायें तैयार करनी चाहिये।
8. विषय वस्तु की कठिनाई–स्तर (Difficulty Level) को ध्यान में रखते हुऐ ही निदानत्मक परीक्षा का निर्माण किया जाये।
9. छात्रों के उत्तरों की जाँच बारीकी से की जाये एवं त्रुटियों की विस्तार से टिप्पणी (Comments) दी जाये।
10. शिक्षण को प्रभावशाली बनाने के हर सम्भव प्रयास किये जायें।

पिछड़े बालकों के लिए कुछ शैक्षिक व्यवस्थायें
(Some Educational Provisions for Backward Children)

मन्द बुद्धि बालकों का ध्यान किसी भी कार्य में बहुत कम लगता है तथा उनके विचारों में व्यापकता का अभाव रहता है। इस प्रकार छात्रों के लिये व्यक्तिगत अनुदेशन (Individualized Instruction) काफी लाभदायक सिद्ध हो सकता है। ये बालक किसी आसान से कार्य को सफलतापूर्वक कर लेने पर यह अपेक्षा करते हैं कि दूसरे लोग उनकी प्रशंसा करें। इस दृष्टि से अध्यापक इन बालकों में रुचि बनाये

रखने के लिये एवं उन्हें प्रेरणा देने के लिये अपनी अधिगम क्रियाओं को उनके सम्मुख प्रभावशाली ढंग से प्रस्तुत करता है।

यह माना जाता है कि मन्द बुद्धि बालक, जिनकी बुद्धि-लब्धि (I.Q.) 25-50 के बीच होती है, उनको कोई सरल प्रशिक्षण तो दिया जा सकता है, लेकिन शिक्षित नहीं कया जा सकता।

मन्द बुद्धि किशोरों (Adolescents) की शिक्षा में निम्न उद्देश्यों को निर्धारित किया जाना चाहिये–

1. स्वास्थ्य सम्बन्धी अच्छी आदतों का विकास।
2. किसी सरल व्यवसाय सम्बन्धी प्रशिक्षण में दक्ष बनाना।
3. सामाजिक एवं नागरिक क्रियाओं में भाग लेने की प्रवृत्ति का प्रोत्साहन।
4. खेल एवं दूसरी सांस्कृतिक क्रियाओं में भाग लेने की प्रवृत्ति।
5. रचनात्मक घरेलू कार्यों में रुचि, जैसे–घरेलू बजट, बच्चे की देखभाल, भोजन की व्यवस्था तथा दूसरी जिम्मेदारियाँ।

प्रतिभाशाली बालक (Gifted Children)

"प्रखर बुद्धि बालक वह है जो कि किसी कार्य को करने के प्रयास में निरन्तर उच्च स्तर बनाये रखता है।" *–पाल विट्टी*

(The Gifted child is one who is consistently superior in any worthwhile time of endeavour.) *—Paul Witty*

प्रतिभाशाली छात्र अपने आपको कक्षा के सामान्य वातावरण में समायोजित नहीं कर पाता। अत: उसे यह अपेक्षा करना कि वह औसत विद्यार्थी की तरह शिक्षा में ध्यान दे, असम्भव है। परिणामस्वरूप, कक्षा के वातावरण से यह ऊब जाता है और कक्षा में बैठे-बैठे या तो दिव्य-स्वप्न (Day-dreaming) का शिकार हो जाता है या बालापराधी बन जाता है। कभी-कभी इस प्रकार के बालक अध्यापक के सम्मुख जटिल समस्यायें खड़ी कर देते हैं जिनका समाधान कर पाना सहज नहीं होता।

"The Gifted child to go through school at the usual rate for average children is fraught with real dangers." *—Terman and Oden*

कुछ अनुसन्धानों से यह निष्कर्ष निकला है कि प्रखर बुद्धि बालक, मन्द बुद्धि बालकों के साथ रहकर पिछड़ जाते हैं। कभी-कभी अन्य बालकों को खेल तथा अन्य सांस्कृतिक कार्यों में अधिक ख्याति प्राप्त होते देख ये हीन भावना (Inferiority Complex) से भर जाते हैं।

In the words of Kenry Otto:

"Education in a democracy has a dual commitment, to give each child the opportunity to develop to the fullest those attributes which will make him a happy successful person and to develop the child's social orientation, sensitivity so that each may acquire an abiding forth in democracy as a way of life and contribute his best towaıds improving the general welfare of all. Recent educational researches indicate that our gifted children constitute an area of neglect."

प्रतिभाशाली बालकों की विशेषतायें
(Characteristics of Gifted Children)

प्रतिभाशाली बालकों की मुख्य विशेषतायें निम्नलिखित हैं–

1. ये बालक अपनी कमियों को पहचानते हैं तथा दूसरों के सुझाव आसानी से मान लेते हैं।
2. इनका दृष्टिकोण वैज्ञानिक होता है।
3. इन बालकों की बुद्धि-लब्धि 110 से अधिक होती है।
4. ये बालक हास्य एवं खेलों में सामान्य बालकों से तीव्र होते हैं।
5. ये बालक किसी घटना का निरीक्षण बारीकी के साथ करते हैं।
6. ये अधिक महत्वांकाक्षी होते हैं।
7. इनके सीखने की गति तीव्र एवं शुद्ध होती है तथा स्मरण शक्ति उच्च स्तर की होती है।
8. इनका सामान्य ज्ञान (General Knowledge) उच्च स्तर का होता है।
9. ये प्रश्न का उत्तर शीघ्रता से देते हैं।
10. ये विषय का गहन अध्ययन करते हैं।
11. इन बालकों का शारीरिक, मानसिक एवं भावात्मक विकास अन्य बालकों की अपेक्षा उच्च कोटि का होता है।
12. इनका शब्द कोष विस्तृत होता है।
13. ये विभिन्न प्रकार की रुचि रखते हैं।
14. ये अपने से बड़ों से दोस्ती करने में झिझक महसूस नहीं करते।

प्रतिभाशाली बालक को पहचानने की विधियाँ
(Methods of Identifying the Gifted Child)

स्कूल की अपनी महत्वपूर्ण जिम्मेदारियों में से एक जिम्मेदारी जो कि अत्यन्त महत्वपूर्ण है वह यह है कि ऐसे प्रतिभाशाली बालकों को पहचाना जाये एवं उनकी सीखने की क्षमताओं के विकास हेतु पर्याप्त अवसर दिये जायें। बालक की अन्तर्निहित

(Innate) मानसिक क्षमताओं के अतिरिक्त भी बहुत से दूसरे ऐसे कारण होते हैं जो उनकी शैक्षिक उपलब्धि की मात्रा को प्रभावित करते हैं। अत: परामर्शदाताओं (Counsellors) तथा अध्यापकों का यह दायित्व है कि वे बालक के व्यक्तित्व पर वातावरण सम्बन्धी प्रभावों को ठीक से समझें।

ऐसे छात्रों को कक्षा के अन्य कार्यों में भाग लेने के लिये प्रोत्साहित करना चाहिये। उनकी उच्च सफलताओं की भूरि-भूरि प्रशंसा करनी चाहिये अथवा दूसरे मन्द बुद्धि बालकों के सम्मुख एक आदर्श (Model) के रूप में प्रस्तुत करना चाहिये। दूसरे छात्रों को यह आभास कराना चाहिये कि ऐसे बालकों को मिलने वाली अन्य सुविधायें उनके प्रतिभाशाली होने का परिणाम है।

प्रतिभाशाली बालकों की पहचान के लिये निम्न विधियाँ प्रयोग में लायी जा सकती हैं–

1. शिक्षकों का निर्णय (Decision of teachers)
2. सहपाठियों की राय (Opinion of class-mates)
3. विभिन्न प्रकार की बुद्धि परीक्षायें (Intelligence tests)
4. संचयी अभिलेख पत्र (Cumulative Record Cards)
5. वस्तुनिष्ठ परीक्षायें (Objective tests)
6. प्रत्यक्ष निरीक्षण (Direct Observation)
7. व्यक्तित्व परीक्षायें (Personality tests)

प्रतिभाशाली बालकों के लिये शैक्षिक व्यवस्थायें
(Educational Provisions for Gifted Children)

कुछ लोगों की ऐसी धारणा है कि प्रतिभाशाली बालकों की ओर विशेष ध्यान देना अधिक आवश्यक नहीं है। उनके अनुसार यदि इस प्रकार के बालकों की शिक्षा की व्यवस्था अलग से कर दी जायेगी तो उनके अन्दर आत्माभिमान की ग्रंथि (Superiority Complex) की भावना का विकास हो जायेगा। वे सोचते हैं कि प्रतिभाशाली बालक स्वयं ही अपने परिश्रम से कक्षा में अधिक प्रगति कर लेगा। परन्तु, उनका ऐसा सोचना भ्रम है। अगर प्रतिभाशाली बालक की शिक्षा की ओर विशेष ध्यान नहीं दिया जायेगा तो वह अपनी क्षमताओं (Potentialities) का पूर्णरूपेण विकास न कर पायेगा। परिणास्वरूप, राष्ट्रहित की दृष्टि से हम आवश्यक बौद्धिक साधनों को व्यर्थ में नष्ट करके उसकी प्रगति में सहयोग न दे सकेंगे।

आज के वर्तमान युग में उत्कृष्ट एवं ईश्वर प्रदत्त प्रतिभा वाले बालकों की शिक्षा के बारे में पूरे देश की ही नहीं, वरन् राजनीतिज्ञों, शिक्षाविदों (Educators),

पत्रकारों एवं अन्य लोगों में भी दिलचस्पी पैदा हो गई है। शिक्षक और मनोवैज्ञानिक बहुत वर्षों से इस समस्या पर विचार और विवेचन कर रहे हैं। किन्तु इसकी ओर आम जनता का ध्यान तब तक नहीं था जब तक संयुक्त राज्य के अधिकारी, राजनीतिज्ञ एवं कुछ अन्य लोग यह भय नहीं प्रकट करने लगे कि रूस, विज्ञान और टेक्नोलॉजी में अमरीका से आगे बढ़ता जा रहा है। किसी सीमा तक इस प्रकार के साधनों की खोज के लिये कि बालक अपनी प्रतिभा बहुमुखी विकास शैक्षिक क्रियाओं में मन से भाग लेकर कर सके, रचनात्मक विचार विमर्श किये जा रहे हैं।

बालक अपनी किशोरावस्था के प्रारम्भिक वर्षों से ही अपने भविष्य के प्रति सचेत हो जाता है एवं योजनाओं का प्रारूप तैयार करने लगता है। इस अवस्था में बालक के निर्देशन का कार्य एक कठिन कार्य समझा जाता है। प्रतिभाशाली बालक अध्यापक या परामर्शदाता के दृष्टिकोण एवं व्यवहार के प्रति संवेदनशील हो जाता हैं उसका निरीक्षण अत्यन्त सूक्ष्म होता है तथा उसकी आकांक्षा का स्तर दूसरों के द्वारा की गई प्रशंसा द्वारा भी बहुत प्रभावित होता है। अत: ऐसे बालक की क्षमताओं का विकास करने के लिये अध्यापक को निम्न बातें ध्यान में रखनी चाहिये–

1. बालक को केवल इसी उद्देश्य से प्रेरित नहीं किया जाता कि वह ज्ञान का भण्डार संजोये रहे बल्कि उससे यह भी आशा की जाती है कि वह प्राप्त ज्ञान का उपयोग अपने जीवन को सुखी बनाने के लिये करे।
2. अध्यापक को जहाँ तक सम्भव हो सके बालक की क्षमताओं, उसकी शैक्षिक उपलब्धियों, रुचियों एवं व्यक्तिगत दृष्टिकोण इत्यादि के सम्बन्ध में अधिक से अधिक जानकारी प्राप्त कर लेनी चाहिये।
3. बालक अपनी योग्यताओं एवं उत्तरदायित्वों को ठीक प्रकार से समझ सके।

प्रतिभाशाली छात्र की प्रगति केवल उसके व्यवस्थित स्कूली पाठ्यक्रम तक ही सीमित नहीं है, बल्कि, इसमें शैक्षिक त्वरण एवं संवर्धन (Educational Acceleration and Enrichment) भी सम्मिलित है।

प्राचीन समय में केवल Laissez-Faire विधि का ही प्रयोग प्रतिभाशाली छात्रों के लिये पर्याप्त समझा जाता था परन्तु आधुनिक समय में ऐसे बालकों की शिक्षा की व्यवस्था के लिये निम्न प्रक्रियायें प्रयोग में लायी जा सकती हैं।

1. योग्यता-समूह (Ability Grouping)—संवर्धन (Enrichment) का एक तरीका यह भी है कि हर श्रेणी में योग्यता के अनुसार बच्चों की कक्षायें बना ली जायें और हर कक्षा में योग्यता का प्रयास संकुचित रखा जाये। इसके लिये विशेष सामग्रियों एवं विधियों की आवश्यकता पड़ती है और बेहतर यह होता है

कि खासतौर से छाँटे गए अध्यापक उन्हें पढ़ायें, क्योंकि सभी अध्यापक उत्तम छात्रों को पढ़ाने में समर्थ नहीं हाते इस प्रक्रिया को प्रयोग करने की सम्भावना छात्रों की संख्या एवं स्कूल में उपलब्ध साम्रगी पर निर्भर करती है। योग्यता के आधार पर छात्रों के पृथक्करण के विस्तार का अर्थ है कि छात्रों के लिये विशेष स्कूल खोलना। किन्तु, इस व्यवस्था की व्यावहारिकता स्कूल मण्डलों के लिये सम्भव है, बाकी के लिये नहीं।

2. अहस्तक्षेप नीति (Laissez-Faire) — इस नीति के अनुसार कोई विशेष कार्य करने की जरूरत नहीं है। उत्कृष्ट एवं ईश्वर प्रदत्त प्रतिभा वाले बालक बिना विशेष ध्यान दिये या बिना विशेष व्यवस्था के ही अपनी आयु के अनुसार उपयुक्त श्रेणियों में रहते हैं। इसमें यह मान लिया जाता है कि वे स्वयं ही सीख लेंगे और सभी प्रकार के बच्चों के साथ सामाजिक सम्पर्क वांछनीय है। यह प्रक्रिया शिक्षकों को बहुत कम पसन्द है और शायद मनोवैज्ञानिकों को तो कतई पसन्द नहीं। इसीलिये इसका प्रयोग लगभग समाप्त सा हो गया है।

3. सम-आयु समूह (Peer-Group)—उत्कृष्ट एवं ईश्वर प्रदत्त प्रतिभा वाले बालकों को उनके आयु-समूह (Peers) के अनुसार उपर्युक्त श्रेणियों में रखते हुए उनकी पाठ्यचर्या एवं अध्ययन के पाठ्यक्रम का संवर्धन (Enrichment) दूसरी प्रक्रिया हैं यह प्रक्रिया तभी प्रभावशाली हो सकती है जबकि हर कक्षा के भीतर उत्तम और घटिया छात्रों के अलग-अलग विभाग बनाये जायें और हर बालक पर वैयक्तिक रूप से ध्यान दिया जाये। ये दोनों ही बातें बड़ी और विषम-जातीय (Heterogeneous) कक्षाओं में अत्यधिक कठिन हैं, क्योंकि समूह के भीतर बहुत कमजोर और बहुत योग्य बच्चों के लिये विशेष प्रविधियों, सामग्रियों और अध्यापन योग्यताओं की आवश्यकता पड़ती है।

4. त्वरण एवं संवर्धन में समन्वय (Co-ordination between Enrichment and Acceleration) — अन्तिम प्रक्रिया यह है कि त्वरण और संवर्धन दोनों का समन्वय किया जाये। इस प्रक्रिया के अनुसार प्रतिभाशाली छात्रों को अधिक से अधिक तो त्वरित रखा जाये और साथ ही, उनकी पाठ्य-सामग्री भी संवर्धित (Enriched) हो।

किसी स्कूल में कौन-सी प्रक्रिया अपनायी जाती है यह उस स्कूल के प्रशासनिक ढाँचे एवं छात्रों के माता-पिता के सहयोग पर निर्भर करती है। किन्तु यह बात अध्यापक पर स्वीकार की जाती है कि प्रतिभाशाली छात्रों की शिक्षा में आवश्यक तथा ज्ञान एवं कौशलों की प्राप्ति के अतिरिक्त कुछ अन्य बौद्धिक उद्दश्यों पर

भी जोर होना चाहिये, जैसे–विश्लेषणात्मक, अवबोध, समस्या समाधान विधि आदि जिनमें विश्लेषण, संश्लेषण एवं प्रत्यय चिन्तन के आधार पर तार्किक मूल्यांकन की क्षमता, स्वतन्त्र अध्ययन की आदत, किसी भी काम में तब तक लगन से लगे जब तक वह पूरा न हो जाये, मौलिकता एवं सृजनात्मक प्रयत्न को प्रोत्साहन, क्षमताओं एवं रुचियों का विकास आदि आते हैं। इन उद्देश्यों की प्राप्ति छात्रों को प्रोत्साहित करने पर निर्भर करती है।

5. समृद्धि कार्यक्रम (Enrichment Programme) — कॉलसनिक के अनुसार 'वास्तव में विस्तृत पाठ्यक्रम का अर्थ है, बच्चों को विभिन्न अनुभव तथा कार्य उच्च स्तर के दिये जायें।'

इस कार्यक्रम के अन्तर्गत प्रतिभाशाली छात्रों के लिये उपर्युक्त समृद्ध अनुभवों का प्रावधान किया जाता है। इसमें इन बालकों के लिये ऐसे बहुत से अतिरिक्त अवसर प्रदान किये जाते हैं जिससे उनकी क्षमताओं का वांछित विकास हो सके। उनके अनुसार विभिन्न प्रकार की उच्च-स्तरीय सूक्ष्म (Abstract) परिस्थितियाँ रखी जाती हैं। विषय-सामग्री (Content) का हीनता से अध्ययन कर सकें, इस दृष्टि से उससे वाद-विवाद करके उच्च स्तर के प्रत्ययों (Concepts and Fundamentals) के बारे में अपने विचार स्पष्ट करने के अवसर प्रदान किये जाते हैं। गृह-कार्य के लिये उन्हें और कठिन समस्याएँ दी जाती हैं।

6. त्वरण प्रक्रिया (Method of Acceleration) — इस व्यवस्था के अनुसार प्रतिभाशाली छात्र को सत्र के मध्य में एक श्रेणी से दूसरी श्रेणी में यथाशीघ्र त्वरित कर दिया जाता है। किन्तु इस व्यवस्था में कुछ प्रशासनिक कठिनाइयाँ सामने आ सकती हैं। उदाहरणार्थ–प्रदेश की समस्या, समय सारणी की समस्या और अध्यापकों की समस्या और दूसरे, इस प्रकार की व्यवस्था में छात्र को सम्पूर्ण पाठ्यक्रम के अध्ययन का अवसर भी प्राप्त नहीं होता हैं त्वरण तीन प्रकार से किया जाता हैं प्रथम विधि के अनुसार प्रतिभाशाली बालक को वर्ष में एक से अधिक बार आगामी कक्षा में चढ़ा दिया जाता है। दूसरी विधि के अनुसार उसी कक्षा में बालक को उच्च कक्षाओं की विषय-सामग्री पढ़ने को दे दी जाती है और तीन वर्ष की विषय-सामग्री दो वर्ष में पढ़ा दी जाती है। तीसरी विधि के अनुसार प्रतिभाशाली बालक को उनकी आयु से ऊपर की कक्षा में चढ़ा दिया जाता है टरमन ने प्रतिभावान बालकों की शिक्षा के लिये लिखा है कि, 'इन बच्चों को कम से कम एक वर्ष की उन्नति दे देनी चाहिये किन्तु दो वर्ष से अधिक नहीं।'

(The bright children be accelerated by atleast a year but probably not more than two years.)

— *Terman, L.N.*

प्रतिभाशाली बालकों के लिये उपचारात्मक शिक्षण
(Remedial Teaching for Gifted Children)

प्रखर बुद्धि बालकों में पर्याप्त रूप से अपनी योग्यताओं को विकसित करने के अवसर प्राप्त न होने से वे बेचैन रहते हैं तथा उनका मन कक्षा के वातावरण में न लगकर इधर-उधर भटकने लगता है। इसके अतिरिक्त यदि उन्हें आवश्यक परामर्श एवं मार्गदर्शक (Guidance and Counselling) नहीं मिलता है तो वे असामाजिक कार्यों में भाग लेने लगते हैं तथा उनकी प्रवृत्ति बालापराधी (Juvenile Delinquency) की ओर मुड़ जाती है। कक्षा कार्य उनको फीका लगने लगता है। अत: प्रतिभाशाली बालकों की मानसिक एवं शारीरिक शक्ति के सदुपयोग के लिये प्रभावी एवं आकर्षक अध्यापन विधियों का इस्तेमाल आवश्यक है ताकि उन्हें उपयोगी कार्यों में व्यस्त रखा जा सके।

प्रतिभाशाली बालकों का शिक्षण करते समय निम्न बिन्दुओं को ध्यान में रखना आवश्यक है–

1. इन बालकों के मूल्यांकन हेतु विशेष परीक्षाओं (Tests) का आयोजन किया जाना चाहिये।
2. प्रतिभाशाली बालक गणित की खोजों में अत्यधिक रुचि लेते हैं। अत: उन्हें गणित सम्बन्धी नवीन आविष्कारों को सीखने एवं जानने के पर्याप्त अवसर देने चाहिये।
3. इन बालकों के सम्मुख स्थूल या प्रत्यक्ष वस्तुओं के स्थान पर गूढ़ (Abstract) प्रत्यय सीधे ही प्रस्तुत किये जा सकते हैं।
4. प्रतिभाशाली बालकों की एक ही समस्या को विभिन्न तरीकों से हल करने को प्रोत्साहन देना चाहिये।
5. इन बालकों के शिक्षण में निगमन, संश्लेषण प्रयोगशाला, ह्यूरिस्टिक एवं प्रोजक्ट विधियों का प्रयोग करना चाहिये।
6. ऐसे बालकों से अध्यापक को गणित शिक्षण सम्बन्धी आकर्षक सहायक सामग्री बनवानी चाहिये।
7. इन बालकों को व्यवस्थित सामग्री (Programmed Material) के माध्यम से पढ़ाना चाहिये।
8. प्रतिभाशाली छात्रों के समक्ष कक्षा में कुछ समस्याओं को चुनौतियों (Challenge) के रूप में प्रस्तुत करना चाहिये।

9. इनको आधुनिक गणित (Modern Mathematics), गणित की विभिन्न शाखाओं में समन्वय स्थापित करके (Inegrated Approach) पढ़ाना चाहिये।
10. ऐसे बालकों को कभी-कभी कक्षा पढ़ाने का कार्य भी सौंपा जाना चाहिये। ऐसा करने से उनमें आत्म-विश्वास की वृद्धि होगी।
11. प्रतिभाशाली बालकों को सुनियोजित कार्यक्रम के माध्यम से व्यवस्थित ढंग से कार्यरत रखा जाना चाहिये।
12. ऐसे बालकों के लिये मानसिक एवं मौखिक गणित की अपेक्षा लिखित गणित पर अधिक ध्यान देना चाहिये।

प्रश्न (Questions)

1. मानसिक रूप से अत्यन्त मन्द बुद्धि अथवा मेधावी छात्रों के क्या लक्षण हैं? गणित की कक्षा में ऐसे छात्रों की आवश्यकताओं की पूर्ति अन्य छात्रों के साथ-साथ किस प्रकार करेंगे?
2. सामान्य कक्षा में पढ़ाते हुए प्रतिभाशाली बच्चों की क्या विशेष देखरेख की जा सकती है? एक गणित क्लब की कल्पना करते हुए उन क्रियाओं एवं गतिविधियों का संकेत दीजिये जो इस प्रकार के बच्चों के लिये चलाई जा सकती हैं।
3. प्रखर बुद्धि एवं मन्द बुद्धि बालकों को गणित पढ़ाने के लिये आपकी विधियों में क्या अन्तर होगा? किसी एक कक्षा विशेष के लिये अंकगणित का कोई उपयुक्त उदाहरण लेकर अपने उत्तर की पुष्टि कीजिये।
4. गणित में पिछड़े हुए बालकों की आप किस प्रकार सहायता करेंगे? कौन से मनोवैज्ञानिक सिद्धान्त आप उनकी विषय उपलब्धि बढ़ाने में ध्यान में रखेंगे तथ किस प्रकार की सामग्री अथवा साधन सहायक हो सकेंगें? उदाहरण देकर समझाइये।

14

गणित में प्रयोग-प्रायोजना या क्रियात्मक अनुसंधान
Action Research or Experimental Project in Mathematics

अध्यापक अपने दैनिक शिक्षण में विभिन्न प्रकार की समस्याओं का सामना करता है जिससे वह कक्षा में पढ़ाई का उचित वातावरण तैयार करने में अपने आप को असमर्थ पाता है। सौभाग्य की बात है कि हमारे शिक्षाविदों एवं अध्यापकों का ध्यान इन समस्याओं की ओर केन्द्रित होता जा रहा है। इन समस्याओं का प्रारूप चाहे कितना ही संक्षिप्त क्यों न हो, परन्तु कक्षा के आदर्श वातावरण एवं शिक्षण की प्रभावशीलता की दृष्टि से इनका हल खोजना अत्यन्त महत्वपूर्ण है। प्रशिक्षण महाविद्यालयों में छात्राध्यापकों को प्रयोग-प्रायोजना का ज्ञान होना बहुत आवश्यक है क्योंकि प्राप्त ज्ञान से वे अपने शिक्षण कार्य में आने वाली विभिन्न समस्याओं का समाधान निकाल सकें बल्कि साथ ही साथ दूसरे विद्यालयों के अध्यापकों का भी मार्ग-दर्शन कर सकेंगे। सही कारण है कि इन समस्याओं के समाधान के लिये अनुसन्धान की आवश्यकता महसूस की गई एवं शिक्षा की अनेक समस्याओं पर अनुसन्धान कार्य प्रारम्भ हुए।

"The actions of men are like the index of a book that point out what is most remarkable in them." — *Thomas*

"Research is essentially a state of mind—a friendly welcoming attitude towards change." — *Madhuri Singh*

"We pass through research from subjective or personal experience to objective validity and universal applicability." — *Robert R. Rusk*

अनुसन्धान से अभिप्राय (Meaning of Research)

साधारण शब्दों में उच्च स्तरीय शैक्षिक कार्य को 'अनुसन्धान' कहते हैं। अनेक विद्वानों ने अनुसन्धान की परिभाषाएँ इस प्रकार दी हैं–

1. जेम्स ड्रेवर के अनुसार–"ज्ञान की खोज अथवा सिद्धि के लिये की जाने वाली क्रमबद्ध वैज्ञानिक खोज ही अनुसन्धान कहलाती है।"

("Systematic scientific investigation in persuit of knowledge or confirmation in any field is called research.") — *James Drever)*

2. पी॰एम॰ कुक के अनुसार–"अनुसन्धान किसी दी हुई समस्या के प्रसंग में तथ्यों तथा उनके अर्थों एवं तात्पर्यों की ईमानदार, पूर्णरूपेण तथा बुद्धिपूर्ण खोज है। किसी विशेष अनुसन्धान की उत्पत्ति तथा निष्कर्षों को अध्ययन के क्षेत्र में ज्ञान को एक प्रामाणिक और जाँच करने योग्य योगदान देना चाहिये।"

("Research is an honest, exhaustive, intelligent searching for facts and their meanings or implications with reference to a given problem. The product and findings of a given piece of research should be an authentic, verifiable contribution to knowledge in the field studied." – *Cook. P.M.)*

3. रूमेल के शब्दों में–"अनुसन्धान का तात्पर्य ज्ञान की खोज, उसके विकास एवं सत्यापन से सम्बन्धित विभिन्न प्रयासों से है। यह एक बौद्धिक प्रक्रिया है जिसका विकास आज से हजारों वर्ष पूर्व हुआ है तथा जो सत्य की खोज के लिये हमेशा अपने उद्देश्यों एवं रूपों में बदलती रहती है।"

("Research is an endeavour or an attempt to discover, develop and verify knowledge. It is an intellectual process that has developed over hundreds of years ever changing in prupose and form always searching for truth.") *Rummel*

अनुसन्धान कार्य की निम्न विशेषतायें होती हैं–

1. अनुसन्धान कार्य सम्बन्धी तथ्यों, सूचनाओं एवं आँकड़ों (Data) को एकत्रित करने में अत्यन्त सावधानी से काम लेना चाहिये।
2. अनुसन्धान हमारे क्रमबद्ध (Systematised) एवं सुव्यवस्थित (Organised) प्रयासों का परिणाम है।
3. अनुसन्धान कार्य वस्तुनिष्ठ (Objective) होता है। कहने का तात्पर्य है कि अनुसन्धानकर्त्ता (Researcher) की भावनाओं एवं संवेगों का अनुसन्धान कार्य पर कोई प्रभाव नहीं पड़ता है। यह व्यक्तिगत प्रभाव (Personal Bias) से परे रहता है।

शैक्षिक अनुसन्धान (Educational Research)

शैक्षिक समस्याओं पर किये गये अनुसन्धान कार्य को शैक्षिक अनुसन्धान (Educational Research) कहा जाता है। इस प्रकार के अनुसन्धान कार्य की प्रकृति सैद्धान्तिक (Theoretical) एवं प्रयोगात्मक (Practical) दोनों ही हो सकती है। लेकिन, यहाँ पर हमारा सम्बन्ध अनुसन्धान के प्रयोगात्मक पक्ष तक ही सीमित है।

शैक्षिक अनुसन्धान की कुछ परिभाषायें निम्न हैं–

2. ट्रेवर्स के अनुसार–"शैक्षिक अनुसन्धान वह प्रक्रिया है जो शैक्षिक परि-स्थितियों में वैज्ञानिक व्यवहार के विकास की ओर दिशा-बोध प्रदान करती है।"

("Educational Research is that activity which is directed towards the development of a science of behaviour in educational situations.")

— *Travers*

3. मुनरों के अनुसार–"शैक्षिक अनुसन्धान का अन्तिम लक्ष्य शिक्षा के क्षेत्र में सिद्धान्तों एवं पद्धतियों का निरुपण करना है। यह सिद्धान्तों या पद्धतियों के रूप में निष्कर्ष प्रदान करता है। तथ्यों का संकलन तथा सारणीयन ही अनुसन्धान नहीं है, यद्यपि यह अनुसन्धान का प्रारम्भिक अथवा भूतकाल का रूप होता है।"

("The final purpose of educational research is to ascertain principles and develop procedures in the field of education. Therefore, it should conclude by formulating principles of procedures. The more collection and tabulation of facts is not research, though it may be preliminary to it or even as a part there of.")

जॉन डब्ल्यू बेस्ट (John W. Best) के अनुसार शैक्षिक अनुसन्धान के तीन रूप होते हैं–

(a) ऐतिहासिक अनुसन्धान (Historical Research)—इस प्रकार के अनुसन्धान का सम्बन्ध हमारी भूतकालीन घटनाओं से होता है। जॉन डब्ल्यू बेस्ट (John W. Best) के अनुसार, "ऐतिहासिक अनुसन्धान के अर्न्तगत समस्या की सीमाबद्धता एवं निर्धारण, परिकल्पना का निर्माण, आँकड़ों एवं तथ्यों का संकलन, संगठन, प्रमाणिकता, वैधता, आँकड़ों का विश्लेषण, परिकल्पना का परीक्षण एवं इतिहास को लिखना सम्मिलित है।"

("Historical Research involves identification and limitation of the problem, formulation of hypothesis, collection and organization, verification, validation and analysis of data, testing the hypothesis and writing of historical facts.")

(b) वर्णनात्मक अनुसन्धान (Descriptive Research)—वर्णनात्मक अनुसन्धान के अन्तर्गत ऐसी समस्या का विवरण अधिक रहता है जिसका शिक्षा से सम्बन्ध होता है। ऐसी समस्याओं के उदाहरण हैं–बालकों में असन्तोष तथा निराकरण आदि।

जॉन डब्ल्यू बेस्ट (John W. Brst) के अनुसार–

"इसका सम्बन्ध विद्यमान दशाओं, सम्बन्ध एवं विकसित होने वाली प्रचलित परम्पराओं, विश्वासों, मनोदशाओं, दृष्टिकोणों, प्रचलित प्रक्रियाओं, अनुभव किये जाने वाले प्रभावों अथवा व्यवहारों से होता है।"

("It is concerned with conditions or relationship that exits, practices that prevail, belief, point of view or attitudes that are held processess that are going on, effects that are being felt or trends that are developing.")

(c) प्रयोगात्मक अनुसन्धान (Experimental Research)—इस प्रकार के अनुसन्धान में प्रयोगशाला के माध्यम से नियन्त्रित परिस्थितियों में परिणाम निकाले जाते हैं। इसमें सन्देह नहीं कि अनुसन्धान की यह पद्धति कठिन अवश्य है परन्तु इसके द्वारा विश्वसनीय तथा वैध निष्कर्ष निकाले जाते हैं। जॉन डब्ल्यू बेस्ट (John W. Best) के अनुसार "प्रयोगात्मक अनुसन्धान, नियन्त्रित परिस्थितियों में क्या होगा, क्या घटेगा? आदि का विश्लेषण तथा विवरण है।"

("Experimental Research is the description and analysis of what will be or what will occur under careful controlled conditions.")

क्रियात्मक अनुसन्धान (Action Research)

क्रियात्मक अनुसन्धान (Action Research) शैक्षिक अनुसन्धान (Educational Research) का ही एक नवीनतम रूप है। कुछ विद्वानों ने क्रियात्मक अनुसन्धान को प्रयोग–प्रायोजना (Experimental Project) भी कहा है। वास्तव में प्रयोग-प्रायोजना दो शब्दों से मिलकर बना है। Project तथा Experiment अर्थात्, जब किसी Project को पूरा करने में किसी Experiment का सहारा लिया जाता है तो ऐसी प्रायोजना को प्रयोग–प्रायोजना कहते हैं। वस्तुत: Experimentation शब्द का जन्म लैटिन (Latin) भाषा के शब्द 'Experin' से हुआ है। वस्तुत: Experimentation शब्द का जन्म लैटिन (Latin) भाषा के शब्द 'Experin' से हुआ है जिसका अर्थ है, 'प्रयत्न करना' (To Try)।

अत: "वह क्रिया जिसके द्वारा अध्यापक अपनी समस्याओं को वैज्ञानिक विधि के द्वारा हल करने के उपायों की खोज करता है, 'प्रयोग–प्रायोजना' या 'क्रियात्मक अनुसन्धान' (Experimental Project or Action Research) कहलाती है।"

(An Experimental Project is a kind of research work which a teacher performs in order to make a solution of the problems related with his subject, his class and his students.)

क्रियात्मक अनुसन्धान का अर्थ ऐसे अनुसन्धान से है जो हमारी क्रियाओं अथवा प्रयासों को प्रभावित करता है। इस प्रकार के अनुसन्धान कार्य को क्रियात्मक अनुसन्धान इसलिये कहते हैं क्योंकि अध्यापक अपने नियमित कार्य के साथ–साथ ही एक योजना के अनुसार शैक्षिक समस्याओं को हल करने के उपयुक्त उपायों की खोज करता है। वास्तव में, यह एक लघु अनुसन्धान (Minor Research) कार्य है जिसके निष्कर्ष को हम तुरन्त ही शिक्षा सम्बन्धी समस्याओं के समाधान

हेतु प्रयोग में ला सकते हैं। इस अनुसन्धान की सबसे बड़ी विशेषता निष्कर्षों का तुरन्त उपयोग है।

सर्वप्रथम, क्रियात्मक अनुसन्धान शब्द को कोलियर (Collier) तथा लेविन (Lewin) ने प्रयोग किया। कोलियर द्वितीय विश्व युद्ध के दौरान भारत के कमिश्नर थे। इन्हीं दिनों राइट स्टोन (Write-stone), टाबा, ब्रेडी तथा रॉबिन्सन (Taba, Bredy and Robinson) ने इसका प्रयोग शैक्षिक समस्याओं में किया। स्टीफन एम॰ कोरे (Stephen M. Correy) ने भी क्रियात्मक अनुसन्धान को शिक्षा के क्षेत्र में पर्याप्त प्रोत्साहन दिया।

डा॰ स्टीफन एम॰ कोरे के अनुसार–"क्रियात्मक अनुसन्धान वह प्रक्रिया है जिसके अन्तर्गत अनुसन्धानकर्त्ता अपनी समस्या का वैज्ञानिक अध्ययन इस उद्देश्य से करता है कि उसके निर्णयों तथा कार्यों को उचित दिशा प्राप्त हो, उन्हें सुधारा जा सके तथा उनका मूल्यांकन सम्भव हो सके।"

("The process which practitioners attempt to study their problems scientifically in order to guide, correct and evaluate their decisions and actions, is what a number of people have called Action Reesearch.")

— *Stephen M. Corey*

मैकग्रैथ तथा अन्य के अनुसार–"क्रियात्मक अनुसन्धान संगठित खोजपूर्ण क्रिया है जिसका उद्देश्य व्यक्ति अथवा समूह की क्रिया में परिवर्तन तथा विकास करने के लिये अध्ययन करना तथा रचनात्मक सुझाव प्रस्तुत करना है।"

("Action Research is organised, investigative activity aimed towards the study and constuctive change of a given endeavour by individuals or group concerned with such change and improvement.")

— *Megrath and Others*

डा॰ स्टीफन एम॰ कोरे ने पुनः लिखा है–"क्रियात्मक अनुसन्धान युयुत्सा के कारण आयोजित किया जाता है।"

("Action Research is conducted in the heat of combat.")

सारा ब्लैकवैल (Sara Blackwell) के अनुसार–"क्रियानुसन्धान एक अमेरिकन पद्धति है और इसका मुख्य उद्देश्य इसके वास्तविक अर्थ को बनाये रखना है।"

("Action Research in an American system and its main aim is to maintain its real definition.")

गुड/वुड (Good/Wood) के शब्दों में–"क्रियात्मक अनुसन्धान वह अनुसन्धान है जिसका प्रयोग अध्यापक, सुपरवाइजर तथा प्रशासक अपने कार्यों एवं निर्णयों में सुधार हेतु करते हैं।"

("Action Research is research used by teacher, supervisors and administrators to improve the quality of their decisions and actions.")

प्रयोग-प्रायोजना का महत्व (Importance of Experimental Project)

क्रियात्मक अनुसन्धान का एक मात्र लक्ष्य शिक्षण में सुधा करना है। यह सुधार चाहे पाठ्यक्रम में परिवर्तन करके हों अथवा शिक्षण विधि के उत्तम चयन द्वारा। इसका आधार 'कार्य में कार्य के लिये अनुसन्धान' (Research in action for action) है।

क्रियात्मक अनुसन्धान के अनेक उद्देश्य हैं, जो इस प्रकार हैं–

1. मौलिक अनुसन्धान वास्तविक समस्याओं को हल करने के बजाय पुस्तकालय की अलमारियों की शोभा बढ्याने तक ही सी।मत है, जबकि क्रियात्मक अनुसन्धान हमारा समस्याओं का तुरन्त हल निकालता है।
2. क्रियात्मक अनुसन्धान में सामाजिक, शैक्षिक एवं सांस्कृतिक क्रियाओं के माध्यम से बालक की क्रियात्मता (Creativity) का विकास किया जाता है।
3. क्रियात्मक अनुसन्धान में 'अवकाश के क्षणों का सदुपयोग' (Education for Leisure) शिक्षण सूत्र का प्रयोग किया जाता है तथा 'खाली दिमाग शैतान का घर होता है।' (An empty midn is devil's workshop) की सुक्ति को अनुपयुक्त ठहराया जाता है।
4. कोठारी आयोग के शब्दों में–"अनुशासन की समस्या किसी सीमा तक हल की जा सकती है यदि हम छात्रों को विभिन्न प्रकार की व्यावसायिक क्रियाओं, जैसे–कार्यानुभव (Work experience) सम्बन्धी कागज, गत्ता, मिट्टी का काम, चमडे का काम, बागवानी, फोटोग्राफी इत्यादिमें संलग्न रखें।"

   ("The problem of 'Indiscipline' can be solved to some extent if we keep our students engaged in various work experience activities.") — *Kothari Commission*
5. कुछ प्रयोग-प्रायोजनाओं को बहुत से शिक्षक एक साथ मिलकर पूरा करते हैं, जिससे उनमें सहयोग की भावना का विकास होता है।
6. क्रियात्मक अनुसन्धान हमारे निम्न प्रकार के प्रश्नों का संतोषजनक उत्तर देता है–

   (अ) छात्रों में वांछित व्यावहारिक परिवर्तन कैसे लाये जायें?

   (ब) सर्वोत्तम शिक्षण विधि का चयन कैसे करें? आदि?

7. इस प्रकार के अनुसन्धान कार्य को करने के लिये किसी विशेष प्रकार के प्रशिक्षण की आवश्यकता नहीं होती। एक साधारण शिक्षक भी इसको आसानी से सफलतापूर्वक पूरा कर सकता है।
8. यह मौलिक अनुसन्धान की तुलना में धन, समय एवं शक्ति की दृष्टि से कम खर्चीली है।
9. इस प्रकार के अनुसन्धान कार्य से मात्र अध्यापक को ही नहीं वरन् दूसरों को भी लाभ पहुँचता है।
10. अध्यापक अपनी समस्याओं के समाधान हेतु वैज्ञानिक विधि (Scientific approach) का प्रयोग करता है।

"क्रियात्मक अनुसन्धान तात्कालिक कार्यों पर केन्द्रित कार्यों पर केन्द्रित रहता है न कि सिद्धान्तों के विकास पर। यह वास्तविक समस्याओं पर बल देता हैं ये समस्यायें स्थानीय होती हैं। इसके निष्कर्षों का स्थानीय व्यवहार के सन्दर्भ में मूल्यांकन किया जाता है। यह तो अध्यापक का कार्य हैं अनुसन्धान कार्य, विशेषज्ञों की राय से किया जाता है। यह पद्धति परिकल्पना में सोच एवं सुधार का अध्ययन करने में सहायक होती है। इसका उद्देश्य विद्यालयों की कार्य प्रणाली में सुधार के साथ-साथ उन व्यक्तियों में सुधार करना है जो कार्य प्रणाली में सुधार चाहते हैं। इसका उद्देश्य अध्यापक के विकास तथा अनुसन्धान कार्यों में कुशलता, वैधता, चिन्तन के स्वभाव का निर्माण, दूसरों के साथ व्यावसायिक भावना के साथ समगति से कार्य करने की योग्यता का विकास करना है।"

प्रयोग-प्रायोजना का क्षेत्र (Field of Experimental Project)

क्रियात्मक अनुसन्धान का लक्ष्य शिक्षा की व्यावहारिक कठिनाइयों को दूर करना है। इस दृष्टि से प्रयोग-प्रायोजना का क्षेत्र अत्यन्त विस्तृत है। कुछ समस्यायें जिन पर प्रयोग-प्रायोजना बनाई जा सकती हैं, वे इस प्रकार हैं–

1. व्यावसायिक समस्यायें (Vocational Problems)
2. शैक्षिक समस्यायें (Educational Problems)
3. पाठ्यक्रम सम्बन्धी समस्यायें (Curriculum related problems)
4. सीखने सम्बन्धी समस्यायें (Learning Problems)
5. सांवेगिक समस्यायें (Emotional Problems)
6. अनुशासनात्मक समस्यायें (Disciplinary Problems)
7. सामाजिक समस्यायें (Disciplinary Problems)
8. बालकों की रुचि का अध्ययन (Social Problems)

9. बालकों की आवश्यकताओं का अध्ययन (Study of the Needs of the Students)

उपरोक्त क्षेत्रों पर आधारित प्रयोग-प्रायोजनाओं का प्रारूप निम्न हो सकता है--

(*a*) शर्मीले बालकों की झिझक दूर करना।

(*b*) छात्रों की भावना ग्रन्थि (Complex) को दूर करना।

(*c*) छात्र प्राय: कक्षा में क्यों देर से आते हैं?

(*d*) छात्रों की गणित में अरुचि के कारणों की जानकारी प्राप्त करना।

(*e*) छात्रों को पढ़ाने की सर्वोत्तम विधि कौन-सी है?

(*f*) छात्रों में नकल (Copying) करने की प्रवृत्ति को दूर करना।

(*g*) छात्र गृह-कार्य पूरा करके क्यों नहीं लाते हैं?

(*h*) कुछ छात्र कक्षा में क्यों चुपचाप बैठे रहते हैं?

(*i*) मूल्यांकन को कैसे वस्तुनिष्ठ एवं प्रभावी (Objectie and Effective) बनाया जाये? आदि।

(*j*) स्कूल प्रबन्धन में कैसे सुधार लाया जाये?

(*k*) बालकों की रचनात्मक प्रवृत्ति (Creativity) का कैसे विकास किया जाये?

(*l*) छात्र कक्षा से बीच में ही क्यों भाग जाते हैं?

एक अच्छा प्रयोग-प्रायोजना की कसौटी
(Criterian of a Good Experimental Project)

एक अच्छी प्रयोग-प्रायोजना की कसौटी के अन्तर्गत निम्न बिन्दु आते हैं-

1. क्रियात्मक अनुसन्धान चीजों को बेहतर बनाने के लिये हमारी इच्छाओं का परिणाम मात्र होना चाहिये।

   स्टीफन एम० कोरे (Stephen M. Corey) लिखते हैं-"बेहतर शिक्षा से हमारा तात्पर्य अनुदेशनात्मक उद्देश्यों का ठीक से विशिष्टीकरण, छात्रों को बेहतर प्रोत्साहन, बेहतर शिक्षण विधियाँ, बेहतर मूल्यांकन एवं बेहतर प्रशासन एवं पर्यवेक्षण प्रदान करने से है।"

   ("Better education means better development and formulation of instructional aims, better motivation to pupils, better teaching methods, better evaluation andbetter superision and administration.")

2. अनुसन्धान कार्य शिक्षा की स्वस्थ दार्शनिक विचारधारा पर आधारित होना चाहये।

रस्क (Rusk) महोदय लिखते हैं–"In the application of scientific procedure to education a sound philosophy as well as sound comon sense must be invoked to save the scientific procedure form itself."

3. शिक्षा की दृष्टि से प्रयोग-प्रायोजना आवश्यक होनी चाहिये जिससे नवीन अनुभव प्राप्त करने में विद्यार्थियों को पर्याप्त प्रोत्साहन मिल सके।
4. (*a*) प्रायोजना सम्बन्धी अनुमानित व्यय (Estimated Expenditure) का पूर्ण विवरण दिया जाना चाहिये।

   (*b*) परीक्षण योजना के मूल्यांकन हेतु सांख्यिकीय प्रविधियों (Statistical Techniques) का चयन सावधानीपूर्वक किया जाना चाहिये।

   (*c*) परीक्षण की रूपरेखा (Action Design) व्यापक (Comprehensive) एवं स्पष्ट होनी चाहिये।

   (*d*) समस्या का निदान पर्याप्त चिन्तन, अध्ययन एवं विषय-विशेषज्ञों (Field Experts) के परामर्श पर आधारित होना चाहिये।

   (*e*) समस्या सम्बन्धी उपचारात्मक सुझाव (Remedial Suggestion) स्पष्ट रूप से दिये जाने चाहिये।

   (*f*) समस्या की व्याख्या (Statement of the Problem) कुछ निश्चित एवं स्पष्ट शब्दों में करनी चाहिये।

   (*g*) प्रयोग-प्रायोजना के अन्तर्गत स्कूल की दिन-प्रतिदिन की समस्याओं के अतिरिक्त भी कुछ अन्य समस्याओं को प्रयोग में लाना चाहिये। हमारा अनुसन्धान कार्य अन्तर्विषयी (Inter-disciplinary) होना चाहिये।
5. एक अच्छी प्रयोग-प्रायोजना कम खर्चीली होनी चाहिये।

प्रयोग-प्रायोजना की सीमायें (Limitations of Experimental Project)

प्रयोग-प्रायोजना की कुछ प्रमुख सीमायें निम्न हैं–

1. किसी भी प्रयोग-प्रायोजना को करनेका कार्य अध्यापकों के कन्धों पर बोझ स्वरूप लाद दिया जाता है जिसे वे अपने अत्यधिक कार्यभार की वजह से रुचिपूर्वक नहीं करते।
2. प्राय: यह महसूस किया जाता है कि हमारे क्रियात्मक अनुसन्धान कार्य का स्तर मौलिक अनुसन्धान कार्य की तुलना में पर्याप्त निम्न स्तर का होता है।

जार्ज जी॰ मूले (Georg G. Mouly) ने कहा है–

"क्रियात्मक अनुसन्धान एक प्रकार से अन्धे व्यक्ति द्वारा दिशा निर्देश देने के समान है। साथ ही, समस्या का महत्व इस दृष्टि से और भी कम हो जाता है क्योंकि प्राय: अध्यापक अपनी समस्याओं के बहुत करीब होतें तथा पर्याप्त प्रशिक्षण के अभाव में वैज्ञानिक तरीकों से अपने कार्य में वस्तुनिष्ठता लाने में असफल रहते हैं।"

3. क्रियात्मक अनुसन्धान में सबसे बड़ी समस्या न्यादर्श (Sample) के चयन की है। न्यादर्श के चयन में हम किसी न्यादर्श प्रविधि (Sampling Technique) का प्रयोग नहीं करते, यही कारण है कि हमारी प्रयोग-प्रायोजनाओं के परिणामों की व्यावहारिकता एवं उपयोगिता अध्यापक के एक स्कूल से दूसरे स्कूल में स्थानान्तरित (Transfer) हो जाने पर संदेहात्मक (Doubtful) हो जाती है।

उपरोक्त सभी आरोपों का एक ही उत्तर है, वह है–कार्य। अत: जब तक अध्यापक तथा क्रियात्मक अनुसन्धान से सम्बन्धित सभी अभिकरण (Agencies) अपना कार्य उत्साहपूर्वक नहीं करेंगे तब तक क्रियात्मक अनुसन्धान की सफलता में सन्देह बना ही रहेगा।

प्रयोग-प्रायोजना में प्रयुक्त सावधानियाँ
(Precautions Regarding Experimental Project)

क्रियात्मक अनुसन्धान का एक मात्र उद्देश्य व्यावहारिक शिक्षण समस्याओं का हल खोजना है। अत: मौलिक अनुसन्धान से इसकी प्रकृति बिल्कुल भिन्न हैं। क्रियात्मक अनुसन्धान करते समय सम्बन्धित अध्यापकों, पर्यवेक्षणों, प्रशासकों एवं शोध छात्रों को निम्न सावधानियाँ ध्यान में रखनी चाहिये–

1. अनुसन्धानकर्त्ता को समस्या में रुचि लेने वाले व्यक्तियों का पूरा-पूरा सहयोग लेना चाहिये।
2. समस्या के लिये न्यादर्श (Sample) का चयन सावधानी से करना चाहिये।
3. मूल्यांकन करते समय अनुसन्धानकर्त्ता को सजग (Alert) रहना चाहिये।
4. ऐसी समस्या अध्ययन के लिये जाये जिसे स्पष्टत: पहचान लिया गया हो तथा जिसका समाधान करना आवश्यक हो गया हो।
5. जहाँ तक हो सके परिस्थिति से मेल खाती हुई (Feasible) तथा सरल समस्या को ही अनुसन्धान कार्य के लिये चुना जाये।

स्टीफन एम० कोरे के शब्दों में, "क्रियानुसन्धान वृत्त की परिधि होती है" (Action Research is Cyclical)। अत: अनुसन्धानकर्त्ता को कई बार एक ही समस्या के अनेक कारणों का सामना करना पड़ता है। निष्कर्षों में वैयक्तिकता (Subjectivity) के भय को दूर करने के लिये अनुसन्धानकर्त्ता को सावधानी से विश्लेषण करके निष्कर्ष निकालने चाहिये। हमारे विद्यालय उस समय तक शिक्षण को जीवन प्रदान नहीं कर सकते जब तक अध्यापक, छात्र निरीक्षक, प्रशासक एवं अभिभावक गण अपने कार्य का सिंहावलोकन स्वयं नहीं करेंगे। उन्हें व्यक्तिगत या सामूहिक रूप से रचनात्मक कल्पना को साकार करना होगा जिससे वे आधुनिक जीवन की माँग को पूरा कर सकें एवं साहसपूर्वक उन विधियों को प्रोत्साहन दें सकें जिनसे विकास का महत्व स्थापित हो सके।"

प्रयोग-प्रायोजना के पद (Steps of Experimental Project)

मौलिक अनुसंधान की भाँति क्रियात्मक अनुसंधान में भी अनुसंधान कार्य के संचालन के लिए कुछ पदों का अनुसरण किया जाता है, जो निम्न क्रम में रखे जा सकते हैं–

1. **समस्या की व्याख्या (Statement of the Problem)** — इसके अन्तर्गत चुनी गई समस्या की विस्तृत व्याख्या की जाती है तथा समस्या से सम्बन्धित अनेक प्रश्नों का संक्षेप में उत्तर दिया जाता है। अध्यापक समस्या के व्यापक क्षेत्र को अपनी सामर्थ्य, समय तथा उपलब्ध साधनों के आधार पर सीमित (de-limit) कर लेता है। समस्या के सही समाधान के लिये समस्या से सम्बन्धित साहित्य (related literature) तथा किसी सिद्धान्त (educational theory) को आधार बनाना अत्यन्त आवश्यक हो जाता है। एफ० एल० विटने (F.L. Whitney) के शब्दों में–"To define a problem means to put a fence around it to seperate it by careful distinctions from like questions found in related situations of need."
2. **प्रस्तावना (Introduction)**—इसके अन्तर्गत जिस समस्या पर कार्य या प्रयोग किया जाता है उसकी भूमिका संक्षेप में प्रस्तुत की जाती है।
3. **शीर्षक (Topic)**—जिस समस्या पर अनुसंधान कार्य किया जाता है उसे संक्षेप में तथा स्पष्ट शब्दों में लिखा जाता है। शीर्षक के लिखने में समरूपता (Symmetry) का ध्यान रखना अत्यन्त आवश्यक है जिससे वह आकर्षक प्रतीत हो।
4. **परिकल्पना का निर्माण (Formulation of Hypotheses)**—जब किसी प्रायोजना पर कार्य किया जाता है तो कुछ बातों को आधार मानकर प्रयोग

आरम्भ किया जाता है जिसका सत्यापन प्रायोजना की समाप्ति पर होता है। किसी भी प्रायोजना में एक या उसे अधिक उप-परिकल्पनायें बनायी जा सकती हैं।

बार तथा स्केट्स (Barr and Scates) के अनुसार – "अनुमान (परिकल्पना) एक क्षणिक कथन होता है जिसे हम प्रस्तुत घटना या समस्या के आधार पर सत्य मान लेते हैं तथा जिसके द्वारा हम नये तथ्यों की खोज करने का प्रयत्न करते हैं।"

("A hypotheses is a statement temporarily accepted as true in the light of what is, at the time, known about a phenomenon and it is employed as a basis for actioin in the search for new truth.")

एम॰टी॰ मैकक्लूर (M.T. McClure) लिखते हैं–"Hypotheses are islands in the stream of thought."

5. प्रयोग-प्रारूप (Action Design)

(*a*) **सामग्री एवं उपकरण (Tols)** — जो भी सामग्री एवं उपकरण प्रयोग में लायी जाती हैं, उसका नाम तथा विवरण लिखा जाता है।

बार (Barr) लिखते हैं–"Which is the better, a hammer or a handsaw?"

जॉन डब्ल्यू बेस्ट (John W. Best) लिखते हैं–" जिस प्रकार एक बढ़ई को औजारों की आवश्यकता होती है ठीक उसी प्रकार अनुसंधानकर्त्ता को भी शैक्षिक उपकरणों (Educational Tools) की आवश्यकता पड़ती है।"

(*b*) **विधि (Procedure)**—परीक्षण आरम्भ करने से पूर्व समस्या की तीव्रता के बारे में प्रमाण एकत्रित किये जाते हैं। फिर, पूरे समूह को दो भागों में बाँट लिया जाता है। उनमें से एक को परीक्षण समूह (Experimental group) तथा दूसरे को नियन्त्रण समूह (Controlled group) कहते हैं। परीक्षण समूह की समस्या को हल करने के लिये अनुमानित उपाय किये जाते हैं तथा नियन्त्रित समूह को रूढ़िवादी विधि (Tradiational Method) के द्वारा पढ़ाया जाता है। कुछ समय तक (लगभग तीन माह) इस परीक्षण को करने के बाद विद्यार्थियों का मूल्यांकन कर लिया जाता है।

(*c*) **आँकड़े एकत्रित करना (Data Collection)** — अध्यापक को यह देख लेना चाहिये कि प्रस्तुत समस्या प्रारम्भ में कितनी तीव्र

थी तथा अनुमानित प्रयासों का प्रयोग करके उसे किस सीमा तक हल किया जा सका है। इस जानकारी के लिये उसे परीक्षण आरम्भ करने के पहले तथा बाद में कुछ मूल्यांकन विधियों का प्रयोग करना पड़ता है। किसी समस्या को हल करने के सम्भावी प्रयत्न कितने सार्थक रहे हैं, इसके लिये परीक्षण के पहले तथा बाद में आँकड़े एकत्रित करके उनकी तुलना करनी चाहिये।

6. **निष्कर्ष एवं मूल्यांकन (Result and Evaluation)**—परीक्षण के पहले तथा बाद के प्रमाणों (Evidences) की तुलना करके अध्यापक यह निष्कर्ष निकालता है कि समस्या को हल करने के लिये अनुमानित प्रयत्न किस सीमा तक प्रभावशाली रहे हैं।

   आँकड़ों द्वारा प्राप्त परिणामों का परिकल्पनाओं के आधार पर मूल्यांकन किया जाता है। इससे परिकल्पना की पुष्टि हो जाती हैं अगर परीक्षण के बाद समस्या के समाधान में आशातीत सफलता नहीं मिलती तब अध्यापक समस्या का पुनः निदान करता है। वह यह विचार करता है कि समस्या के और कौन-कौन से विभिन्न हो सकते हैं तथा उनको कैसे दूर किया जा सकता है।

7. **सामान्यीकरण (Generalization or Follow-up)**—यदि परिणामों द्वारा किसी परिकल्पना की पुष्टि होती है तो इस प्रयोग की अन्य समान परिस्थितियों में कई बार दोहराना चाहिये और यदि प्रत्येक बार सफलता मिलती है तो यह सामान्यीकरण करना चाहिये कि अमुक समस्या को हल करने के लिये अधिक उपाय करने चाहिये।

   थॉमस ग्रेगरी (Thomas Gregory) के अनुसार–" It is much easier to learn and remember than it is to think and investigate."

8. **अनुमानित व्यय (Estimated Expenditure)**—इसके अन्तर्गत अनुसन्धान कर्त्ता अपने पूरे परीक्षण के दौरान व्यय की जाने वाली धनराशि का विस्तृत ब्यौरा प्रस्तुत करता है। अनुसन्धान कार्य में जहाँ तक हो सके व्यर्थ के व्यय को प्रोत्साहन नहीं दिया जाना चाहिये। इसीलिये परीक्षण को प्रशासित करने के प्रथम चरण (Pre Try-out) तथा अन्तिम चरण (Post Try-out) से पूर्व सम्बन्धित व्यक्ति विद्यालय या अन्य अभिकरण से पूर्व सम्मति प्राप्त कर लेना उचित रहता है।

9. **सन्दर्भ सूची (Bibliography)**—अनुसन्धान कार्य को पूरा करने में जिन सहायक पुस्तकों, पत्रिकाओं, शब्द कोषों, बुलेटिनों, समाचार-पत्रों तथा

प्रामाणिक पत्रिकाओं (Journals) की सहायता ली जाती है, उन्हें एक निश्चित एवं सुव्यस्थित क्रम में आकर्षक ढंग से प्रस्तुत किया जाता है।

गणित में कुछ आदर्श प्रयोग–प्रायोजनाएँ (Some Model Exerimental Projects in Mathematics)

गणित शिक्षण के लिये सर्वोत्तम विधि का चयन करना (To Select Best Teaching Method for Mathematics Teaching)

1. प्रस्तावना (Introduction) — एक गणित अध्यापक कक्षा 8 को विगत कई वर्षों से गणित पढ़ा रहा है लेकिन वह छात्रों की उपलब्धि तथा अपनी शिक्षण विधि से सन्तुष्ट नहीं है। अत: वह एक दिन अपने गणित के अन्य साथियों के साथ बैठकर गणित सम्बन्धी विभिन्न विधियों पर विचार विमर्श करता है तथा यह तय करता है कि उसे गणित सम्बन्धी विभिन्न विधियों पर विचार विमर्श करता है तथा यह तय करता है कि उसे गणित (अंकगणित) शिक्षण की दो प्रमुख विधियों ह्यूरिस्टिक विधि (Heuristic method) तथा प्रयोगशाला विधि (Laboratory Method) की तुलना करनी चाहिये।

2. शीर्षक (Topic) — अंकगणित शिक्षण में ह्यूरिस्टिक तथा प्रयोगशाला विधि की तुलना करना।

3. समस्या की व्याख्या (Interpretation of the Problem) — अध्यापक अपने छात्रों को अंकगणित पढ़ाने के लिये विभिन्न विधियों का प्रयोग करता है लेकिन वह अपने शिक्षण से पूर्ण सन्तुष्ट नहीं है। अत: वह सर्वोत्तम विधि के चयन हेतु एक निर्णय लेता है।

4. परिकल्पना का निर्माण (Formulation of Hypotheses) — अंकगणित बढ़ाने में ह्यूरिस्टिक प्रणाली, प्रयोगशाला प्रणाली से अधिक उत्तम है, अर्थात्, छात्र गणित की पाठ्य-सामग्री (Content) को प्रयोगशाला विधि की तुलना में ह्यूरिस्टिक विधि के प्रयोग से आसानी से समझ लेते हैं।

5. प्रयोग प्रारूप (Action Design) —

(*a*) सामग्री एवं उपकरण (Tools Uses)

1. बुद्धि परख के लिये बुद्धि परीक्षण (Intelligence Test)
2. अंकगणित में उपलब्धि परीक्षण (Achievement Test in Arithmetic)
3. ज्यामितीय उपकरण (Geometry Box)

(*b*) विधि (Procedure) — सर्वप्रथम कक्षा 8 को दो समान समूहों (Equal) 'A' तथा 'B' में विभक्त कर लिया जाता है। दोनों समूहों को छात्रों के बुद्धि परीक्षण

(Intelligence Test) तथा अंकगणित में उपलब्धि परीक्षण (Achievement test in Arithmetic) पर प्राप्त अंकों के आधार पर बनाया जाता है। समूह 'A' को तथा समूह 'B' को एक ही अध्यापक द्वारा शिक्षण कराया जाता है। अध्यापक किन्हीं प्रकरणों (Topics) का चयन करके समूह 'A' में ह्यूरिस्टिक विधि में पढ़ाता है तथा उन्हीं प्रकरणों को समूह 'B' में प्रयोगशाला विधि से पढ़ाता है। प्रकरण की समाप्ति पर एक उपलब्धि परीक्षा (Achievement Test) द्वारा दोनों समूहों के छात्रों की परीक्षा ली जाती है। इस बार की परीक्षा में प्राप्त अंकों की तुलना पिछले अंकों से की जाती है। जिस समूह के प्राप्तांकों में अन्तर अधिक आता है उसमें प्रयुक्त की गई विधि दूसरी विधि से उत्तम मानी जाती है।

(*c*) **आँकड़े एकत्रित करना (Data Collection)** — दोनों समूहों के प्रथम चरण (Pre Try-out) में प्रशासित उपलब्धि परीक्षण (Achieement Test) द्वारा प्राप्त अंकों को लिखकर उनका मध्यमान (Mean) निकाल लिया जाता है। फिर, प्रकरण की समाप्ति पर अन्तिम चरण (Post Try-out) में प्रशासित उपलब्धि परीक्षण द्वारा प्राप्त अंकों को भी लिख लिया जाता है और उनका भी मध्यमान ज्ञात कर लिया जाता है। इन दोनों मध्यमानों के अन्तर (Mean difference) के आधार पर ही हम विधि की श्रेष्ठता का अनुमान लगाते हैं।

6. निष्कर्ष एवं मूल्यांकन (Result and Evaluation) — प्रथम चरण (Pre Try-out) तथा अन्तिम चरण (Final or Post Try-out) में प्राप्त अंक इस प्रकार हैं–

		समूह 'A' (*Mean*)	*समूह 'B'* (*Mean*)
1.	प्रयोग से पहले मध्यमान (Pre try-out Mean)	40	45
2.	प्रयोग के बाद मध्यमान (Post try-out Mean)	60	52
	मध्यमान अन्तर (Mean difference)	20	7

समूह 'A' को ह्यूरिस्टिक विधि तथा समूह 'B' को प्रयोगशाला विधि से पढ़ाया गया था। अधिक अन्तर होने का कारण विशेष विधि का प्रयोग है। अत: स्पष्ट है कि ह्यूरिस्टिक विधि (Heuristic Method) प्रयोगशाला विधि (Laboratory Method) से अधिक उत्तम है। साथ ही, यह परिणाम हमारी परिकल्पना की भी पुष्टि करता है।

7. सामान्यीकरण (Generalization or Follow-up Work)—प्राप्त परिणाम के सामान्यीकरण के लिये इसी प्रयोग को कक्षा 8 की अन्य कक्षाओं में प्रशासित किया आयेगा तथा समान सफलता मिलने पर यह सामान्यीकरण किया जायेगा कि कक्षा 8 का अंकगणित पढ़ाने के लिये ह्यूरिस्टिक विधि सबसे उत्तम है। अत: अध्यापक को अंकगणित शिक्षण करने में इसी विधि का प्रयोग करना चाहिये।

8. अनुमानित व्यय (Estimated Expenditure) — लगभग 2,500 रुपये का व्यय निम्न सामग्री पर किया गया–

(*a*) गणित की सहायक पुस्तकें एवं पत्रिकायें।

(*b*) बुद्धिलब्धि परीक्षण बाजार से खरीदना।

(*c*) अंकगणित में उपलब्धि परीक्षा का निर्माण एवं छपाई।

(Construction and Printing of Achievement Test in Arithmetic.)

9. सन्दर्भ सूची (Bibliographi) —

(*a*) एनसाइक्लोपीडिया ऑफ रिसर्च–मुनरो (Encyclopeadia of Research-Munroe)

(*b*) शैक्षिक अनुसन्धान ग्रन्थ (Journal of Educational Research)

(*c*) प्रयोगात्मक शिक्षा ग्रन्थ (Journal of Experimental Education)

(*d*) गणित शिक्षक (Mathematics Teacher)

समस्या 1: छात्र कक्षा के बीच में ही क्यों भाग जाते हैं?

(What Students leave the Class?)

1. प्रस्तावना (Introduction)—सितम्बर, 2003 से 13 वर्ष की आयु से ऊपर के छात्र कक्षा में बैठने के बजाय कक्षा से बीच में ही उठकर चले जाते हैं। ऐसे छात्र कक्षा से बाहर जाने में शिक्षक की अनुमति भी प्राप्त नहीं करते हैं।

2. शीर्षक (Topic) — 13 वर्ष की आयु के छात्रों की कक्षा से भाग जाने की समस्या।

3. समस्या की व्याख्या (Interpretation of the Problem) — शिक्षकगण इस बात से अत्यधिक चिन्तित हैं कि कुछ छात्र कक्षा के बीच में ही उठकर चले जाते हैं जिससे कक्षा का वातावरण एवं अनुशासन दिन-प्रतिदिन बिगड़ता जा रहा है। इस दृष्टि से शिक्षकगण आपस में विचार-विमर्श हेतु प्रधानाचार्य की अध्यक्षता में एक मीटिंग का आयोजना करते हैं तथा इस समस्या पर गम्भीरतापूर्वक विचार करते हैं। वे उन कारणों पता लगाना चाहते हैं जिनकी वजह से छात्रों में यह प्रवृत्ति पनपती है तथा ऐसे छात्रों के बारे में विस्तृत जानकारी प्राप्त करने का भी प्रयास

करते हैं जो कि कक्षा के बीच से उठकर चले जाते हैं। अध्यापकों को इस बात की पूरी छूट है कि वे छात्रों के भागने के कारणों एवं उनके निराकरण हेतु अपने सुझाव प्रस्तुत करें।

4. समस्या के सम्भावित कारण (Probable Causes)—शिक्षकों ने आपसी विचार-विमर्श के पश्चात् समस्या के निम्न सम्भावित कारण निर्धारित किये–

(*a*) छात्र-शिक्षक में मधुर सम्बन्ध का अभाव (Lack of Rapport)।

(*b*) छात्रों की सांवेगिक अस्थिरता (Emotional Unstability)।

(*c*) छात्रों को पढ़ाने में प्रभावशाली विधि का अभाव।

(*d*) छात्रों का होटलों में जाना।

(*e*) छात्रों पर माता-पिता के नियन्त्रण का अभाव।

(*f*) छात्रों में सिनेमा देखने की लत।

(*g*) छात्रों के घरों पर मनोरंजन के साधनों का अभाव।

(*h*) विद्यालय का ढीला अनुशासन।

5. परिकल्पना का निर्माण (Formulation of Hypotheses)—शिक्षकों ने निम्न परिकल्पनाओं का निर्धारण किया–

(*a*) शिक्षक छात्र से आत्मीयता स्थापित करें।

(*b*) सप्ताह में एक बार अभिभावक सम्पर्क (Parental Meeting) सभा बुलायी जाये।

(*c*) समय सारणी में बालकों की दूसरी रुचिकर क्रियाओं को भी स्थान दिया जाये।

(*d*) सरस्वती यात्राओं एवं पर्यटनों (Excursions) का आयोजन किया जाये।

(*e*) मनोरंजन के लिये अतिरिक्त साधनों की व्यवस्था की जाये।

(*f*) बालकों को मनावैज्ञानिक िलिधियों से पढ़ाया जाये।

यदि उपरोक्त परिकल्पनाओं को ध्यान में रखा जये तो इस समस्या को किसी सीमा तक हल किया जा सकता है।

6. प्रयोग-प्रारूप (Action Design) —

(अ) सामग्री एवं उपकरण (Tools Used) — निम्न विधियों के द्वारा बालकों से सम्बन्धित विभिन्न सूचनायें एकत्रित की गयी–

(*a*) व्यक्ति इतिहास (Case Study) तथा संचयी अभिलेख पत्र (Cumulative Records) आदि।

(*b*) रेटिंग स्केल द्वारा (Rating Scales)

(*c*) प्रश्नावली (Questionnaire)

(*d*) छात्रों से साक्षात्कार (Pupils' Interview)

(*e*) अभिभावकों से साक्षात्कार (Parents' Interview)

(ब) विधि (Procedure)—निम्न प्रकार की योजना को क्रियान्वित (execute) किया गया–

1. समय सारणी में परिवर्तन किया गया।
2. छात्रों को पर्यटन पर ले जाने की व्यवस्था की गई।
3. विद्यालय में सांस्कृतिक कार्यक्रम का आयोजन किया गया।
4. छात्रों को रोचक विधियों से पढ़ाया गया।
5. छात्रों को गृह कार्य दिया गया।

उपरोक्त योजना के अन्तर्गत दिसम्बर, 2005 से मार्च 2006 तक विद्यालय में निम्न क्रियाओं का आयोजना किया गया–

1. कवि सम्मेलन का आयोजन।
2. सरस्वती यात्रा का आयोजना।
3. प्रश्नावली के प्रयोग द्वारा जानकारी प्राप्त की गई।
4. 'गदर' फिल्म दिखाई गई।
5. खेलकूद प्रतियोगिताएँ आयोजित की गयीं।
6. सांस्कृतिक कार्यक्रम का आयोजना किया गया।

प्रश्नावली का प्रयोग करके बालकों से सम्बन्धित अनेक तथ्य एकत्रित किये गये। इन्हीं एकत्रित तथ्यों के आधार पर निष्कर्ष निकाले गये।

7. निष्कर्ष एवं मूल्यांकन (Result and Evaluation) — योजना के क्रियान्वयन के परिणमस्वरूप निम्न निष्कर्ष निकाले गये–

1. छात्रों के कक्षा से भागने का कोई विशेष कारण नहीं है।
2. अब कक्षा से भागने वाले बालकों की संख्या पहले की तुलना में केवल आधी रह गई है।
3. बालकों के कक्षा से भागने के निम्न कारण हैं–

   (*a*) बुरी संगत का प्रभाव।

   (*b*) मनोरंजन के साधनों की कमी।

(*c*) पाठ्य सहगामी क्रियाओं का अभाव।

(*d*) रोचक विधियों का प्रयोग न किया जाना।

सामान्यीकरण (Generalization)—शिक्षक इस निर्णय यह पहुँचते हैं कि छात्रों को रोचक विधि से पढ़ाने, समय सारणी में परिवर्तन करने, मनोरंजन के अतिरिक्त साधन जुटाने तथा पर्यटन की व्यवस्था से बालकों के भागने की समस्या का समाधान किया जा सकता है। प्रयोग-प्रायोजना द्वारा प्राप्त परिणामों की सूचना छात्रों के अभिभावकों को भेजी जायेगी तथा शिक्षक अपनी शिक्षण विधियों में सुधार करेंगे।

9. अनुमानित व्यय (Estimated Expenditure) — लगभग 1200 रुपये निम्न सामग्री पर व्यय किये गये–

1. गणित की सहायक पुस्तकें एवं पत्रिकायें।
2. छात्रों में वितरण के लिये पुरस्कार।
3. प्रश्नावली की छपाई।
4. सांस्कृतिक कार्यक्रम का आयोजना।

10. सन्दर्भ सूची (Bibliography)

1. एजूकेशन साइकोलॉजी–क्रो एवं क्रो
2. ए डिवलपमेन्ट स्ट्डी ऑफ दी बिहेवियर प्रॉब्लम्स ऑफ नॉरमल चिल्ड्रन–जीन मैकफारलेन
3. जनरल ऑफ एजूकेशनल रिसर्च
4. साइकोलॉजीकल रिब्यू
5. साइकोलॉजी सक्सट्रेक्ट्स
6. वैकवर्ड चिल्ड्रन—NCERT
7. साइकोलॉजी ऑफ एजुकेटेड चिल्ड्रन–नोरमन सी॰ शेडमन

प्रश्न (Questions)

1. प्रयोग–प्रायोजनाओं का गणित के अध्यापन में क्या योगदान हो सकता है? किसी एक ऐसी प्रायोजना की उसके विशिष्ट उद्देश्यों सहित रूपरेखा प्रस्तुत कीजिए।
2. निम्न समस्याओं के लिये एक क्रियात्मक अनुसन्धान अभिकल्प बनाइये।

   (क) धीमे सीखने वालों की समस्या।

(ख) परीक्षा में नकल करने की समस्या।

(ग) असन्तोषपूर्ण छात्र-अध्यापक सम्बन्ध।

3. गणित शिक्षक के नाते किसी कक्षा विशेष के लिये आप कोई प्रयोगात्मक प्रायोजना किस प्रकार बनायेंगे?

4. निम्न पर गणित की एक प्रयोग-प्रायोजना (Experimental Project) क्रियान्वित करने के लिये एक रूपरेखा तैयार कीजिये-

(क) किसी एक ऐसी शिक्षण विधि द्वारा, जिसको आप अधिक उपर्युक्त समझते हैं, विद्यार्थियों के गणित सम्बन्धी प्रत्ययों (Concepts) का विकास करना।

(ख) विद्यार्थियों में गणित सीखने के प्रति रुचि उत्पन्न करना।

(ग) गणित अध्यापन में सुधार।